U0362723

踏石留印

程回洲能源与发展文集

程回洲／著

華中科技大學出版社
http://www.hustp.com
中国·武汉

图书在版编目(CIP)数据

踏石留印:程回洲能源与发展文集/程回洲著.—武汉:华中科技大学出版社,2021.12
ISBN 978-7-5680-7448-3

Ⅰ.①踏… Ⅱ.①程… Ⅲ.①水力资源-资源开发-中国-文集 ②水利经济-经济发展-中国-文集
Ⅳ.①TV211.1-53 ②F426.9-53

中国版本图书馆CIP数据核字(2021)第238676号

踏石留印:程回洲能源与发展文集
Tashi-Liuyin:Cheng Huizhou Nengyuan yu Fazhan Wenji

程回洲 著

策划编辑:徐晓琦
责任编辑:朱建丽
封面设计:原色设计
责任校对:曾 婷
责任监印:周治超
出版发行:华中科技大学出版社(中国·武汉) 电话:(027)81321913
武汉市东湖新技术开发区华工科技园 邮编:430223
录 排:华中科技大学出版社美编室
印 刷:湖北金港印务有限公司
开 本:787mm×1092mm 1/16
印 张:33 插页:2
字 数:575千字
版 次:2021年12月第1版第1次印刷
定 价:238.00元

出版说明

本书中的文章都是作者在水电、能源管理平台上，结合工作实际，着眼于全球气候变化、生态环境保护、能源发展、农村农民、减贫脱贫、市场经济(体制、机制、发展)、国际组织、国际合作、现代科技等问题，深入研究、思考后，提出的政策建议、改革思路和组织开展工作的意见以及实践成效。

这些文章早年大都发表在中央和国家机关核心刊物，包括国务院发展研究中心《经济要参》、新华社《内参》、国家能源办《能源决策参考》、《能源专家报告》、《中央党校通讯》、《中国水利》、《中国水能及电气化》、《中国农村水利水电》、《光明日报》、《中国水利报》、《中国水利年鉴》、《中国水力发电年鉴》等，文章中一些重要建议被国家采纳，成为国家行动。

本书可供公共管理、水电、能源等专业的高校师生，以及国家机关、企事业单位的管理干部和研究人员学习参考。

作者经历多领域多专业的系统学习和磨砺。即使在“文革”时期，也勤于学习、善于学习，把握科学技术的发展前沿方向。1970 年他偶见一套苏联的电子计算机专业书籍，如获至宝，经过几年的刻苦学习，较系统全面地掌握了计算机理论，而当时国内还没有电子计算机专业和相关的资料。

作者有多年基层企事业单位多岗位的实践，先后参与了长江三峡和葛洲坝工程的有关试验、科研设计并获得国家水电部重大科技成果奖，在电厂当过技术员、工程师、副厂长、厂长，在陆水三峡试验枢纽管理局副局长、党委书记兼局长岗位任职多年。

在一次中组部考察长江委推荐的副主任人选过程中,由于干部群众广泛推荐,引起干部考察组重视,经请示上级同意,增加对程回洲同志的考察。经批准,他被中组部调到国家水利部机关。不久又被选派参加中共中央党校中青年干部培训班脱产学习一年,后又在中共中央党校继续世界经济专业学习,使他具有比较扎实的理论基础。

他先后任国家水利部农电司、规划计划司、经济局、水电司、水电局副司长、司长、局长、局长兼司长,国家能源领导小组专家组成员,国际小水电组织协调委员会主席等职务。工作中,他走遍祖国东南西北一千多个县。由于国际组织的工作需要,他的足迹遍及五大洲,从而对国情和世情有比较全面的了解。长期的基层和国家机关的工作实践,加上多年的理论学习,尤其是中国特色社会主义理论学习,他得到长足的进步和提高。

编者

2021年10月

作者简介

时任水利部司长

1970年华中工学院（现为华中科技大学）工业自动化专业本科毕业。1983年陕西机械学院（现为西安理工大学）国家水利电力部局厂长水利工程专业学习班毕业。1993年中共中央党校中青年干部培训班毕业。1996年中共中央党校世界经济专业研究生毕业。

1991 年前历任

◇ 国家水利部长江水利委员会陆水三峡试验枢纽管理局水力发电厂工程师、副厂长、厂长，枢纽管理局副局长、党委书记兼局长（副厅级）。

1991 年后历任

◇ 国家水利部农电司、规划计划司、经济局、水电司、水电局等单位副司长、局长、局长兼司长。

◇ 中国国家能源领导小组专家组（20人）成员（国务院总理任领导小组组长）。

◇ 国际小水电组织协调委员会主席（当选连任多届），该组织由全球60多个国家和国际能源署、世界银行等国际组织的有关机构组成，是国际上第一个也是唯一将总部设在中国的国际组织，朱镕基总理亲自批准中国作为该组织的东道国。

◇ 全国水轮机磨蚀研究会理事长。

◇ 中国水利学会水力发电专业委员会主任。

◇ 教授级高级工程师，大学兼职教授、博士生导师，享受国务院政府特殊津贴。

主要工作和业绩

◇ 从20世纪70年代开始，先后从事陆水、长江三峡、长江葛洲坝、黄河小浪底、汉江等国家重大工程的科研、设计、试验、建设和运用管理。

◇ 20世纪70年代中后期，研制中国电力系统首台微电脑监控装置，填补了国内一项空白，主要技术指标达到国际先进水平，获国家水利电力部重大科技成果奖。

◇ 20世纪80年代后期，被评为全国水利系统劳动模范。

在国家水利部机关任职期间（1991—2006年）

◇ 率先改革全国水力发电单一的国有投资体制，大力推进投资市场化，有效促进了全国中小水电的快速发展。

◇ 提出并大力推进全国水利水电经营性资产跨区划战略性优化重组，实施百龙工程（全国建设100个水利水电龙头企业），在全国组建了一批省级、地市级龙头企业和省级水利水电投资公司，改善了水利行业的结构，广西、四川等地的水利水电企业已发展成年纯利润数十亿元的大企业。

◇ 提出并大力推进水利水电资本运营，组织企业上市，三峡水利、闽东水电、岷江水电、钱江水利、桂东水电等陆续上市，形成了全国资本市场上的水利水电板块。

◇ 提出并大力推进建设和谐友好水电的理念。制定发布系列文件和规定，扶持贫困地区建设水电增收脱贫，实施水电代柴代煤，改善农村环境。在全国大力清理"四无"水电站，整顿开发建设秩序，确定河流生态用水，保护河流健康生命。

◇ 提出并大力推进电站电网应用微电脑和互联网技术，制定全国实施的指导意见和相关规范，推进智能化，实施无人值班、少人值守，有力推动了水力发电生产和配售的现代化。

◇ 提出并大力推进"小水电代燃料生态保护工程"，保护森林，提高农民生活质量，该项目连续八年（2005年—2012年）被写入每年的中央一号文件，在全国推广。为全国其他能源应用广泛实施"电能替代"，减小排放和污染创造了宝贵经验。

◇ 组织实施并完成国务院“九五”、“十五”两批共700个水电农村初级电气化县建设任务(期间还解决了难度最大的6200多万无电人口的用电问题),有效促进了广大老少边穷地区的增收脱贫与社会和谐。

◇ 系列改革和创新举措有力推动了中小水电的开发建设,全国每年新增装机容量很快由不足100万千瓦提高到500万千瓦左右,中小水电成为国家不可或缺的重要能源。

◇ 百折不挠地推进国家电力体制改革,关键时刻的重要建议得到汪恕诚部长的大力支持,引起朱镕基总理高度重视。朱镕基总理当机立断,打破电力垄断体制,并亲自过问,周密部署,经中共中央政治局常委会议讨论批准,国务院出台了《电力体制改革方案》(国发[2002]5号),全国发输配售一体的电力垄断终被打破,国家电力公司改组成五大发电集团、国网和南网,市场资本踊跃投入电力建设,全国很快摆脱了多年来“开三停四”严重缺电的局面。

◇ 组织创建联合国国际小水电中心和湖南郴州、甘肃张掖等联合国国际小水电示范基地,这些组织频繁有影响的国际交流活动、鲜活可复制的经验在国内国际推广,尤其杭州中心、郴州基地、张掖基地在国际上影响很大,得到联合国和国际社会的高度赞誉。

◇ 提出水能资源价值及其资产性理论,大力推进其有偿使用改革。指出长期以来普遍忽视自然资源的价值而无偿使用资源在全国造成大量资源浪费、环境破坏和财富分配不公等严重后果,得到各地政府的大力支持,湖南、湖北、贵州等省相应出台了省级地方性法规、省政府文件或省长令,贵州省财政仅部分水能资源有偿使用年收益就达数亿元。这项改革实践有力冲击了自然资源管理的旧制度、旧观念,为全国全面实行自然资源资产化和有偿使用开创了先河,探索了经验。

◇ 协调中央和国务院部委有关部门、中央新闻单位多次深入开展调查研究,国务院领导多次因此做出重要批示,有力地促进了中小水电健康发展。2006年《农村水电条例》被列入国务院立法计划。在水利部机关期间,还在国务院发展研究中心《经济要参》、新华社《内参选编》、《能源决策参考》、《中国水利报》、《光明日报》等刊物发表文章100余篇。

实践中提出多项政策建议,因被国家采纳而变成国家行动

◇ 针对国家对中小水电和风力发电早有“优先上网”政策,但执行中往往被曲

解而落空,上网难,年年大量弃水、弃风的问题,程回洲提出的由国家制定电网要全额收购可再生能源上网电量的政策建议,被全国人大采纳,写进《中华人民共和国可再生能源法》。这项制度为保障起步阶段价格昂贵的风力发电、太阳能光伏发电能够上网售出从而得以生存和快速发展,发挥了关键作用。

◇ 提出抓紧制定流域综合利用规划的建议,得到部长高度重视,国务院 2007 年初为此召开全国会议,专题动员部署。经过几年的努力,从中央到地方各级流域综合利用规划全面完成,为全国河流的保护和开发提供了保障。同时规划中确定了一大批重大建设项目,为落实中央补短板、大力发展水利的战略部署,为大规模水利和水电建设的开展创造了条件。

2010 年至今

自幼热爱书法。不断从历史传世经典中吸取营养,挥毫不辍、悉心研习。尤其六十余年的辛勤耕耘,开阔升华了他的艺术视野和境界,在继承的基础上,形成了他自己的书法风格和特点。曾被中央电视台等单位授予中国十大品牌书法家。

◇ 中国邮政几次出版发行印有他书法作品的邮票和邮册。

◇ 人民美术出版社出版发行他的书籍有《程回洲草书唐诗百首》、《程回洲草书宋词元曲百首》和《程回洲草书大字帖》。

目录

第一篇
能源与清洁发展

提出制定国家电网要全额收购可再生能源上网电量的建议，被全国人大采纳，写进《中华人民共和国可再生能源法》。风能、太阳能发电起步时成本电价奇高，这项法律制度成为风能、太阳能发电能够生存和发展的根本保障。

发展可再生能源和新能源攸关国家安全。提出建立能源资源有偿使用制度，调整能源供给结构和消费结构，促进国民经济清洁发展和增长方式的转变。

大力推进清洁能源发展和清洁发展机制（CDM）建设。联合国国际小水电张掖示范基地在国际碳汇市场上获得中国第一个水电 CDM 项目。

❖
1990年10月，时任国家水利部总工程师何璟（右一）考察三峡试验坝，长江水利委员会总工程师王家柱（左一）陪同。1994年7月三峡工程正式开工建设

❖
作者时任陆水三峡试验枢纽管理局党委书记兼局长（副厅）

文件摘录：各地、各部门、各单位要积极配合支持国家能源领导小组[①]专家组[②]开展工作。各位专家要紧紧围绕国家能源发展战略和规划、能源开发与节约、能源安全与应急、能源对外合作等前瞻性、综合性、战略性重大问题，深入调查研究，搞好技术经济分析和战略规划、重大政策论证，积极献计献策，为国家能源事业发展做出更大贡献。

——国家能源领导小组办公室文件（国能办综合〔2005〕33号）

国家能源领导小组办公室文件

国能办综合〔2005〕33号

国家能源办关于聘请范维唐等20位同志为国家能源领导小组专家组成员的通知

各省、自治区、直辖市人民政府及计划单列市、副省级省会城市、新疆生产建设兵团，国务院各有关部门、有关单位：

根据《国务院关于成立国家能源领导小组的决定》（国发〔2005〕14号）精神，经多方推荐，并报国家能源领导小组批准，特聘请范维唐、濮洪九、张玉卓、李洪勋、杜祥琬、谢振华、叶奇蓁、陆佑楣、舒印彪、吴耀文、曹湘洪、曾恒一、邱中健、石元春、程回洲、陈凤英、郎四维、刘世锦、晏志勇、周大地20位同志为国家能源领导小组专家组成员。

各地、各部门、各单位要积极配合支持国家能源领导小组专家组开展工作。各位专家要紧紧围绕国家能源发展战略和规划、能源开发与节约、能源安全与应急、能源对外合作等前瞻性、综合性、

— 1 —

战略性重大问题，深入调查研究，搞好技术经济分析和战略规划、重大政策论证，积极献言献策，为国家能源事业发展做出更大贡献。

国家能源领导小组办公室

二〇〇五年九月七日

主题词：能源　成立　专家组　通知

— 2 —

聘　书

LETTER OF APPOINTMENT

经国家能源领导小组批准，特聘请程回洲同志为国家能源领导小组专家组首批专家。

二〇〇五年九月九日

① 国家能源领导小组组长由国务院总理温家宝担任。

② 专家组由煤炭、石油、天然气、太阳能、水能、风能、电能、地热能、生物质能、海洋能、核能、环保和经济等不同专业20位专家组成。

❖

1999年4月在加拿大蒙特利尔，国际小水电组织协调委员会讨论建立绿色能源证书制度和碳排放权交易试点。左四为国际小水电组织总干事童建栋

❖

2000年率团考察丹麦风电场。考察团成员有浙江、福建、广西、湖北、四川等地水利水电管理负责人和企业家代表

❖

2004年率团考察瑞典可再生能源开发经验。考察团成员有广东、江西、贵州、湖北时任水电局（处）长林振华、廖瑞钊、戴群莉、张培民、易家庆等

2003年，在杭州召开的全国水利系统清洁发展机制经验交流会部分代表合影。湖南、云南、甘肃、山西水利厅厅长王孝忠、陈坚，局（处）长李名幸、姜仁、戴天酬，联合国国际小水电郴州基地、张掖基地主任朱兴杰等与会交流

2004年，国际水电论坛中外专家在郴州基地合影

❖

《中华人民共和国可再生能源法》有力促进了风能、太阳能、水能等清洁能源的空前发展。目前我国风能发电、太阳能发电、水能发电均居世界第一

关于我国能源中长期发展的几点建议[①]

（2006年3月）

1. **建立科学的能源发展目标体系。**我国能源结构和能源消费结构不合理，能源效率低、浪费严重，能源资源保护长期未引起重视（尤其煤矿资源，回采率极低，使资源短缺的矛盾更加尖锐），以及高度垄断的电网体制和环境的污染等，都是困扰能源发展，困扰国民经济社会发展的重大问题。为了促进我国能源可持续利用，应该建立科学的目标体系，包括能源供给结构、能源消费结构、能源节约、能源资源保护、新能源开发、能源管理体制改革和环境保护等系列的发展目标，而且要具体量化，促进能源的科学发展和可持续利用。

2. **建立能源闸门控制机制。**建设节约型社会是十六届五中全会提出来的战略目标。建立合理的能源消费结构，节约能源是建设节约型社会的重要内容，节能一是产品节能、行业节能，更重要的是经济结构性节能，也就是说要通过调整经济结构转变经济增长方式的办法，来降低单位GDP能耗，从而实现能源节约。如果忽视我国能源资源短缺这个基本国情，一个劲发展高耗能产业，发展重化，建全球加工基地等，我国能源很快就难以为继，单位GDP能耗也降不下来，这必将给国家造成重大损失。我国经济结构调整和经济增长方式调整难度大，甚至出现反弹，因此建议把能源作为一个重要调控手段，像土地和信贷一样作为又一扇控制闸门，对主要经济部门的能耗总量进行控制，对一些高耗能项目发挥闸门作用，下决心形成合力调整能源消费结构，促进国民经济结构调整、经济增长方式的转变。

① 本文是应国家能源办的要求，作为国家能源专家组成员，对“十一五”国家能源发展规划的建议。

3. **建立能源管网设施市场经营体制。**能源管网比较典型的有供电网、原油管网、燃气管网等。我国长期以来把能源管网看作是自然垄断的，实行垄断经营。这里有一个理论上的认识问题，从物理连接上，管网设施可以是统为一体的，甚至是全国一体的，这是个生产力问题；但从资产关系上，它们都是可以被分为相互独立的若干法人占有和使用的，这是一个生产关系问题。垄断和竞争都是指生产关系上的垄断和竞争，指资源占有和经营管理的垄断和竞争，而不是管网设施在物理上连接在一起就是自然垄断了。这就和一栋居民楼由很多个具有独立法人地位的业主占有使用一样。道理很简单，但长期以来，在实践中总是把管网的物理连接一体理解成生产关系上的自然垄断、必然垄断。这是一个理论上和实践上都非常重要的问题。比如，为了实现全国电力资源的科学配置和利用，实现全国联网，把全国电网物理连接在一起是必须的，但绝不能因此认为就应该自然垄断，全国电网只能有一个经营者，一个独立法人。垄断必然阻碍生产力发展，阻碍电网的建设和全国电力资源的优化配置。事实上在电网自然垄断的理论下，输配分开一直不能起步，电网建设还只有一个积极性，市场资源不能进入，这必然造成电网设施严重滞后于电源发展和经济发展需要。全国厂网分开以前，建发电站只有一个积极性，造成电力严重短缺，使电力短缺成为国民经济和社会发展的主要瓶颈。厂网分开改革后，出现多个发电公司，调动了全社会办电的积极性，电源发展很快。但电网输配能力不适应问题仍然非常突出。

能源管网设施不能没有统一规划，管网设施的规划要由政府统一组织制定。在政府规划的基础上，除了国家特别规定的某一部分，由国家指定国有独立法人公司运营外（这部分由政府定价并加强监管），其余都可以按不同类型或区域，通过市场竞争取得建设和运营权，这样就形成多个管网设施投资建设和运营的市场竞争主体，形成公平竞争、科学有序的管网市场。比如，通过输配分开改革，全国电网有若干个独立的大区输电公司、若干个独立的跨省输电公司和一个负责大区电网公司电力调配的全国性公司。这些公司可由政府来指定国有公司运营，同时由政府加强监管，确定电价。其余还有数以千计的独立配售电公司对配电网和售电进行经营管理，这部分完全进入市场。这里所指的“独立”，是指独立法人。由这些具有独立法人地位的公司分别对电网的某一部分进行投资和经营管理，而电网本身从物理连接上仍旧是全国一体的。

4. **建立能源资源有偿使用制度。**能源资源如化石能源资源、水能资源、地热能资源是国家稀有资源，是全民所有的资源性资产。在计划经济条件下，其价值问题被掩盖，市场经济条件下利益具体化（个体化、群体化），资源无偿使用使占有利用资源的部分人受益，少数人暴富，不仅导致资源浪费、环境破坏，还导致严重的社会分配不公。目前出现的无序开发、破坏生态、资源浪费、矿区贫困、部分人暴富、分配不公等问题，其重要原因之一是资源的无偿使用。欧美发达国家重视资源有偿使用，以至将无形的电磁波频谱也都作为资源性资产有偿使用，从而有效维护社会公平，避免无序开发，促进经济社会协调发展。我国建立资源有偿使用制度，可以通过建立和完善资源税来实现，也可以通过对某些资源建立国家资源股制度来实现，国家按股收益或者建立权利金制度，国家按销售收入的一定比例收取权利金。

5. **建立补偿资源产出地发展制度。**在建立资源有偿使用制度的基础上，国家将资源税收益、资源股收益或权利金收益的一部分用于补偿资源产出地，从而从根本上解决长期解决不好的库区移民问题，库区、矿区贫困和生态破坏的问题。国际上通常实行的“原住民优先利用制度”，值得我国借鉴。我国西部地区资源丰富，但经济社会发展相对落后，东部地区资源匮乏，但经济社会相对发达，建立补偿资源产出地制度，能有效地控制当前日渐拉大的东西部地区差别，促进东西部地区协调发展，加快和谐社会建设。

6. **高度重视可再生能源和新能源开发与利用。**可再生能源和新能源的开发与利用不仅应提高到增加能源供应、改善能源结构、保护生态环境的战略高度，而且应该提高到国家未来经济发展和社会发展的战略高度，提高到国家安全的战略高度。全球能源问题导致的气候变化和环境问题已经成为各国关注的首要问题，尤其是发达国家，把加快开发利用可再生能源和新能源作为抢占经济发展制高点的一场技术革命来抓。伴随新能源发展技术上的重大创新和突破，必将引发电业、建筑业、汽车业、材料业、制造业等多个产业的深度大变革，催生出系列新技术、新产品和新兴产业，以致改变人们的生产方式、生活方式和消费方式，推进国家经济发展方式和社会发展方式的根本变革。低碳道路和绿色经济将成为未来各国发展的必然选择。因此应该用更加远大的目光来看待新能源的开发与利用，把它提高到未来国家发展的战略高度来认识。

关于小水电资源利用与新农村建设的建议[①]

（2006年3月）

一、小水电资源是山区新农村建设难得的稀有资源

社会主义新农村建设最重要的是生产发展，最困难的是贫困山区。广大山区农民可以直接用来发展生产的资源有土地、山林和水。除此之外，能被山区农民广泛利用来发展生产的资源极少，小水电资源是其之一。它有如下特点和优势。

小水电资源丰富，全国经济可开发总量1.28亿千瓦，广泛分布在全国1600多个县，尚未开发的资源还有9000多万千瓦，可建小水电站10万座之多。把尚未开发的资源全部开发出来，按照现行平均上网价格计算每年可创发电收入1100亿元。如果一半给新农村建设用，每年可增加农民收入410亿元，如果电价能实现市场确定价格机制，则收益更高，即使达到煤电目前上网价格，其收益也会翻番。未开发的小水电资源不仅给国家提供两个多三峡水电站的电力电量，而且可年复一年惠及近亿农民。

小水电资源区位分布与相对贫困人口区位分布基本一致。全国相对贫困人口大头在西部地区。这些地区小水电可开发量近1亿千瓦，占全国总量的70.8%，开发率仅为12%。592个国家扶贫重点县中，385个县中小水电资源丰富，可开发量达5477万千瓦，开发率为15.5%，是贫困山区建设社会主义新农村的一大资源优势。

① 国家能源领导小组2006年度《能源专家报告》，新华社《内参选编》2006年第29期，国务院发展研究中心《经济要参》2006年第54期。

小水电没有大量水体集中和移民，投资省、工期短、见效快，一般一年即可投产发电。

小水电规模适中，总投资一般在几百万元到几千万元，适合于农民组织起来进行股份制开发。

广大贫困山区地域辽阔，负荷分散，大电网长距离输送供电成本高。小水电适合于山区就地发电、就地供电，满足西部发展要求，有广阔市场。小水电是可再生能源，有利于增加国家能源供应，改善能源结构。

我国有世界上最好的小水电开发技术和设备，小水电可以实现无人值班、少人值守，降低运行成本。

二、在国家扶持下农民办小水电有广泛的成功实践

江西铜鼓县红苏村全村 468 人，在国家的扶持下，建成农民股份合作制小水电站 7 座，总装机容量 3085 千瓦，年收入 220 多万元，每年人均发电收入 4700 元，全村 1/3 的农民成为水电工人。

湖南桂东县沤菜村 1999 年人均年纯收入仅 506 元，当年省委书记杨正午在这里抓扶贫试点，其他途径扶贫效果都不明显，后以小水电开发为切入点，把国家扶持资金量化为农户的股权，实行股份制办电，建设水庄电站，年人均分得红利 300 元，当年效益明显。有了便宜电，其他行业也发展起来了，目前农民人均年纯收入达到 3108 元。年满 60 岁的老人可领到一份“养老补助”，还为全村教育、医疗、社会保障和其他公益事业提供资金。

湖南郴州北湖区南溪乡有 987 人投资入股开发小水电，每人年均分红 1000 元；有 102 人当上小水电企业员工，年增收 98 万元，人均 9600 元。之外有 440 人参加小水电工程建设，增加收入 170 余万元，人均 4000 元；全乡 4685 人，2005 年农民人均纯收入达到 3866 元。

四川峨眉县龙洞村建成 9 座农村股份制小水电站，年收入 850 万元，上缴国家税金和村集体利润近 70 万元，2004 年全村人均纯收入 3400 元，其中小水电收入 1900 元。

福建德化县大铭乡由乡政府用集体资产提供无偿担保帮助农户贷款兴办小水电，家家都有小水电股份。2004 年全乡农民人均纯收入 3486 元，其中小水电收

入 1394 元。

广东乳源县田螺坑村 630 人，建成一座 890 千瓦的股份制小水电，除村民低价用电平均每户每年可减少电费支出 800 多元外，每户每年可分得红利 1000 多元，还用小水电收入兴建小学教学楼和教师宿舍，对考入县级高中的学生每人每年奖励 500 元。

广东乳源县洛阳村 890 人，建成 900 千瓦小水电站，年均收入 90 余万元，成为村集体的稳定收入来源，除增加农民收入外，用电站收入进行农村小康住房改造，每户补助 1 万元，还建立健全了农村合作医疗体制，农民的医疗费用全由村集体支付。

广东乳源是一个瑶族自治县，有 14 个乡镇，40 个行政村，240 个自然村，镇镇村村都办小水电，2004 年全县农民纯收入 3773 元，其中来自小水电收入 1555 元。全县以农村集体和农民入股建设的 20 余万千瓦小水电，总投资 12 亿元，其中国家扶持资金投入 8630 万元（含中央、省、县），占 7.2%；农村集体和农民投入 9100 万元（含集体积累出资、农民投工投料投资和“相关补偿”、土地使用权入股），占 7.6%；引资投入 1.44 亿元，占 12%；贷款 8.78 亿元（含银行贷款、扶贫贷款、信用社贷款、民间借贷），占 73.2%。农民从小水电分红额中，农村集体股权（包括“国家扶持”量化给农村集体的股权）分配给农民的占 60%，农民股权（包括“国家扶持”量化给农民的股权）占 40%。乳源县在国家的扶持和政策引导下，通过股份制开发利用小水电，壮大了农村集体的经济实力，大部分农村的饮水工程、农田水利工程、乡村道路、有线电视等，都主要由村集体支付。

类似的例子全国有很多。

三、把小水电资源作为新农村的特殊资源严格管理

新中国成立以来，特别是改革开放以来，在邓小平同志亲自倡导下，小水电得到空前发展，累计解决了 6 亿无电人口的用电，至今还有 800 多个县主要由小水电供电，不仅是农村经济社会发展的重要基础和强大动力，而且对满足全国经济社会发展的需求，增加能源供应，改善能源结构，保护环境发挥了不可或缺的作用。但是由于认识上的偏差，使小水电在增加农民收入，解决“三农”问题上没有发挥应有的作用。在小水电资源的管理上，把市场能合理配置资源的领域要

充分发挥市场配置资源的基础性作用，简单地理解成市场上有人投资小水电就放手让它进入市场，政府不要投资。不是像土地、山林那样把小水电资源列入国家稀有资源，严格加以控制。而是全面放开小水电资源市场，不管中国人还是外国人，谁都可以投资开发，一些贫困地区更是以无偿使用小水电资源为前提到海外招商引资。结果一是跑马圈河、无序开发；二是少数人大量无偿占有全民所有的稀有资源，分配不公，还影响社会安定；三是中央把小水电作为农民增收最有效的途径，要求增加投入的政策落空，促进农民增收的目标没实现。

建设社会主义新农村是党和国家一项意义深远的重大战略决策，应该落实中央工业反哺农业、城市支持农村的方针，制定政策将小水电资源作为山区新农村建设的一种特殊专用资源，由所在地区农民平均有限占有，无偿使用。和土地、山林一样严格控制，严格管理。

四、制定政策把小水电办成新农村的绿色银行

以建设小水电站为载体，把国家对农民的补助、农民获得的小额贷款、相关补偿和投工投料等都量化成农民在电站的股权资本，通过占有电站股权而有限占有小水电资源，从而把政府补助的货币、金融贷款和小水电资源都变成农民增收的资本，小水电站成为新农村的绿色银行，年复一年发电，农民年复一年分红收益，真正形成增收的长效机制。同时，小水电一业兴，可以促进百业兴。

要实现上述目标，国家应制定或落实以下一些政策。

把小水电资源作为山区新农村建设的一种特殊资源，国家严格管理，由所在地区农民平均有限占有，无偿使用。

允许农民以未来电站资产作抵押在银行获得小额贷款 1.2 万元，20 年还贷，政府全额贴息。

免征农民有限开发水电站（平均每户 2 千瓦）的税费。

电网企业要全额收购上网电量。上网电量同网同价。

在上述政策前提下，电站按 20 年还清本息计算，国家每年每户补助贴息 346 元，20 年累计 6920 元，每户每年可增加纯收入 1830 元，20 年累计增加收入 36600 元。20 年内国家投资 1 元，农民增收 5.28 元，效益非常显著，20 年还清本息后，国家不再投资，电站不再还本，每户年纯收入将达到 2300 元，效益更显

著，必将有力地推进山区社会主义新农村建设，贫困人口将得到国家的重点扶持，有利于促进社会和谐。

五、政府规划、企业运作的建设和管理体制

前几年国务院部署在5个省26个县开展小水电代燃料试点，取得了非常成功有效的实践经验，得到国务院领导同志的高度赞扬。新农村水电站在投资结构、建设条件、市场环境等诸多方面非常类似于小水电代燃料生态电站。完全可以把小水电代燃料电站的建设和管理经验推广运用于新农村水电站的规划、建设和管理。即由政府组织协调，统筹规划，水利部门组织电站建设，电站建成后组建股东大会、董事会和监事会，按现代企业制度实行民主管理。实行所有权和经营权分离，通过市场招聘经营者，经营者自主经营。

六、国家扶持，一举多得

今年中央财政用于“三农”的支出将达到3397亿元。如果国家出台相应政策，同时平均每年安排20亿元用于山区农民股份制开发小水电（相当于今年中央财政“三农”支出的0.58%），连续20年，就可以每年增加农民纯收入118亿元，使2361万山区农民每年每人增收488元。20年以后还清本息，国家不再投资，电站不再还本，人均每年增收将达到613元。如果每年中央财政安排50亿元，将惠及5411万山区农民，有力推进相对贫困山区的新农村建设。

与此同时，还给国家分别提供1259万千瓦或2886万千瓦水电装机，有效增加能源供应，改善能源结构，保护生态环境，促进可持续发展。

山区扬长避短发挥了自己特有的资源优势，国家扶持真正重点落实到相对贫困的人群身上，有利于促进协调发展和和谐社会建设。

在学习贯彻《可再生能源法》加强水能资源管理座谈会上的讲话[①]

（2005 年 5 月 ）

在刚开始制定《可再生能源法》的时候，可再生能源只明确了风能、太阳能、生物质能、地热能、海洋能，没有水能，也没有水电，我们当即向全国人大《可再生能源法》起草组和国家环保局提出了建议和调研报告，提出小水电是可再生能源，应在《可再生能源法》中明确。当时国际上有一种认识，大水电不是可再生能源，而小水电是可再生能源。中国小水电资源丰富，世界第一，而且新中国成立以来一直得到党中央的高度重视，开发规模已经很大，在国民经济和社会发展中，特别是广大农村的社会和经济发展中发挥着不可替代的作用，在当时全国已开发的可再生能源当中占比 95％以上。当时国家环保局首任局长曲格平和起草组看到报告后，都表示应该加入小水电，但在会上讨论时，一些专家反对写小水电，认为应该写水电，而另一些专家反对写水电，只同意写小水电，这样水电、小水电都写不进去，争论很激烈。问题反馈回来，我们反复琢磨，提出水能，获得通过。这才有了现在《可再生能源法》中“可再生能源是指风能、太阳能、水能、生物质能、地热能、海洋能等非化石能源”。

可再生能源最丰富的是太阳能和风能，但当时的情况是风能、太阳能发电成本很高、电价很高，尤其是太阳能光伏发电，每千瓦时 4 元以上，因此风能、太阳能长期得不到发展。如果不解决太阳能、风能发电卖不出去的问题，也就是市场问题，那谁也不敢投资搞风电和太阳能发电，发展风电、太阳能发电只能是一

① 《水电及电气化信息》2005 年第 5 期。

句空话。但是如果有法律保障，再贵也卖得出去，那么就可以吸引老板们都来投资，投资的人多了，建设规模大了，大家都在努力解决成本高的问题，新材料、新技术、新工艺、新理论、新方法不断涌现，经过一段时间的群策群力，成本高的问题在不断创新中得到解决，高昂的电价也就可以逐渐降下来，风电、太阳能光伏发电也就可以真正发展起来，否则只能是空想，这也是一条国际经验。当年最大的风电场——新疆达坂城风电场也是我们水利系统的，由于上网电价高，上网困难，多少年生存都非常艰难，更不谈发展了。全国中小水电电价不高，但由于上网难，年年大量弃水，当时国家有一条政策“优先上网”，而且中央领导一再强调要支持小水电“优先上网”，但在执行中往往以同等条件“优先上网”为由，把“优先上网”政策给废了。中小水电上网难，风电上网更难，几十年得不到解决，长期困扰中小水电和风电发展。怎样才能保证可再生能源能上网卖电，尤其在电价成本奇高的发展初期，成为可再生能源能否起步、能否生存、能否发展的关键。总结小水电、风电上网难长期无法解决的教训，如果这个问题不解决，一切都会落空。这成为我们当时反复研究、反复琢磨的大问题，实际上是一个根本性问题。最终我们提出国家制定电网要全额收购可再生能源上网电量的法律制度的建议。只有全额收购，才能避免执行中有机可乘使制度落空。虽然当时也遭到一些强烈的反抗，但得到大多数人的支持。《可再生能源法》最终采纳了这项建议。为了保证这项制度执行中的法律权威性，我们还提出了对违反全额上网而造成的损失，违法者除了如数赔偿相应损失外，还要受到罚款处分，这项建议也写进了《可再生能源法》。

我们要认真学习《可再生能源法》，依法加强水能资源管理。

1. 建立水能资源管理机构，依法加强管理。

长期以来，在管理领域往往把水电混同水能，甚至认为水电是一次能源，使水能管理长期缺位，造成跑马圈河、无序开发、资源浪费、破坏河流资源生态等，《可再生能源法》确立了水能的法律地位，为我们加强水能资源管理提供了法律依据。要做好水能资源管理，首先要解决好长期以来水能资源管理缺位的问题，尤其水能资源相对丰富的省市，应尽快建立相应的水能管理机构，选派得力干部，培养一支思想作风过硬、懂业务、善管理的管理队伍。

2. 建立水能资源有偿使用制度。

无视自然资源的资产性，无视自然资源的资产价值，无偿开发、无偿利用，不仅造成资源的违规无序开发和浪费，同时又造成自然生态的严重破坏。少数人无偿使用全民资源型资产，造成严重的社会分配不公，长此下去，必然影响社会的和谐稳定。水能资源是国家的宝贵财富，我国水能资源总量位居世界第一，是目前我国可开发的第二大自然资源，必须下功夫建立水能资源有偿使用制度。让宝贵的水能资源得到有效的开发和利用。不仅为国民经济和社会发展提供清洁无排放的电能，改善我国的能源结构、保护环境气候作贡献，还要为改善河流生态，促进河流健康作贡献。要改变过去挤干榨尽，将水能全部都变成水电的设计思想，要留足改善河流生态的水能。希望各地在这方面创造经验，尤其一些水能大省，率先改革，率先建立水能资源有偿使用的制度。

3. 水能资源开发利用要建立反哺资源产出地的制度。

水能资源是资源性资产，其开发利用会产生相应的经济效益，应将其经济效益的一部分用来补偿资源产出地的发展。可以用资源股的形式来实现。资源股的红利用于补偿资源产出地，如河流生态的修复、库区补助等，这样既有利于改善河流健康生态，也有利于贫困地区的发展。中国西部地区资源丰富，但经济社会发展相对落后，东部地区资源相对匮乏，但经济社会发展相对发达。采取反哺资源产出地的制度，有利于缩小地区差别，促进地区平衡发展，促进社会和谐。

用科学发展观指导农村水能资源开发利用[①]

（2006 年 10 月）

摘要[②]　本文介绍了农村水电取得的巨大成就和当前存在的突出问题，总结了多年来农村水电发展的经验启示，提出了在保护生态基础上有序开发水电，建立农村水电开发利用与农民利益、地方发展、环境保护和生态建设相结合，实现科学有序可持续利用的对策建议。

一、农村水电发展的成就和启示

我国可开发农村水能资源 1.28 亿千瓦，居世界第一位。截至 2006 年底，全国已建成农村水电站 4 万多座，年发电量 1500 多亿千瓦时，全国水电三分天下有其一。全国 1/2 的地域、1/3 的县、1/4 的人主要靠农村水电供电。

“七五”至“九五”连续三个五年计划共建成了 653 个农村水电初级电气化县。这些县都实现了国内生产总值、财政收入、人均用电量 5 年翻一番，发展速度明显高于全国平均水平。“十五”期间，建成了 410 个农村水电电气化县，平均每县新增装机近 3 万千瓦，新增年发电能力近 1 亿千瓦时，大大加强了这些县的基础设施和综合生产力。50 多年来，开发农村水电累计解决了 6 亿无电人口的用电问题。

（一）小水电代燃料是实现生态、社会、经济三赢的水电开发路子

2003 年，国家启动小水电代燃料试点。经过三年的努力，试点取得了圆满成

---

① 国家能源办《能源决策参考》2007 年 3 月 28 日，《中国水能及电气化》2006 年第 11 期。

② 摘要为《能源决策参考》编者所加。

功，国家投资相当于一户 2000 元左右，就能保证农民年年都能用上 0.2 元/千瓦时的低价代燃料电。农民不再砍柴，平均每户节省传统燃料开支近 300 元，环境生态得到很好的保护。农民从繁重的砍柴和烧柴的辛劳中解放出来，平均每户节省工作日 60 个。政府积极引导农民开辟新的生产就业和外出务工门路，平均每户增收近 500 元。整合力量、统筹资源，调动农民积极性，积极参加直接改善自己生产生活条件的劳动，也提高了投资效率。以小水电代燃料为龙头，配套推进改厨、改厕、改路、改电、改水，取得了整体推进的很好效果，给贫困山区农民带来了先进生产力和先进文化，使农村传统生活方式产生了一次革命性变革。生活条件和生活方式改变的同时，人的思想观念也发生了明显改变，卫生意识、环保意识、致富意识明显增强，农民的生活质量得到明显改善，农民得到了实实在在的好处，就像农村税费改革一样，没有不说好的。特别是妇女从烟熏火燎中解放出来，欣喜之情更是溢于言表。相邻没有试点的村干部、群众纷纷呼吁扩大试点，有的村干部讲，过去几个村子都差不多，现在搞试点的和没搞试点的面貌差了至少 15 年，现在号召建设社会主义新农村，什么是新农村大家没见过，但搞到像试点村这样，大家觉得就行了。实行小水电代燃料，国家得生态、农民得实惠、企业得效益的三赢效果得到了很好的兼顾，得到了项目区群众、当地政府和社会各界的一致赞扬，得到了温家宝总理等中央领导同志的充分肯定，是一条一举多得、现实可行的农村水电开发路子。

（二）农村水能资源是农民摆脱贫困、增收致富的重要资源

社会主义新农村建设最重要的是生产发展，最困难的是贫困山区。除了土地、山林和水之外，能被山区广大农民用来发展生产的资源极少，农村水能资源是其中之一。农村水电不仅有资源总量大的优势，其区位分布还与我国相对贫困人口区位分布基本一致。它没有大量水体集中和移民，规模适中，技术成熟，投资省、工期短、见效快，一般 1～2 年即可投产发电，适合于农民组织起来集体搞股份制开发。而且可就地发电、就地供电，比大电网长距离输送供电经济，是我国广大贫困山区农民增收、农村发展、环境保护、生态改善的珍贵资源。各地创造了很多宝贵经验。

江西铜鼓县红苏村，四川峨眉县龙洞村，广东乳源县田螺坑村、洛阳村，湖南郴州南溪乡，这些地方都是贫困山村，通过政府扶持股份制办电，每年每个农民水

电收入2000～3000元，多则5000元，这些村30%以上的劳动力变成水电工人。

福建永春岭村股份制开发小水电形成资本积累，以电兴工，带动其他资源开发，形成以电为龙头的规模化经营，年村财政收入4500万元，上缴国税1500万，全村农民全部成为工人，人均年收入2.5万元，大量资金投入基础设施和生产生活设施建设。

湖南桂东县水庄村建设装机570千瓦水电站，共投入扶贫资金100万元，其中配给每户农民股份1000元、水庄小学教育股份5万元、村集体股份47万元，吸纳其他入股资金140万元，总投资240万元。投产发电后，除保证每户农民每年分红200元外，年满60岁的老人可领到一份“养老补助”，还为全村教育、医疗、社会保障和其他公益事业提供资金。

广东乳源瑶族自治县全面推行农民集体股份制办电，全县14个乡镇，镇镇都有农村水电，40个行政村，村村都有农村水电股份，240个自然村，年年都分享农村水电红利。2004年全县农民人均纯收入3773元，其中农村水电贡献1555元，占41%。

（三）水能资源有偿使用促进社会和谐

一些水电比较丰富的省（区、市）人大或政府出台了水能资源有偿使用的法律法规。各地已开始通过招标、拍卖等方式有偿出让水能资源开发使用权，实现水能资源的有偿使用和市场化配置。一些地方建立国家水能资源股制度，将股权收益用于反哺河流治理和保护，补偿当地农民。浙江丽水炕洋水电站把农民土地补偿费纳入水电站股份，救活了十几个贫困“空壳”村。泰顺县政府将珊溪水电站后靠移民的生产发展基金入股三插溪水电站，使每个移民每年可以拿到15%的固定回报，移民安居乐业，从而把水电站变为农村的社会稳定器。

二、当前农村水电开发存在的问题

农村水电不仅成为农村重要的基础设施和强大推动力，有力地促进经济社会的协调发展，而且在增加能源供应、改善能源结构、保护生态环境、促进可持续发展中发挥了重要的作用。随着市场经济体制改革的不断深入，农村水能资源开发利用中也出现一些问题。

（一）跑马圈河无序开发

农村水电开发一般只要几年就可还本付息，效益很好。资源无偿使用利益驱动导致跑马圈河抢占资源，出现了不少无立项审查、无设计、无监管、无验收的“四无”水电站，留下安全隐患，有的还造成重特大安全事故。

（二）农村水电开发和农民利益脱节

农村水能资源和土地、山林资源一样，是农民可以用来增收致富的稀有资源，但有些开发商开发的农村水电项目，农民既不能分享经济收益，又用不上廉价电，电站周围的山区农民仍然使用高价商品电，除了电灯之外别的电器都用不起。

（三）农村水电开发与生态建设脱节

农村水能资源是山区农村替代燃料的宝贵资源。一些开发商开发农村水电主要是向电网卖电，获取商业利益，农民依然用不起电，不能实现以电代柴，当地农民生活燃料仍然靠砍柴烧柴，生态很难改善。“十五”期间，全国农村居民实际年均消耗薪柴 2.57 亿立方米，是国务院批准限额的 4 倍。国家实行大规模生态建设以后，农村居民砍柴成为森林滥砍乱伐的主要原因。

（四）留下影响稳定的隐患

水能资源是国家的，但农民有靠山吃山、靠水吃水的观念，当前外地老板抢占资源开发农村水电，当地农民对这块“肥肉”还没有意识，等到农民有能力开发的时候，看到资源被别人占有，就会“觉醒”。这种情况近两年在沿海发达地区屡有发生，发生群体性冲突。

三、用科学发展观指导农村水能资源开发利用的对策建议

（一）坚持在保护生态基础上有序开发水电的方针

正确处理开发与保护的关系，树立河流健康生命理念和保护优先意识。转变

传统的规划观念，调整传统开发思路，确定河流资源开发“红线”，制订水能重点开发区、限制开发区、禁止开发区规划，并严格按照实施。采取工程和非工程措施确保河流环境流量和自净水头，解决好非季节性河流断流和梯级开发河流水库化问题，保证河流健康生态和可持续利用。

（二）实施小水电代燃料，建立农村水电与环境保护和生态建设相结合的机制

小水电代燃料的重点是退耕还林区、天然林保护区、自然保护区、重点水土保持治理区。国家对小水电代燃料电站建设实行财政补助，以降低发电成本，使农民代燃料电价能在 0.2 元左右，农民积极用电代替燃料。自觉完成保护退耕还林面积和其他山林保护面积的任务。

代燃料电站实行所有权、使用权、经营权三权分设，低价供电，微利运行，调动农民和企业的积极性。所有权归国家，由省级水行政主管部门作为出资人代表对国家股、资源股进行监管，但不计收利益。受益权归农民，建立农民受益与环境保护相结合的机制。通过市场选择经营者，经营者独立行使经营权。成立小水电代燃料用户协会，实行依法管理和民主管理。

以小水电代燃料为龙头，整合力量，统筹资源，整村推进改厨、改厕、改电、改水、改路。积极帮助代燃料解放出来的农民外出务工，广辟就业门路，促进新农村建设。

把小水电代燃料作为事关农民切身利益、农村环境保护和社会稳定的大事，尽快全面开展。到 2020 年，代燃料装机累计达到 2404 万千瓦，全国解决 2830 万户、1.04 亿农村居民的小水电代燃料。规划总投资 1273 亿元，其中中央投资 500 亿元，平均每年 35 亿元，最终实现减少森林砍伐面积 3.4 亿亩，从而根本解决全国农民砍柴对生态环境的影响。

（三）实行农村水能资源有偿使用，建立资源股收益反哺生态环境和农村发展的机制

当前由于制度改革的滞后，出现了全民资源部分人受益的问题。必须加快水能资源开发利用制度的改革，建立国家资源股制度。国家以资源使用权入股，占有电站股份，形成国家资源股。资源股的确定，一要体现社会公平，解决部分人

无偿占有全民资源的问题；二要遵循市场经济规律，遵循平均利润率规律，让投资者有较好的回报，调动投资者的积极性。综合考虑农村水电上网电价逐渐提高等因素，计算水能资源单位千瓦的价格一般在1000～1500元。随着经济社会的发展，清洁能源价格的提高，单位水能的价格还会随之提高。这样，水电站总投资包括工程投资和资源投资两部分，共同构成电站资产的总股份。若干年以后，社会发展到计算环境成本的时候，水电站投资中还应有环境投资和相应的环境股权。

水能开发项目立项时，首先要确定资源股。已运行和在建电站要重新确定资源股，并随着电价的逐步到位，同步落实资源股收益。国家出台了各类电站上网同网同价政策，目前农村水电平均上网电价低于全国各类电站平均上网电价0.15元左右，利用这个价格空间，完全可以实现投资者既得利益不变，涨价增量收益分成，顺利实现资源股价值。对于一般资源条件，资源股分成只占涨价收益的30%～40%，涨价收益中的大头仍由投资者占有，投资者是满意的。因此新建电站及现有电站在电价逐渐到位过程中，逐渐实现资源股收益，是完全可行的。

资源股收益优先选择小水电代燃料，在非小水电代燃料区，可采取户均占有一定股权的方式。为了使更多的农户受益，一般一户年股权收益应控制在2000元左右。不管是实施代燃料还是让农民享有一定股权，都应由项目所在县（市）政府按照具体情况，确定受益范围，并逐一落实到户。资源股用于实施代燃料或由农民享有一定股权，都实行以电站为单位，就地结算，当年平衡。可适当安排一部分资源股给当地乡政府和村委会，一般应在20%以内，其收益用于当地社会公益补助。

水能资源是年复一年重复再生、重复使用的资源，简单地将资源一次性拍卖成货币，用于补助农民或河流治理，使“资源性资本”一次性廉价消费掉，今后当地农民不能再收益，这种吃“子孙粮”的做法，是不可取的。

（四）以农村水电为载体，建立农民长效增收的机制

国家把对农民的补助用于建设农村水电站，形成国家投资股，再以股权的形式补助给农民，变“输血”为“造血”，变货币补助为资本补助，形成农民增收的长效机制。即以农村水电开发为载体，把国家对农民的补助转化成电站股权，再把这个股权量化给当地农民，使国家补助农民的货币通过农村水电这个载体变成

农民长效增收的资本，年复一年获取收益。国家投资股和资源股一样都归国家所有，其收益分配方式和管理办法完全一样。

（五）创新政策促进地方发展和新农村建设

鼓励农民用土地、山林淹没补偿入股建电站，为农民开发利用水能资源创造条件，允许当地农民以个人未来电站受益为抵押，以电站法人为对象贷款建设水电站。对农民集体开发小水电和小水电代燃料实行贴息政策和零税率政策。落实小水电上网和电价政策。鼓励小水电就近、就地供电，减少输变电成本，降低电价，减轻农民负担。禁止向小水电企业乱收费、乱摊派。

（六）加大监管力度，依法严格管理

理顺职责，明晰权限，加强建设和运用管理。各级政府应该尽快明确水能资源和农村水电管理的职责分工，做到有人负责，权责统一，规范各级审查审批权限。凡 1000 千瓦以上的水电站都应由省级有关部门审查审批。严格执行规划同意书、环境影响评价、初步设计和开工报告审批制度。工程竣工验收合格，由主管部门发放使用证，电站才能正式投入运行。建立健全农村水电站分类管理和年检制度，对年检不合格的水电站，要限期完成整改。对整改仍达不到安全要求的水电站，要坚决报废。

加强基础工作，加快技术进步。加强农村水电资源开发利用规划。制定《水能资源管理条例》和《农村水电条例》，加快农村水电立法。积极采用先进技术，全面推进农村水电无人值班、少人值守技术，降低成本，提高效益。

打击暗箱操作、徇私舞弊。加大资源转让、资产转让的监督检查和后续监督工作力度。认真查处和严厉打击水能资源和农村水电资产转让中的商业贿赂行为，对个别地方抢占资源、无序开发屡禁不止，造成突发事件和重大损失的要查清是否存在失职、渎职、贿赂等腐败问题，要依法追究有关负责人和主要负责人的领导责任。

新能源产业发展的良好机遇[①]

（2005 年 4 月）

备受国际社会关注的《京都议定书》已于近日正式生效。《京都议定书》会给我国带来巨大的商机。我国一些水电项目将从中受益。

在《京都议定书》正式生效之际，世界银行将进一步免费支持中国的小水电建设。《京都议定书》中清洁发展机制（CDM）的一个项目能够帮助企业拿到大约几百万欧元的额外资金支持。预计 2005 年中国将获批的此类项目有十几个。根据《京都议定书》的规定，温室气体减排指标至少要延续到 2012 年。据此推算，即使保守地估计，此类项目也可以给中国企业带来巨大的收益。

所谓 CDM，是指清洁发展机制，主要内容是发达国家通过提供资金和技术的方式，与发展中国家开展项目合作，通过项目所实现的“经核证的减排量”，用于发达国家缔约方完成减少本国二氧化碳等温室气体排放的承诺。

这种承诺与《京都议定书》有关。因为签署了《京都议定书》的发达国家必须在 2008 年至 2012 年间将温室气体排放水平在 1990 年的基础上平均减少 5.2%。不过，《京都议定书》规定的 CDM 为这些发达国家提供了另一种可行的途径，即提供技术和资金在发展中国家减排。因为在全球范围内，无论在哪里进行减排，效果都是一样的，而发展中国家减排所需的成本与难度显然更低些。

也就是说，倘若一家发达国家的企业要减排 1 吨二氧化碳，在不降低产量的前提下，它可以选择两种方式：在本土通过技术改造减排 1 吨，成本为 54～81 美元；与发展中国家的企业进行 CDM 合作，购买 1 吨二氧化碳减排数额，后者在其

① 《光明日报》2005 年 4 月 11 日。

帮助下通过技术升级减排的二氧化碳，目前价格为7～8欧元。出于节省成本的考虑，发达国家的企业会到发展中国家购买二氧化碳减排数额。

据世界银行测算，全球二氧化碳交易量在这5年间预计为每年7亿～13亿吨，交易值可达每年140亿～650亿美元。除美国以外，发达国家每年将需要通过CDM购买2亿～4亿吨二氧化碳当量的温室气体。中国实施CDM的潜力每年可达2亿吨二氧化碳当量以上，这比全球需求的一半还多。所以，世界银行和意大利、加拿大、英国等许多机构与国家试图培育中国这个市场。对中国可再生新能源企业来说，这无疑是一个绝好的机会。

《京都议定书》为新能源产业的发展提供了很好的机遇。我国具有丰富的水能、风能等可再生资源，而且已经具备了一定的技术积累。我国政府成立了由相关部门组成的清洁发展机制审核理事会，并出台了《清洁发展机制项目暂行管理办法》。

其实，从2002年起，CDM项目就已经进入中国。2002年下半年，荷兰政府和中国政府就中国第一个CDM项目内蒙古自治区辉腾锡勒风电场项目签署合同。投资该项目的中国企业获得了总计约2.7亿元人民币的收益保证。

对小孤山水电站项目来说，项目投资者是世界银行的试点碳基金（PCF）。该项目的总二氧化碳减排量信用额为372.3万吨，每吨二氧化碳约为4美元。因此该项目中方投资公司小孤山水电公司将会得到将近1500万美元的无偿投资。

以浙江省目前小水电平均上网价格每千瓦时0.4元计算，1万千瓦装机容量的小水电站3600小时的发电时间，一年总的发电收益为1440万元，而CDM的收益将达到11.52万～36万美元，折合人民币100万～300万元。这样，小水电站的效益将更为可观。

要卖减排放量，先得成功申请到配额。首先项目所在的地区必须是相对贫困的地区。需要勘测、初步评估，计算出在哪里建设小水电站，用水力发电替代其他能源能够减少二氧化碳排放的数量，甚至连当地老百姓家里烧柴火排放多少二氧化碳也要考虑进去。

另外，还必须通过国内和国际两道验证审批程序：一道是国内的有关机构的审批，一道是联合国承认的认证机构的认证。这样的认证机构全世界只有4家，这一道的认证审查费用一般达1万～1.5万美元。以上流程走完之后，还需要经过联合国气候变化框架公约执行局的审批认可。当前国家及有关部门一是要加大对《京都议定书》的宣传力度，大力宣传其意义及“游戏规则”；二是要落实《中国清洁发展机制项目暂行管理办法》，建立健全相应的制度规范；三是要迅速建立一支咨询队伍和一些中介组织，提供专业服务。

抓住清洁发展机制为中国带来的机遇[①]

（2005年8月）

1997年12月，160个国家在日本京都签署通过了《京都议定书》，这是联合国历史上第一个具有法律约束力的温室气体减排协议，也是世界各国联合行动在保护全球环境、防止气候变暖方面迈出的重要一步。缔约国中的39个发达国家承诺在2008—2012年间减排的第一承诺期内，在1990年的温室气体排放总量基础上进一步削减5.2%的排放，缔约国中的发展中国家在第一承诺期内不承担减排义务。但是《京都议定书》中的清洁发展机制（CDM）牢牢地将发达国家和发展中国家联系在一起，为发达国家和发展中国家的企业搭建了一个减少温室气体排放、保护生态与环境的国际性合作平台，在要求发达国家承担减排义务的同时，也积极帮助发展中国家走清洁发展和可持续发展之路。

清洁发展机制鼓励发达国家通过对发展中国家的温室气体的减排和收集处理项目投入资金或技术以获取温室气体减排量来实现其承诺的温室气体减排指标，这个机制为发达国家的企业提供了两种可选择的减排方式：在本土实现减排或者通过与发展中国家的企业进行CDM项目合作实现减排。出于节省成本的考虑，很多发达国家的企业都会选择与发展中国家企业合作实现减排，进而帮助发展中国家获得发展所需的资金和先进技术。可以说CDM是一项发达国家与发展中国家通过项目合作应对气候变化的一项双赢的新型机制。因此，《京都议定书》的实施做到了用切实可行的机制实现全球范围的减排，对全球建立和完善环境管理体系具有重大的里程碑式的意义。

我国是世界上仅次于美国的第二大温室气体排放的国家，虽然我国属于发展

① 《中国水利》2005年第16期，《中国农村水电及电气化》第6/7期合刊。

中国家，在《京都议定书》中暂不承担减排义务，但是我国政府对环境保护历来非常重视，在全国范围内积极促进可再生能源的开发利用，用实际行动来担负全球性的减排义务。我国新出台的《中华人民共和国可再生能源法》明确规定了政府和社会在可再生能源开发利用方面的责任与义务，鼓励可再生能源开发利用方面的责任与义务，确立了一系列制度和措施，鼓励可再生能源产业的发展和技术开发。我国近期又提出了发展循环经济的总体战略目标，力争用50年左右的时间使循环经济的主要指标以及生态与环境、可持续发展能力等达到当今世界先进水平，极大提高生态与环境质量并整体改善生存空间，这个战略目标将带领我国全面进入可持续发展的良性循环。在2005年中央人口资源环境工作座谈会上，胡锦涛同志强调了全面落实科学发展观，指出进一步调整经济结构和转变经济增长方式是缓解人口资源环境压力、实现经济社会全面协调可持续发展的根本途径。要加快调整不合理的经济结构和增长方式，努力建设资源节约型、环境友好型社会。另外，我国还在全国范围内开展了以天然林保护、退耕还林为重点的大规模的生态建设等措施，加大了对温室气体的收集力度并取得了阶段性的成果。

虽然我国政府做了大量工作，但是从总体上看，环境形势依然严峻。我国经济正处在快速发展阶段，对能源需求非常大，而我国能源结构又是以煤炭为主，温室气体排放很大，带来巨大的环境压力，因此我们要以科学发展观统筹经济发展与环境保护，合理利用资源，走出一条科技含量高、经济效益高、资源消耗低、环境污染少、人力资源优势得到充分发展的新兴工业化道路。以科学发展观为指导，依靠科技进步，推动我国环保产业和清洁能源产业的健康、快速发展，创造一个和谐的社会。而此时清洁发展机制的出现为我们提供了不可多得的机遇，如果能够合理利用这个机制，必将加快我国在高效利用资源、减少环境污染等方面工作的进展。我国企业则可利用清洁发展机制达成与发达国家的合作，为我国相关领域引入项目资金、先进技术和管理经验，加快我国产业发展和技术升级。

据世界银行测算，全球二氧化碳减排交易的需求量在这5年间预计为每年7亿～13亿吨，交易值可达每年140亿～650亿美元。除美国以外，发达国家每年将需要通过CDM购买2亿～4亿吨二氧化碳当量的温室气体，而我国每年可实施CDM的潜力达2亿吨二氧化碳以上，这对我国企业而言，也意味着可以通过清洁发展机制实现每年减排2亿吨二氧化碳的目标。《京都议定书》生效以来，众多发展中国家如洪都拉斯、玻利维亚、巴西、印度、韩国、斯里兰卡、越南等国均已积极地向《联合国气候变化框架公约》（UNFCCC）提交CDM项目。我国为加强对CDM项目的管理，制定了《清洁发展机制项目运行管理暂行办法》（简称《办法》），并于2004年6月30日起施行。《办法》规定在我国开展CDM项目的重点领域是以提高能源效率、开发利用新能源和可再生能源及回收利用甲烷和煤层气为主，要求所开展的CDM项目应符合我国的法律法规和可持续发展战略、政策，以及国民经济和社会发展规划的总体要求，要求CDM项目活动应促进有益于环境的技术转让。

国内一些企业已经逐步意识到清洁发展机制所带来的机遇并加强了环境保护意识，我国第一个CDM项目就是装机容量为34.5MW的辉腾锡勒风电项目，年平均二氧化碳减排量6万吨，荷兰CDM的执行单位（CERUPT）协议购买价格为5.4欧元/吨二氧化碳，10年中企业将预计得到3500万元人民币的回报。中国的第二个CDM项目是甘肃省小孤山水电项目，水电装机容量为98MW，年平均二氧化碳减排37万吨，世行的试点碳基金收购价格约为4美元/吨二氧化碳减排量，企业预计得到约1.2亿元人民币的回报。由此可见，利用CDM项目在解决当地用电问题的同时，还能为企业赢得一份额外的丰厚回报，而其本身并未付出任何代价，只是发达国家企业出钱买走了减少二氧化碳排放的指标。电力工业中具备申请CDM项目的潜力最大，预计占全国减排总量的50%，其次是钢铁工业和水泥工业，各约占10%。国外非常看好中国的小水电。

小水电是集生态、社会和经济效益三赢于一体的清洁可再生能源。它不仅可代替常见化石能源，有效降低温室气体排放，而且是电力普遍服务的重要途径，对促进可持续发展和解决广大贫困人口用电问题有着特殊作用。我国水能资源可开发总量居世界首位，其中小水电资源（指总装机5万千瓦以下水电站）可开发量约1.28亿千瓦，目前已有1600个县开发了小水电，800多个县主要靠农村小水电供电。尽管如此，我国小水电开发程度仍然还很低，不足可开发资源的30%，远低于欧美发达国家。这也意味着我国小水电有着巨大的发展潜力，将有可能成为CDM支持的重点领域，如果实施得好，将对我国水电发展有很大促进作用。

另一方面，国内仍然有大部分的企业还没有真正了解有这样一种帮助企业转型发展的机制，很多企业错过了申请CDM项目的最佳时机，而一些了解CDM的企业也都存在操作上的困难。CDM项目申请程序复杂，申请报出要按联合国统一的要求和格式，申请企业要履行国内、国际两套审批程序，需要经过多个机构的认证或审批，还要多次与国外机构沟通交流，项目申请包括监测、核实计划以及项目（PDD）制作、项目认证、登记等费用，需要几万到十几万美元。因此一个项目从准备、申请到批准最顺利也需要半年以上时间，国内大部分企业难以应付。

因此，当前应加大对《京都议定书》以及环境保护的宣传力度，加大对 CDM 的宣传，为企业提供更多的 CDM 信息，积极落实《中国清洁发展机制项目暂行管理办法》，加强对国内相关企业的指导工作，促进国内 CDM 项目的有序发展。我国具有广阔开展 CDM 项目的空间，一些发达国家以及一些国际性组织已经在我国积极开展 CDM 项目，政府部门应加强与之合作，共同促进国外与国内企业间的合作与交流。尽可能利用国际捐助对我国有前景的 CDM 项目开展基准线方法的研究，从而降低企业 CDM 项目的前期成本。培养和建立一些中介组织，利用中介组织为企业提供专业服务，帮助企业解决项目操作和资金方面的问题，促进企业对相关政策的理解和支持。

我们应该合理利用国际环保大环境下的各种有利条件，积极开展和有效利用 CDM 项目，有效促进发达国家履行资金和技术转让的承诺，其直接结果也将在一定程度上促进高效能源技术和产品更加快速地向我国扩展和传播。同时 CDM 项目在我国的顺利发展也有利于树立我国环境保护的国际形象，提高我国的国际地位。

减排　农村水电肩负新使命[①]

（2001年9月）

在开发和使用能源资源的同时，如何减少温室气体和有毒有害气体排放，如何保护好我们赖以生存的地球环境与生态，已经成为一个引起全球关注的重大问题。可持续发展是全世界共同追求的目标。能源与环保是新世纪人类社会文明进步和发展的主题。随着经济全球化进程的加快和我国加入WTO，将能源与环保、社会、经济有机地结合起来，实现可持续发展，成为我国经济社会发展的基本要求。我国拥有世界最丰富的农村水电资源，新世纪存在着巨大的发展机遇。时代呼唤农村水电，时代需要农村水电。

一、减排形势严峻，清洁可再生能源迅速发展

全球常规石油可采储量预计为3113亿吨，现已探明2516亿吨，有待探明597亿吨。在已探明储量中目前开采了1082亿吨，剩余开采储量1434亿吨，据此计算石油尚可开采41年。煤炭储量较大，但也将在100多年后消耗殆尽。以化石燃料为主的能源供应结构潜藏着极大的危机。

化石能源的大量生产和消费，大量温室气体和有毒有害气体的排放，是造成大气等环境污染与生态破坏的主要原因。1992年在巴西召开的联合国环境与发展大会上，包括中国在内的166个国家签署了《联合国气候变化框架公约》。1997年召开的京都议定书缔约方大会上形成了具有法定约束力的《京都议定书》。国际

① 《中国水利》2001年第12期。

社会一致认为使用化石燃料排放的温室气体是导致全球变暖的主要原因。如果不采取相应措施，气候变暖将导致全球水循环加剧，海平面升高，大量陆地淹没；将对区域性水资源产生重大影响，对局部农业、林业生产造成严重后果，直接威胁人类生存环境。

全球化石燃料排放的温室气体污染，使地球剩余的环境空间十分有限。《京都议定书》主要是通过限制温室气体排放，将温室气体浓度稳定在一个合理的水平上，实现对全球气候变暖趋势的控制。国际权威机构研究表明，如果2100年的温室气体浓度要想稳定在百万分之五百五十，即550ppmv，那么从1990年至2100年的110年期间，全球人为二氧化碳总排放量必须限制在8700亿～9900亿吨碳的水平。这意味着全球110年石油累积供应量只有1910亿吨油当量，平均每年为17.36亿吨油当量，仅为1990年全球石油生产总量的54.6%。为此，发达国家和发展中国家都在加快能源战略和结构调整，削减煤炭供应，提高能源效率，大力发展优质能源和可再生能源，可再生能源发展尤为迅速。预测到2050年世界能源总供应量中60%的电力和40%的其他能源将由可再生能源提供。

我国是发展中国家，人均温室气体排放量低于发达国家，对已造成的全球温室气体效应不负历史责任，在公约中不承担减排义务。但目前我国是世界第三大能源生产国和第二大能源消费国，是世界上煤炭生产和消费量最大的国家，二氧化碳排放量仅次于美国，居世界第二位，占全球总排放量的13.5%。如不加限制，到2020年我国将成为世界第一大排放国。我国是世界温室气体排放大国，又不承担减排义务，能源发展态势备受国际社会关注，面临着巨大的政治、经济和外交压力。京都会议后，我国被列为一系列气候变化谈判的主要对象，承诺减排只是时间问题。

二、实施可持续发展战略，支持农村水电发展

江泽民总书记在“七一”讲话中强调，要促进人和自然的协调与和谐，使人们在优美的环境中工作和生活。坚持实施可持续发展战略，正确处理经济发展同人口、资源、环境的关系，改善生态环境和美化生活环境，改善公共设施和社会福利设施。努力开创社会发展、生活富裕和生态良好的文明发展道路。党的十五

届五中全会通过“十五”计划建议，把加强人口和资源管理、重视生态建设和环境保护列为必须着重研究和解决的一个重大战略性问题，明确指出要继续严格控制人口数量，努力提高人口素质，合理使用、节约和保护资源，提高资源利用效率，加强生态建设，遏制生态环境恶化，加大环境保护和治理力度。“十五”计划纲要指出，要促进人口、资源、环境的协调发展，把实施可持续发展战略放在更加突出的位置。今年，朱镕基总理在湖南、四川、贵州考察时多次指示，要大力发展小水电，解决农民燃料和农村能源问题，促进退耕还林和天然林保护，保证退耕还林退得下、稳得住、能致富、不反弹，在这方面要给予扶持。要保证国家能源安全和社会经济的持续发展，必须调整我国能源战略和结构，大力发展清洁可再生能源。

温室气体排放导致我国生态环境恶化，社会经济损失严重。57％的城市总悬浮微粒超标；82％的城市出现酸雨，酸雨面积占国土面积的40％以上；农林业生产损失巨大，农作物减产5％～10％。农村能源消耗占全国森林资源消耗的40％，山区占50％～70％，山区居民烧柴砍树造成林草植被破坏、水土流失、洪水泛滥、土地荒漠化。保护和改善生态环境已到了刻不容缓的地步。

实施可持续发展战略，是关系中华民族生存和发展的长远大计。我国主动采取前瞻性能源政策措施，调整能源战略和结构，控制煤炭生产消费，发展清洁替代能源，减少温室气体排放，实施以退耕还林、封山育林、治理水土流失为标志的大规模生态工程建设。据有关研究机构论证，一个前瞻性的清洁发展措施将比先污染后治理的做法节省三分之二的资金。“十五”计划纲要指出，要充分利用现有发电能力，积极发展水电、坑口大机组火电，压缩小火电，适度发展核电。目前，我国把发展水电摆到了突出位置，西电东送工程已全面动工。国家计划“十五”可再生能源发展计划中将农村水电纳入可再生能源范畴，明确提出了农村水电发展目标和任务，即“十五”期间完成农村水电装机500万千瓦，2005年达到全国电力工业总装机容量的8.3％。有关部门正在研究制定加快农村水电发展的配套激励政策。最近，国务院批准“十五”期间全国建设400个水电农村电气化县。国家日益重视清洁可再生能源的发展，农村水电具有灿烂的发展前景。

三、新时期农村水电肩负新使命

（一）农村水电发展的三个阶段

第一阶段主要是解决照明问题。从新中国成立到改革开放初期，农村水电主要是解决边远山区、贫困地区的照明问题。新中国成立几十年来，农村水电解决了占全国国土面积一大半地区的无电和照明问题，解决了 3 亿无电人口的用电问题。

第二阶段主要是解决贫困地区人民脱贫致富问题。在邓小平同志亲自倡导下，中央从 1983 年起连续发了 3 个文件发展农村水电，以建设农村水电初级电气化县为龙头，解决边远贫困山区、民族地区和革命老区人民的脱贫致富问题。15 年连续三批电气化县建设，共建成了 653 个农村水电初级电气化县，取得了显著成绩，加快了这些地区经济发展和农民脱贫致富的步伐。这些农村水电初级电气化县，基本上实现了国内生产总值、财政收入、农民人均纯收入、人均用电量 5 年翻一番，10 年翻两番，发展速度明显高于全国水平。到 2000 年底，全国 1500 多个县共建设农村水电站 4.8 万座，装机 2485 万千瓦，占全国水电装机的 32.4%，年发电量达 800 亿千瓦时。全国近 1/2 的地域、1/3 的县和 1/4 的人口主要靠农村水电供电。农村水电产业不断壮大。农村水电资产达 1500 多亿元，年发供电营业收入 400 多亿元，税利总额 70 多亿元。全国组建了 70 多个地区性水电集团公司，有 11 个省成立了省级水电集团公司，9 家农村水电公司挂牌上市，在中国证券市场形成了业绩稳定的农村水电板块。农村水电极大地改善了农村、农业基础设施建设和经济结构，已经成为山区水利和山区经济发展的龙头。农村水电库容 500 亿立方米，在防洪、灌溉和供水等方面发挥了重要作用。

第三阶段主要是保护和改善生态环境，发展地区经济。进入 21 世纪，随着社会经济发展和人类文明进步，生态环境被摆到更加突出的位置。党的十五届五中全会《中共中央关于制定国民经济和社会发展第十个五年计划的建议》提出，加强生态建设和环境保护，有计划分步骤地抓好退耕还林还草等生态建设工程，改善西部地区生产条件和生态环境。今年 4 月以来，朱镕基总理在湖南、四川、贵州考察时多次指示，要大力发展小水电，解决农民燃料和农村能源问题，促进退耕还林，保护和改善生态环境，发展贫困山区、民族地区经济，增加农民收入，加快农民脱贫致富步伐，在这方面要给予扶持。农网改造要和小水电建设结合起来考虑。总理的一系列重要指示，站在全局的高度提出了新时期小水电发展的方向、目标和任务，为小水电发展指明了新的空间和更加广阔的前景。目前全国有2000多万户农户部分使用电炊，每年减少森林砍伐2000万亩，保护了生态，改善了环境，小水电积累了丰富的代柴经验。

（二）新时期小水电肩负的新使命

一是促进退耕还林、天然林保护，改善生态环境。我国的水土流失日趋严重，大量的河流淤积、河床升高，黄河断流，荒漠化面积每年以2000多平方公里的速度扩展。这不仅造成西部地区长期贫困落后、严重的水患和荒漠化，对中东部地区的社会和经济发展也构成了很大的威胁。农民燃料和农村能源问题直接关系到退耕还林、封山育林能否有效贯彻实施。目前，我国退耕还林区、天然林保护区、自然保护区和重点水土流失区内共有居民约4000万户、1.6亿人口，其中有2800万户、1.12亿农村居民主要是烧柴。据调查，1户居民，平均4口人，一年的烧柴量约为2500公斤，相当于3亩森林。2800万户山区居民一年要烧掉森林8400万亩。我国小水电资源分布与需代柴的农村居民的分布基本一致，资源充裕。小水电是清洁可再生能源，可年复一年永续使用，具有分散开发、就地供电、发供电成本低、性能稳定可靠的特点。在调整农村能源结构、解决农民燃料和农村能源问题时，具有不可替代的优势，能肩负起促进退耕还林、天然林保护、改善生态环境的重任。

二是发展中西部贫困地区、少数民族地区和革命老区的社会经济。中西部地区经过多年的不懈努力，经济实力不断增强，但与东部地区相比，还有较大差距。在全国人均创造国内生产总值中，西部地区只有平均数的一半左右。朱镕基总理在四川考察时指出，小水电是贫困地区、民族地区发展的希望，是地方财政的重要来源。

小水电开发涉及建筑工程、建材、机电设备等众多领域，小水电项目投资规模小则几千万元，大则3亿5亿元，一般都在亿元以上，是扩大内需的最佳投资热点之一，可以有效拉动国内经济。开发小水电提供廉价的电力，能够带动当地丰富的矿产资源的开发利用和乡镇企业的发展，电气化带动工业化和城镇化，促进经济结构调整。小水电能够形成当地自我发展的能力，从根本上解决西部边远贫困山区、民族地区的落后面貌，逐步缩小与东部地区的差距。

三是带动贫困地区人民脱贫致富。目前，全国还有3000万贫困人口，主要分散在西部的边远山区和民族地区。贫困地区的脱贫致富是贯彻邓小平同志共同富裕伟大构想的一项战略决策，直接关系到社会稳定和社会主义现代化建设进程。我国67%的小水电资源分布在西部地区。小水电对解决这部分贫困人口的脱贫致富具有明显的资源优势和比较优势。开发小水电，在带动地方经济发展的同时，能够促进农业剩余劳动力的转移，巩固和加强农业基础地位，增加农民收入，加快农民脱贫致富的步伐。大力发展小水电是农民脱贫致富的重要途径。

四、农村水电发展的保障措施

1. **提高认识，转变观念。**面对新的形势和任务，要按照江泽民总书记“三个代表”重要思想的要求，认真贯彻党中央、国务院有关小水电的方针政策和国家“十五”计划，落实部党组从传统水利向现代水利、可持续发展水利转变，以水资源可持续利用支撑社会经济可持续发展的新时期治水思路，以可持续发展为主题，以促进区域经济协调发展、保护生态环境为出发点，以改革和科技创新为动力，发挥水能资源丰富的比较优势，加快小水电发展。

2. **加强领导，发挥政府的主导作用。**小水电建设属于基础性、公益性、生态性工程，是政府的重要职责。要坚持中央和地方“两条腿走路”的方针，充分调动地方办电的积极性。各级政府要把此项工作摆到重要议事日程上，切实加强行业管理，发挥政府对资源的配置作用，加强对小水电开发的政策扶持和资金投入。

3. **全面规划，统筹安排。**加强小水电资源的统一规划和管理，将其纳入水资源管理的轨道。做好小水电资源的严格保护、合理开发和永续利用，避免无序开发。正确处理企业效益与社会效益、局部利益与全局利益、近期利益与长远利益的关系。小水电开发要服从地方经济发展的实际需要，实行治水办电并举，与小流域综合治理、电气化县建设、小水电代柴、西部大开发和西电东送等工作密切结合，以小水电的可持续发展促进水资源及社会经济的可持续发展。

4. **深化改革，实行政策创新。**小水电具有基础性和公益性，政府政策扶持是小水电发展的关键。随着国家经济体制和电力体制改革的不断深入，要从实际出发，研究提出一些有利于水资源的可持续利用、符合市场经济体制要求和电力体制改革方向的政策、措施，营造良好的政策和投资环境，吸引国内外资金投资开发小水电，形成小水电发展的良性循环。对小水电企业进行股份制和股份合作制改造，建立现代企业制度，强化企业管理，降低生产运营成本；以资产为纽带，实行小水电企业资产组合，组建水电集团公司，推进集约化经营，发挥规模经营效益。

5. **推动科技进步，加强国际交流。**建立小水电科研与生产相结合的新机制，加快小水电新技术研制和开发速度。促进小水电新技术的市场化、商业化运作。要加快小水电技术的数字化进程。以信息化为龙头，积极研制和推广应用新技术、新工艺、新材料和新产品，逐步提高小水电的技术水平和科技含量，增强市场竞争力。

世界已进入信息时代，在经济全球化和我国已加入 WTO 的条件下，应通过多种形式，加强与国际能源组织及世界各国在小水电技术、市场、政策及融资等方面的交流。及时了解世界小水电领域的新动态，学习和引进先进技术，借鉴成功经验，加强小水电项目的国际合作。充分发挥国际小水电组织和联合国国际小水电中心的作用，实施走出去战略。

6. **搞好人才资源开发和水电队伍建设。**充分利用现有各类教育资源大力开展职工教育培训。努力提高水电职工的政治和技术业务素质，培养水电开发需要的各类人才，形成水电持续发展的人才基础。同时要加强水电队伍建设，建立选拔任用人才的激励机制，营造用好人才、吸引人才的良好环境，培养一支政治觉悟高、业务精湛、作风过硬的水电队伍。

第二篇

水能　国家的宝贵财富

提出水能资源价值和资产性理论，大力推进其有偿使用改革。指出长期以来，普遍忽视而无偿使用自然资源资产性价值，在全国造成大量资源浪费、环境破坏和财富分配不公的严重后果。改革得到各地政府的大力支持。湖南、湖北、贵州、广西等省（区）出台相应省级法规、省政府文件或省长令。贵州省仅开展部分水能资源有偿使用，年财政收益便达数亿元。这项改革实践有力冲击了自然资源管理的旧制度、旧观念，为全国全面实行自然资源资产化和有偿使用开创了先河，探索了经验。

提出抓紧制定（修订）流域综合利用规划建议，得到水利部时任部长汪恕诚的高度重视，列为水利部工作的重中之重。2007 年初，国务院召开全国会议，专题部署流域综合利用规划制定（修订）工作。从中央到地方，流域综合利用规划的全面完成，为河流保护和开发提供了科学保障，同时确定了一大批重大建设项目，为落实中央“补短板”大力发展水利的战略部署，为全国大规模水电工程开工建设创造了条件。

提出水能是河流生命的动力的理念。开展制定河流健康生态流量标准和实施试点。改革长期以来水能资源管理缺位的问题。

2006 年，《农村水电条例》被纳入国务院立法计划。

❖
1996年，在丹江口水电厂调研。前排左二为丹江口水电厂时任厂长毛文典

❖
1998年，考察奥地利依林公司小浪底水轮机组生产情况。左二为张基尧部长

2007年，中国科学院国家能源发展战略研究课题水能专家组考察乌江水能开发

作者在乌江水电站题写“岩溶第一坝”，院士们分别签名

❖
考察美国水能资源开发。考察团成员有重庆、黑龙江、新疆等省（区、市）水利厅水电局局长张富能、张培民、陈洪等

❖
2003年，第二届国际水电南南合作会议代表在杭州西子宾馆合影。晚上时任省委书记亲临宾馆看望部分外国专家代表等

关于水能资源管理的思考[①]

（2003 年 11 月）

水能资源是水资源密不可分的重要组成部分，是基础性的自然资源和战略性的经济资源，是年复一年取之不尽的可再生资源，是国家的宝贵财富，在国民经济和社会发展中具有重要的战略意义。随着我国社会主义市场经济体制的确立和政府职能的转变，关系国民经济命脉和国家安全的自然资源成为政府管理的重要内容，加强水能资源管理是政府的一项重要任务。

一、水能资源管理现状

我国水能资源十分丰富，不论是理论蕴藏量，还是可开发量，在世界上均居第一位。如何将水能资源管好用好，是关系到经济社会发展的大事。水利部和各级水行政主管部门按照水资源统一管理要求，多年来对水能资源开展了大量的基础性工作，包括调查、评价、规划等，积累了大量水文水能资料，开展了河流水能有关规划工作。在 20 世纪 80 年代，水利部组织全国开展了水能资源普查和评价，编制江河水能开发规划，目前水利部门正在研究制订有关水能资源开发许可制度和开发使用权市场化配置制度，规范水能资源开发管理工作。各省（自治区、直辖市）水利厅在水能资源管理上做了大量的工作。组织编制河流水能规划，按照规划，开展水电建设前期工作，对工程建设项目提出审查意见，为综合经济部门审批立项提供依据。近几年，各省还出台了许多这方面的法规和政策，吉林省出台了《吉林省地方水电管理条例》，明确规定各级水行政主管部门负责组织实施

① 2004 年度《中国水利发展报告》。

水电资源的规划和开发利用审查。江西省出台了《水能资源开发使用权市场化配置管理规定》，贵州省出台了《贵州省水能资源开发使用权出让管理办法》，浙江省出台了《浙江省水电资源开发使用权出让管理暂行办法》。许多县（市）也出台了水能资源管理规定，湖南省邵阳市出台了《邵阳市水电资源开发建设管理暂行规定》等。

虽然在水能资源管理上做了大量基础工作，但总的来看，我国的水能资源管理没有得到应有的重视，水能资源缺乏统一管理和有效的开发利用政策，水能资源开发利用程度低，大量的水能资源没有开发利用，同时，在一定程度上加剧了我国洪涝灾害、干旱缺水和水环境恶化等问题，影响了水资源的优化配置和可持续利用。

二、水能资源管理是水资源统一管理的重要内容

水资源包括水量、水能、水质、水域。水能资源是水资源不可分割的重要组成部分，是由水量和落差形成的，它与水量息息相关。从流域来看：一方面，开发利用水能资源是江河开发治理的重要内容，我国水能资源丰富，为满足经济社会发展的能源需求，需要在江河治理中加快水能资源开发；另一方面，发电用水虽然是河道内用水，但为了蓄水发电必然改变河流的自然状态，对下游用水产生影响，库容越大影响越大。必须从流域水资源综合利用和优化配置的高度去考虑水能资源的开发问题。跨流域引水发电，不仅是水权转移，也牵涉水能资源从一个流域向另一个流域转移问题。水利工程作为水资源配置、节约和保护的重要手段，一般具有多种功能，如发电、供水、防洪、航运、生态等，各功能间相互影响、密不可分。在利用水能资源的同时，必须考虑其他功能的发挥，必须服从和服务于流域和区域防洪需要和水资源的优化配置，必须把发电与防洪、发电与经济社会用水需求和生态用水统筹考虑。因此，水资源的优化配置、节约和保护客观上要求加强水能资源管理。水能资源的开发必须与水权分配和水量调度统筹一起考虑。坚持中央的水利工作方针和可持续发展的治水思路，坚持全面规划、统筹兼顾、标本兼治、综合治理的原则，实行兴利除害结合，开源节流并重，防洪抗旱并举，对水资源进行合理开发、高效利用、优化配置、全面节约、有效保护和综合治理，就必须将水能资源管理纳入水资源统一管理的范畴。

在实际工作中，必须将水能资源管理与水电建设项目的审批、电力能源管理区分开来。只要有河流存在，就有水能资源管理，水能资源管理以河流的存在而存在，在水电工程建设前、建设中和建设后始终存在水能资源管理。水电建设项目审批是由经济综合部门以经济发展、市场需求、水能开发许可和环保评价等为依据，进行基本建设立项审批的。水能资源管理也不同于电力能源管理。电能是电流和电压的函数，是水能通过水工程、发电机组和输用电设施转变成电压和电流而成的。这个时候才有电能管理问题。

《水法》明确规定全国水行政主管部门负责全国水资源统一管理，因此全国水能资源管理是水行政主管部门进行水资源管理的重要内容。如前所述，几十年来各级水行政主管部门在水能资源管理方面已经做了大量有效的工作。

三、加强水能资源管理是加快水能资源开发、实现水能资源可持续利用的必然要求

至 2002 年底，全国已累计建成水电装机容量 8607 万千瓦，按照 20 世纪 80 年代水能资源普查的数据结果，占可开发水能资源的 22.8%和全国电力装机总容量的 24.1%。虽然我国水能资源开发利用取得了很大成绩，但是，无论从开发利用程度还是在整个电力结构中的比重均大大低于世界上水能资源丰富的国家，我国水能资源开发利用现状与丰富的资源相比很不协调。由于水能资源没有得到有效利用，导致大量水能资源白白流失，造成资源的极大浪费。水能资源管理薄弱也直接影响到水资源的优化配置和有效利用。一些水能资源开发项目对公益性功能，如防洪库容考虑不够，在电力调度方案的制订中没有对公益性的需要进行周密分析，忽视生态需水，严重影响了流域水资源的合理配置和流域公益性目标的实现。部分地区放松对水能资源的管理，取消水能资源的开发许可审查制度，导致了许多问题。突出表现在一些地区水能资源无序开发，造成资源破坏和浪费，同时安全事故突出。如果不改变这种状况，必将影响水能资源的开发速度和可持续利用，同时对我国的能源安全、用水安全和生态安全造成严重影响。

四、适应经济社会发展要求，加强水能资源管理

2002 年底，全国发电总装机容量 3.56 亿千瓦，其中水电装机容量 0.827 亿

千瓦，占总装机的22.4%。党的十六大提出了全面建设小康社会的奋斗目标，到2020年国内生产总值要翻两番，有关部门预测，发电总装机容量最低需要8亿千瓦。发达国家和发展中国家都把生态问题作为制定政策方针的重要依据。矿石燃料燃烧发电大量排放二氧化碳，使气温不断升高，威胁全球气候安全。《京都议定书》，就是要控制全球二氧化碳的排放量。我国是发展中国家，但二氧化碳的排放量仅次于美国，如何调整能源结构，减少二氧化碳排放，是全球面临的巨大挑战，也是我国面临的巨大挑战。水能资源作为清洁可再生能源，有良好发展前景。预计到2020年，水电装机容量从0.8亿千瓦增加到2.5亿千瓦。未来的17年中，平均每年水电装机要增加1000万千瓦。我国将进入水能资源大开发时期，必须根据经济社会发展的需要，按照科学发展观的要求，加强水资源管理，加强水能资源管理，为实现全面建设小康社会的目标和经济社会可持续发展服好务，现阶段须重点加强以下几个方面的工作。

（1）抓紧制定有关水能资源管理法律法规和政策；完善水能资源管理的技术标准和办法。

（2）组织水能资源评价，编制水能资源保护与利用规划，监督检查水能资源规划执行情况，协调利益关系和处理权属纠纷。

（3）建立水能资源开发许可制度。依法管理水能资源勘查权、开发权的审批登记发证和转让审批登记，以及水能资源储量管理和资料汇交；依法加强水能资源行业管理。

（4）建立水能资源市场化配置制度。制定水能资源使用权出售、租赁、转让、交易和政府收购管理办法，并组织实施。

（5）建立水能资源勘测单位和评估机构从事水能资源评估的资格审定制度。审定评估机构从事水能资源勘查权、开发权的资格，确认评估结果。

（6）要加强调度管理，统筹发电与综合利用的要求，加强对水能综合利用的管理。

学习贯彻《可再生能源法》 加强水能资源管理[①]

（2005 年 11 月）

2005 年 2 月 28 日，第十届全国人大常委会第十四次会议高票通过了《中华人民共和国可再生能源法》（简称《可再生能源法》），中华人民共和国主席胡锦涛签署了第 33 号主席令公布《中华人民共和国可再生能源法》，自 2006 年 1 月 1 日开始施行。《可再生能源法》的通过和施行，对促进可再生能源的开发利用、节约和保护，增加能源供应，改善能源结构，实现我国经济社会的可持续发展必将产生深远的影响。《可再生能源法》确立了水能的独立能源和可再生能源的法律地位，对加强水能资源管理和水能的开发利用管理具有重大意义。我们必须认真学习、深入理解《可再生能源法》，依法做好水能资源管理和开发利用管理工作。

一、制定《可再生能源法》的重大意义

1. 制定《可再生能源法》是增加能源供应的战略需要。我国常规能源短缺，人均占有量仅为世界人均占有量的 40%。我国人均煤炭、石油、天然气资源占有量仅为世界人均的 70%、10%、5%，剩余可采总量约占世界剩余可采总量的 10%。我国煤炭虽然比较丰富，但并不是世界上最多的国家；我国石油资源量少，2004 年石油对外依存度已经达到 42%；天然气资源更少。同时，我国单位 GDP 能耗大，能源利用效率低。能源供应跟不上国民经济社会发展的需要。能源供应紧张已经成为经济社会发展的瓶颈。所以从长远看，我国经济社会发展必须寻找

① 《中国水利》2005 年第 12 期，2006 年度《中国水利年鉴》专论篇，2006 年度《中国水力发电年鉴》。本文有修改。

替代能源。发展可再生能源是能源发展的战略选择。

2. **制定《可再生能源法》是改善能源结构的必然要求。**我国能源结构不合理，污染环境严重。2004 年我国能源消耗总量为 19.7 亿吨标准煤。其中煤炭占 67%，石油占 22%，天然气占 2%，水能占 7%，前三种都属于化石能源，水能属于清洁可再生能源。在工业化国家和发展中国家，煤炭消耗都没有超过 35%。美国的煤炭蕴藏量是中国的两倍，但在其能源消耗中只占 30%左右。我国大量的煤炭消耗对环境造成了严重污染。90%的二氧化硫、氮氧化合物都是由燃煤造成的。燃煤还造成大量二氧化碳等温室气体，温室气体已经严重威胁地球气候安全，我国已成为仅次于美国的温室气体排放第二大国。大气污染不仅造成土壤酸化、粮食减产和植被破坏，而且引发大量呼吸道疾病，直接威胁人民身体健康。大量温室气体排放直接威胁地球气候安全，引起全球的高度关注。所以发展可再生能源是改善能源结构，保障能源安全，保护生态环境，支撑国民经济可持续发展的必然选择。

3. **我国可再生能源资源丰富，开发程度低。**我国可开发风能发电装机可能超过 20 亿千瓦，目前仅开发了 76 万千瓦。太阳能资源量相当于 1.7 万亿吨标准煤，与一般能源相比近乎无穷大。目前主要是太阳能热利用，仅相当于 860 万吨标准煤。太阳能光伏发电还没起步。水能资源经济可开发量 4 亿千瓦，居世界第一，去年底已开发 1.08 亿千瓦，开发率 25%。生物质能资源量相当于 5 亿吨标准煤，但生物质发电装机仅为 200 万千瓦，加上供气，相当于 540 万吨标准煤，利用率为 1.08%。地热能、海洋能资源量都很丰富，但开发程度更低。这些都是清洁可再生能源。2004 年底，我国可再生能源开发利用总量约 1.3 亿吨标准煤，开发率很低，在目前的能源消费总量中仅占 7%。如果不包括水电，其他可再生能源只占 0.6%。我国可再生能源开发利用潜力巨大。从人类目前的科学技术水平看，很长时间内还难以出现可控、实用、可作为替代能源的新能源。因此，开发可再生能源是解决我国能源短缺，结构不合理，保障能源安全，保护环境的根本出路。

4. **可再生能源发展需要法律支持和保障。**按照现在我国经济发展平均 7.5%的发展速度，我国对能源的需求到 2010 年将达到 22 亿吨标准煤，需要由可再生能源提供约 3.1 亿吨标准煤的份额。到 2020 年，我国的能源消耗将超过 25 亿吨标准煤，需要可再生能源提供约 4.5 亿吨标准煤的份额。考虑单位 GDP 能耗降低 20%以后，这些数据可能有些调整。国际上工业化国家，都在大力发展可再生能源，德国风电装机已经达到3660万千瓦，单机容量5000千瓦的风机制造技术已经完全过关，正在研制1万千瓦的风机。美国太阳能发电装机已达到70万千瓦，一些大财团积极投入资本开发太阳能发电。国外发展可再生能源的成功经验是国家立法支持。可再生能源发展还处在初始阶段，有大量的技术问题需要解决，需要大量投入，需要国家的支持，需要全民来负起责任。所以国家必须做出一些强制性的规定，支持可再生能源发展，随着大量技术问题的解决和规模化生产，造价也会逐步下降。任何一种新能源的发展都经历了这个过程。《可再生能源法》中有一条，叫作全额收购可再生能源发电上网电量，这就是强制上网。还需要有总量目标、电价机制、财政、税收、金融等政策的支持，使可再生能源逐步占有和扩大市场份额，具有市场竞争力，逐步成长成替代能源、战略能源。

二、《可再生能源法》确立了优先发展可再生能源的战略

《可再生能源法》把可再生能源纳入能源优先发展领域、科技优先发展领域和产业化优先发展领域。人们对可再生能源的认识有一个过程，很长一段时间内存在着对可再生能源的偏见和短视。《可再生能源法》把可再生能源纳入发展的优先领域，把认识上升到国家意志，保护和促进可再生能源的发展。

《可再生能源法》规定："国家将可再生能源的开发利用列为能源发展的优先领域，通过制定可再生能源开发利用总量目标和采取相应措施，推动可再生能源市场的建立和发展。"在坚持节能优先和提高能效的同时，将可再生能源列为能源发展的优先领域，这将有力推动可再生能源的开发利用。

《可再生能源法》规定："国家将可再生能源开发利用的科学技术研究和产业化发展列为科技发展与高技术产业发展的优先领域，纳入国家科技发展规划和高技术产业发展规划，并安排资金支持可再生能源开发利用的科学技术研究、应用示范和产业化发展，促进可再生能源开发利用的技术进步，降低可再生能源产品的生产成本，提高产品质量。"我国可再生能源还没有建立完备的可再生能源产业化体系，研究开发能力弱，制造技术水平低，关键设备仍需进口，一些相对成熟的技术尚缺乏标准和服务保障。因此，国家将可再生能源开发利用的技术研究和产业化发展纳入科技优先发展领域和产业化优先发展领域，将有力促进可再生能源开发利用的技术进步，降低生产成本，提高产品质量。

三、《可再生能源法》制定了系列促进可再生能源发展的保障政策和制度

1. **总量目标制度。**《可再生能源法》规定："国务院能源主管部门根据全国能源需求与可再生能源资源实际状况，制定全国可再生能源开发利用中长期总量目标，报国务院批准后执行，并予公布。""国务院能源主管部门根据前款规定的总量目标和省、自治区、直辖市经济发展与可再生能源资源实际状况，会同省、自治区、直辖市人民政府确定各行政区域可再生能源开发利用中长期目标，并予公布。"总量目标制度是指在一定时期能源消费中可再生能源所占的市场份额要达到规定目标。要达到这个目标，要付出很大的努力。这项制度通过采取强制性政策和措施，使规定的目标如期实现。

2. **强制上网制度。**《可再生能源法》规定："电网企业应当与依法取得行政许可或者报送备案的可再生能源发电企业签订并网协议，全额收购其电网覆盖范围内可再生能源并网发电项目的上网电量，并为可再生能源发电提供上网服务。""电网企业未全额收购可再生能源电量，造成可再生能源发电企业经济损失的，应当承担赔偿责任，并由国家电力监管机构责令限期改正；拒不改正的，处以可再生能源发电企业经济损失额一倍以下的罚款。"这是保障可再生能源发展的一项重要的法律规定。在《可再生能源法》起草过程中开始是写优先上网，总结几十年来的教训，对小水电国家早有优先上网政策，但执行中往往以同等条件优先，将优先上网政策给废了，年年大量弃水，风电更是如此。我们感到优先往往难以保证解决"上网难"的问题，建议用"全额"两个字。经过一番激烈争议后，起草组采纳了全额收购可再生能源发电上网电量的制度建议。这也是总结几十年来小水电长期解决不了上网难的问题提出来的。只有这样，执行中才能避免一些人的可乘之机。时至今日，还有人说小水电等可再生能源是垃圾电，有的是出于谋取不正当利益，也有的属于无知。今后小水电等可再生能源企业应依法维护自己的利益。

3. **电价和费用分摊制度。**《可再生能源法》规定："可再生能源发电项目的上网电价，由国务院价格主管部门根据不同类型可再生能源发电的特点和不同地区的情况，按照有利于促进可再生能源开发利用和经济合理的原则确定，并根据可

再生能源开发利用技术的发展适时调整。”“电网企业依照本法第十九条规定确定的上网电价收购可再生能源电量所发生的费用，高于按照常规能源发电平均上网电价计算所发生费用之间的差额，附加在销售电价中分摊。”在可再生能源发展初始阶段，成本很高，必须解决价格问题，国家制定这项制度体现了通过国家权利和全民责任来促进可再生能源发展，保障国家和人民的长远利益。

4. **财政支持和专项资金支持制度。**《可再生能源法》规定：“县级以上人民政府应当对农村地区的可再生能源利用项目提供财政支持。”“国家财政设立可再生能源发展专项资金，用于支持以下活动：（一）可再生能源开发利用的科学技术研究、标准制定和示范工程；（二）农村、牧区生活用能的可再生能源利用项目；（三）偏远地区和海岛可再生能源独立电力系统建设；（四）可再生能源的资源勘查、评价和相关信息系统建设；（五）促进可再生能源开发利用设备的本地化生产。”国家对可再生能源的发展进行财政和资金支持，是加快可再生能源发展，扶持可再生能源产业化的关键。

5. **产业发展指导制度。**《可再生能源法》规定：“国务院能源主管部门根据全国可再生能源开发利用规划，制定、公布可再生能源产业发展指导目录。”可再生能源产业发展指导目录是指在一定时期内，根据我国可再生能源不同的技术发展水平，编制和发布国家鼓励发展的技术和产品，对列入指导目录的可再生能源开发利用项目享受优惠贷款、税收政策。通过制定指导目录，引导和促进可再生能源产业的发展。

此外，《可再生能源法》还在信贷、税收等方面制定了支持政策。

四、《可再生能源法》确立了水能独立能源的法律地位

2002年全国人大环资委着手制定《可再生能源法》，期间，在很长时间小水电和水能都没有纳入可再生能源范畴。我们积极做好各方面的汇报工作，先后提交了十几万字的论证材料和报告，最终水能被纳入可再生能源法。我们还就可再生能源管理体制、市场份额、强制上网、价格机制以及有关政策提出了许多建议，得到立法部门的重视和采纳。

1. **水能实现了水量的天然配置。**水能推动河水流动，把河水输送到四面八方，形成河流，形成流域，实现水量的天然配置，形成万物生存、繁衍的水生态

条件和水环境。水能可将泥沙输送到大海，可使水质得以净化，也可使堤防决口，河流改道，洪水泛滥，水能无时无刻不在造就自然，无时无刻不在对人类作出贡献，对天地万物作出贡献，但水能有时也会对人类造成伤害。几千年前，人类开始利用水能来舂米、车水。一百多年前，人们又学会了把水能变成电能。水能同样遵循能量守恒定律。一部分水能变成电能以后，原始的水能配置发生了变化，河流、流域的生态环境随之都要发生变化，严重时可能出现如泥沙淤积、河床抬高、河槽萎缩、河流断流，还有对河流水生物的影响，对流域生态环境的影响。这种变化达到一定程度，生态和环境就难以承受，河流健康生命就会被破坏，生态环境就会被破坏，直至威胁人类的生存和发展。因此，必须认真研究河流水能的原始配置和合理开发的关系，制定科学利用的方案。

2. **水能是河流生命的动力。**水能和水电是两个完全不同的概念，水能和水电能是两种完全不同的能源。水能以水为载体，存在于河流中，是水位差和水流量的函数，而水电能以电网为载体，存在于电力系统中，是电位差与电流量的函数。水能使河水流动，是河流生命的动力，是河流生命的心脏。没有水能，河流生命就停止了，而水电与河流生命没有直接关系。水能发电叫水电，燃煤发电叫火电。同样，有核电、油电、风电等。不管叫什么电，都是电荷流动做的功，都是电位差与电流量的函数，都不是原来的能源了，都相较原来的能源发生了质的转变。

不同的能源有不同的外部特征和内在规律，其存在形式和作用方式也不一样。因此，人类对它们管理必然不一样。对水电的管理主要是对发电工程的建设管理、发电管理和电网管理。水能管理是河流管理的重要内容。主要是水能资源基础调查、信息收集，水能资源的定期评价，水能资源配置与流域环境、河流健康生命规律的研究，水能有偿使用和反哺河流机制的建立，水能开发与保护的良性循环机制的建立，水能资源的配置规划、节约和保护管理等。但是长期以来，在管理领域，水能与水电相混淆，水能没有作为一种独立能源进行管理，国务院历届“三定”方案都没有水能，也没有将水能列入任何部门的职责范围中，水能管理长期缺位。

3. **管理缺位影响了水能资源的科学管理和利用。**水能资源管理缺位是导致我国水能资源开发率低的原因之一。我国水能资源世界第一，但开发率仅25%。欧美国家都在80%左右。我国常规能源短缺，能源消耗中煤占70%，而水能仅占7%，加剧了能源瓶颈制约和环境压力。水能资源管理缺位还是导致跑马圈河、滥占资源、过度开发、破坏生态、越权审批、以批代审、违反程序、无序开发的重要原因，最终导致对生态环境的破坏和对河流健康生命的破坏。

4.**《可再生能源法》确立了水能的法律地位。**《可再生能源法》规定，可再生能源是指“风能、太阳能、水能、生物质能、地热能、海洋能等非化石能源”，从而把水能作为一种独立能源进行管理，使水能管理进入依法管理的新阶段，必将有力地促进水能科学管理和利用。《可再生能源法》是继《水法》、《水土保持法》、《防洪法》、《水污染防治法》之后又一部涉水的重要法律。

五、《可再生能源法》确定了水能资源的管理体制

1.**《可再生能源法》确定了分部门分级管理的体制。**《可再生能源法》规定：“国务院能源主管部门对全国可再生能源的开发利用实施统一管理。国务院有关部门在各自的职责范围内负责有关的可再生能源开发利用管理工作。”“县级以上地方人民政府能源主管部门对本行政区域内可再生能源的开发利用实施统一管理。县级以上地方人民政府有关部门在各自职责范围内负责可再生能源开发利用管理工作。”全国人大常务委员会法制工作委员会编的《中华人民共和国可再生能源法释义》明确，“国务院能源主管部门是指国家发展和改革委员会，国务院有关部门是指科技、农业、水利、国土资源、建设、环境、林业、海洋、气象等部门”，明确了可再生能源分级分部门管理体制，明确了各级水行政主管部门水能开发利用管理工作的职能，同时赋予了水行政主管部门水能管理的行政执法主体地位。这种体制符合我国国情，有利于对可再生能源开发利用工作的组织领导，有利于发挥各方面的积极性，是《可再生能源法》顺利实施的重要体制保障。

2.**《可再生能源法》明确了部门职责分工。**《可再生能源法》规定：“国务院能源主管部门负责组织和协调全国可再生能源资源的调查，并会同国务院有关部门组织制定资源调查的技术规范。”“国务院有关部门在各自的职责范围内负责相关可再生能源资源的调查，调查结果报国务院能源主管部门汇总。”

《可再生能源法》规定：“国务院能源主管部门根据全国可再生能源开发利用中长期总量目标，会同国务院有关部门，编制全国可再生能源开发利用规划，报国务院批准后实施。”

《可再生能源法》规定：“国务院标准化行政主管部门应当制定、公布国家可

再生能源电力的并网技术标准和其他需要在全国范围内统一技术要求的有关可再生能源技术和产品的国家标准。对前款规定的国家标准中未作规定的技术要求，国务院有关部门可以制定相关的行业标准，并报国务院标准化行政主管部门备案。”

《可再生能源法》规定：“国务院能源主管部门对全国可再生能源的开发利用实施统一管理。国务院有关部门在各自的职责范围内负责有关的可再生能源开发利用管理工作。”

确定可再生能源分部门分级管理的体制，明确职责分工，对加强可再生能源管理和开发利用管理具有十分重要的意义。尤其对于制止跑马圈河、无序开发、浪费资源，具有重大意义，对于保护环境、生态和河流健康生命，建立科学的管理和开发秩序，有着重大的意义。

六、当前水能资源管理严重滞后于水电开发的需要

我国常规能源短缺，主要是煤，石油和天然气很少。今后 15 年风能、太阳能要大发展，但还难以成为替代能源，生物质能、地热能、海洋能等占有的市场份额可能更小。目前水能是除煤炭外具备规模开发条件的第二大能源。因此，今后一段时间必将大力发展水电。在年初批准的能源规划中，今后 15 年水电装机要达到 2.64 亿千瓦。最近提出的可再生能源规划中，今后 15 年水电装机要达到 3 亿千瓦，这就是说，过去 55 年开发了 1 亿千瓦，今后 15 年要开发 2 亿千瓦，每年平均投产 1300 万千瓦，届时水能开发率将超过 72%，除西藏外内地水能资源基本上将被开发完。今后 20 年是水电发展的黄金时期。

面临水电大发展的需求，既要促进河流水能资源的科学利用，又要保护环境，维护河流的健康生命。作为河流的代言人，面临着重大的历史责任，也面临着严峻的形势。首先，人们的思想观念与科学发展观差距很大，与人水和谐、保护环境、维护河流健康生命的理念差距很大。其次，水能开发利用与河流健康生命的规律等重大问题的研究滞后，水能开发利用与生态环境相协调，与河流生态相统一的体制和机制尚未建立。再次，按照科学发展观的要求，水能资源管理的基础工作严重滞后，河流水能资源开发利用规划工作严重滞后。一些河流还存在以河段规划代替全河规划，专业规划代替综合规划，企业规划代替政府规划的问题。

跑马圈河、无序开发还没有得到完全的制止。最后，市场体制下水能资源的有偿使用和市场化配置的改革刚刚起步，水能资源管理的职能和机构还没有到位。特别是西南一些大江大河，今后15年分别都要建设一些几百万千瓦级的特大型水电站，落实科学发展观，真正实现水能开发利用和环境保护相统一，水能资源开发与河流健康生命相协调，形成开发与保护的良性循环机制，任务更是艰巨。

七、切实加强水能资源管理

1. 认真贯彻落实《可再生能源法》，依法加强水能资源管理。《可再生能源法》将于2006年1月1日开始施行，水能管理由于长期缺位而欠账很多，国家经济社会发展需要大力开发利用水能资源，当务之急是按照《可再生能源法》和《水法》等法律法规的要求，依法落实水行政主管部门水能资源管理和开发利用管理的职责，建立和健全中央流域机构和地方水行政主管部门水能管理机构，充实和加强管理队伍，尽快开展水能资源管理和有关开发利用管理工作，依法管理，依法行政。实际上，从中央到地方有完整的水行政管理体系和专业队伍。上世纪五十年代初期和八十年代初期，长江流域规划办公室（长江水利委员会前身）和黄河水利委员会等流域机构以流域为单元，会同流域内地方水行政主管部门对所辖流域主要河流开展过两次较大的水能资源普查工作，取得了大量的基础数据，多年来都使用这些数据和资料开展规划和建设。因此，解决好水能资源管理缺位的问题，水利部是有基础和条件的。

2. 坚持以人为本，认真落实科学发展观。深入贯彻新时期中央水利工作方针和水利部治水新思路，切实转变和纠正只强调充分利用和综合利用，忽视保护的传统水利观念和做法，树立河流健康生命理念，正确处理水能开发利用与环境保护、与河流健康生命的关系，给流域环境和河流生态留出足够的生态水能。河流生态水能不仅要从总量上留足，而且要根据开发利用规划方案，对生态水能的配置进行科学规划。对于一些非季节性河流，在传统观念指导下已经出现过度开发，造成河道断流脱水的，要调整电站运行方案，采取有效措施保证生态水能和生态水量。对于季节性河流，也应在水能开发利用过程中，把天然断流问题解决好。通过工程措施节流，既充分利用水能发电，又很好地解决天然断流问题，使自然季节性河流变成非季节性河流，这应该作为今后水能开发利用的重要目标。

3. **大力加强水能资源管理的基础工作。**加强对河流水能资源的基础调查、信息收集和专题研究。按照科学发展观的要求，研究水能开发与河流健康生命规律，建立水能资源信息系统和水能资源定期评价制度，为实现水能资源开发利用管理提供科学依据。加快河流综合规划和水能开发利用规划的编制或修订，为科学有序开发利用河流水能提供条件。

4. **认真实施建设方案审查同意书制度。**认真贯彻落实《中华人民共和国河道管理条例》和水利部、国家计委《关于河道管理范围内建设项目管理的有关规定》，落实水电建设项目建设方案审查同意书制度。凡在河道修建水电工程，具体建设方案要按照河道管理权限，经水行政主管部门审查同意并出具审查同意书后，方可按照基本建设程序履行审批手续。加强项目建设同意书执行情况的监督和检查，确保建设方案同意书内容的正确实施。同时，落实相应的开工和竣工验收制度，确保河流规划有效执行，资源合理利用，开发有序进行，生态环境有效保护，从源头确保工程质量和公共安全。严格项目初步设计文件审批程序。

5. **完善水能资源市场，形成反哺机制，促进开发和保护的良性循环。**水能资源是国家稀缺的战略资源，属全民所有。随着市场经济体制改革的不断深入和完善，水能开发利用已经全面实现多元化和企业化，要加快完善水能开发利用权有偿制度和市场配置制度，建立竞争有序的水能资源市场，节约和保护水能资源，制止跑马圈河、无序开发，防止部分人无偿占有和使用全民资源，维护社会公平。建立水电站水能资源股制度，股权收益专款用于反哺河流治理、保护和管理，以及库区建设，形成维护河流健康生命的反哺机制，促进开发和保护的良性循环。

国家能源专家年度工作报告

（2006年10月）

按照国家能源领导小组办公室的要求，我作为国家能源领导小组专家组成员和国家能源领导小组办公室联络员，现就一年来有关能源工作情况报告如下。

一、在国家能源办和水利部领导下，落实“国务院今明两年能源工作要点”

认真贯彻落实国家能源领导小组第一次、第二次会议精神和“国务院今明两年能源工作要点”，积极开展各项任务。

1. 形成了“水力发电对《可再生能源法》适用政策的建议”，并以水利部水电［2006］251号文报送国家发展和改革委员会。主要内容有，小水电（电站总装机容量为5万千瓦及以下的水力发电）与风能、太阳能等可再生能源一样，全面适用《可再生能源法》。根据小水电的特点，其上网政策应明确：（1）电网企业必须全额收购其电网覆盖范围内小水电上网电量，并提供上网服务；（2）鼓励和支持小水电就地开发，就近供电。小水电自发自供外的剩余电量，电网企业必须全额收购。其电价政策应明确：小水电上网电价按照有利于促进小水电开发利用和经济合理的原则确定。目前阶段，以当地（省级行政区域）火电机组平均上网电价为小水电上网最低保护电价，以后考虑环境保护加价的因素适时调整。其经济激励政策应明确：（1）可再生能源发展专项资金支持水能资源调查、评价和信息系统建设；（2）可再生能源发展专项资金支持小水电标准制订、示范工程建设；（3）可再生能源发展专项资金支持水电农村电气化县、小水电代燃料等农村可再生能源利用项目；（4）县级以上人民政府应当对水电农村电气化县建设、小水电代燃料等小水电开发利用项目提供财政支持，加大资金投入，并由国家政策性银行提供专项贷款；（5）完善小水电增值税政策，实行超税负返还的税收政策；（6）国家金融机构要支持小水电开发建设。对列入可再生能源产业发展指导目录、符合信贷条件的小水电开发利用项目，金融机构可以提供有财政贴息的优惠贷款。

2. 抓紧起草《农村水电条例》。确定《农村水电条例》的基本框架和内容，完成初稿。《农村水电条例》（初稿）共十章，包括总则、资源规划与管理、农村水电站建设与管理、农村水电电网建设与管理、农村水电市场、农村水电资产、用户、监督检查、法律责任及附则。

3. 积极实施小水电代燃料工程。根据《全国小水电代燃料生态保护工程规划》，按国家发展改革委要求，我部组织编制了《2006—2008 年小水电代燃料生态保护工程规划》。国家发展改革委已批复规划，2006—2008 年将在全国 21 个省（自治区、直辖市）和新疆生产建设兵团的 81 个项目区开展小水电代燃料工程建设。

国家发展改革委已下达 2006 年小水电代燃料工程建设投资计划，共有 58 个项目，总投资 5.7 亿元。

4. 大力推进农村电气化建设。组织全国 565 个县（市、区、旗）编制了县级水电农村电气化规划，26 个省（自治区、直辖市）编制了省级水电农村电气化规划，并在此基础上编制完成了《“十一五”及 2020 年全国水电农村电气化规划》。“十一五”期间，规划新建和改造水电装机容量 477.1 万千瓦，增加年发电量 160.6 亿千瓦时，解决 88.3 万无电人口和 485.6 万缺电人口用电问题，人均用电量增加 402 千瓦时。《“十一五”及 2020 年全国水电农村电气化规划》已经得到国家发展改革委批复。

国家发展改革委已下达 2006 年水电农村电气化建设投资建议计划，共有 408 个项目，总投资 45.79 亿元。

二、落实科学发展观，贯彻中央在保护生态基础上有序开发水电的方针，制止跑马圈河、无序开发

1. 今年 4 月份，邀请中财办有关负责同志一起到贵州、云南、广东、广西、

湖南等地专门就农村水电的开发利用情况进行了调研，提出了“关于调整小水电开发方式的意见和建议”的调研报告。温家宝总理在调研报告上批示：“小水电开发应该确定正确的方针和政策，使其与农民利益、地方发展、环境保护、生态建设结合起来，走科学、有序、可持续发展的道路。请水利部牵头，会同发改委、农业部、能源办研究提出意见，报国务院。”

组织由国家发展改革委、财政部、国务院研究室、农业部、国家能源办、国家环保总局、中国人民银行、国家林业局、国务院扶贫开发办等单位参加的联合调研组开展调查研究，落实总理批示，代拟了《国务院关于科学开发利用农村水电资源的意见》（初稿）。

2. 加强水能资源管理和农村水电建设管理，出台一系列重要文件。水利部陆续下发了《关于印发〈农村水电站安全管理分类及年检办法〉的通知》（水电［2006］146 号）、《关于印发〈农村水电安全生产监察管理工作指导意见〉的通知》（水电［2006］210 号）、《关于印发〈农村水电建设项目环境保护管理办法〉的通知》（水电［2006］274 号）、《水利部办公厅转发湖北省人民政府关于加强水能资源开发利用管理意见的通知》（办水电［2006］142 号）、《关于制止无序开发，进一步清除“四无”水电站的意见》（水电［2006］336 号）、《水利部发布〈关于加强农村水电建设管理的意见〉》（水电［2006］338 号）、《关于开展全国农村水电安全生产大检查的通知》（水电站［2006］13 号）等系列文件，对制止无序开发、清除安全隐患、加强水能资源及农村水电管理提出了具体规定和要求，取得了积极成效。全国各地认真落实在保护生态基础上开发水电的方针和我部重要文件，无序开发得到有效遏制。

3. 积极推进水能资源有偿使用和市场化配置工作。我们先后在发达地区浙江和贫困地区贵州开展试点，探索水能资源有偿使用和市场化配置，现在已逐步推开，有十几个省（自治区、直辖市）水行政主管部门开始通过招标、拍卖等方式有偿出让水能资源开发使用权，实现水能资源的有偿使用和市场化配置。一些地方开始探讨以国家资源股的形式实现水能资源的有偿使用，将股权收益用于反哺河流治理和保护，促进开发和保护良性循环。

4. 推广先进适用技术，加强农村水电技术现代化建设。今年，我部组织有关单位起草了《农村水电自动化设备（水轮机调速设备）应用指导意见》、《农村水电自动化设备（励磁系统）应用指导意见》，现已印发全国。一大批水电站和变电站采用先进技术，实现了无人值班、少人值守。

其他主要工作还有：

1. 在国务院发展研究中心《经济要参》、新华社《内部参考》和《中国水利》等刊物上发表多篇关于加强水能资源管理和小水电资源利用为新农村建设服务的署名文章。提出水能有偿使用，建立国家资源股反哺河流和库区经济社会发展的建议意见，提出农村水电资源和土地、山林一样是农民增收的稀有资源，国家应制定政策增加投入，帮助广大贫困农民开发利用身边水电资源增收致富。

2. 积极组织开展农村水电调研。温家宝总理在“关于调整小水电开发方式的意见和建议”中做了重要批示，明确了新时期农村水电发展的方针，农村水电将迎来新的发展机遇。认真落实温总理批示，组织国务院有关部委同志开展落实总理批示的调查和研究，代拟了《国务院关于科学开发利用农村水电资源的意见》（初稿）。

3. 组织落实中央关于“在保护基础上开发水电”的方针，主持制定了系列加强水能资源管理和制止无序开发的水利部文件，并组织实施。

4. 积极推进流域综合利用规划工作。多次向部领导反映流域综合利用规划工作滞后的问题，请求水利部重视和加强流域规划工作。4 月 29 日，汪恕诚部长在我给他的一份签报中就开展流域利用规划工作做了批示：“流域规划滞后的问题应引起高度重视，请矫勇同志召集规计司、水规总院水资源司等部门提出加强这方面工作的意见。”（注：此项工作引起了国务院的高度重视。2007 年 1 月 5 日国务院召开了全国流域规划综合利用修编会议，专题部署全国流域综合利用规划修编工作。流域综合利用规划修编工作被列为水利部工作的重中之重，在全国全面开展起来）长江、黄河、怒江、澜沧江、珠江、松辽河、海河、淮河、太湖等大江大河，以及全国各地由地方政府管理的河流的流域综合利用规划工作全面启动。

5. 组织落实能源领导小组一、二次会议和“国务院今明两年能源工作要点”精神，开展“十一五”小水电代燃料和水电农村电气化县建设规划，组织落实和实施。开展《农村水电条例》、《水能资源管理办法》等法规研究、起草和制定工作。

6. 积极探讨水能资源有偿使用，建立国家资源股制度，形成反哺河流环境生态和库区经济社会发展的机制，建设环境友好社会和谐水电。积极推广各地中小水电水能资源有偿使用，形成反哺机制的经验做法，逐步形成统一认识，取得显著效果。

水能是河流生命的动力[①]

（2004 年 3 月）

我国水能资源十分丰富，20 世纪普查的结论，理论蕴藏量 6.76 亿千瓦，经济可开发总量 3.78 亿千瓦，水电能 1.92 万亿千瓦时，不论是理论蕴藏量还是可开发量均居世界第一位，是我国经济社会建设和发展的基础性自然资源和战略性经济资源。对我国的振兴和发展具有重大的战略意义。

一、水能实现了水量的天然配置，造就万物生存的水生态环境

水能推动河水流动，把河水输送到四面八方，形成河流，形成流域，实现水量的天然配置，形成万物生存、繁衍的水生态条件和水环境。水能可将泥沙输送到大海，可使水质得以净化，也可使堤防决口，河流改道，洪水泛滥，水能无时无刻不在造就自然，无时无刻不在对人类作出贡献，对天地万物作出贡献，但水能有时也会对人类造成伤害。

二、水能是河流生命的动力

水能和水电是两个完全不同的概念，水能和水电能是两种完全不同的能源。水能以水为载体，存在于河流中，是水位差和水流量的函数，而水电能以电网为载体，存在于电力系统中，是电位差与电流量的函数。水能使河水流动，是河流生命的动力，是河流生命的心脏。没有水能，河水就会停止流动，河流生命就停

① 《水电及电报化信息》2004 年第 3 期。

止了，而水电与河流生命没有直接关系。水能发电叫水电，燃煤发电叫火电。同样，有核电、油电、风电等。不管叫什么电，都是电荷流动做的功，在发电输配电和用电设施中实现，都是电位差与电流量的函数，水电也一样。水电不是水能了，与水能有质的区别。

长期以来，在管理领域，把水能混同于水电，水能没有作为一种独立能源进行管理，国务院历届“三定”方案都没有水能，也没有将水能列入任何部门的职责范围中，水能管理长期缺位。

三、水能同样遵循能量守恒定律

几千年前，人类开始利用水能来舂米、车水。一百多年前，人们又学会了把水能变成电能，叫水电。水能同样遵循能量守恒定律。一部分水能变成电能以后，原始的水能配置发生了变化，河流断面原始水量的时间曲线，发生了变化，河流、流域的生态环境随之都要发生变化，严重时会出现泥沙淤积、河床抬高、河槽萎缩、河流断流，还有对河流水生物的影响、对流域生态环境的影响。这种变化达到一定程度，生态和环境就难以承受，河流健康生命就会被破坏，生态环境就会被破坏，直至威胁人类的生存和发展。因此，必须认真研究河流水能的原始配置和合理开发的关系，制定水能科学利用的方案。

四、水能管理是河流管理的永恒课题

水能资源管理是以水能资源配置、节约、保护、可持续利用为目标，对江河水能资源进行勘测、调查、评价、规划，从综合发挥防洪、抗旱、灌溉、供水、通航、生态、发电效益出发，对水能资源合理利用开发进行规划选点和开发许可管理，协调上下游左右岸利益，研究制定政策，促进水能资源的可持续利用和节约保护。只要有河流存在，就有水能资源管理。水能资源管理以河流的存在而存在，在水电工程建设前、建设中和建设后始终存在水能资源管理。

水能资源管理是实现河流资源优化配置、节约和保护的必然要求。在利用水能资源的同时，必须考虑河流其他功能的发挥，必须服从和服务于流域和区域防洪需要和水资源的优化配置。水电工程的开发和利用对水资源开发、利用和保护的影响是显而易见的，水电工程的兴建对防洪、灌溉、供水、通航、鱼类繁衍的影响，对上下游左右岸的影响，流域龙头水库的建设，使下游梯级电站增加保证出力，牵涉利益补偿，跨流域引水发电，不仅牵涉水能资源从一个流域向另一个流域转移，还牵涉整个水权的转移等。因此，水能资源规划开发、利用和管理，是河流开发利用和管理的重要内容，水能资源规划是水资源规划的重要组成部分。水能资源管理是河流管理的永恒课题。忽视水能管理，就必然导致当年黄河断流那种情况，河流资源的优化配置、节约和保护也就无从谈起了。

五、当前加强水能管理的紧迫性

水能是当前我国除煤炭外具备规模开发条件的第二大能源。年初国务院批准的能源规划指出，今后 15 年水电装机要达到 2.64 亿千瓦。最近提出的可再生能源规划指出，今后 15 年水电装机要达到 3 亿千瓦，这就是说，过去 55 年开发了 1 亿千瓦，今后 15 年要开发 2 亿千瓦，每年平均投产 1300 万千瓦，届时水能开发率将超过 72%，除西藏外内地水能资源大部分被开发。今后 20 年是水电发展的黄金时期。

面临水电大发展的需求，既要促进河流水能资源的科学利用，又要保护环境，维护河流的健康生命，作为河流的代言人，面临着重大的历史责任，也面临着严峻的形势。首先，人们的思想观念与科学发展观差距很大，与人水和谐、保护环境、维护河流健康生命的理念差距很大。其次，水能开发利用与河流健康生命的规律等重大问题的研究滞后，水能开发利用与生态环境相协调，与河流生态相统一的体制和机制尚未建立。再次，按照科学发展观的要求，水能资源管理的基础工作严重滞后，河流水能资源开发利用规划工作严重滞后。一些河流还存在以河段规划代替全河规划，专业规划代替综合规划，企业规划代替政府规划的问题。跑马圈河、无序开发还没有得到完全的制止。最后，市场体制下水能资源的有偿使用和市场化配置的改革刚刚起步，水能资源管理的职能和机构还没有到位。特别是西南一些大江大河，今后 15 年分别要建设一些几百万千瓦级的特大型水电站，建设规模空前绝后，建设强度也空前绝后，但是按照科学发展观的要求，无论是观念上，还是管理上，差距都很大。实现水能开发利用和环境保护相统一，水能资源开发与河流健康生命相协调，形成开发与保护的良性循环机制，任务艰巨，形势紧迫。

六、水能管理的内涵

水能管理的内涵主要有以下内容，制定水能资源管理的法律法规，制定节约、保护、利用水能资源的政策，制定水能资源管理的技术标准、规程、规范和办法，加强水能资源行业管理。

组织水能资源调查评价，制定水能资源保护与开发利用规划，监督水能源规划的正确实施。审查确定水能资源勘测单位的资格；审定评估机构从事水能资源评估的资格。审定评估机构从事水能资源勘查权、开发权的资格，确认评估结果。

制定并组织实施水能资源开发许可制度。依法管理水能资源勘查权、开发权的审批登记发证和转让审批登记；组织水能资源储量管理。制定并监督水能资源有偿使用费或资源税的征收。

制定并组织实施水能资源市场化配置制度。制定并组织实施水能资源使用权出售、租赁、转让、交易和政府收购管理办法。

建立和完善水能资源管理制度　有偿使用水能资源

——在水能资源管理座谈会上的讲话

（2004 年 7 月）

水能推动河水流动，实现水量的天然配置。水能是河流生命的动力，没有水能，河水就会停止流动，河流生命也就停止了。水能可以转变成机械能、电能，为国民经济和社会发展服务。水能同样遵循能量守恒定律，一部分水能变成水电以后，水能的原始配置就要变化，水量的原始配置也要发生变化。这种变化超过一定程度，生态环境就难以承受，河流健康生命就会被破坏，直至威胁人类的生存和发展。我国水能资源开发取得了很大成绩，到 2003 年底，已开发水电 9489 万千瓦，占全国电力装机的 24％，在增加能源供应、改善能源结构、保障国民经济和社会快速发展发挥了重要作用。但近年来，一些地方水能资源开发过程中，出现了跑马圈河、无序开发、破坏生态环境的现象。如何切实加强流域水能资源开发利用管理，促进水能资源优化配置和合理有序利用，保障公共安全和利益是我们面临的重大问题，下面就做好水能资源管理谈几点意见。

一、明确水能独立能源地位，认识水能管理的重要性

长期以来，在管理领域把水能与水电混为一谈，甚至把水电定位为一次能源，造成水能资源管理长期缺位。水能资源管理长期缺位导致全国水能资源管理的基础工作严重滞后，尤其是大江大河的规划长期滞后。

管理缺位影响了水能资源的科学管理和利用。我国水能资源世界第一，但开发率仅 25％。欧美国家都在 80％以上。我国常规能源短缺，而且能源消耗中

煤占70%，而水能仅占7%，加剧了能源瓶颈制约和环境压力。水能资源管理缺位还是导致跑马圈河、滥占资源、无序开发、过度开发、破坏生态环境的重要原因。

水能取决于水量和水头，它独立存在于河道水流中。水能可转变成机械能、热能和电能，水能可以发挥多种作用。水电则是通过修工程、建电站，由水能转换而成的一种二次能源。水能是不能全部被转换成水电的，尤其是环境保护和生态建设越来越被重视的今天，一些地方的水能是要禁止开发的，一些地方的水能是要限制开发的。现在全国水能有25%左右转变成电能，20年以后水能也只有60%到70%可以转变成电能，其他30%左右的水能应该用于生态环境保护和维护河流健康生命。维持黄河不断流，黄河调水、调沙，都是水能运用的典型例子。

水能管理不同于水电能管理。水电能是电流量和电位差的函数，只有经建坝集中水势能，水势能经闸门控制变为水动能，水动能经水轮机变为水机械能，水机械能经发电机形成电位差，发电机接入电网用户后形成电流，有电位差和电流后才形成水电能，即发电机发电并入电网后才能产生水电能。

对水能进行管理是河流管理的重要内容。水能年复一年，周而复始，水能的管理是持续和永久的任务，是河流管理的重要而且永恒的职责。

二、加强水能资源规划，保障科学有序开发

坚持以科学发展观为指导，以保护生态、维护河流健康生命、科学利用水能资源促进经济社会可持续发展为目标，按照优化开发、重点开发、限制开发、禁止开发的不同要求，确定河流水能资源的使用功能、开发程度和规模，并以此确定工作方针、原则和规划，实现水能资源的有效管理，促进水能资源的科学、合理、有序开发。

水能资源调查评价是河流水能资源开发规划的重要依据，要高度重视，切实抓好抓实。调查评价包括水能资源的基础调查、信息收集、专题研究、综合评价等工作。具体调查河流流域范围内的水文、地质、生态布局、城乡发展规划、人口、自然资源、人文、物种、景观、环境和当地的经济社会发展等情况，收集资料，确定水能资源数量，建立水能资源数据库，并对水能资源开发利用产生的影响进行分析、评价，为规划编制奠定基础。

河流水能资源开发规划是保障河流健康生命的前提，是保护流域生态环境的前提和保证，也是制定水电开发规划的前提和基础。要在资源调查评价的基础上，在流域综合规划的指导下首先确定河流水能资源的使用功能、开发程度、方式和要求。要对现有河流水能资源开发规划制定情况进行调查摸底，对现有编制时间过久、不符合科学发展观要求的规划要重新组织编制或修编。对未进行河流水能资源开发规划或只是河段规划的河流要有计划地组织编制。

规划编制或修编要全面贯彻落实科学发展观，要以流域综合利用规划为指导，坚持人与自然和谐共处，统筹水资源综合利用。按照在保护环境基础上有序开发水能资源的原则，保护生态环境和河流健康生命，广泛听取各有关部门、社会各界和地方群众的意见，统筹防洪、生态保护、供水、灌溉、航运等水资源综合利用要求，统筹上下游、左右岸和有关地区之间的关系，统筹当前和长远的关系，合理配置水能资源，实现水能资源科学有序和可持续开发利用。

河流水能规划工作应按中央和地方分级管理的原则，按照《中华人民共和国河道管理条例》确定的管辖范围组织编制，分别报中央和地方政府批准后执行。经批准的规划是河流水能资源开发利用的依据，任何水能资源开发利用项目必须服从。水行政主管部门要适时对规划实施情况组织评估，确保规划的正确实施。未经过水能资源规划审查同意的，不得进行水能资源使用权出让和开发，不得开展项目前期工作，设计单位不得接受勘测设计委托，有关部门不得为其提供贷款，不得审批用地，不得签订接入系统和上网销售合同。

三、建立水能开发项目规划审查制度，加强水能资源开发利用的管理

水能资源开发项目规划审查制度就是国家加强水能资源管理，对开发水能资源活动进行规范审查，防止出现无序开发的重要保证。凡开发利用水能资源的单位和个人，都必须先到水行政主管部门进行资源规划审查，办理水能资源规划审查同意书。

建设项目资源规划审查主要从资源规划、公共安全、移民和生态环境等内容进行审查、提出规划同意书意见。资源规划审查是审查建设项目是否符合流域综合利用规划、流域水能资源开发利用规划，是否充分考虑水资源的利用率、重复

利用次数、保证率、调节性能等资源利用综合指标，是否统筹好龙头水库与梯级开发的关系，提出项目建设规模要求。公共安全审查就是审查工程建成后对上下游、左右岸防汛防旱安全的影响，提出对工程设计运行标准和自身防洪安全、建设期临时度汛安全、运行管理调度的意见。生态环境审查就是审查工程建设对河流健康、移民、生态环境的影响，特别是移民、土地淹没、河道断流、鱼类洄游、地下水、施工垃圾等不利影响，对造成不利影响的，提出生态用水要求或补偿措施。

水能开发项目规划审查是基建程序的重要环节，是保护水能资源，保证公共安全，维护河流健康生命的重要手段。要按照国务院投资体制改革的要求，本着对国家和人民高度负责的精神，依法做好法律法规规定的各项行政许可工作。

项目业主在报请项目审批或核准前，可研报告或项目申请报告必须附具由水行政主管部门出具的规划审查同意书和建设方案审查意见。项目审批后，业主应当委托有资质的设计单位编制初步设计报告，由水行政主管部门审批后方可开工建设。项目竣工验收后，应取得水行政主管部门颁发的水电工程使用证书后，方可投入使用。

四、严格建设项目审批核准制度，加强工程建设管理

水能资源开发利用项目的建设和运行安全直接关系到经济社会发展和人民群众生命财产安全，要认真落实国家投资体制改革的决定，对于国家投资项目，采用直接投资和资本金注入方式的，要严格项目建议书和可行性研究报告的审批制度，对于这些项目的项目建议书和可行性研究报告，要认真进行审查提出意见，同时要对项目的初步设计进行审批。

对于不使用政府投资建设的项目，要严格实行核准制，从维护公共安全、合理开发利用资源、保护生态环境、优化重大布局、保障公共利益、防止出现垄断等方面进行核准。

水能资源开发利用项目建设要严格实行项目法人制、招投标制、建设监理制、合同管理制，严格按照国家法律法规和技术标准进行工程建设。项目业主及勘测、设计、咨询、施工、监理和设备制造等单位必须具有相应的资质，并按国家有关规定开展与此资质等级和经营范围相符的业务。严禁无证、越级和挂靠承担任务。

严禁变相出卖资质，非法转包或分包工程建设，项目竣工后建设单位要及时报送有关资料，有关部门应及时组织竣工验收，确保工程质量。

建设和运行单位要严格按照行政许可的要求进行开发建设和运用管理，落实各项措施，确保生态环境需要的生态水能和水量，保证下游生活、生产和生态用水需求，保护生态，维护河流健康生命。

要切实加强水能资源市场监管，严格从规划到工程开发运用的各个环节的监督和检查，落实责任追究制，对不按要求建设和运用造成严重后果的，要严肃追究有关人员的责任。

对管理不作为、许可不严、监管不力、玩忽职守、徇私舞弊，造成水能资源浪费、国有资源资产流失、生态环境破坏、工程安全隐患或事故、重大群体性事件的，要追究主要负责人和直接责任人的行政和法律责任。

五、建立水能资源有偿使用和市场化配置制度，加强水能资源使用权管理

水能资源属于国家所有，是国家宝贵的资源及资产。任何单位和个人未经授权都无权使用和处置。长期以来忽视自然资源的价值而无偿使用国有资源，在全国造成大量的资源浪费、环境破坏和财富分配不公平严重后果。加强水能资源使用权管理，建立有偿使用和市场化配置制度，是优化配置资源，防止国有资源性资产流失，防止资源的无度开发而造成的浪费和环境破坏的专属制度，是形成反哺河流机制的重要手段。要按河道管辖范围的管理权限，切实做好资源使用权价值评估、组织出让、出让金使用监管等工作。

要根据当地经济和项目资源情况，做好水能资源使用权价值的评估测算工作，确定出让底价和使用年限。在组织水能资源使用权出让前，要对出让项目是否符合流域综合规划、水能资源规划进行审查，要提出明确的公益性要求。水能资源使用权必须通过拍卖、招标、挂牌等出让方式有偿取得。对未通过出让方式取得使用权的项目要重新组织评估，合理确定并收取水能资源使用权出让金。使用权价一经确定，必须严格执行并向社会公开。不得以低于使用权价的价格出让水能资源使用权。

凡是开发利用水能资源（包括新建、扩建）的自然人、法人或其他组织，必

须先获得水能资源使用权。经原组织出让部门批准，使用权可在规定的有效期内进行转让。对于 5 万千瓦以下的水能资源开发使用权，获得使用权的业主必须在出让起 2 年内开工建设，其他的必须在出让部门规定的时间内开工建设，否则由出让部门无偿收回使用权。取得使用权的开发项目，允许再（多）次到市场转让，但必须按规定及时开工、按时建成受益。依法取得资源规划审查同意书、通过转让获得资源使用权并及时开发建设的行为，受国家法律保护。如确因政策变化和规划调整，需提前收回资源使用权的，应给予受让人适当的补偿。

六、建立水能资源股制度，实现河流开发保护的良性循环

水能资源开发使用权的出让金是国家资源所有权的体现，应作为水电项目的国有资本投资，形成国家资源股，以寻求保值增值滚动发展的机制，资源股收益归国家所有，主要用于河流治理、生态保护和资源区发展。其中用于河流开发利用前期工作的费用不得超过 5%，形成维护河流健康生命的反哺机制，实现河流开发和保护的良性循环与可持续利用，出让金以及资源股收益使用应实行收支两条线，接受财政部门监督，不得挪作他用。

加强水能资源管理　推进农村水电建设[①]

——《中国水利》记者访谈

（2005年12月）

记者：2005年是"十五"的收尾年，这一年水电局主要开展了哪些工作？

程回洲：2005年，水利部对水电局的职能、机构和人员进行了重新定位和调整，赋予了水电局水能资源管理、农村水电行业管理等10项行政职能。《可再生能源法》的出台，又进一步确立了各级水行政主管部门水能管理执法主体的地位，使水能管理进入了依法管理的历史新阶段。水电局围绕这两大职能和法律地位的变化，2005年开展了卓有成效的工作。一是2005年农村水电新增装机突破500万千瓦，达到530万千瓦，超过改革开放前30年的投产总量，并形成2000万千瓦的在建规模。二是超额完成400个水电农村电气化县的建设任务，当年完成投资228亿元，新增装机266万千瓦，同时编制完成了《"十一五"及2020年全国水电农村电气化规划》。三是圆满完成了小水电代燃料试点任务，并取得显著成效和宝贵经验，2005年中央1号文件和"国务院2005年工作要点"均要求"扩大小水电代燃料工程建设规模和实施范围"、"加快发展小水电代燃料"。四是全面完成了农电网改造并组织了竣工验收。五是结合援藏工作，实施了西部边境地区无电乡村光明工程。六是修订完成了《全国农村水电"十一五"和2020年发展规划》，同时配合完成了全国水能资源复查工作文件的起草。七是继续加大力度清查"四无"水电站，整顿农村水电开发秩序，确保河流健康生态用水，清除安全隐患。另外，2005年还积极开展了农村水电增收解困工程规划等一大批专业规划。

① 《中国水利》2005年第24期。

记者：我们了解到，五年前“十五”规划启动时，农村水电发展处于最低谷。当时困难很大，外部环境很差，很多人都认为农村“小水电”没有出路了。可是，五年过去了，从水能资源管理到农村水电发展、水电农村电气化县建设等都上了一个新台阶。请您谈谈这些成绩主要体现在哪些方面？发挥怎样的效益？

程回洲：“十五”的五年，在部党组新的治水思路指导下，我们迎难而上，不断创新，跨越式发展，促进农村水电从低谷走向高潮，促进水能资源管理从开始起步到有法可依、初见成效。取得的主要成效可归纳为5个方面。

第一，农村水电空前发展。5年来，累计完成投资1500亿元，新增装机1600万千瓦，发电量5600亿千瓦时。实现工业增加值2800亿元，税额350多亿元，同时解决了1200万无电人口的用电问题，配套修建和改造了农村公路6万公里。“十五”农村水电实现效益比“九五”翻了一番。到2005年底，水利系统管理的总装机突破5000万千瓦，达到5190万千瓦（2004年底全国水电总装机1亿千瓦），其中水电4390万千瓦，累计形成固定资产3000亿元。农村水电已经成为农村经济社会发展的重要基础和强大推动力，同时对满足全国经济社会发展的需求、增加能源供应、改善能源结构、保护环境，发挥了不可或缺的作用。

第二，以水电农村电气化县建设等为引领的农村水电发展促进了全面小康社会建设。一是“十五”400个电气化县超额完成任务，累计完成农村水电投资1200亿元，约占全国总量的80%。这些县人均年用电量650千瓦时，比2000年增长76.6%，户均年生活用电量560千瓦时，比2000年增长692%。400个县国内生产总值年均增长率达到15%，是全国平均水平的17倍。二是小水电代燃料试点取得显著成效和宝贵经验。经过两年的试点，我们已经探索出一条“政府扶持、企业运作、农民参与、低价供电、保护生态、改善生活”的路子和有效的管理体制与运行机制，既保护了生态，又减轻了农民负担，增加了农民收入，改善了农村生产生活条件，得到了项目区群众、当地政府和社会各界的一致赞扬，也得到了党和国家的充分肯定。三是水利系统农网改造累计完成投资240亿元，全面完成乡镇电管站的体制改革，农村电价平均降低了0.3元/千瓦时。由水利系统负责“两改一同价”的地区每年直接减少农民电费支出40多亿元，减轻了农民负担。另外，水利部门为推进国家电力体制改革开展了大量卓有成效的工作。在开展试点和示范的基础上，制定了《水利部关于全国农村水电现代化指导意见》和实施计划，推动了全国农村水电现代化建设。全国已有2000多座水电站和变电站实现了无人值班、少人值守，数百个县级电网实现了微机调度自动化，微机管理信息系统、电力营销管理系统、远程抄表系统都得到广泛运用。

第三，克服体制障碍，加强水能资源管理取得进展。水能是我国目前具备规模开发条件的第二大能源，但只占全国能源消费的7%，水能没有发挥应有的作用，加剧了能源短缺和对生态与环境的压力。水能没有作为一种独立的能源进行管理，国务院历届“三定”方案都没有水能和水能管理部门。在水利部新的治水思路指引下，我们从地方入手，加强水能管理，几年来已初见成效。如贵州等4个省以省人大立法的形式明确了水行政主管部门水能资源管理的职能。福建等10多个省以省政府文件等形式明确了水行政主管部门水能资源管理职能，大部分省（自治区、直辖市）水行政主管部门都加强了水能资源管理和开发利用项目的合规审查、建设方案审查、初步设计审批和竣工验收。另外，水利部连续发出清查“四无”水电站、加强水能资源管理等文件，对全国无规划、无审查、无监管、无验收的“四无”水电站进行了全面清查和整治。全国共清查出2872座“四无”水电站，目前2600多座已整改并通过水利部门验收，无序开发的情况得到遏制，水能资源管理得到了加强。

第四，积极促进立法，建设依法管理的环境。一是积极争取，努力参与，促进了《可再生能源法》的出台。《可再生能源法》确立了水能作为一种独立能源的法律地位，同时明确了分部门分级管理的体制，确立了各级水行政主管部门水能管理执法主体的地位，使水能管理进入了依法管理的历史新阶段。二是依法理顺关系，加强职能。水利部落实《可再生能源法》，重新制定了水电局的“三定”方案，规定了10项行政职能，新增了全国水能资源开发利用管理的职能，加强了农村水电建设管理的职能。为加强水能资源和农村水电管理提供了组织保障、行政保障和财经保障。

第五，创建联合国国际小水电中心和示范基地，建立了国际合作新模式。5年来广泛开展国际合作，与30多个国家开展了多个项目的技术咨询和合作。培训亚非国家小水电技术人员500人次，引进了加拿大政府对我国小水电的援助项目，先后在我国杭州、郴州，以及加拿大、印度、奥地利组织了8次国际会议和国际论坛，扩大了我国国际合作与交流的影响，得到了国际社会的高度赞扬。先后在郴州、张掖创建的两个联合国国际小水电示范基地发挥了很好的引导作用。

记者：“十一五”及2006年水电发展与改革有怎样的思路和打算？

程回洲：“十五”的成绩，使我们更加坚定地认为，“十一五”水能资源管理和农村水电建设只要坚持以邓小平理论和“三个代表”重要思想为指导，以人为本，遵循科学发展观，认真贯彻落实《可再生能源法》和《水法》。深入贯彻新时期中央水利工作方针和水利部新的治水思路，就一定能开创水能资源管理的新局面，为社会经济发展和农村全面小康社会建设服务。我们提出的目标是：落实职能，加强机构管理，大力加强水能资源管理的基础工作和规划工作，探索并逐步建立水能资源开发与保护的良性运行机制，形成竞争有序的农村水电市场，新增农村水电装机1600万千瓦，建成400个小康水平农村电气化县，使1000万农民实现小水电代燃料，1000万贫困农民通过发展农村水电实现长效增收，1000万无电人口用电问题得到解决，10000座农村骨干水电站实现无人值班。

体现在2006年的工作上，首先是落实科学发展观，加强水能资源管理。按照科学发展观的要求，要加强对河流水能资源的基础调查、信息收集和专题研究，研究水能开发与河流健康生命的关系，制定并组织实施河流生态用水标准。从根本上解决季节性河流枯水期断流的自然特点（农村水电所在河流基本上都是季节性河流），通过建设水电站，改善河流生态，使季节性河流长年不断水。建立水能资源信息系统和水能资源定期评价制度，为实现水能资源开发利用管理提供科学依据。加快流域综合利用规划和水能开发利用规划的编制或修订，为河流水能科学有序开发利用提供条件。健全各级水利部门水能资源管理和农村水电管理机构，明确职能，充实骨干，加强培训，提高水能资源管理和农村水电管理的能力与水平。建立和实施水能资源开发利用许可制度，从源头确保工程质量和公共安全。全面推广水能资源有偿使用制度和市场化配置制度。制定全国水能资源开发使用权管理办法，统一规范各地出让行为，保证国家作为资源所有者的合理收益，建立维护河流健康生命的反哺机制。加强水能资源资产监管，防止国有水能资源资产流失。

第二，科学发展农村水电，促进农村经济社会发展。继续开展水电农村电气化县建设，目标是建立5年一个台阶、连续建设、动态管理的新机制，建成400个小康水电农村电气化县；实现1000万农村居民小水电代燃料目标，保护森林2333万平方公里，同时带动农村改厨、改厕、改电、改水、改路，改善农村生产生活条件和村风村貌，促进社会主义新农村建设。继续实施农村电网建设与改造，提高供电能力和供电质量，降低网损消耗。在农村水电资源丰富的贫困山区，以建设水电站为载体，把国家对贫困农民的扶持资金转化为发电生产力，实现500万贫困农民直接通过开发农村水电增收解困并形成增收的长效机制。

第三，加强市场监管，建立竞争有序的农村水电市场。加快制定《农村水电条例》，建立农村水电发展的良好法制环境；进一步加强农村水电市场监管和国有农村水电资产监管，促进农村水电资产战略重组；通过贯彻《可再生能源法》，基本解决农村水电上网难和电价低两大难题。

第四，建设现代化农村水电，扩大国际合作与交流。

《中国水能及电气化》刊首语[①]

（2006年9月）

今天本刊以全新的面貌呈现于广大读者面前，这是杂志成长过程中的羽化新生。2005年1月经报国家科技部特别批准，我们创建了《中国农村水电及电气化》杂志，杂志创刊以来，得到广大读者的大力支持和呵护，越办越红火。随着事业发展，2006年9月，经国家新闻出版总署批准，《中国农村水电及电气化》杂志正式更名为《中国水能及电气化》。作为水利部主管的行业期刊，杂志的更名是主办单位水利部水电局贯彻落实科学发展观和《可再生能源法》，践行水利部治水新思路、加强水能资源管理和水电农村电气化行业管理的需要，是水利水电行业广大读者的期望所归。

在全国水利系统各级领导的支持下，自2005年1月至今，《中国农村水电及电气化》已成功出版20期。杂志始终坚持“社会效益第一”的原则，在宣传党和国家的水能资源开发、利用、管理及水电农村电气化方针政策，传播水利水电工程新技术，交流农村水电行业管理和技术应用经验，完善行业市场监管等方面发挥了应有的作用。

当前，能源短缺已成为制约我国经济持续发展的瓶颈之一。2005年2月28日，十届全国人大常委会第十四次会议通过并颁布了《可再生能源法》，该法将水能列为国家重点扶持、优先发展的六大可再生能源之一，并明确了其分部门分级的管理体制，确立了水能的独立能源地位，对水利部门依法管理水能资源的开发、利用做了新的规定。因此，本刊专家编委认为，杂志在强化和有效促进行业管理方面具有重要作用，更改刊名方能体现宣传水能资源管理、促进水能资源合理开

① 《中国水能及电气化》2006首刊。

发利用、更好地促进水电农村电气化建设的办刊宗旨，才能更好地发挥杂志的舆论导向作用，强化其行业监管职能。

我国水能资源丰富，遍及全国30个省（区、市）的1600多个县（市），其技术可开发量为6亿千瓦，是我国目前具备规模开发条件的第二大能源。据有关资料统计，我国已开发水能资源1.17亿千瓦，只占全国能源消费的7%。水能资源管理长期缺位，不仅水能开发利用率低，而且还存在跑马圈河、无序开发等问题。

近年来，水利部先后下发了《关于清查“四无”水电站确保安全度汛的紧急通知》、《关于加强领导清除“四无”水电站事故隐患的紧急通知》、《关于进一步加强农村水电工作的通知》、《关于加强农村水电站工程验收管理的通知》、《农村水电站安全管理分类及年检办法》、《农村水电安全生产监察管理工作指导意见》、《农村水电建设项目环境保护管理办法》、《关于制止无序开发进一步清除“四无”水电站的意见》、《关于加强农村水电建设管理的意见》、《水利部办公厅转发湖北省人民政府关于加强水能资源开发利用管理意见的通知》等一系列重要文件，在全国掀起了抓水能资源管理、规范农村水电建设的高潮，形成了磅礴声势，取得了显著成效。

水能是河流生命的动力。水能资源管理已成为水资源统一管理的重要内容，建立水资源统一管理体制，必须加强水能资源管理。加强水能资源管理是科学发展观的必然选择，是贯彻人与自然和谐的治水新思路、维护河流健康生命的客观要求，是建设环境友好和社会和谐型水电的根本途径，是落实国家能源政策、促进我国经济社会可持续发展的切实保障。

今后，作为水利系统乃至全国唯一带“中国”字头的水能及电气化专业期刊，杂志将紧紧围绕水利部的工作中心，扎实工作，积极进取，努力成为宣传我国水能及电气化工作方针的主要舆论阵地，成为水电业务和技术交流的开放式综合信息平台，成为展示我国水能及电气化发展成就的重要窗口。希望广大读者继续关爱、支持这本杂志，希望《中国水能及电气化》在期刊百花园中茁壮成长。

第三篇

百折不挠推进国家电力体制改革

坚持独立配（售）电公司的改革方向，坚持配（售）电市场化，反对国家电力公司上划代管独立自发自供的县电力公司等有关政策建议，被国务院国发［1999］2号文件采纳，冲击了电力垄断体制的强势扩张，促进了全国农网改造“两改一同价”的健康发展。

百折不挠推进国家电力体制改革，关键时刻的重要建议得到汪恕诚部长的大力支持，引起朱镕基总理的高度重视，当机立断，决定改革电力垄断体制。经中共中央政治局常委会会议批准，国务院出台国发［2002］5号文件，国家电力公司被改组成五大发电集团、国网和南网。全国发输配售一体的电力垄断体制被打破，市场资本踊跃投入电力建设，全国很快摆脱了多年来“开三停四”的严重缺电局面。

1999年5月，在成都召开的全国水利农村电力体制改革研讨会主席台。左一为青海省水利厅厅长刘伟民，右二为四川省水利厅厅长陈德静，右一为四川省地方电力局局长杨树良（副厅）

1999年5月，成都全国水利系统农电体制改革高级研讨班合影

❖ 与会有中央和国家机关多个部委有关负责同志，各省（市、区）和新疆建设兵团有关负责同志。会上汪恕诚部长就全国电力体制改革进行了全面深刻的论述。图为会议代表在人民大会堂合影

❖ 图为和会议代表一起合影的汪恕诚部长（中）和张佑才（国家财政部）（右二）、敬正书（左二）、张基尧（右一）、陈雷（左一）等领导同志

❖
全国农村水电暨“十五”水电农村电气化县建设工作会议京西宾馆会场主席台。在主席台就坐的有时任副部长敬正书（左二）、陈雷（右二）、驻水利部纪检组组长刘光和（右一）

❖
全国农村水电暨“十五”水电农村电气化县建设工作会议京西宾馆会场之一角（一）

❖
全国农村水电暨“十五”水电农村电气化县建设工作会议京西宾馆会场之一角（二），全国各省（市、区）和新疆建设兵团水利厅（局）厅（局）长、水利部机关和有关部委司局长在前三排就坐

2001 年 9 月，全国农村水电暨“十五”水电农村电气化县建设工作会议在北京京西宾馆召开。大会会场设在人民大会堂。

期间，全国各省（市、区）和新疆建设兵团时任水利厅（局）厅（局）长敬正书、陈德静、彭志立、孙砚芳、刘代荣、朱宪生、韩正江、李里宁、文明、张霍德、杨焱、刘红运、王孝忠、成子久、李皋、曾繁荣、段安华、王忠法、吴克刚、张森、孔朝柱、刘忠武、谢成彧、陈坚、郑荣华、朱开茗、肖利声、涂集、孙晓山、朱来友、杨丕龙、汤金华、庄先、吴章云、张岩、吐尔逊、李世新、章猛进、张今如、黄建中、刘伟民、张晓玲、李福中、马庆国、汪洋湖、宿政、仲刚、史会云、张凤林、梁建义、许文海、贾德志、李英明、袁浩基、王保安、白马旺堆、顾烈峰、刘兰育等在组织领导当地水电建设和改革、农村电气化工作中，做了大量卓有成效的工作。作者常怀不尽感激和敬意。

认真落实国务院国发［1999］2号文件材料做好农村水电供电区“两改一同价”工作[①]

——在全国农村水电供电区“两改一同价”工作会议上的讲话

（1999年3月重庆）

一、前段工作

今天的会议是学习贯彻国务院2号文件，认真把握文件的精神，提高认识统一思想，把“两改一同价”工作扎扎实实开展起来。

1997年1月16日，国家电力公司正式挂牌成立，与电力工业部并轨运行，同时明确国家电力公司是国务院界定的国有资产出资者和国务院授权的投资主体和资产经营主体。这一步改革为撤销电力工业部做了准备，但同时强化了电力公司政企不分、高度垄断的体制，给电力工业体制改革增加了困难。1998年3月，国家实行机构改革，撤销电力部，将电力工业的政府职能划归国家经贸委。9月30日，国务院吴邦国副总理主持总理办公会，部署全国“两改一同价”工作，这次会议未通知水利部参加。会上形成了一个纪要，依据纪要后来形成了133号文。这个文件提出对趸售县和自供自管县实行全面上划代管，这意味着全国800多个小水电自发自供且具有独立法人地位的县电网，还有800余个地方建设，独立于国家电网的趸售县的电网全部要上划国家电力公司或由其代管。这个文件下发后，全国水利系统震动很大，大家都不能接受，反应强烈，纷纷到北京向有关部门反

① 《水电及电气化信息》1999年第3期。

映情况。水利部因为没有参加有关会议，不清楚情况。实际上当时总理办公会上提到全国2400多个县中，国家电力公司管的直供县有600多个，归水利部管的自供自管的县有800多个，地方管的趸售县有800多个，不能搞一刀切，搞上划代管。建议对水利系统的自供自管县仍由水利部门自己建设改造，自己管理。与会的国家计委副主任包叙定同志，时任国家电力公司副总经理汪恕诚同志以及其他与会同志都表示同意，吴邦国副总理同意大家的意见。但下来负责起草文件的国家计委价格司负责人没把这些意见写进去。这个失误在全国造成很大的思想混乱，全国反应非常强烈，文件已经发出，怎么办呢？经与国家计委负责此项工作的基础产业司司长宋密商量，决定把实际情况以我和她电话记录的方式向全国发出去。在敲定电话记录具体文字时，宋密还当场打电话给汪恕诚同志征求意见。汪恕诚同志当时还是国家电力公司副总经理，宋密在电话中说，会上说到水利部还有一大块，由水利部门自己负责“两改一同价”，但现在文件中没有写。汪恕诚同志回答：是的，水利还有一大块。当时邦国副总理也同意这一原则，并表示同意发这个电话记录。据说这个电话记录影响很大，不少省的省长、省委书记都看了。这个电话记录在全国制止国家电力公司上划代管地方电网和无偿上划地方国有资产、扩大行业垄断上，发挥了非常重要的作用。但问题并没有解决。坚持上划代管和反对上划代管的斗争非常激烈，仅自供自管县就800多个，涉及20多个省（区）。尤其恶劣的是，利用对国家农网电网改造资金（包括资本金和贷款）的垄断（一省一贷），即一省只设一个承贷主体，不上划代管就不给改造资金，每县大约1亿元，在当时可谓数额巨大。各地政府因此也反应强烈，国家需要出台文件明确政策。

从1998年10月起，水利部和全国水利系统做了大量的调查研究和协调工作。水利部提出：第一，取消对自供自管县电网的上划代管。第二，自供自管县的农村电网改造由水利部门组织实施和管理。第三，国家对自供自管县电网改造在资金支持上一视同仁，农网改造贷款实行一省两贷或一省多贷。第四，对农村电网改造的贷款偿还实行全省均摊。这几条意见，尤其是前三条，水利部多次与当时负责起草文件的国家经贸委反映、协调，但都未被采纳。在这个文件送总理签发的前夕，国务院副秘书长马凯批示，请水利部和国家经贸委主要领导当面协调，最好能达成一致意见，如果不能达成一致意见就报总理裁决。国办有关负责同志向我传达上述批示时，已是下午6点左右，早已过了下班时间（我当天下班稍晚，仍在办公室）。我反复强调水利部的意见和理由，希望形成国务院文件时采纳。他建议我本人以水利部水电局局长的名义，把我说的意见和理由，手写（特别强调手写）一份材料作为附件，给总理签发时参考。我按照要求，将手写的材料传到中南海。1999 年 1 月，朱镕基总理签发了国发［1999］2 号文件，采纳了水利部的意见。一是水利部负责自供自管县电网的“两改一同价”工作；二是取消对自供自管县的上划代管；三是对自供自管县农网改造，要给予资金和贷款支持，纠正了上划代管的错误做法。在汪恕诚部长任水利部部长的第一次厅局长会议上，各省厅局长对上划代管反应十分强烈而集中，在厅局长会议总结闭幕的前半小时，国办给我传来了国务院 2 号文件的清样，我立即送给汪部长，汪部长正准备进入会场，他很高兴，结合会议情况对 2 号文件有关内容进行了详细的解读和宣讲。在 2 号文件的指引下，全国自供自管县的农网“两改一同价”工作蓬蓬勃勃地开展起来了。

二、认真做好农村水电供电区“两改一同价”工作

当前要重点抓好以下几项工作。

1. 牢牢把握“两改一同价”的根本宗旨。

加快农村电力体制改革，加快农村电网建设改造，加强农村电力管理，是党中央、国务院做出的一项重大决策，其根本宗旨是降低农村电价，减轻农民负担、繁荣农村经济。农村水电在邓小平同志亲自倡导下，持续快速发展，全国 1/2 地域、1/3 县和 1/4 人口主要靠农村水电供电。在农村水电供电地区，同全国农村电网一样，存在电网建设与发展不适应，电网结构不合理，管理落后，电价畸高的问题。我们要认真学习国务院国发［1999］2 号文件精神，正确把握和认真实现“两改一同价”的根本宗旨，克服一些错误思想和做法，紧密结合当地实际，抓紧组织实施农电体制改革和农村电网建设改造，实现城乡用电同网同价，切实降低农村电价，达到减轻农民负担，使农村水电更好地为地方农业增产、农民增收、农村发展服务。

2. 当前农村水电供电区农电体制改革的重点。

国务院国发［1999］2 号文件明确指出，造成农村电价畸高的一个重要原因是乡镇电管站的管理体制和权力电、人情电、关系电，因此，农电体制改革的重

点：一是改革乡镇农电管理体制，拆除乡镇电管站，将乡及乡以下农电管理纳入县电力公司统一管理、核算，同时实行减人增效，加强供电营销和管理；二是坚决取缔权力电、人情电、关系电，规范农村电力市场；三是通过农网改造和农电体制改革逐步实现城乡同网同价。农村水电供电区农电体制同样存在乡镇电管站的管理体制问题和权力电、人情电、关系电，因此必须坚决按照文件要求做好农电体制改革，坚决取缔权力电、人情电、关系电。

3. 严格做好农网改造的管理。

农村电网建设与改造要严格实行项目法人责任制。首先要明确项目法人，其次要明确项目法人责任。省级水电公司可以作为省（区、市）水利系统农网建设与改造的项目法人，目前还没有省级水电集团公司或水电投资公司的省（区、市）可以争取由地、县水电公司作为项目法人。农网建设与改造项目同样要严格实行工程监理制和招投标制，项目业主要严格审查设计、施工、监理单位的资质。

农网改造工程要严格进行工程验收。做到没有立项报批手续不验收；达不到设计质量不验收；没有建立并落实项目责任制不验收；没有工程决算、工程管理体制不完善不验收。要加强对农网建设与改造工程实施情况的监督检查。

4. 加强农村水电企业供电营销管理。

农村水电供电区要建立规范的抄表收费制度，全面推行“五统一”、“三公开”和“四到户”管理。农村用户要实行一户一表，以计量检定机构依法认定的用电计量装置和国家规定的电价交纳电费。坚决杜绝一切非法摊派。要依据国家制定的标准，对农村电工实行统一考核，择优录用，持证上岗，并纳入县电力公司的合同管理。考核不合格的，不得录用。

5. 关于农网改造“一省两贷”政策。

农网改造“一省两贷”政策来之不易，水利部门付出了巨大努力。农网改造刚开始时对农村水电包括电站电网实行无偿上划和代管。全国二十几个省（区、市）的农村水电一片混乱，上至省长下至县长、水利局局长，都到北京来反映，强烈希望水利部向国务院汇报，经过锲而不舍的艰苦努力，在1999年元月国务院出台了国发［1999］2号文件，明确了三条。一是对农村水电及其供电企业不要上划代管，要按照电力体制改革的方向，因地适宜地进行改革。强调了农村电力体制改革的重点是取消乡镇电站体制，组建由县电力公司直管的供电所，坚决取缔权力电、人情电、关系电。二是由各级水利部门负责农村水电供电区的“两改一同价”工作。三是安排农村水电供电区农网改造的资金和贷款。这三个政策纠正了前段时间在全国农网改造中出现的上划代管农村水电和供电企业，扩大垄断，侵占农村和农民利益，使改革走回头路的错误做法。国家要求安排农村水电供电区农网改造资本金和贷款，这就使原来一省只有国家电力公司可贷款搞农网改造变成“一省两贷”、“一省多贷”。国务院国发〔1999〕2 号文件出台后，农村水电地区农网“两改一同价”工作迅速开展起来。四川、重庆、云南、湖南、广西、吉林等在“一省两贷”中创造了新的经验。还没有落实国务院 2 号文件精神的省要抓紧工作，迎头赶上。

6. 关于组建省级水电公司。

在“两改一同价”中，国家要求由省级水电公司承贷巨额的农网改造贷款。四川自发自供自管县 100 多个，前两年他们按照水利部“水电改革发展思路”的要求和股份制的原则，组建了四川水电产业集团公司，从而抓住了机遇，省水电集团公司一次承贷了近 100 亿元农网改造贷款，实现了“一省两贷”，使全省水利系统农电“两改一同价”工作进展迅速，效果很好，对全国水利行业水电的改革与发展起了示范促进作用。

农网改造实行水电集团公司统贷统还，这不仅符合国家“一省两贷”的要求，而且以农网建设改造为契机，促进地方水电企业的资产重组。省级集团公司以投资方式对各地农网项目实施建设改造，形成省级集团公司对地县供电公司的产权纽带。这些做法符合水利行业地方电力当前实际，是客观可行的；重庆市也是按照水利部《水电改革发展思路》组建起来的。

还有湖南、云南、吉林、湖北等省都先后着手组建省级水电公司，广西由区、地、县三级水利地电企业共同出资组建省级水利电业集团公司，各地要根据自己的实际情况，抓紧进行资产的优化重组，形成一定规模的省级水电公司。

7. 积极争取国务院出台两项政策。

针对农村水电供电区农网改造中出现的新问题，即巨额的贷款担保和归还贷款困难的问题，我们正在与有关部门协调，争取国务院出台两项政策：一是“以未来电费收益权作质押担保承贷农网改造贷款”政策；二是未来还贷实行全省均摊政策，全省“建立还本付息专项资金，全省大小网统筹还本付息”政策。三峡“两分钱建设基金”政策已到期，这两分钱的价格空间可以争取来建立省级还本付息专项资金。积极争取以上两项政策出台，保障农村水电供电区农网建设改造资金的及时到位，保障农村水电供电区农网改造工作任务的顺利完成。

坚持改革　开拓前进　扎实工作　服务“三农”[①]

（2003 年 10 月）

一、紧密结合国情，把握根本宗旨

我国县级电网有三种基本管理体制，一种是直供直管电网，即国家电网直接供电直接管理的县电网；一种是趸售电网，这种电网由地方出资建设，自己不发电，从国家电网趸购电量，向全县城乡销售；一种是农村水电自发自供电网，这种电网由地方自己建水电站发电、自己建电网供电、自己运营管理。自发自供体制有它的历史必然。中华人民共和国成立后，全国农村没有电，中央实行两条腿走路的方针，由地方结合兴修水利和江河治理开发水电，解决农村的生活生产用电。经过几十年的建设，由小到大，由点到网，由简单供电发展成为较规范的独立配电公司。历史形成了这种自发自供、具有中国特色的农村水电发供电体制。全国 2500 多个县（市、区）中，三种体制大体上各占 1/3，直供直管县电网体制的县电网企业不是独立法人配电公司，由省级电力公司统一核算。趸售县和农村水电自发自供县电网企业都是地方出资建设的独立法人配电公司，由地方政府管理。三种体制有几个共同的特点。一是乡镇以下农村低压电网基本是由农民自己建设，由于投资不足等原因，电网结构不合理，容量不足，供电设施质量低下，发生的电能损耗、运行维护费用和农村电工报酬都要通过电价向农民平摊。农村电网维修、改造没有资金来源，电网设施严重老化，平均损耗率在 30%左右，有

① 《中国水利》2003 年第 10 期，《中国水利报》2004 年 4 月 20 日，《地方电力管理》2004 年第 5 期。

的高达50%。这是农村到户电价高于城市的主要原因之一。二是乡镇以下农村低压电网主要由隶属乡镇政府的乡镇电管站负责管理，农村电网管理和电费收缴混乱，部分乡镇政府、村委会在国家批准的电价之外，层层加价集资，“权力电”、“人情电”、“关系电”现象普遍，偷漏电现象严重，这些费用也都由农民负担。这是农村到户电价畸高的最重要的原因。三是农村到户电价三种体制无一例外普遍畸高，农民不堪重负，前述两个特点与这一特点有因果关系。以上是农村供电方面的基本国情，也是制定政策、实施农网改造和农电体制改革最基本的依据。

造成农村到户电价高的直接原因，一是农村电网的问题，二是乡镇电管站体制问题，即乡镇以下的供电管理体制问题。对于农村电网改造，即由国家增加投入对农村电网进行建设改造，各方面认识是一致的，但在农电体制改革的方向和做法上却出现了严重偏差。有的部门和单位借农电体制改革和独掌农网改造资金的权力，实行上划代管的政策，将自发自供县的独立法人电网企业上划，由省电力公司直接管理，或者由省电力公司代管，或者通过虚设产权入股等方式，把自发自供的电网企业改组为由省电力公司控股的股份公司。要求各省（自治区、直辖市）都制定上划代管方案，把上划代管和电网改造资金捆绑在一起统筹研究，凡不上划代管的，不安排银行贷款和国家财政拨款。一时全国各地反应强烈，造成一片混乱。不上划代管就不下达网改资金计划，网改投资数额巨大，一些省只好同意了上划代管，但仍然有很多省坚持不上划、不代管，也不同意由省电力公司虚设股权搞控股。农村水电行业反对上划代管自发自供县独立配电公司的做法。首先国家农网“两改一同价”的农电体制改革明确是改革县以下乡镇电管站的体制。将自发自供县配电企业上划给省电力公司或由省电力公司代管，进一步扩大了电力垄断，不符合改革的方向。电力工业改革是要打破发、输、配一体的行业垄断，建立若干独立法人地位的发电企业、输电企业、配电企业，建立开放竞争的电力市场。上划独立的自发自供配电企业，使其失去独立法人地位，扩大了垄断，与改革方向背道而驰。同时自发自供配电企业是地方多年来投资建设形成的，上划等于平调贫困地区的资产给中央电力企业，侵占农村利益，打击贫困山区农村社会生产力。农村自发自供配电企业结合江河治理开发当地资源，既解决了经济社会发展用电问题，又带动了其他资源开发，拉动了其他行业发展，在中西部地区、少数民族地区和东部山区农村经济社会发展中发挥了重要作用，上划、代管农村水电自发自供配电企业将严重阻碍这些地区的发展。自发自供配电企业上划代管后，农村水电站就地发电、就地供电、就地消纳的这种先进的体制和生产方式也被破坏了。首先，在垄断的电力体制下，国家电力企业为了多向农村卖电，挤占农村水电市场，使一些地方农村水电站发电难上网，上网电价低，难以生存，打击了农村生产力。其次，农村水电少发或不发后，地方不得不大量向国家电力企业买电，不仅大量减少了自发自供电收入，而且大量增加外购电支出，少收、多支以千万元计，增加了农村负担。再次，原自发自供配电企业以农村水电低廉的上网价加供电成本计价，向农村供电，农民可以享受到农村水电电价低的实惠，上划代管后，国家电力企业按煤电为主的全省平均上网价加供电成本计价，向农村供电，高出由农村水电供电的电价 0.1～0.15 元/千瓦时，使农村水电电价低的好处由农民转移到中央电力企业，用电量少的县每年由此直接损失 1500 万元，用电量稍大的县就远远超过这个数字，损害了地方和农民利益。四是“两改一同价”的根本宗旨是降低农村电价，减轻农民负担，繁荣农村经济。导致农村电价畸高的体制原因是乡镇电管站管理体制，并不是自发自供这种独立配电公司的体制，也不是将自发自供配电公司上划为直供直管体制就可以解决农村电价畸高问题，因为省电力公司直供直管的县电网体制同样普遍存在电价畸高的问题。把自发自供县独立配电公司体制作为改革的对象，不仅混淆了矛盾，而且背离了改革方向，使“两改一同价”的根本宗旨难以实现。

改革是破除那些束缚生产力发展的生产关系，解放和发展生产力，农电体制改革要坚持我国电力体制改革的方向，改革那些导致农村电价畸高的生产关系，也就是改革乡镇电管站这种管理体制。各级水利部门从国情出发，从我国农村的实际出发，坚持这些主张，把握“两改一同价”的根本宗旨，发扬“献身、负责、求实”的行业精神，为坚持正确的改革方向，锲而不舍，不懈努力。

二、坚持正确方向，推进电力改革

为了实现农网“两改一同价”的目标，做好农村电力体制改革工作，各级水利部门开展了大量卓有成效的工作。水利部多次与有关部委协商，反映自发自供县配电企业的情况，发出文件 20 余个，全面阐述水利部的意见，坚持独立配电公司的方向，反对上划代管、虚设股权控股农村水电自发自供县配电企业，指出这些做法将进一步强化国家电力在配电环节的垄断，不符合打破垄断、引进竞争的改革方向，不符合农网“两改一同价”的根本宗旨，不利于农村的经济和社会发展。汪恕诚部长在1999年全国水利厅局长会议上全面阐述了农村电网“两改一同价”的基本思路、目标、任务和农村电力体制改革的方向。汪部长多次与一些地方的主要党政领导交换意见。水利部多次派出专家调查组到各地进行调查研究，写出了一批有分量的调查报告，用翔实的材料和数据分析了电力垄断和上划代管对农村社会生产力的破坏，对开发农村水电积极性的打击，对贫困山区、民族地区、革命老区县域经济发展与社会进步的影响，得到国务院领导的重视，批示有关部委和地方。水利部多次向国务院汇报有关农村电力体制改革的情况，反映水利部门意见，得到了国务院的重视。1999年1月，国务院国发［1999］2号文件出台，明确农村水电自发自供的配电企业要按照电力体制改革的方向进行改革；农网改造贷款实行“一省两贷”的政策，给农村水电供电区安排农村电网改造资金；由各级水行政主管部门负责组织实施农村水电供电区的农网改造。这些政策的出台和落实，逐步制止了上划地方电网资产、代管农村水电独立配电企业、扩大垄断的做法，农村电力体制改革的重点逐渐转移到乡镇电管站的改革上来，农网改造的速度明显加快。随着国家经济体制改革的不断深入，打破电力垄断的呼声越来越高。2001年，汪恕诚部长在全国农村水电及电气化县建设工作会议上，再次对电力体制改革做了深刻的阐述。他指出，我国电力体制改革的总体目标是打破垄断，引进竞争，提高效率，降低成本，优化资源配置，促进电力发展。当前电力体制改革主要是打破两个垄断，一是行业垄断，二是区域垄断。当前电力体制改革主要内容是实行厂网分开、竞价上网、输配分开、竞价供电，建立竞争开放的区域电力市场，满足经济社会发展的电力需要。电力发展要调动全社会的积极性，尤其是要调动水电等清洁能源发展的积极性，电力工业在注重量的增长的同时，要更加注重质的增长，加快发展水电。水利部多次向国务院和有关部门提出关于打破电力行业垄断的改革建议，要求实行“厂网分开、竞价上网、输配分开、竞争供电”，建立新的电价机制，建立适应社会主义市场经济的电力市场体系。2002年2月，《国务院关于印发电力体制改革方案的通知》（国发［2002］5号）出台，明确我国电力体制改革的总体目标是：打破垄断，引入竞争，提高效率，降低成本，健全电价机制，优化资源配置，促进电力发展，推进全国联网，构建政府监督下的政企分开、公平竞争、开放有序、健康发展的电力市场体系。文件要求在“十五”期间，实施厂网分开，重组发电和电网企业，实行竞价上网，建立电力市场运行规则和政府监管体系，初步建立竞争、开放的区域电力市场；改革现有电价机制，实行新的电价形成机制；制定发电排放的环保折价标准，形成激励清洁电源发展的新机制；开展发电企业向大用户直接供电的试点工作，改变电网企业独家购买电力的格局；继续推进农村电力管理体制的改革。要在做好试点工作的基础上，逐步实行输配分开，在售电环节引入竞争机制。5 号文件对我国电力体制改革具有划时代的意义，是我国电力工业改革发展史上的一座丰碑。

5 号文件指明了我国电力体制改革的方向，明确了电力体制改革的指导思想、目标、任务、方法、步骤和要求。在 5 号文件的指引下，全国电力体制改革正朝着建设政企分开、公平竞争、开放有序的电力市场体系的目标稳步前进。此后，原国家电力公司按文件要求，实行政企分开，厂网分开，分离改组。国务院组建了电力监管委员会，一批独立的发电公司已经进入市场，国务院最近又出台了电价改革文件，适应市场经济的电价机制正在孕育形成。按照竞争形成发电价格，政府确定输电价格和配电价格，市场形成售电价格，售电价格与发电价格联动的改革原则，输电网和配电网第一步实行内部独立核算，第二步实现输配分开。一批独立发电公司、独立输电公司、独立配电公司成为电力市场的主体的目标已初见端倪，电力体制改革一浪一浪向前推进。农村电力体制改革的方向是独立配电公司已是共识，农村水电自发自供配电企业改革的政策环境已大大改善，农村水电发展的外部环境也越来越好，农村水电进入了一个前所未有的快速发展时期。

三、完成“两改”任务，城乡同网同价

精心组织，精心实施。水利部多次召开会议部署全国水利系统农网“两改一同价”工作。为了指导好“两改一同价”工作，水利部认真抓好试点，通过试点，对乡镇电管站改革、农网改造摸索出一套行之有效的具体政策、方法、技术方案、实施方案，在试点基础上召开现场会，组织现场培训学习、交流，对推动全国工作产生了很好效果。为加强对各地的督促指导，水利部多次组织检查组赴各地指导工作。各省（自治区、直辖市）水利厅和有关地县都成立了以主要领导为组长的农网改造领导小组，一把手负总责，分管领导亲自抓，各部门共同抓，层层落实责任制。建立健全各项规章制度，加强管理，确保质量。各项目法人单位都制定了项目建设、资金管理、技术标准等一系列制度、办法、标准，对各项工作进

行规范。严格执行招标投标制、工程监理制、合同管理制和工程质量终身负责制。广西水利厅根据实际情况，先后制定了《农网建设改造工程管理办法》、《农村电网建设改造项目实施监理的意见》、《农网建设（改造）定型设计图集》等系列规章，确保每一个项目都实现“三明确”（明确设计人、行政负责人、施工负责人）和“三保证”（保证项目按程序批准建设、保证工程施工安全、保证工程质量符合规范要求）。严格的管理和健全的规章制度，为水利系统农网改造顺利完成提供了保障，也使农网改造工程的质量得到了可靠保证。农网改造开始阶段，由于资金到位慢，严重影响了水利系统农网改造工程进度。各级水利部门一方面积极做好与金融部门的联系衔接，按银行要求做好贷款的各项工作，加快贷款到位速度；另一方面采取垫资等措施，有效地加快了农网改造的进度。对农网改造资金实行“专户储存、专款专用”，制定了严格的农网改造资金管理和财务管理办法，实现了资金管理的规范化、制度化。湖北省丹江口市设立了农网改造资本金、农行贷款、农户户表集资款、废旧物资折价款4个账户，所有费用必须经农网改造办公室提出计划、分管领导审核、主管领导审批3个环节才能支出。严格的财务管理，确保了农网改造资金不被挤占、挪用。各级财政、审计部门对水利系统农网改造资金使用情况进行了多次审查，对水利系统农网改造财务管理给予充分肯定。各地根据农网改造工作的重点和难点，都选择了有代表性的乡镇开展试点，然后总结推广，收到了良好的效果。在农网改造过程中，发挥榜样作用，及时总结，表彰成绩突出的单位和个人，促进全面工作。

全面完成农网改造计划，农村供电设施显著改善。5年中，水利系统累计完成农网改造投资203亿元。新建和改造110千伏变电站82座，容量215.7万千伏安；35千伏变电站853座，容量341.6万千伏安；110千伏线路1595公里，35千伏线路11930公里，10千伏线路143490公里，低压线路451379公里，改造配电台区119316个，更换高耗能变压器110959台，容量569.2万千伏安。改造农户计量方式，实现一户一表1400多万户，低压供电半径被控制在500米以内。通过农网改造，电网结构薄弱、设备老化失修、损耗高的状况得到了根本改善，低压线损由原来的30%普遍降到12%以下，供电质量和可靠性大大提高，用电安全得到保证。农网改造过程中，严格执行国家有关规定和技术标准，在注重改善农网结构、提高农网供电能力的同时，还重视应用新技术、新设备、新工艺，提高农村电网的现代化水平，凡国家明令淘汰的设备和产品，一律禁止使用。积极推广和使用以微型计算机和信息技术为基础的自动化技术，新建变电站积极采用计算机综合自动化装置，实现了无人值班、少人值守。主变压器采用了S9以上新型变压器，容量较大的还采用有载调压变压器，主变容量与配变容量更加合理。六氟化硫断路器、真空开关等无油少油设备得到广泛采用。宽量程电表代替了不合格电表，农村供电装备水平上了新台阶。此外还按照全面规划、合理布局、分级补偿、就地平衡的原则实现了无功补偿。这些措施，极大地提高了农网的供电能力和技术水平，降低了损耗，提高了供电质量和安全可靠性。

完成乡镇电管站改革，用电管理水平明显提高。各级水利部门牢牢抓住撤销乡镇电管站、建立县供电公司直接管理的供电营业所这个改革的方向和任务，紧密依靠地方政府，妥善处理好各方利益关系，深入做好群众工作，顺利完成了乡镇电管站改革任务。共撤销乡镇电管站2439个，新建供电营业所1819个，农村用电由县电力公司直管到户。实现了“三公开”（电量公开、电价公开、电费公开）、“四到户”（服务到户、管理到户、抄表到户、收费到户）、“五统一”（统一电价、统一发票、统一抄表、统一核算、统一考核），供电营业所实行收支两条线管理。农村电工实行统一招聘、统一培训、统一管理。建立和完善了农村用电规章制度，规范了供电企业和用户双方的行为。“人情电”、“权力电”、“关系电”和“乱加价”、“乱收费”、“乱摊派”等问题，从体制这个根本上得到了解决。此外，部分地区还推广采用先进通信技术、计算机技术的农电管理信息系统，使农村供电所和县电力企业之间实现了资源和数据共享，实现了业务传票电子化、客户档案规范化、电费计算自动化和农电资产管理集中化，大大提高了农村供电所的工作效率，农村用电管理水平明显提高。

完成农网“两改”，实现城乡用电同价。通过农网改造和农电体制改革，为城乡生活用电同网同价创造了条件。通过科学测算和分析，各地制定了合理的同价方案，大多数地区实现了居民生活用电同网同价，暂时没有实行同价的地方也都严格按省（自治区、直辖市）政府的要求，对农村电价实行最高限价，同时制定预期同价的方案，使农村电价水平大幅度下降，农民从网改中真正得到了实惠。广西水利系统负责“两改一同价”的43个县中，有42个县的同价方案已由自治区物价局批复实施，实现了同网同价。由于农村水电站规模小，工程结构相对简单，单位千瓦工程量相对少，建设工期短（一般为1～2年），基本上没有移民和淹没问题，发电成本低，同时农村水电就地开发、就地供电、就地消纳，无须高压远距离输送电，供电成本也低，因此具有价格低的明显优势，销售电价远低于大电网。针对很多农村水电自供区电价水平低于全省同价后电价的实际情况，为真正体现国家实施“两改一同价”的宗旨，不给这部分地区的农民增加新的负担，国家批准对这部分地区不实行同网同价，继续保持自发自供区按较低电价向农民供电，让农民得利。

四、减轻农民负担，繁荣农村经济

农村电价大幅度下降，切实减轻了农民负担。据初步统计，由水利系统负责“两改一同价”的地区，农村电价降低后，每年可直接减轻农民负担 20 多亿元。四川省水利系统负责农网改造的县，网改后平均到户电价下降 0.15 元/千瓦时以上，每年可减轻农民负担约 7 亿元；云南省水利系统负责的 33 个县，农网改造后平均到户电价下降 0.25 元/千瓦时，每年可减轻农民负担近 2 亿元；吉林省靖宇县是一个总人口只有 14.5 万人的山区小县，农网“两改一同价”后，平均到户电价下降 0.4 元/千瓦时，仅此一项，每年可为农民减轻负担 500 余万元。同时，通过农网改造，还解决了十几万偏远无电地区人口用电问题。农网“两改一同价”改善了当地农民的生产生活条件。

有效拉动内需，促进国民经济发展。农网改造投资有 60%以上用于购买设备物资、电线电缆、变压器、水泥电杆、五金件等，有效地拉动了材料工业、制造工业和建筑业的发展。农民积极参加农网改造，增加了劳务就业机会，增加了收入。随着农村电价降低和供电质量提高，电视机、电冰箱、洗衣机、电饭煲、VCD 等家用电器大量进入农家，提高了农民的生活质量，丰富了农民的文化生活，开拓了农村市场，拉动了家电业的发展。电价下降，供电能力和供电质量提高，为农民自办农副产品加工业创造了条件，为各方面投资者开发农村资源提供了动力保证，带动了乡镇企业的发展，繁荣了农村经济，促进了国民经济发展。

密切了党群关系，促进了农村稳定。农网“两改一同价”工作是党中央、国务院为加强农村基础设施建设、减轻农民负担而做出的英明决策。水利系统负责农网改造的地区，大都属于贫困山区、民族地区和革命老区，其意义更加重大。党中央、国务院实施农网改造的政策深入人心，农网“两改一同价”使广大农民群众直接受惠，切身感受到了党和政府的温暖，从内心感谢党和政府的关怀，增加了党在人民群众中的威信，密切了党群、干群关系，进一步促进了农村的社会安定和民族团结，“民心工程”真正得到了民心。

五、总结经验，与时俱进

从1998年中央部署农网“两改一同价”工作至今已5年多。5年是一个不长的历史过程，但对农电体制改革和电力体制改革却实现了一个重大转折。国务院5号文件使我国电力体制改革进入了一个历史新起点。经过这个过程，我们应总结和学习些什么呢?

1. 实践“三个代表”，坚持为“三农”服务宗旨。

党中央一贯要求，要“立党为公，执政为民”。在我们的实际工作中要认真落实，认真实践“三个代表”重要思想。从事农村水电及电气化工作，要时刻牢记为“三农”服务，只有这样，才能立稳脚跟，克服各种困难和风险，不断取得胜利，不断前进。

2. 从国情出发，按规律办事。

一切从实际出发，一切从我国的国情出发，实事求是是我们党一贯的思想路线，在我们的工作实践中，必须按这条思想路线办事。要善于发现规律、掌握规律、运用规律，一切按规律办事。不从实际出发，不从国情出发，不按规律办事，以个人意志代替规律注定要失败。只有从实际出发，按规律办事，才能不断取得胜利。

3. 以创新为动力，开拓前进。

创新才有动力，创新才能前进。农网“两改一同价”工作遇到的困难和问题很多，特别是生产关系问题、体制问题、政策问题、环境问题，解决起来难度很大。要解决这些难题，只有改革生产关系，创新体制、机制和政策。针对自发自供县农网“两改一同价”工作中遇到的实际困难和问题，水利部门从实际出发，研究提出了一系列重要改革意见和政策建议：始终坚持打破电力行业垄断，建立电力竞争市场；坚持独立配电公司的方向，不要上划代管独立配电公司；农村电力发展要坚持两条腿走路的方针，保护地方积极性，保护农村先进生产力；实行清洁可再生能源配额制；农网改造实行“一省两贷”，由省级水电公司对自发自供县农网改造实行统贷统还；农网改造贷款用未来电费收益权作为质押担保；农网改造贷款还贷期延长至20年；西部地区农网改造资本金由国债改为拨款，部分少数民族地区资本金由20%提高到50%；农网改造还本付息实行全省均摊，建立农网还贷资金，等等。这些改革要求和政策建议被国务院和有关部门采纳，有效地促进了电力体制改革和农网“两改一同价”的顺利进行。

4. 发扬行业精神，锲而不舍，克服困难。

1998年，按照划出一项职能、划进一项职能的做法，水利部把水电建设职能划出。尽管后来得到温家宝等国务院领导的亲自关心，但职能机构严重削弱，农村水电曾面临“上划”“代管”的遭遇，面临电力垄断的困境，面临落实政策的种种困难。农村水电行业的职工充分发扬献身、负责、求实的行业精神，锲而不舍、百折不挠，终于克服一个又一个困难，取得了一个又一个进展，与全国同步，全面完成了水利系统农网“两改一同价”任务，迎来了空前大好的发展形势。

5. 与时俱进，开创新局面。

当前，农村水电及电气化建设面临着前所未有的发展机遇。一是党和国家高度重视农业、农村、农民问题，实施西部大开发战略。二是党和国家重视人与自然和谐发展，实施以退耕还林为重点的大规模生态建设，实施可持续发展战略。三是水利事业得到全党和全国的空前重视，中央治水方针，以水资源可持续利用支撑国民经济可持续发展的治水新思路深得人心，水利事业取得空前的发展。四是农村水电被党中央、国务院列为覆盖千家万户、惠及广大农民的农村“六小”公共设施，要求启动和搞好小水电代燃料建设，把农村电气化作为实现农村现代化的基础条件，要求与江河治理、生态建设、经济发展、扶贫攻坚结合起来，坚持为“三农”服务的方向，开展水电农村电气化县建设。五是国家高度重视电力体制改革，打破电力行业垄断和区域垄断，实行厂网分开、竞价上网，输配分开、竞争供电，建立政企分开、公平竞争、开放有序、健康发展的电力市场体系，改革步步深入。我们要把握这些发展机遇，努力做好农村水电及电气化工作。

当前，农村水电供电区一、二期农网改造完成，县城电网改造已经启动；水电农村电气化建设进展顺利；农村水电边境无电乡镇光明工程初见成效，深得人心，小水电代燃料工程已经启动；各地农村水电建设热情空前高涨，农村水电年投产装机、在建规模、项目储备和发电量都实现历史新高；农村水电战略重组取得重要成果，省级水电公司开始做实做强；以农村水电现代化为龙头的行业管理步步深入；水能资源管理和市场化配置改革开始起步。我们要按照党的十六届三中全会“统筹城乡发展、统筹区域发展、统筹经济社会发展、统筹人与自然和谐发展、统筹国内发展和对外开放”，全面、协调、可持续发展的要求，紧密结合农村水电及电气化工作实际，埋头苦干，扎实工作，不断进取，不断前进。

在学习贯彻国务院国发[2002]5号文件座谈会上的讲话

（2002年4月福建福州）

一、艰难的历程

全国缺电，大家都是深有体会的，工厂开三停四，居民区停电更是家常便饭，一到晚上开灯的时候，电就停了，不是个别情况，全国都是如此。什么原因呢？严重垄断的电力体制制约了电力工业的发展，不仅发电能力严重短缺，而且电网输供能力同样严重短缺。众多的农村水电及其自供自管的县电网，是历史形成、独立于国家电网的法人实体，长期以来深受扩大垄断之害，尤其1998年以来，反对上划代管斗争一直非常激烈，一些地方甚至武斗，各位体会比我深刻。几年来，水利部给国家经贸委的文件有近20个，后来还同时抄报给国务院办公厅，阐述反对垄断的意见和建议，但几无收效，全国水利部门反映十分强烈，我们也感到束手无策。2000年7月初的一个中午，我在就餐时听说汪部长要陪同朱总理到洞庭湖视察防汛工作，我当即就放下饭碗去汪部长办公室，汪部长正伸手从衣架上取风衣准备出发，我请汪部长趁此机会向朱总理汇报电力垄断和改革的问题，开始时汪部长有些为难，我只好又对汪部长说，洞庭湖防汛是大事，但毕竟是阶段性、局部性的问题，电力垄断导致全国严重缺电的问题是一个全局性的长时期的问题，长期制约我国国民经济和社会发展，而且问题会越来越严重。汪部长听后终于慎重地说了一句，“你说的有道理，我见机行事吧。”几天后，我在二楼电梯门口等电梯，汪部长过来，非常兴奋激动地告诉我他向总理汇报的情况。汪部长满头白发，大学者风范，他当时异常激昂和兴奋，让我一时反应不过来，他当时的神态和所表达的心情给我留下的印象太深了。

在陪同朱总理视察期间，汪部长一直把这件事记在心上。总理一行坐的是大考斯特（一汽丰田 Coaster），汪部长和湖南省省长储波坐在总理后排，在洞庭湖检查快结束的时候，防汛的问题该说的都说了，突然储波省长对汪部长说，电力体制问题在下面闹得很厉害，希望上面把这个问题理顺一下。汪部长一听机会来了，系统地阐述储波省长指出的问题，朱总理在前面听得仔细认真，时不时回过头来询问。在全面了解了当前电力垄断严重性、改革的紧迫性、国外的情况和改革的思路，以及当前阻碍改革的原因等问题后，朱总理当机立断，下决心改革电力垄断体制。在下车的时候，朱总理指示发改委常务副主任王春正同志，“恕诚同志车上讲的问题，由你们负责解决。”看似简单的一句话，但它解决了推进电力体制改革的首要问题，过去由经贸委负责的电力体制改革，现在改为由发改委负责。2000 年 7 月 15 日印发的《国务院三峡工程建设委员会第九次会议纪要》中明确，由国家计委牵头会同国家经贸委、财政部、体改办等有关部门和单位，研究提出电力体制改革方案。2000 年的下半年，全国要求改革，反对垄断的呼声很高，国家发改委组织起草电力体制改革方案，紧锣密鼓抓得很紧。

2001 年上半年，美国加州电网崩溃，议论哗然。有人借机误导，说是电力体制改革造成的。《中国电力报》连续专版发表一些大文章，讲要吸取美国加州电网崩溃的教训。讲电力不能分开，全国发供一家的电力体制不能改革。有的文章还说，发电和用电是同时完成的，怎么能够厂网分开呢。这些文章不断地被转载，一时形成对改革方向的广泛舆论误导，造成一些人开始怀疑改革方向。一时电力体制改革出现了反复。

厂网分开、输配分开是从生产关系上分开，由若干个相互独立的法人对相应的电厂电网进行独立的投资建设和运营。从而解决全国电力市场上发电、配电、输电、售电独家经营的垄断问题，而不是从生产力角度，把发电厂和电网的物理连接分开，把输电网与配电网的物理连接分开。把一个生产关系问题混为一个生产力问题，一时迷糊了不少人，造成很大的思想混乱，改革出现反复，一段时间停下来了。改革出现反复的问题必须解决，否则事情可能半途而废，借助下半年要开的全国农村水电及电气化会议，再请汪部长到会讲话，阐述电力体制改革及目前出现的问题，同时联系新华社在《新华每日电讯》发表汪部长署名文章，以澄清当时的一些模糊认识，推动电力体制改革继续前进。新华社《新华每日电讯》是送中南海的。这次全国农村水电及电气化会议盛况空前，小会在京西宾馆开，大会在人民大会堂小礼堂开，在座的很多同志都参加了。当时在主席台就座的有中央政策研究室、国务院研究室、中农办、中财办、国家发改委、财政部、农业部的领导和水利部的全体部长。台下第一排是有关省的分管省长。台下就座的还有各部委的多位司局长和来宾，还有各省市区水利、发改委、经贸委等地方部门的有关负责人，除了讲水利和水电农村电气化工作外，汪部长系统阐述了电力体制改革问题，尤其是澄清了前一段时间社会上关于电力体制改革的一些错误认识，及其导致的思想混乱。新华社除《每日电讯选编》全文发表汪部长文章外，又在《内参选编》副页上发表了采访汪部长的文章，接着又在《内参选编》清样上发表了汪恕诚谈电力体制改革的文案。《人民日报》等各大报刊，包括《中国电力报》都转载了新华社《新华每日电讯》上汪部长的文章。这次会议效果很好，电力体制改革又紧锣密鼓地开展起来。

2002 年 2 月 10 日，国务院正式批准了电力体制改革方案，出台了 5 号文件。后来汪部长还告诉我，国务院 5 号文件是经过中央政治局常委会议讨论通过的。2002 年春节后的第一次常委会，就是讨论国务院 5 号文件。会前江泽民同志还很有感慨地说，我们七个常委有五个是学电的，电力体制垄断到这种地步不应该啊！

二、认真学习贯彻国务院 5 号文件

学习 5 号文件，要结合我们的工作实际把握好以下几点。

第一，电力体制改革的指导思想是打破垄断，引入竞争，提高效率，降低成本。改革的框架首先是厂网分开，重组电厂和电网企业，实行竞价上网，健全电价机制，优化资源配置促进电力发展，建立政府监管下的政企分开、公平竞争、开放有序、健康发展的电力市场体系。

第二，重组国家电力公司管理的资产，组建若干个独立的发电集团、国家电网和南方电网，同时设立几大区域电网公司。

第三，组建国家电力监管委员会，建立电力市场运行规则和市场体系。

第四，建立新的电价体制，将电价分成发电上网电价、输电电价、配电电价和终端售电电价。

第五，制定发电排放的环保折价标准，形成激励清洁电源发展的新机制。

第六，开展发电企业向较高电压等级或较大用电量的用户和配电网直接供电的试点工作，改变电网企业独家购买电力的格局。

第七，以小水电自发自供为主的供电区要加强电网建设，适时实行厂网分开。现时期要加强电网建设与改造，实现输配分开后，作为独立的配电公司，可以保留电厂。

第八，国家电力公司以外供电企业的资产关系维持现状。

5 号文件对于充分发挥市场配置资源的基础性作用，调动全社会办电的积极性，促进电力工业持续快速健康发展，解决我国长期以来严重缺电的局面，有着重大的现实意义和深远的历史意义。

我们要认真贯彻落实 5 号文件对水电改革的要求。小水电有两种情况，一种是发电后直接上国家电网，这种情况要进行资产重组，搞发电公司，由发电公司参与竞争，上网报价。另一种情况，小水电多数有自己的电网，大部分和大电网相连，电有富余就上大电网，电不够就从大电网购电。这种情况要按独立供电公司的方向进行改革和完善。独立配电公司允许有自己的供电区，供需直接见面。要把搞好管理，降低成本，降低电价放在重要位置，要切实深化改革，理顺体制、机制，加快发展。

振奋精神　迎难而进　努力开创新局面[①]

——在全国水电及农村电气化工作会议上的讲话

（1999年12月北京京西宾馆）

一、农村水电及电气化县建设的成就

1996年，国务院批复国家计委、水利部组织实施第三批农村水电初级电气化县建设，以国务院部署的农村初级电气化县建设为契机，以改革为动力，结合江河治理，全国掀起了农村水电及电气化县建设热潮，第三批农村水电初级电气化县建设涉及22个省（市、区）及新疆兵团的354个县（市、区）。4年来，这些电气化县建设共投入资金190多亿元，完成总投资的64%，其中有40多个县投入在1亿元以上，已有113个县达标验收，人均用电量达到210多千瓦时，户均生活用电量达到240千瓦时，乡、村、户通电率分别达到98.9%、95.0%、92.1%。有270多个县实现了乡乡通电，150多个县实现了村村通电，户通电率在90%以上的县有250多个，其中有20多个县消灭了无电户，900万无电人口用上了电，从此摆脱了松明点灯、日出而作、日落而息的生活方式。农村水电初级化县的人均用电量、国内生产总值、财政收入、农民人均收入都大幅度增长，明显快于全国平均水平。农村水电初级电气化县的平均经济增长速度显著高于全国平均水平。农村电气化县建设得到广大山区农村的热烈拥护，成为民心工程、致富工程。

1999年，全国农村水电投产达到122万千瓦，在建规模871万千瓦。到1999年底，全国共建成中小水电站4万多座，水利系统总装机3000多万千瓦，年发电

① 《中国农村水利水电》2000年第1期，《地方电力管理》2000年第1期。

量1000多亿千瓦时，担负了全国约1/2国土、1/3县、1/4人口的供电任务。1999年，水利系统水电，包括小浪底、万家寨、江垭等大型水电站部分投产机组，共投产机组218万千瓦，完成总投资202亿元，总资产累计达到2000亿元，年营业收入300亿元，年税收20亿元，利润20亿元。通过开发中小水电，建设农村电气化，使数千条中小河流得到了初步治理，中小水电水库总库容达1000亿立方米，有效地提高了江河的防洪能力，改善了农业生产条件。中小水电已经成为中西部山区经济的重要支柱、地方财政的重要来源、农民脱贫致富的重要途径。

从1998年开始，四川、重庆、湖南、吉林、广西等省（区、市）实行“一省两贷”或“一省多贷”。这些省（市、区）由水利部门负责的农村水电供电区电网“两改一同价”目前已完成投资134亿元。这些县已有1100多个乡镇电管站完成了改革工作，约占总数的44%，预计2000年上半年可全部完成。广西水利系统“两改一同价”工作还作为全国的典型，在国家计委最近召开的全国会议上介绍经验。广西恭城县、湖南汝城县分别被树为全省（区）农电“两改一同价”工作的先进单位。水利系统农电“两改一同价”工作取得了显著的成绩。

我国发展中小水电解决贫困山区用电、保护生态环境、治理中小河流、促进山区脱贫致富同时促进生态环境保护的经验得到国际社会的高度赞扬。国际小水电组织的总部设在我国杭州，成为唯一一个将总部设在中国的国际组织。欧美发达国家都在推广中国发展小水电的经验。

二、面临的形势和机遇

水电及农村电气化事业取得了重大成就，但是，和发展需求相比，差距还很大。一是农村水电初级电气化程度还很低。全国农村还有5000多万人没有用上电。二是我国水电的开发程度很低，开发率还不足20%，大量的清洁可再生绿色能源还在白白流失浪费。发达国家的水电开发程度都超过了50%，瑞士、法国、美国等国家都超过了80%。我国水电开发率不到20%，水电开发率与丰富的水能资源总量极不相称。水电及农村电气化事业任重而道远。

去年下半年，农村水电及农村电气化建设遭遇了前所未有的困难和挑战。今年年初国务院颁发了国发［1999］2号文件，国务院2号文件采纳了水利部和全国各地关于农村水电供电区农网“两改一同价”工作的系列政策建议和意见。2

号文件重新明确了水利部和各级水利部门在组织实施农电“两改一同价”工作中的职责和任务；重新明确了对自发自供县按电力体制改革的方向进行改革；重新明确了国家对自发自供县农网改造安排投资计划等重要的政策规定。纠正了违背电力体制改革的方向，扩大垄断，对农村水电进行代管上划，无偿侵占农村水电资产，搞“不代管就不安排农网改造资金”的错误意见和做法。为农村水电和电气化县建设创造了政策条件。朱镕基总理指示水利部，要把水利系统的农电“两改一同价”工作认真抓好。现在四川、云南、重庆、湖南、广西、吉林等省（区）政府都明确由水利系统负责进行农村水电自发自供县的农网改造。经过水利部和各地政府的艰苦努力，逐步扭转了自发自供县的农网改造难以开展的局面。农村水电供电地区农网“两改一同价”工作逐步走上正轨，全面开展起来。

中央决定实施西部大开发战略，西部地区中小水电具有巨大的资源优势，发展小水电适应西部生产力发展水平，有明显的比较优势。中小水电具有分散调蓄、保持水土、发展灌溉、改善生态、兴利除害等重要作用，是江河治理的重要内容，是农村重要的基础设施。中小水电必将在中西部大开发中，在加快基础设施建设中，在开拓农村市场、繁荣农村经济中大有作为。

三、努力开创水电及农村电气化事业的新局面

水电及农村电气化事业面临严峻的挑战，也面临着难得的发展机遇。2000 年我们要全面完成国务院部署的“九五”300 个农村水电初级电气化县建设任务，全面开展水利系统自发自供县“两改一同价”工作，建设任务繁重，改革任务也非常繁重。下面我讲几点意见。

（一）认真做好农村水电电气化县建设工作

2000 年是第三批初级电气化县建设的最后一年，水利部最近发布了《关于进一步加强第三批农村水电初级电气化县建设工作的通知》（水电［1999］709 号），各地要按照通知的要求，做好电气化县建设工作，确保第三批 300 个县能按时达标，力争超额完成任务。这次会议上还提请讨论的一个重要文件是《中国水电农村电气化 2001—2015 年发展纲要》（讨论稿）（简称《纲要》），《纲要》是在近 2

年来通过广泛调查研究，反复征求各方面意见，总结15年来农村水电初级电气化县建设经验的基础上形成的。部领导对这项工作非常重视，希望同志们结合当前水电及农村电气化工作的新情况、新问题，认真讨论，提出意见，使《纲要》提出的指导思想、目标任务更加切合国情和水利实际，各项措施更加具有可操作性和指导性。会后要按照《中国水电农村电气化2001—2015年发展纲要》的要求，制定“十五”水电农村电气化建设规划，要在农村初级电气化建设成就的基础上，提高农村用电水平、用电质量，同时要增加改善生态、保护环境、促进可持续发展的目标，制定新时期农村电气化建设新标准。要把电气化建设与农网“两改一同价”工作紧密结合起来，相互促进，更好地完成国务院部署的任务。水利部党组对这次会议非常重视，会上汪部长做了重要的讲话，从国家全局高度阐述了农村水电和电气化县建设，对农村经济社会发展，特别是对贫困地区脱贫致富，对资源开发和环境保护的重大意义。对全国水电及电气化工作提出了明确的指导意见和要求，必将进一步统一我们的认识，统一我们的思想，树立信心鼓舞斗志，汪部长讲话必将成为全国农村水电及电气化事业克服困难开创发展新局面的强大动力。国家计委、财政部及国务院其他部门的有关领导同志都莅临会议指导，他们的讲话，都充分肯定了农村水电及电气化对贫困地区发展的重大作用，充分肯定了农村水电及电气化取得的巨大成就，都表示要大力支持共同推进农村水电及电气化事业，促进贫困地区经济社会发展。这次会议对水电及农村电气化事业是股强劲的东风，我们要认真贯彻这次会议的精神，落实农村电气化县建设的多项政策措施，按照规划要求，扎扎实实推进农村电气化县的各项工作。

（二）坚持和完善自发自供县独立供电公司的体制，搞好乡镇电管站改革

我国电力工业应该遵循市场体制改革的方向，打破电力垄断。多年来全国农村水电供电地区在中央政策的支持下，它都已经形成多个具有独立法人地位的自发自供供电企业，是独立的企业法人，独立的供电公司，而且在市场经济中都已经运作多年，它符合我国市场体制改革的方向，也为我国电力体制改革进行有益探索提供了经验。因此应该坚持这个方向，在实践中不断完善自发自管县的独立供电公司体制，而决不能违背国务院［1999］2号文件的规定，搞代管上划、扩大垄断，使改革走回头路。

自发自供县有自己的电源，发电后主要供自己使用，多余的电再上网，电不够时向大电网买电。自发自供县与大电网联网是一种物理连接，联网实行电量交换是一种经济行为，并没有改变资产所有关系，也没有改变自发自供县独立供电企业的性质，因此，决不能把电网间的物理连接这种属于生产力范畴的问题混淆为生产关系问题，错误地认为地方电网作为独立供电企业与大电网联网就是资产关系改变了，就要实行“代管”。要充分认识自发自供县的特点，认真贯彻国务院 2 号文件精神，纠正对自发自供县搞“代管”的做法。

自发自供县要加快乡镇电管站改革，完善独立供电公司体制。不管国家大电网，还是地方自发自供的地方电网在乡镇供电体制上都存在电网企业将乡镇供电承包给当地农村经营的问题，这种体制普遍存在关系电、权力电和严重管理混乱问题，造成农民到户电价畸高。国务院［1999］2 号文件明确指出，农电体制改革的重点和关键是乡镇电管站改革，实践证明这是完全正确的。凡是进行了乡镇电管站改革的，改变乡镇供电管理体制，由县电力公司直接运营管理，解决了过去乡镇电管站体制存在的问题，农户进户电价大幅度降低，有的降低 3 角，有的更多，有的已经实现电价 0.5 元左右。2000 年上半年水利系统负责“两改一同价”的自发自供县要全面完成乡镇电管站管理体制的改革。

（三）加快自发自供县农网改造步伐

最近召开的第三次全国农网改造工作会议，要求总结经验，改进工作，加快农网改造步伐。我们要认真贯彻会议精神，加大工作力度，加快自发自供县的农网改造步伐。要进一步加强对农网改造工作的组织领导。农网改造是中央的重大决策，工程规模巨大，工期紧，投资强度大，涉及千家万户农民的利益。各省水利水电部门要在省政府的统一领导下，加强与各部门的协调，为自发自供县的农网改造创造一个良好的环境。要推广湖南省的经验，水利（水电）厅一把手亲自抓，分管领导全力抓，领导班子共同抓。

要积极做好银行贷款协调工作，争取贷款按时足额到位。国务院已批准农网改造工程可采用电费收益权质押方式进行担保，同时批准将农网改造还贷期由 10 年延长到 20 年，这些政策为中西部地区自发自供县的农网改造创造了良好的条件。各地要积极做好与银行的协调衔接工作，尽快落实银行贷款的质押担保手续，保证贷款能及时、足额到位。要严格按国家批复的计划组织实施。认真贯彻落实项目法人责任制，招标投标制建设监理制，加强管理，强化监督，要按国家计委关于农网改造工程质量管理的有关规定，搞好农网改造工程的设备采购，施工管理，保证工程质量。

加强资金管理，规范资金使用。农网改造资金必须专户储存，专款专用。严禁农网改造资金与企业的经营资金和生产资金混存混用。农网改造工程的项目法人要切实负责，认真贯彻执行农网改造资金管理的有关规定，要设置统一的会计科目，提出明确的财务管理要求和规定，加强对农网改造资金的管理，防止农网改造资金的挤占和挪用。

高度重视同价测算工作，做好同价方案。在第三次全国农网改造会议上，国家计委对同价工作提出了进一步的要求，还明确“一省两贷”或“一省多贷”的省，还贷加价和城乡同价方式由省政府提出方案，报国家计委审批。各地要加大工作力度，提出同价方案，供省政府决策。未实行“一省两贷”或“一省多贷”的省，自发自供县的农网改造应该认真贯彻国务院〔1999〕2号文件“对自供自管县的农网改造投资视具体情况确定贷款方式”的政策规定，创造条件，尽快落实农网改造投资。广西、四川等省（区）在国家计委和农总行的支持下，已经创造了“一省两贷”和自发自供县直接向银行承贷的经验。根据水利部和全国各地反映的情况与建议，国家对中西部地区不断加大扶持力度，国务院最近又出台了几项优惠政策，为自发自供县自行承贷进行农网改造创造了更加优越的条件。各省水利厅要及时向省政府汇报，争取省政府的支持。我们将继续认真做好全国农村水电供电地区农网“两改一同价”工作的调查研究，及时向国家反映农村水电和“两改一同价”中存在的问题和政策建议，继续努力做好与有关部委和单位的沟通协调工作，为农村水电的发展和农村水电供电地区“两改一同价”的顺利开展，百折不挠地做好服务工作。

（四）加快水利系统水电企业的战略重组，加快水电改革和发展

针对水利系统水电资产分散、企业规模小、管理粗放、市场竞争能力差这个普遍性的突出问题，四川、广西、重庆、青海、新疆等十多个省（区、市）认真落实水利部水电改革发展思路，积极推进企业和资金的重组，经过近两三年的改

革探索，已经形成以资产为纽带的省级水电企业，而且在改革中得到健康发展，不断壮大。实践证明，这项改革符合水利系统水电行业实际，符合市场体制改革的方向，各地要按照汪部长在1999年全国水利厅局长会议上提出的要求，加快现代企业制度改革，加大资产重组的力度，培育实力雄厚、竞争力强的大型水电企业和企业集团，充分发挥这些企业在资本运营、技术创新和投融资方面的优势，做实做强，带动其他水电企业的发展。要针对小水电企业普遍人员过多的问题，大力开展多种经营，创造条件，分流富余人员。同时要加大技术改造力度，大力推进水电企业的技术进步，把改革、改造、改组与加强企业管理结合起来。进一步降低成本，提高效益，增强水电企业的市场竞争能力。

中国农村水电和农村水电电气化发展的历史是广大山区人民为解决无电、消除贫困与大自然不屈不挠作斗争的历史，是广大山区人民不断实践、不断总结、不断创新的历史，是广大山区人民不断冲破各种旧观念、旧坚持、旧体制束缚，不断改革前进的历史。我们要乘这次会议的东风，发扬传统，振奋精神，坚持改革，迎难而上，开拓前进，展开双臂迎接水电和农村电气化事业又一个的美好春天！

解决上网难　电价低两个“老大难”问题
农村水电将每年增收120亿元[①]

——《中国水利报》记者专访
（2006年6月）

加快可再生能源开发利用，是应对日益严重的能源和环境问题的必由之路。今后15年水电装机要达到3亿千瓦。依据《可再生能源法》，出台加大可再生能源扶植力度的政策十分必要，也非常及时。

记者：八部委联合发文，出台新政策要求“水电全额上网、同网同价”，请问这项政策是在什么背景下出台的？

程回洲：随着全球对环境及社会可持续发展的关注，保护生态，改善环境，实现人与自然和谐相处，越来越引起全球普遍关注和重视。水电作为清洁可再生能源，不仅是发达国家的首选能源，也是发展中国家的首选能源。

我国面临能源短缺和环境污染的双重压力。我国常规能源资源主要包括煤炭、石油、天然气和水力资源，探明总储量约8450亿吨标准煤，剩余可采总储量1590亿标准煤，分别约占世界总量的2.6%和11.5%，人均占有量只有世界平均占有量的40%。我国的能源结构长期以煤为主，煤炭在我国一次能源消费中的比重高达2/3以上，在电力消费中，煤电占70%以上。煤炭剩余开采量有限，并且这种过度依赖煤炭的能源消费结构已造成严重的环境问题。87%的二氧化硫、67%的氮氧化合物、71%的二氧化碳都是由煤炭燃烧引起的。这给我国的可持续发展带来严重隐患。

---

① 《中国水利报》2006年6月8日，《中国农村水电及电气化》2006年第6期。本文有修改。

加快可再生能源开发利用，是应对日益严重的能源和环境问题的必然选择，也是人类社会实现可持续发展的必由之路。水能是目前我国除煤外具备规模开发条件的第二大能源，经济可开发量达 4 亿千瓦。截至 2005 年底，水电装机容量达到 1.17 亿千瓦，为我国经济社会发展发挥了重要的作用。但与发达国家开发状况相比，与我国丰富的水能资源相比，我国的水电开发程度还很低（我国水电开发率仅为 29%，大大低于世界平均水平，发达国家水电的平均开发程度达到 80%）。风能、太阳能今后要大发展，但 15 年内还难以成为替代能源，其他生物质能、地热能、海洋能等可再生能源在 15 年内占有的份额更小。因此，调整我国电力结构，优先发展水电势在必行。今后 15 年水电装机要达到 3 亿千瓦，这就是说，过去 55 年开发了 1 亿千瓦，今后 15 年要开发 2 亿千瓦，每年平均投产 1300 万千瓦，届时水能开发率将超过 72%。

2006 年 1 月 1 日，《可再生能源法》开始实行。《可再生能源法》确立了优先发展可再生能源的战略，制定了强制上网、费用分摊等一系列促进可再生能源发展的保障政策和制度，为“水电全额上网、同网同价”这项政策的出台提供了法律依据。而农村水电上网难和电价低的问题一直没有解决，在这样的背景下，依据《可再生能源法》，出台加大可再生能源扶植力度的政策，十分必要，也非常及时。

解决“上网难，电价低”两个“老大难”问题，有助于《可再生能源法》的全面贯彻落实，有助于促进新农村建设，有助于从根本上提升农村水电企业的市场竞争力。

记者：新政策规定要提高水电等清洁可再生能源在电力结构中的比重。请问这对促进农村水电发展有什么重大意义？

程回洲：多年来农村水电深受上网不公和价格不合理两大难题的困扰。按全国小水电上国家电网平均电价计算，农村水电企业仅因电网限发造成的直接经济损失，2003 年 6 亿多元，2004 年 4.6 亿元，2005 年超过 5 亿元。国家出台“水电全额上网、同网同价”的政策，对于解决多年困扰农村水电发展的两大难题，从根本上保护农村水电的合法权益，促进这一清洁可再生能源的可持续发展，必将发挥重大作用。这项政策的出台，将有效引导社会投资，加快先进技术的推广应用，加大高素质人才的吸纳力度，推动农村水电行业提高管理水平和技术水平，从根本上提升农村水电企业的市场竞争力，同时有力促进水电新农村电气化县建设、小水电代燃料生态保护工程、农村水电增收解困工程建设，必将对繁荣农村经济，促进新农村建设发挥重要作用。

“十一五”规划中明确提出，“大力发展可再生能源”“在保护生态基础上有序开发水电”。在“十一五”开局之年出台这个文件，有利于从根本上落实《可再生能源法》的有关规定，促进“十一五”降低单位国内生产总值能源消耗比目标的实现。水利部把解决农村水电上网难和电价低两个老大难问题，作为农村水电“十一五”改革的重要内容。两大难题解决后，农村水电届时将每年增加收入120亿元。

水利部拟开展全国农村水电站弃水电量和上网电价调查，建立季报制度，力促政府有关部门和行业经营管理人员关注政策的落实。

记者：作为农村水电行业的主管领导及专家，您认为当前农村水电行业贯彻落实这项“水电全额上网、同网同价”新政策首先要抓什么?

程回洲：这一政策的颁布实施，是可再生能源政策体系的重要组成部分，是贯彻《可再生能源法》的一项具体政策措施，为促进水电等清洁可再生能源发展，提供了重要的政策支撑和保障。当前全行业首先要抓好这一政策的学习和宣传，“吃透”政策精神。同时要积极配合各级发展改革委和物价等部门落实这项政策，主动争取他们的支持和帮助。各地水利部门可以结合实际，抓好典型或试点，总结经验，逐渐推开。水利部拟开展全国农村水电站弃水电量和上网电价跟踪调查，建立季报制度，力促政府有关部门和行业经营管理人员关注政策的落实，总结交流经验，争取“十一五”期间有效解决这两个长期困扰农村水电发展的难题。

第四篇 水利企业改革与水利经济发展

水利总体上属于经济部门，其中基础设施主要提供防灾、减灾服务，表现为社会效益，属政府公共财政支持范畴。基础产业则提供与水相关的商品，应该市场化。

丹江口水利枢纽管理局被国务院列为100家特大型企业现代企业制度试点单位，即将还有三峡、小浪底这些特大型综合利用水利枢纽投运，它们既是以防灾、减灾功能为主的公益设施，又是发电供水的特大型企业。因此组织搞好丹江口的改革试点，任务繁重，意义重大。

宏观思考，市场思维，创新制度，壮大产业，解放思想，发展经济，以水利工程为依托的山水资源开发利用，前景无量，大有作为。

❖
1996年，国务院百家试点企业丹江口水利枢纽管理局改革动员委员会主席台。前排中为朱登铨副部长

❖
1996年10月，在汉江集团成立大会上致辞

❖
1996年，国务院副总理邹家华（左三）参观全国水利经济发展成果展

❖
1997年，钮茂生部长（前排右三）到水利部经济局调研

调整产业结构要遵循平均利润规律[1]

（1994 年 5 月）

我国产业结构不合理，主要表现在基础产业薄弱。一些基础产业发展滞后，成为制约国民经济的瓶颈，如交通、能源等。一些基础产业缺乏再生产正常进行的必要条件，其产品价值长期被社会所忽视，产品商品化程度很低，造成大量国有资产的流失和无偿转移。造成这种情况的原因是多方面的，但最重要的是长期以来高度集中的计划经济的影响。改革开放以来，国家非常重视调整国民经济的产业结构，加快交通、能源、农业、水利、重要原材料等基础产业的发展。但是，产业结构调整举步维艰，进展缓慢，基础产业的投入比例不是增加了，而是在继续下降。

资本是带来剩余价值的价值。社会主义资本同样具有增值的要求。只有社会主义资本的不断运动和利润的不断积累，才能有社会主义财富的不断积累。按照马克思揭示的社会化商品经济的平均利润学说，在社会主义市场经济条件下同样有等量资本投入不同生产部门获得等量利润的要求。如果等量资本投入不同的生产部门，不能获得等量利润，资本就会转移，从利润低的部门转移到利润高的部门。由此导致资源重新配置组合，产业结构也随之出现调整。按照这个理论，我们不难看出，我国产业结构调整举步维艰，基础产业发展滞后的局面难以改变的根本原因。

水利工程可分成基础产业和基础设施两大类。以水利基础产业为例，新中国成立以来，国家投入了大量的人力、物力、财力用于兴建水利工程，形成固定资产按现行价格三千亿元以上，修建各类水库 8 万余座。这些水利工程对天然来水

① 《中央党校通讯》1994 年 5 月 2 日。

进行拦蓄、控制、调节和处理，不仅除害兴利，成为国民经济发展宏大的安全保障，而且为各行各业提供了重要的生产要素——水。这种经过工程加工的水已经是价值的附着物，是有价值的生产资料，但它长期被误认为是没有价值的天然水，没有作为商品参与社会生产和流通，违背了G—W—G’规律，即产出价值大于投入价值的商品经济运动规律。按照马克思的平均利润学说，水的生产价格应等于成本价格加平均利润，成本价格等于加工水所耗费的不变资本价值和可变资本价值的和。而目前水的价格现状如何呢？即使在部分已将水作为商品出售的地方，成本价格也远没有实现。还有相当地方水还没有成为商品。这样，在水生产过程中国家投入的生产资料的耗费和劳动力的耗费就得不到价值补偿和实物补偿，国家财政无力补偿，导致水利产业国有资产每年数以十亿计的流失和无偿转移。水利产业目前尚不具备再生产正常进行的必要条件。没有实现成本价格，更谈不上生产价格和平均利润的实现了。在社会主义市场经济体制下，以公有制为主体，多种所有制并存，投资主体多元化，投资渠道多样化，各部门、各地区、各企业都是不同的投资主体，彼此都有各自的物质利益，投资都要追求利润，当然社会资本和社会资源就不会流向水利产业了。其他基础产业或重或轻地存在与水利产业类似的问题。

因此，基础产业目前面临的困难应当引起我们高度的重视。对策在于充分发挥社会主义市场经济的优势，加强宏观调控。宏观调控必须遵循市场经济的平均利润规律，而不能违背这个规律。

1996全国水利经济态势分析[①]

——在全国水利经济会议上的工作报告

（1997年5月浙江杭州）

1993年以来，全国水利系统以“五大体系”建设为重点，积极推进“两个根本性转变”，加快改革和发展步伐，水利经济持续、快速、健康发展，取得了巨大的成就。

一、总量高速增长，社会效益显著

1996年全国水利经济实现总收入979亿元，是1992年的3.9倍，实现利润79亿元，是1992年的4倍。水利系统纳税48亿元，税后利润反哺公益水利工程建设5.6亿元，两者之和与1996年中央水利基建拨款基本持平。1996年经营性资产达到2200亿元，资产负债率33.62%，比全国工业行业资产负债率低32个百分点。

总收入排全国前十位的省是：江苏、四川、广东、山东、浙江、福建、辽宁、湖北、湖南和河南。

东部实力雄厚。东部十二个省、市的总收入563亿元，占全国的58%。中西部地区稳步增长，其中四川总收入111亿元，位居全国第二，湖北也达到40亿元。东部、中部、西部水利经济总收入比例为3.8∶1.8∶1。

东北迅速崛起。1996年东北三省水利经济发展速度最快，吉林增长率为78%，辽宁和黑龙江增长率为53%，大连连续三年以50%速度增长。

① 《中国水利》1997年第7期。

龙头骨干增加。水利经济亿元县（市）101个，新增23个；收入超亿元企业29个，新增12个；利润超千万元的企业有17个，新增7个。收入和利润最高的是广东东深供水局，分别达19.9亿元和15.2亿元，实现利润在全国各行业企业中排名第八。

企业亏损减少。全国32690个水利企业中，亏损企业3606个，亏损额5.6亿元，亏损面为11%，比全国企业亏损面低12个百分点。

供给能力增强。全国水利系统1996年实际供水量4974亿立方米，乡镇供水工程日供水量达到2000万立方米。累计解决了1.8亿人及1亿头牲畜的饮水困难。

水利系统水电总装机2429万千瓦，年发电量779亿千瓦时。供电面覆盖40%的国土面积和25%的人口。

全国水库可养殖水面200万公顷，渔业年产量84.7万吨。

社会效益显著。1996年有效灌溉面积5100万公顷，实现灌溉效益1181亿元。水利基础设施在国民经济和社会发展中发挥了重大的安全保障作用，其中防洪减灾效益4083亿元。

在总量高速增长的同时，还存在一些应引起注意的问题。

1. 地区之间发展不平衡，西北地区发展相对滞后。

2. 部直属单位经济实力不强，收入只占全国水利经济总收入的3.4%，利润只占全国的4.4%。

3. 事业单位占全国51%的水利经营性资产，但收入只占全国的33.5%，比资产比重低17.5个百分点，利润只占44.7%，比资产比重低6.3个百分点。

4. 价格问题仍然是困扰主导产业发展的关键。全国综合平均水价只有1分5厘，除去东深供水局，全国供水共亏损2851万元，其中工程管理单位供水亏损2.5亿元。

5. 资产运营效率低。水利总资产年周转率为0.29次，是全国平均水平的46.8%，经营性资产年周转率为0.43次，是全国平均水平的49.4%。

二、投入增加，结构有待调整

投入不断增加。1995年全国水利基建投资206亿元，增长22%，1996年继续保持增长态势。今年国务院决定建立水利建设基金，水利投入将会有更大幅度的增长。

结构有待调整。从中央和地方的投资比例看，地方投资比例偏低。1995年，中央与地方投资比例为1.15∶1，远未达到1∶2的合理水平。投入增加主要是中央投入大幅度增长；从经营性投资与非经营性投资比例看，经营性投资比例偏低。1995年水利经营性投资和非经营性投资的比例是1∶1.29，而全国平均水平是1∶0.75；从技改投资与基建投资的比例看，技改投资比例偏低。1995年水利技改投资与基建投资的比例为0.029∶1，而同期全国技改投资与基建投资比例为0.4∶1。水利内涵发展还不够；从预算内资金与自筹资金看，自筹资金的比例偏低。1995年水利预算内资金与自筹资金比例为0.94∶1，而同期全国预算内资金与自筹资金比例为0.06∶1。水利投资对计划的依赖性大，自筹资金特别是通过市场筹集资金的份额很少。

1992年到1994年，全国基建投资增长108%，运输、邮电业增长205%，而水利仅增长73%。1995年交通投资759亿元，是水利的3.7倍。邮电投资995亿元，是水利的4.7倍。水利投资增长速度和投资强度低于其他基础产业。

三、经济结构开始调整，问题仍然突出

产业结构。从收入看，第一产业占10%，第二产业占68%，第三产业占18%，行政事业性收费占4%。第一产业潜力还没有充分发挥。种养业在水利经济收入中仅占2%，水利系统开发水土资源、发展第一产业大有可为。水电在水利经济收入中只占20%，供水不足8%，供水和水电在产业经济中还没有充分发挥主导作用。行政事业性收费在水利经济总收入中只占4%，征收工作要进一步加强。

企业组织结构。经过几年改革，政、事、企的结构开始由“枣核型”向“金字塔型”转变。企业组织结构不断优化，开始向规模化发展。收入五千万元以上，利润千万元以上的企业比1995年大幅度增加，中型企业1700多户，比1995年增加1200多户。各地纷纷开始动员探索组建以资产和产品为纽带的企业集团。

但是，企业规模偏小、集约化程度较低仍然是普遍现象。国家重点抓好1000户大型企业和120户企业集团，给这些大型企业和企业集团很多发展政策，水利系统只有汉江集团列入1000户大型企业，还没有一户列入国家120户重点企业集团。

四、改革取得显著进展，仍需加大力度

1993 年以来，水利部党组高度重视水利经济，大力加强领导，加强行业管理，不断探索市场经济条件下发展水利经济的新思路、新方法、新途径，各地涌现出许多新鲜经验。

1. 水利投资、融资逐步向市场化发展。

浙江实施“五自工程”，广泛调动社会办水利的积极性，成为水利改革和发展中的一大创举。四川大力推进企业制度创新，通过企业股份制改造扩大经营资本，组建了 39 个规范的股份制企业，筹集资本金 13 亿元，实现了企业投资主体多元化。新疆汇通公司是水利企业上市进入资本市场的成功典型。最近重庆三峡公司和四川岷江公司又被水利部批准上市。目前，全国许多水利企业都积极按现代企业制度的要求严格规范，加快改革、改组、改造，加强企业管理，积极创造条件争取股票发行上市，水利投资体制改革开始迈出大的步伐。

2. 国有资产运营管理改革取得重要进展。

国务院授权水利部监管国有水利资产。水利部和国家国有资产管理局共同制定颁发了《水利国有资产监督管理暂行办法》。各地也进行了大量有益探索。

黑龙江和河南等省拍卖“四荒”使用权，对“五小”水利工程进行权益改造，都取得了很好的经验和成果。

3. 价格改革取得局部突破。

国务院办公厅已经批准将《水利工程供水价格管理办法》纳入 1997 年度立法计划，价格体系建设迈出了重要的脚步。各地也相继出台了许多水利价格改革方面的政策法规。

4. 水资源统一管理不断加强，水资源的综合效益和水利资产的整体优势逐步得到充分发挥。

1996 年全国水利经济工作会议推广陕西洛川经验以后，各地积极推行从水源到水龙头一体化经营管理。吉林、河北、山东等地都取得重大进展。

吉林临江市、四川射洪县和三台县充分发挥资源和资产的整体优势，组建以水利资产为纽带的水利企业集团。把水和电紧密结合起来，带动水土资源开发和多种经营，全面发展水利资产市场化经营的区域水利经济。

5. 企业制度创新取得可喜成绩。

1996 年全国规范的股份制水利企业已达到 889 家，新增 341 家。水利企业转机建制试点工作取得重要进展，丹江口水利枢纽管理局作为国家百家试点企业已经挂牌运作。东北勘测设计院甘肃黄羊河管理处等事业单位也在积极进行现代企业制度试点。

6. 水利政策法规体系建设步伐加快。

各地出台了一系列加快水利发展的政策法规，国家水利产业政策也即将出台。水利政策法规体系建设有力地进了水利经济发展。

下一步改革要突破的几个重点。

1. 就整体而言，水利系统市场经济意识不强，一些地方和单位仍习惯于计划经济的思维方式，思想不够解放，一谈发展就是伸手向上，忽视市场这个融资的主渠道，或者只把注意力放在新增投资上，忽略了 3000 多亿存量资产。

2. 水利部门作为国有水利资产出资人的法律地位尚未确立。当前，计划经济体制下的政企关系逐步被打破，市场经济体制下的新型关系尚未建立和完善，尤其是水利部门出资人的法律地位未确立，一些地方和单位政企关系不清，产权关系不明；一些水利企业占用水利资源和资产，名义上属于水利部门，实际上既无行政隶属关系，也无产权关系，导致许多效益好的水利资产被无偿划拨或转让。随着改革的不断深入，这个问题将会更加突出，必须引起高度重视。

3. 企业规模小，难以适应市场经济新形势。党的十四届三中全会以来，企业改革由简单的放权让利进入了制度创新的新阶段。国家实行择优扶强、抓大放小的战略方针，水利企业规模小，很难享受到新一轮政策的支持。如 1996 年中央技改贷款近 1000 亿元，水利系统只用了 3.2 亿元。近几年全国发行企业债券 2083 亿元，水利企业仅用了几千万元；水利企业通过发行股票筹集资本金虽已起步，但由于起步晚、起点低、规模小，占有额度也就很小。1995 年国家发行股票 55 亿元，全国企业从股票市场上筹集资本金 600 多亿元，水利系统只有新疆汇通公司筹集了 7500 万元。1996 年国家发行股票 150 亿元，1997 年 300 亿元，企业从股票市场上筹集资本金将三倍六倍地增加。

随着我国国内市场逐步由卖方市场转向买方市场，竞争日趋激烈，水利企业规模小，融资能力、投资能力、发展能力都很难适应市场竞争的需要。

这些都要求我们必须审时度势，锐意进取，破除一切束缚市场经济发展的旧观念，加大改革力度，推动水利企业尽快上规模、上档次、上水平。

五、1997年水利经济发展对策

1. 要进一步理清思路，转变政府职能。

要用市场经济的思路和办法管好水利经济，从宏观、整体、战略的高度，研究水利经济发展的方针、政策和措施，逐步从单纯技术专业管理向综合经济管理转变。要着眼于搞好整个水利经济，从体制、结构、机制、增长方式、政策、管理等方面，对水利经济和水利企业进行整体规划、调控和监督。

2. 加快水利资产经营管理体系建设。

应该尽快确立水利部门作为国有水利资产出资人的法律地位，按照《公司法》厘清政企关系，理顺内外关系，逐步形成由中央、地方水利部门作为出资人、水利企业作为经营主体的资产运营管理体系。

3. 实施“百龙工程”，壮大水利企业。

充分发挥水资源的综合效益和水利资产的整体优势，抓水带电，把供水和水电紧密结合起来，在一二年内，通过水利资产优化重组、企业组织结构调整和实施现代企业制度，培育100个资产在5亿元以上的水利龙头企业。在此基础上再实施大公司战略，在五年内培育20个资产在20亿元以上，以资产或产品为纽带，跨地区、跨行业的大型水利企业或水利企业集团。发挥规模效益，提高水利企业的融资能力、投资能力和市场竞争能力，实现水利企业的超常规发展。在实施“百龙工程”和大公司战略中，要求公司都冠水利名称，打水利旗帜，树水利形象，形成强大的水利企业阵容。

4. 因地制宜，大力培育新的水利经济增长点。

要把供水和水电作为重点来扶持和发展。各地各单位要发挥自身的优势，发展各具特色的水利经济，培育新的经济增长点。

5. 要采取多种方式，培养人才。

培养一大批政治上强、具有市场观念、懂经济的管理人才和经营人才。

展望1997年，只要我们抓住机遇，加大改革力度，加快五大体系建设，搞好结构调整，大力推进两个根本性转变，水利经济必将出现更加朝气蓬勃的局面。

奏响企业改革的强音[①]

——在全国水利企业改革试点工作会议上的讲话摘录

（1996年8月）

一、全国：建立现代企业制度取得重大进展

党的十四届三中全会上，《关于建立社会主义市场经济体制若干问题的决定》提出建立现代企业制度。为了搞好国有企业建立现代企业制度工作，国务院确定百户企业作为建制试点企业，水利部特大型企业丹江口管理局就是其中之一。截至今年上半年，国务院确定的百户试点企业，已有90户完成了试点实施方案的论证和批复，38户企业正式挂牌运作，绝大多数企业正在按照实施方案确定的内容，逐步实现各项改革目标。从总体上讲，全国建立现代企业制度试点工作取得了重大进展，企业的整体素质普遍提高。

在国有大中型企业建立现代企业制度试点取得重大进展的同时，各地在小型企业改革中也创造了许多经验，国有小企业改革的步伐快，成效显著。一是改革形式有承包、租赁、兼并、破产、股份合作制、股份制等。二是在企业资产优化重组上进行了大胆的探索。三是进行了不同的股份合作制的改革探索，增强了活力。四是促进了政企分开和企业走向市场，较好地处理了改革和发展的关系。五是实行“三改一加强”，综合治理，取得了较好的效果。放开搞活小企业，已经成为各地区各部门改革的新热点。

---

① 《中国水利报》1996年8月。

二、水利企业：既有机遇又有挑战

全国企业改革试点工作蓬勃发展，对水利企业改革既是压力也是机遇。改革开放以来，尤其是最近几年，水利经济取得了较大发展。1995 年供水、水电、水利渔业和多种经营及行政事业性收费总收入已达 770 多亿元，水利企业已达到 39038 个。但是，在企业规模、结构等方面还存在着许多问题，主要表现在以下几个方面。

1. 企业规模小。在近 4 万个水利企业中，特大型企业只有 1 家，大型企业只有 5 家，中型企业只有 300 多家，其他都是小型企业，而且大多经营规模很小，和社会化大生产的要求相差甚远，很难经受住市场风浪的冲击。

2. 企业组织集约化程度低。大多数水利企业还是传统型企业，封闭经营，还没有跨地区、跨行业的大型的规范化的企业集团。

3. 市场化程度低。水利经济的主导产品价格远未市场化，严重违背价值规律和供求规律，不仅为农业服务的灌溉用水价格很低，而且为城市和工业服务的水电和供水价格也是严重背离价值的。

这些问题有体制问题、机制问题、结构问题，也有管理和发展问题，不从根本上解决这些问题，水利企业就难以得到大的发展，也就难以满足水利为国民经济和社会发展服务的客观要求。

三、根本出路在于深化改革

1994 年全国水利经济工作会议上决定进行水利部百家试点企业工作，经过两年的学习、宣传、研讨、发动，今年 7 月初，水利部颁发了《水利系统百家企业转换经营机制、建立现代企业制度试点实施意见》，8 月底又在北京举办了现代企业制度研讨和工作会议，对试点工作存在的问题进行探讨，同时交流了典型经验。目前百家试点企业中，明确要建立现代企业制度试点的 34 家，其中纳入国家和省级试点的 11 家，已挂牌进入运行阶段的 6 家，试点方案已上报待批的有 10 家，大部分试点企业都有了深化改革的思路，正在制订实施方案。江西、甘肃、广东、四川、天津等省（市）和黄委、海委等单位进展较快。

总结前一段水利企业转机建制工作，主要经验有三条。其一，关键在领导。凡是领导重视、纳入领导重要议事日程的，企业试点工作进展就快。其二，要有专门的工作机构，有专人专门抓。其三，企业领导班子，尤其是主要领导对试点的认识要到位，要有改革开拓精神。建立现代企业制度，推进水利的改革与发展，要以试点为突破口，通过试点，突破重点难点问题，出思路、出经验、出政策，实现改革的整体推进。百家试点企业是从省厅和流域机构上报的企业中，经过近 1 年的时间选出来的，经营范围、经营规模都很有代表性。搞好这百家试点企业的试点工作，探索出新形势下各类水利企业改革的路子，对搞好全行业 4 万个企业，振兴整个水利经济具有十分重要的意义。越来越多的人对水利部百家试点企业转机建制工作的意义有了更为深刻的认识。

试点的成败，直接关系到全国水利企业改革的进程和成败。百家试点企业肩负着推进全国水利企业改革的进程和成败。百家试点企业肩负着推进全国水利企业改革的光荣使命和重大责任，形势逼人，任重道远。

水利经济呼唤行业管理[①]

——《中国水利报》专访

（1996年10月）

近几年，强化水利经济的行业管理越来越受到水利部党组和水利界有识之士的重视，成为部党组抓水利经济工作的着力点。那么，为什么要加强行业管理？行业管理包括哪些内容？当前如何抓住行业管理？日前，程回洲就这些问题接受了本报记者的采访。

“水利是国民经济的重要组成部分。因此，研究水利经济的现状、改革和发展，研究水利经济的行业管理，首先要把它摆到国民经济的整体中进行考察。”程回洲说，改革开放以来，特别是党的十四届三中全会通过《中共中央关于建立社会主义市场经济体制若干问题的决定》以来，中央加大了以建立和完善社会主义市场经济体制为目标的改革力度，推进深层次的改革，税制改革、金融体制改革、外贸和外汇体制改革等都取得了重大突破。国有大中型企业改革由简单的放权让利深化为制度创新，正在蓬勃展开；全国统一的商品市场、生产要素市场健康发展。有的行业适应这场重大改革，抢得先机，发挥优势，制定政策，利用市场配置资源，迅速发展壮大起来。这给我们有益的启示是，水利经济的改革和发展必须适应建立社会主义市场经济体制这个大战略、大目标，正如钮茂生部长一再强调的，要从宏观、整体、战略的角度来研究问题、思考问题，要出思路、出政策、出措施。在社会主义市场经济的大舞台上，找到自己的方位，分清自己的优劣，制定发展方略。因此，我们说加强水利经济的行业管理，必须是立足于社会主义市场经济体制这个基础上的行业管理，必须摒弃旧观念、老套套。十四届五中全

① 《中国水利报》1996年10月。

会把水利列为基础产业的第一位，给水利建设和水利经济的发展带来了难得的发展机遇，可以说史无前例。问题是如何立足于社会主义市场经济，充分利用这个机遇。

程回洲说，改革开放以来，尤其是最近几年，以供水、水电、水库渔业、水土资源开发、综合经营和行政事业收费为主要内容的水利经济蓬勃发展。水利基础设施建设和水利产业经济“两个轮子”一起转。一是加快水利基础设施工程建设，完成防洪、抗旱、除涝、灌溉、水土保持、水资源保护等社会公益性任务；二是与社会主义市场经济相适应，以水利工程为依托，以开发利用水土资源为主业，发展水利经济，进入市场，按经济规律办事。

分析水利行业发展水利经济的优势。程回洲认为，经济发展要素包括资源、资本、人力、政策和科技。水利经济的发展有着很好的条件。我们拥有 2.8 万亿立方米的水资源可供开发利用；水利系统已经拥有 3000 亿元的国有资产。相当于全国拥有固定资产的十三分之一，其中经营性资产为 1900 亿元；有一支具有艰苦奋斗精神、创新精神的各类人才队伍；有深厚的科技基础和巨大的开发潜力；党中央和国务院对水利十分重视，为制定水利政策法规创造了条件。可以说，发展水利经济万事俱备。因此，部党组和钮部长一再强调加强行业管理，切中要害，非常正确。加强水利经济行业管理非常必要。

行业管理是国民经济宏观调控的重要组成部分。程回洲认为，加强水利经济的行业管理，就是要从宏观、整体、战略的高度，着眼于搞好整个水利经济，制定水利经济的发展目标、战略、政策、措施；从经济总量、结构、体制、机制、增长方式、科学管理、政策支持等方面做好水利经济发展的规划、协调、指导、监督和服务；利用经济手段、法律手段和必要的行政手段，采用政策指导、狠抓试点、重点突破、典型带路、科学评价、依法监督等多种方式，把水利经济宏观管好，微观搞活。譬如说，行业管理要狠抓机制转换，为什么？市场机制由三大要素组成：一是供求，二是价格，三是竞争。“供求”是基本要素，“价格”是核心要素，“竞争”是关键要素。三大要素有机联系，互相作用，形成一种自动协调运转的系统。当前，水资源问题已经成为国民经济发展的“瓶颈”，但资本资源并没有更多地流向水利行业。问题在哪里？就在核心要素价格上，水的价格严重背离了价值。价格不能实现市场机制，就谈不上竞争，就谈不上市场经济，就不会出现社会资本资源更多地流向水利产业的局面。工程加工后的水是水利产业主导产品，主导产品不能按市场机制运行，水利经济就不可能健康发展。经济学家评价一个国家经济发展时，往往更看重经济的体制、机制、结构和增长方式。体制就像人的身体结构，机制就像人的新陈代谢系统。身体结构不好，新陈代谢不畅，人就不能健康发展。水利经济也是如此，体制、机制、结构和增长方式问题不解决好，就难以持续、快速、健康发展。

程回洲说，这些年来，水利经济有长足发展，但是，水利经济与国民经济和社会发展对它的要求，还有很大差距。770亿元的水利经济总收入，在总量上还不大；产业结构上，供水和水电只占水利经济总收入的28%，还没有形成主导地位；近4万家水利企业中，只有1家特大型企业、5家大型企业、300多家中型企业，其他都是小型企业。企业组织结构不合理；水利经济体制还不能与社会主义市场经济相适应，自我发展和良性循环的机制尚未建立；水利国有资产的运营能力还不强，经营性资产利润率不到2%，远低于全社会12%～15%的平均水平。

程回洲说，针对这些情况，水利部党组从宏观、整体、战略的高度提出了一系列重大的战略思路，做出了一系列重大的战略决策。如成立了水利部经济工作领导小组；部里每年召开两次全国性大会，其中之一就是全国水利经济工作会议；提出以“五大体系”建设为突破口，深化水利经济体制改革和机制转换。最近又提出为实现两个根本性转变，水利要打几大战役，要对水利厅局长进行经济管理的培训，等等。按照部党组的要求和部署，水利经济行业管理要做的事很多，是大有可为的。

谈到当前和今后行业管理亟待开展的工作，程回洲说，首先是机构体系和职能体系建设。没有全国范围内职能健全有力的组织机构体系，“戏”就没法唱，行业管理就没法搞。目前，四川、青海、黑龙江、新疆、山东等地都已组建了经济处（局），松辽委、太湖局也成立了经济处，内蒙古有产业开发指导处，浙江、江苏、河北、湖南、广东等省厅一把手都非常重视，正在紧锣密鼓地筹建。新组建的这些机构，首先面临的是队伍建设。要有一个与部党组一致的工作思路，要有一个崭新的形象和面貌。不管干什么事，归根结底，关键在人。

体制、机制、结构和增长方式等是行业管理的重点，也是带普遍性的难点问题。怎么抓？程回洲说，要坚持以“五大体系”建设为主线，坚持实践第一，通过抓各类试点来寻找突破口；通过试点的实践来探索解决带普遍性的重点、难点问题的途径；通过试点出思路、出经验、出政策；通过试点经验实施分类指导，以重点突破带动整体推进。试点要有一定的代表性，包括百户水利企业转机建制试点，以水源工程和灌区为龙头的区域水利经济试点，中小河流综合、滚动开发的流域水利经济试点，以水电和电网为龙头的区域水利经济试点，以高科技为龙头的区域水利经济试点，水利企业集团试点，中小企业改革试点等。同时，要抓好水利经济发展中长期规划的制定。要通过编制水利经济发展中长期计划，进一步解放思想，理清思路，明确目标。要抓好水利经济政策法规建设，大力加强行业管理的基础工作。

展望未来，程回洲表示，水利经济行业管理任重道远。但是，有部党组的高度重视，有大家认识上的高度一致，抓行业管理有许多有利条件。我们一定不辜负部党组的期望，集中精力，用心把水利经济行业管理工作抓实、抓好，为发展水利经济做出贡献。

“水利第一”大有文章可做[①]

——“汇通水利”股票上市的启示

（1996年8月）

新疆汇通股份有限公司是水利部推荐的第一家上市公司，经国家证监会批准向社会公开发行1250万股社会公众股A股。股票发行工作于1996年6月23日至7月3日在新疆乌鲁木齐市举行，采取“全额预缴，比例配售，余款即退”的发行方式，来自全国各地的申购资金达80.9亿元。新疆汇通股份有限公司此次发行的社会公众股简称为“汇通水利”，于1996年7月16日在深圳证券交易所挂牌交易，挂牌第一天的开盘价高达11元。“汇通水利”股票的成功发行和上市，给我们一个启示：“水利第一”大有文章可做。

党的十四届五中全会通过的《中共中央关于制定国民经济和社会发展“九五”计划和2010年远景目标的建议》和八届人大四次会议批准的《关于国民经济和社会发展“九五”计划和2010年远景目标纲要》，第一次把水利列为基础产业和基础设施的首位。这是党中央和国务院的重大战略和决策。做好“水利第一”的文章是我们全体水利职工光荣而艰巨的任务，“水利第一”也是一篇大有题材可做的文章。在社会主义市场经济条件下，“水利第一”首先要使水利适应社会主义市场经济。新疆汇通股份有限公司向社会公开发行股票获得成功，表明水利迈出了从资本市场筹集资金的第一步，也表明做好“水利第一”这篇文章完全可能。

① 《中国水利报》1996年8月。

要按照市场经济的基本原则和基本规律来兴办水利、发展水利。市场经济的基本原则就是以市场作为资源配置的手段，以价值规律决定供求关系。因此，水利要走向市场、依靠市场，要运用市场手段配置资源，要建立讲究投入产出的良性运行机制。水利产业一方面要实现水的商品化，商品水作为水利产业的主导产品要按照价值规律来确定价格；另一方面要用市场手段来配置生产要素，生产要素包括资金、劳动力和土地等，其中资金配置能否运用市场手段是重要标志。证券市场是运用市场手段配置资金的重要场所，从证券市场的发展过程来看，证券市场是随着市场经济的逐步完善而发展的。我国的证券市场也是近几年才起步发展的。水利能否走向证券市场、能否从资本市场上筹集资金是水利能否运用市场手段配置生产要素重要标志，是我们能否做好“水利第一”这篇文章的重要标志。

水利作为国民经济的基础产业和基础设施，承担着防洪、除涝、抗旱、减灾等社会公益性任务，导致水利的计划色彩浓厚，缺乏产业观念和市场意识。水利基础设施投资依赖于国家，资金来源主要是国家财政拨款。水利企业缺乏从资本市场上筹集资金的意识。就人均占有量而言，我国是一个水资源短缺的国家，而水资源开发利用程度又低，水已经成为国民经济发展的重要制约因素。因此，水资源的开发任重而道远，如果仅仅依靠国家投入开发水资源是远远不够的，水利行业必须解放思想、转变观念，树立从资本市场筹集发展资金的市场意识。这是水利走向市场的必然要求，也是做好“水利第一”这篇文章，壮大水利基础产业，确立“水利第一”的地位的必然要求。新疆汇通股份有限公司作为由水利部推荐向社会公开发行股票的第一家股份制企业，其股票的成功发行和上市标志着水利开辟了运用市场手段配置资金的渠道，迈出了水利产业市场化的第一步，为水利基础产业进行了可喜的探索。

新疆汇通股份有限公司是一家以水利电力建设为主业的股份制企业。公司成立于 1993 年，由新疆水利电力建设总公司为改制主体，与新疆克拉玛依市天山实业开发公司、海南省国际信托投资公司、中国江河水利水电开发公司、广东省经协能源化工公司、乌鲁木齐光源电力实业总公司等六家单位共同发起，并吸收深圳宏城电脑有限公司和内部职工入股构成的新型股份制企业。汇通公司以水利电力工程建设、水利电力设备制作及安装为主业，兼营机电产品制造、商贸等多种项目。汇通公司此次筹集的资金将用于联营投资新疆伊犁人民水电站、新疆渭干河上千佛洞水电站和新疆喀英德布拉克水电站等3个水电项目。新疆汇通股份有限公司是一家以开发水资源，发展水利事业为己任的典型的水利企业，具有水利特色。因此，汇通公司发行的股票是以水利为题材，体现水利概念。汇通股票是中国证券市场上第一个以水利为题材的股票。汇通公司在发行股票的过程中，以"汇通水利 利国利民；汇通水利 造福人民"为主题，突出宣传水利是汇通公司的主业，汇通股票的发行是为了发展水利事业，造福各族人民。通过宣传，激发了广大股民对水利股票的投资热情。汇通股票的成功发行和上市，说明水利概念得到了广大投资者的青睐。从股票的发行情况来看，汇通股票虽然以每股6元的高价发行，但来自全国各地的投资者仍非常踊跃地进行申购，1250万股的申购资金总额高达80.9亿元，配售比例仅为0.94%。从股票的上市情况来看，在深圳证券交易所挂牌交易的第一天就以每股11元的价格高开。这些数据充分说明了广大投资者对水利产业投资热情很高。

汇通股票为什么会被投资者如此看好，其中一个原因是新疆汇通股份有限公司有着良好经营管理和经营业绩。汇通公司成立3年来，各项经济指标超常攀升，1993年公司改制第一年，利润总额为679万元，1995年达到1500多万元，翻了一番还多；改制3年来，公司每股红利均在0.30元以上。3年来，汇通公司连续被评为乌鲁木齐市"重合同守信用"企业；1995年，汇通公司以其雄厚的技术力量和先进的科学管理被评为"国家科技进步企业"，同时又被水利部评为全国水利系统先进企业。汇通公司良好的经营管理和经营业绩使广大投资者对汇通股票在二级市场上的表现充满希望。但更重要的原因是广大投资者对水利产业非常看好。作为投资者，在进行投资决策时，不仅仅要考虑发行公司过去和当前的经营业绩，更要考虑发行公司的发展前景，而一个企业的发展前景很大程度上取决于该企业所处的产业和国家的产业政策。因此，汇通股票被广大投资者看好的另一个更为重要的原因是：汇通公司以水利水电为主业，符合国家的产业政策，也符合水利产业的发展方向。水利作为国民经济的基础产业和基础设施，随着国民经济和社会的发展，所发挥的基础性作用越来越大。水利是"九五"期间和今后国家重点加强的领域。广大投资者正是认识到了这一点，对水利产业充满希望，对水利概念倍加青睐，这也为水利带来机遇。

水利要与社会主义市场经济相适应，必然要走向市场，必然要走向资本市场，通过发行股票等有价证券筹集发展资金，实现投资主体多元化，筹资渠道多样化。但是，水利走向资本市场不但要有需要，还要有可能，要被广大投资者所接受。这次汇通公司作为水利企业向社会公开发行社会公众股，正是接受了广大投资者对水利产业认可与否的检验。汇通股票的成功发行和上市，充分证明了水利从社会筹集资金发展水利产业完全可能，也证明了水利走向市场的前景非常广阔。因此，我们要加快水利改革的步伐，做好“水利第一”这篇文章。

把握全局　抓住关键[①]

——《中国水利报》访谈录

（1996 年 12 月）

产业的基本载体是企业，要发展水利产业就必须大力发展水利企业。当前，我国有近 4 万家水利企业，但绝大多数是中小企业。水利企业如何在市场经济形势下发展壮大，既是我们每个企业面临的大问题，也是关系到水利能否成为国民经济发展坚实基础的重大问题。"一把手"是企业的龙头，称职与否直接关系到企业的兴衰。程回洲认为，当好企业"一把手"的首要问题，一是把握全局，出好思路；二是抓住关键，以人为本。

他说，市场经济体制实行的是优胜劣汰的竞争机制，企业要在市场中生存发展，就必须适应市场经济体制的大环境。因此，企业"一把手"最重要的是胸有全局，把握大形势，不断地按照社会主义市场经济的运行机制和运行规律研究企业改革和发展的思路。目前很多企业步履艰难，重要的原因就是没有跟上市场经济的节拍。十四届三中全会以来，按照建立社会主义市场经济体制的既定目标，改革整体推进，重点突破。财政体制改革、税制改革、金融体制改革、外贸体制改革、汇率并轨等都已取得突破性进展，以制度创新为主要内容的企业改革也正在深入展开。社会主义市场经济体制的基本框架已经形成。但是，我们许多企业的"一把手"对改革形势的反应不太敏锐，甚至还认为由计划体制向市场体制的转变是理论上的、是宏观的，面对急剧转变的新形势，仍是老一套的思维方式、老一套的思路。然而，向社会主义市场经济体制的转变却是具体的，是通过一项项政策措施的实施来实实在在兑现的。比如，财政体制由"分灶吃饭"改为分税

① 《中国水利报》1996 年 12 月。

制，承包制结束了，企业再想减税让利已不可能。金融体制改革以后，银行的贷款政策变了，实行“择优扶强”的原则，商业银行关心的是企业的还贷能力，越是搞得好的企业，它越愿意贷款；越是还不了钱的企业，它越逼你还债。企业改革已由简单的放权让利转向制度创新。随着市场经济体制的逐步建立，经济运行规则已经发生了巨大的变化。

程回洲认为，企业在市场中参与竞争就好比棋手对弈，比赛规则变了，还按老规则参加比赛，必然处处违规，其结果必败无疑。我们很多水利经济实体之所以举步维艰，很多水利企业之所以惨淡经营，很大程度上就是这个原因。经济体制转变了，国民经济按照市场经济规律和规则运行。而我们的“一把手”却没有真正把握这个全局，不是按照市场经济体制的要求积极地进行制度创新，不是按照市场经济的机制和规律来调整和制定自己的发展战略、发展思路，而是几十年一贯制的老思路，找政府、找上级，眼睛盯的还是减税让利，想吃“偏饭”，或者希望上级创造各方面的条件，自己吃“现成饭”。然而市场经济体制下，哪会有那么多“偏饭”、“现成饭”可吃呢？水利企业的许多成功例子也很可以说明问题，新疆汇通股份有限公司就是按市场规则参与竞争的成功范例。它原来是一个以水利水电施工为主业的不大的水利施工企业，地处祖国边陲新疆。在许多条件比它好的施工企业不景气的情况下，汇通公司却能够蓬勃发展，就是因为汇通公司对经济体制的转变反应敏锐。跟上了步伐，果断大胆地按市场经济规律和规则真抓实干。该公司1993年就进行了股份制改造，按《公司法》和现代企业制度规范企业行为，积极创造条件争取股票上市，走向资本市场。今年，由水利部推荐经国家证监会批准，汇通公司股票发行上市获得成功，从市场上筹集资金7500万元，扩大了企业规模，增强了企业发展后劲。水利企业成功的例子还很多，如海安高科技园、中洋集团、神力集团等，都是以制度创新为动力，以高科技为龙头，切实推行两个根本性转变，从而实现企业兴旺发达。一些同样条件的水利电力企业，有的两三年内由弱变强，令人刮目相看，如四川三峡水利电力股份有限公司、四川岷江电力股份有限公司等；有的则一筹莫展，发展缓慢。这就是因为前者把握了市场经济大局，从制度创新入手，建立新机制，确定了适应社会主义市场经济大环境的企业发展新思路。

因此，当好企业“一把手”，当前首要的是做好企业制度创新这篇大文章，使企业真正实现“产权清晰、权责明确、政企分开、管理科学”。要按现代企业制度和现代管理思想来规范企业行为，同时要严格企业内部管理。成功的“一把手”一是严于律己，为人表率；二是严于治企，建立科学严格的内部管理秩序。企业管理要体现管理层次和管理幅度，要从体制上保证决策的科学化，提高决策水平和效率。企业要建立适应市场经济的经营机制。建立市场信息反馈及时、经营决策正确的市场反应机制；形成既能调动企业职工积极性、增强凝聚力，又能规范职工行为的激励和约束机制；形成重视技术进步和规模经营，面向市场和未来的开拓发展机制等。

企业的事情千头万绪，“一把手”能抓得完吗？程回洲说，除了出思路，抓制度创新和经营机制转换外，企业“一把手”的第二件事就是用干部。“一把手”一把抓，会顾此失彼，因此要敢于起用人才，大胆地使用那些政治强、思想作风正、懂经营、会管理的干部。要知人善任，绝不能任人唯亲。要造就一支精干高效的干部队伍，带一个好的班子，才能带一支素质高、过得硬的职工队伍。有适应社会主义市场经济的思路，有一支高素质的干部队伍和职工队伍，企业就一定能够兴旺发达。

狠抓落实　狠抓试点　振奋精神
促进水利经济大发展

——在全国水利经济处长会上的讲话

（1996 年 9 月浙江杭州）

我们这次全国水利经济处长会议，是狠抓贯彻落实第三次全国水利经济工作会议精神的一次全国性会议，会议的主题是狠抓落实，狠抓试点，振奋精神，促进水利经济大发展。在今年的全国水利经济工作会议上，提出了发展水利经济要以提高效益为中心，以深化和完善五大体系建设为动力，推进“两个转变”，实施“两大战略”，坚持“两手抓，两手都要硬”的基本方针，把水利建设、管理和发展水利经济紧密结合起来，巩固基础，优化产业结构，促进良性运行，更好地为国民经济和社会发展服务。明确了“九五”水利经济发展的目标、任务和措施，部署了 1996 年全国水利经济工作，指出“九五”和今后 15 年水利经济要大发展。在这次会议上，朱登铨副部长要作重要讲话，进一步动员和部署水利经济工作。会议还将讨论水利部关于加快水利经济发展的意见、水利部为推进两个转变实施“三大战役”方案大纲、全国水利经济发展“九五”计划和 2010 年远景目标以及水利部关于水利经济先进单位和先进个人表彰实施办法等会议文件。下面，我讲三点意见。

一、水利经济发展的形势

改革开放以来，随着社会主义市场经济体制的逐步建立和完善，全国各地对发展水利经济的认识不断提高，以供水、水电、水土资源开发利用、水利渔业、行政事业性收费和综合经营为主要内容的水利经济得到长足发展。

经济总量高速增长。"八五"期间，全国水利经济总收入为2275.76亿元，年均增长36%；电力销售总收入为568.3亿元，年均增长28%；国有水管单位水费收入150.71亿元，年均增长24.6%；水利渔业总产值131.15亿元，年均增长27.4%；水利综合经营总收入1425.6亿元，年均增长42.3%。1995年，国有水利资产总值已达到2980亿元，其中经营性资产为1900亿元。全国水利经济总收入超50亿元的水利经济强省有江苏、山东、广东和四川4省，全国水利经济收入超亿元的县达到65个。水利经济实力显著增强。

水利经济产业结构和组织结构初步得到调整。水利经济产业结构和组织结构正在按照市场经济的要求进行调整。水利经济主导产业供水和水电得到了较大发展，在水利经济中所占比重逐步提高；各地正在按照集约化和规模化的要求着手组建一些企业集团，如广东省正在筹建水利水电企业集团、天津成立了水电工程集团、北京市正在筹建施工企业集团、河南省正在组建水利物业集团、食品企业集团和水库银鱼集团；水利事业单位改革力度加大，陕西省水电工程局、东北勘测设计研究院、珠委设计院以及其他一些事业单位已经起步向企业转变，甘肃武威市黄洋河灌区已经制定现代企业制度试点实施方案。水利经济组织结构开始由"枣核型"向"金字塔型"转变。

水利经济体制改革取得很大进展。"五大体系"建设取得突破性成果；水利系统百家企业转机建制试点工作已经启动，大部分试点单位正在抓紧制定方案；被列入国务院百家建制试点企业的丹江口水利枢纽管理局已按照《公司法》的要求组建成汉江水利水电（集团）有限责任公司；三门峡水利枢纽管理局、天津振津管道工程公司、涪陵电力集团公司等水利部和地方试点企业已经按现代企业制度的要求挂牌运作；新疆汇通股份有限公司作为水利部推荐上市的企业成功上市；浙江成立了水利水电建设投资总公司。

科学合理的水利经济运行机制和企业经营机制正在形成。各地都在按照市场经济的要求，探索科学合理的水利经济运行机制，许多水利企业正在积极转换经营机制。浙江省人民政府拟发布《关于实施"五自"水库工程加快水利供水事业的通知》，在全省推行水库建设自行筹资、自行建设、自行计价、自行收费、自行还贷的"五自"办法；陕西洛川、吉林临江等地实行了水资源开发一体化经营管理；安徽东关水泥厂开展"学邯钢、抓管理、增效益"活动，结合本厂实际，在组织结构、劳动用工、成本考核、销售队伍四个方面进行改革；江苏无锡湖山水泥厂改革用人机制和分配机制，实行全员劳动合同制、干部聘用制和档案效益工资制，狠抓质量管理、成本管理、资金管理和基建管理；新疆汇通股份有限公司形成了一整套股份制企业规范化的组织机构和运行机制，实现了“干部能上能下，职工能进能出，工资能升能降”。其他许多水利企业也建立了与市场经济相适应的企业经营机制，增强了企业活力。

水利经济行业管理不断加强。全国对水利经济的认识不断深化、不断统一，行业管理不断加强。水利部成立了以钮茂生部长为组长的水利经济工作领导小组，并成立了水利部经济管理局，负责全国的水利经济行业管理。大部分省、自治区、直辖市、计划单列市和流域机构成立了以一把手为组长的水利经济工作领导小组，部分省厅、流域机构把第三次全国水利经济会议精神真正落实到行动上，雷厉风行，成立了水利经济行业管理机构，理顺了职责范围，选派了政治上强、懂经济、善管理的优秀干部充实到水利经济行业管理岗位。四川、新疆、青海、松辽委、珠委、太湖局等省和流域机构成立了经济管理处，在此之前，内蒙古自治区已成立了产业开发指导处。大部分省正在根据全国水利经济工作会议精神落实机构。水利经济行业管理机构和体系的建立和健全，是水利经济行业管理的基础和保证。

加快了水利经济政策法规建设。各地根据水利经济发展的实际情况，积极制定促进水利经济发展的政策。湖南省下发了《湖南省人民政府批转水利水电厅关于发展水利经济有关问题请示的通知》，内蒙古下发了《关于加快发展水利经济的若干意见》和《水利产业开发项目管理办法》，山东省出台了《山东省水利工程水价核订水费计收管理办法》，最近浙江省水利厅和物价局共同制定了水价电价政策，其他有些地方已经制定了发展水利经济的意见。水利经济政策法规的制定为水利经济的发展提供了保障，大大促进了水利经济的发展。

水利经济出现了蓬勃发展的势头。但是，我们应该认识到水利经济的发展与国民经济和社会发展对水利的要求还有很大距离，水利经济在发展过程中还存在许多困难和问题，这主要表现在以下几个方面。

1. **水利经济产业结构不合理。**供水、水电还没有形成主导地位。1995 年供水收入占水利经济总收入的比重是 6%，水电收入占的比重是 22%，供水和水电占水利经济的比重不到三分之一。目前经营上规模、管理上水平，以供水和发电为主业，规范化的水利企业还不多，这和水利经济的支柱产业的地位还很不相称。

2. **水利企业组织结构不合理。**企业“散（分散）、小（规模）、差（管理）”，缺少骨干企业、龙头企业，没有形成企业规模和市场竞争力。全行业有近 4 万个水利企业，1 万多个国有水管单位，8 万多个水利综合经营单位。近 4 万个企业中，特大型企业只有 1 个，大型企业只有 5 个，中型企业也只有 300 多家，其他都是小型企业，目前水利系统还缺少大型的规范化的企业集团。

3. **水利国有经营性资产运营能力差。**还没有建立起与社会主义市场经济相适应的产权清晰、权责明确的资产监管和运营体系。水利国有资产流失严重，仅水管单位每年损失的国有资产就达 30 亿元。水利经营性存量资产不活，1900 亿的水利国有经营性资产，只有 770. 4 亿的水利经济总收入。

4. **经济运行机制与市场经济不相适应的现象严重存在。**还没有真正树立起从市场化的角度发展水利经济的意识。与市场经济相适应的水价、电价价格形成机制还没有形成，自我发展和良性运行机制尚未建立。许多水利企业单位经营机制转换的力度还不够，管理粗放，吃“大锅饭”、喝“大锅水”的现象还相当严重，自身的经济效益不高。

5. **水利经济行业管理薄弱。管理的组织体系、职能体系和政策体系还没有真正建立和完善。**许多地方还没有从发展水利经济，促进水利产业发展的高度来认识和进行行业管理，行业管理的机构、人员、职责停留在过去多种经营管理的范围。有的地方还没有专门的水利经济行业管理机构，许多行业管理人员对行业管理的认识还只是具体抓项目、管资金等微观经济的思路。水利经济人才培养缺少力度，缺乏具有现代经济意识、发展意识和产业意识的经济人才。

二、坚持实践第一，通过狠抓试点，重点突破，开创水利经济新局面

今年是“九五”计划的第一年，“九五”和今后 15 年是我国改革开放和社会主义现代化建设承前启后、继往开来的重要时期，也是水利经济大发展的时期，水利经济行业管理任务很重。针对水利经济发展的现状和存在的问题，我们要集中精力，抓好行业管理。

发展水利经济，加强行业管理十分重要和必要，我们要理清思路，坚定信心，克服困难，百折不挠。加强水利经济的行业管理就是要从宏观、整体的高度，着

眼于搞好整个水利经济，制定水利经济的发展战略、目标、政策、措施；从经济总量、结构、增长方式、体制、机制、管理等方面做好水利经济发展的规划、协调、指导、监督、信息和服务。利用经济手段、法律手段和必要的行政手段，采用政策指导、狠抓试点、重点突破、典型引路、科学评价、依法监督等多种方式，把水利经济宏观管好，微观搞活，促进水利经济发展。当前水利经济行业管理重点要抓好下面工作。

水利经济在改革和发展过程中会遇到许多新问题，会与我们原有体制和政策发生矛盾和碰撞。为此，我们要针对一些重点、难点问题，按照改革的目标和要求，认真选择试点，以试点为突破口，通过试点来探索解决普遍存在的重点、难点问题，通过试点出思路、出经验、出政策。要对试点工作及时进行总结，试点成功了，及时将试点经验在面上推广，以重点突破带动整体推进。针对水利经济发展的现状和重点、难点问题，当前我们要重点抓好以下几项试点工作。

1. 百户水利企业转机建制试点。

国有企业改革是经济体制改革的中心环节，建立现代企业制度是国有企业改革的方向。江泽民总书记在最近的讲话中指出，到本世纪末要使大多数国有大中型骨干企业初步建立起现代企业制度，成为自主经营、自负盈亏、自我发展、自我约束的法人实体和市场竞争主体。我们要认真贯彻落实江总书记的指示，结合水利实际，抓好百户水利企业转机建制试点工作，同时要及时推广试点经验，不断拓宽试点的覆盖面。

今年 7 月初，水利部颁发了《水利系统百家企业转换经营机制、建立现代企业制度试点实施意见》，8 月底又在北京举办了现代企业制度研讨和工作会议，对转机建制试点工作存在的问题进行了探讨，同时交流了典型经验，对下一步工作进行了部署。水利企业改革试点工作已全面启动，逐步深入。这是一项制度创新的伟大实践，各省厅及流域机构要按照部里实施意见的要求，高度重视水利企业转机建制试点工作，加强对试点工作的领导，做好指导、协调工作，水利经济管理部门要精心组织，下大力气狠抓落实，以点带面，跟上全国的步伐，为实现中央提出的总的战略目标创造条件，争取主动。

2. 以水源工程和灌区为龙头的区域水利经济试点。

各地要开展以水源工程和灌区为龙头的区域水利经济试点。试点起点要高，要按现代企业制度的要求进行规范。要通过试点工作来主攻管理体制问题、价格问题和盘活存量资产问题。水价一时不能到位的，要争取通过税收优惠和财政补贴进行补偿。要重点推进从水源到引水、供水一条龙经营。

3. 中小河流综合、滚动开发的流域水利经济试点。

要选择资源相对集中，已有一定开发基础的中小河流起步，以现有供水、水电工程为龙头，综合利用流域自然资源和技术优势开展综合经营，实行“流域、梯级、综合、滚动”开发，探索中小流域发展水利经济的新路子。

4. 以水电和电网为龙头的区域水利经济试点。

具有水电资源优势并形成一定发供电实力的地区，要以水电和电网为龙头，带动供水、综合经营等其他产业，组建跨县、跨地区的规范的股份有限公司，建立区域水利经济发展的试点。

5. 水利企业集团试点。

企业要在市场中生存发展，提高竞争力，就必须发挥规模优势。水利经济发达的地区要积极开展组建以产品或资产为纽带的企业集团试点，在政策和资金上予以支持，为造就一批水利产业的“巨人”和“龙头”企业创造经验。在进行企业集团试点时，要按照国家经贸委、国家体改委和国家计委共同制定的《企业集团组建与管理暂行办法》进行规范，要遵循市场经济规律，不能搞行政命令。

6. 小型水利企业改革试点。

小型水利企业是水利经济的重要组成部分，在水利企业中占有绝大多数。要加快小型水利企业改革步伐，从实际情况出发，大胆实践，积极采取联合、兼并、股份制、租赁、承包经营、破产、重组和出售拍卖等多种形式进行改革试点，为搞活小企业创造经验。在产权流动、重组的过程中要对资产进行合理评估，采取积极有效的资产监管措施，切实防止国有资产流失。

各地要组成有权威的领导机构，做好调查研究工作，因地制宜，选择试点。对各类试点进行分类指导，及时协调和总结试点过程中出现的重大问题。各地要争取在今年年底之前根据实际情况，选定试点类型和单位，作好规划，制订实施方案，明年全面启动试点工作。要层层明确目标、责任，层层抓试点，逐级落实到人。

三、加强企业管理工作

大力推进企业技术进步。企业要根据市场和发展的需要，制定企业技术进步目标和规划，逐步建立和完善企业技术创新体系，实现“挖潜、改造、积累”的良性循环。要以部里提出的“百船计划”和“百项科技推广工程”为契机，狠抓企业技术进步，同时做好1995年度水利部企业技术进步奖评选活动。质量是企业的生命，要切实采取措施抓好质量管理和监督工作，深入开展GB/T 19000—ISO 9000系列标准的贯标和质量认证工作，提高水利经济的质量水平。

狠抓扭亏增盈工作，为数不少的水利企业存在着管理松弛、亏损严重，有的企业甚至长期发不出职工工资。8月20日国务院召开了全国企业扭亏增盈工作电视电话会议，会上吴邦国副总理指出当前国有企业存在的突出问题是企业经济效益下滑，产销率下降，积压增多，亏损增加，部分国有企业困难加重，主要原因是企业本身的问题，除了历史原因形成的资产负债率高、企业冗员多、社会负担重、机制不活等深层次问题外，主要是企业管理水平不高、竞争力不强、盈利水平不高、难以适应市场环境的变化。我们要坚决贯彻党中央关于搞好国有企业的方针政策，加强领导、转变观念、加大工作力度，紧紧围绕“两个根本性转变”，用改革的思路和办法抓水利企业加强管理、扭亏增盈。

加强领导，建立健全机构，培养高素质的水利经济管理干部队伍。要认真落实部领导关于要像抓防汛抗旱、抓水利建设一样抓水利经济的讲话精神，水利经济工作要纳入主要负责人的年度目标责任制。将水利经济的总量、结构、体制、机制、资产保值增值以及职工生活水平等主要目标，层层分解，层层落实，逐级签订目标责任合同。要建立健全监督、检查、考核制度，把目标完成情况作为考核政绩的重要内容。

各地各单位要按照钮茂生部长和朱登铨副部长在第三次全国水利经济工作会议上的讲话精神，建立健全水利经济行业管理机构。已经成立水利经济行业管理部门的，要进一步明确职责，选派优秀干部充实精干的人员；尚未成立机构的要尽快成立相应的机构。争取今年把机构都成立和健全起来。

在机构调整中，要把那些真正懂经营、会管理、事业心强的人才充实到经济管理部门，并委以重任。选人的标准应坚持德才兼备，从专业需要、事业发展和搞好水利经济的行业管理的需要出发。

同志们，发展水利经济大有可为，加强行业管理大有可为。水利经济的管理工作任重而道远，我们要积极地去抓改革，抓试点，抓行业管理。促进水利经济大发展是历史赋予我们水利经济工作者的重大使命，我们要认真贯彻党的十四届五中全会和八届全国人大四次会议精神，进一步统一思想，振奋精神，坚定信心，为促进水利经济大发展作出应有的贡献。

水利需要什么样的企业文化[①]

（1997 年 6 月）

■ 创建富有时代特征和水利特色的优秀企业文化，是推动水利企业全面发展的当务之急。

■ 建立优秀水利企业文化，必须坚持社会主义方向，坚持水利特色，坚持以人为本，坚持市场导向，坚持团结奉献的价值观。

■ 建立优秀水利企业文化，必须以我为主，博采众长、融合提炼、大胆创新。

企业文化是企业的经营思想、经营哲学、企业精神和价值观等的总和。优秀的企业文化能够调动广大员工的积极性和创造性，增强企业凝聚力和产品的竞争力，架起企业社会认同的桥梁，为企业赢得良好的发展环境。同时，企业文化建设是社会主义精神文明建设的重要组成部分，《中共中央关于加强社会主义精神文明建设若干重要问题的决议》强调要加强企业文化建设。

在水利企业中建设竞争的、向上的、现代的、健康的企业文化，对加快水利改革与发展，更好地为国民经济服务十分重要，对此水利部党组早有明确指示。在 1995 年全国水利经济工作会议上，钮茂生部长就指出：在企业改革中要注重企业形象，这是一本万利的，科技投入，企业精神的培育、形象的塑造，这些都属于企业文化问题，是与建立现代企业文化相辅相成的，是企业开拓市场、提高竞争力所必须高度重视的问题。今年的全国水利经济工作会议上，钮部长再次强调要抓好水利企业形象工程的建设，创建富有时代特征和水利特色的优秀企业文化，

① 《中国水利》1997 年 6 月 26 日。

树立良好的企业形象。

近几年，水利企业对建设有水利特色的企业文化进行积极探索，积累了许多宝贵经验，涌现了不少好的典型。江苏的湖山集团，着力于改善职工的工作环境，偌大的厂区就像花园一样，为劳动者提供了良好的劳动氛围，体现对人的情绪、人的需求、人的激励的重视。

但总体上说，水利系统的企业文化仍滞后于水利经济发展，许多水利企业还没有把建设企业文化提上议事日程。适应社会主义市场经济和“水利第一”对水利企业精神文明的需要，创建富有时代特征和水利特色的优秀企业文化与良好的企业形象，提高全行业整体形象，在全行业实施企业形象工程刻不容缓。

一、要创建富有时代特征和水利特色的优秀企业文化，必须坚持五个原则

坚持社会主义方向。要以马克思列宁主义、毛泽东思想、邓小平建设有中国特色社会主义理论为指导，坚持党的基本路线和基本方针，以促进企业改革和发展为中心，把企业精神文明建设和物质文明建设结合起来。

坚持水利特色。我国是一个与水奋斗出来的文明古国，文化源远流长，内容博大精深。水利企业文化建设首先在体现水文化的精华，体现水利人乐于奉献、不求索取的价值观，以苦为乐、以苦为荣的苦乐观，敬业爱岗、甘于寂寞的献身精神。

坚持以人为本。人是文化过程中的主体和中心。水利企业文化建设是水利人的建设。在这一文化建设的过程中，要以人为核心，树立人本观念，使“以人为本”这一核心内容得以具体化、制度化和系列化。

坚持市场导向。市场是企业发展之本，企业文化是为企业发展服务的，企业文化建设也必须坚持以市场为导向。

坚持团结奉献的价值观。在企业文化建设中必须坚持个人、企业与社会之间的协调发展，强调团结协作，个人利益服从整体利益，同时，企业要给每个个体以充分发挥自己才能、实现自我价值的条件和机会。奉献精神是水利企业的优良传统。水利企业要想彻底改变面貌，就必须坚持和体现团结奉献的价值观，把它融化在血液里，体现到行动上。

二、在创建富有时代特征和水利特色的优秀企业文化的过程中，要处理好四个方面的关系

企业文化与企业两个文明建设的关系。企业文化建设，一方面是社会主义精神文明建设的重要组成部分，因此必须体现社会主义精神文明建设的总体战略方针，另一方面它也为社会主义精神文明建设增添了新的内涵。同时企业文化建设也是企业物质文明建设的保障。由于企业文化对企业经营业绩的影响是无形的，并且是长期的，所以要正确处理好当前利益与长远利益的关系，保证对企业文化的投入，促进企业的精神文明建设和物质文明建设协调发展。

企业文化建设与企业改革发展的关系。企业文化建设与企业改革是相互促进、相辅相成的，在深化企业改革、加快企业发展的过程中必须加强企业文化建设，为企业改革发展创造良好的人文环境，而加强企业文化建设又必须适应企业改革与发展的需要，按照社会主义市场经济的要求，赋予企业文化新的内容和方式。

制度建设与人才培养的关系。建设优秀的水利企业文化需要一系列制度保障，但更重要的是培养一批高素质的水利职工队伍。要把职工作为企业的主体，以文化为先导，开发企业内的文化资源，创造一种企业内良好的文化氛围，提高职工的思想素质、文化素质、技术水平、业务水平，增强职工的责任感，调动其工作的积极性和主动性。只有培育这样一批有市场竞争意识和主人翁精神的企业职工，才能使企业文化保持连续性和稳定性。

传统管理方法与现代管理理论的关系。建设水利企业文化时必须坚持我国企业思想政治工作的有效方法，总结我国企业形象建设的成功经验，学习和借鉴国外先进企业的实践经验，克服小生产者和计划经济的陈规陋习，运用现代企业文化建设理论，以我为主，博采众长，融合提炼，大胆创新，创建富有时代特征和水利特色的优秀企业文化。

《水利企业形象策划》前言

（1998 年 9 月）

在现代市场经济中，企业形象战略作为一种竞争战略已得到广泛的认同和运用。良好的企业形象能增强企业员工的凝聚力，架起企业与社会认同的桥梁，为企业赢得良好的发展环境，大大提高企业的竞争能力。

塑造良好的水利企业形象，对加快水利改革与发展，更好地为国民经济服务十分重要。对此，水利部党组早有明确指示。在 1995 年全国水利经济工作会议上，钮茂生部长就指出：在企业改革中要注重企业形象。1997 年全国水利经济工作会议上，钮部长再次强调要抓好水利企业形象建设，树立良好的水利企业形象。近年来，水利企业对塑造有水利特色的企业形象进行了积极探索，积累了许多宝贵经验。但从总体上说，水利系统的企业形象建设仍滞后于水利经济发展，许多水利企业还没有把塑造企业形象提上议事日程。为了适应社会主义市场经济和"水利第一"新形势下水利企业精神文明建设的需要，树立良好的水利企业形象，加快水利企业形象建设刻不容缓。为此，我们编写了这本《水利企业形象策划》，力图以邓小平理论和现代企业形象策划理论为指导，从水利企业实际出发，提出水利企业形象策划的思路、观点和运作方式，借以抛砖引玉，促进水利企业形象策划的发展。全书共分三部分。理论篇，介绍了企业形象和企业形象策划的概念、特征和水利企业形象策划的意义、原则以及水利企业的 CI 导入。实务篇，以问答形式，通过 78 个问题系统回答了企业形象策划的具体操作。案例篇，介绍了国内外一些著名企业进行形象策划的典型案例，以及一些水利企业形象策划的实践经验。

本书由程回洲拟定主题、提纲和内容体系，黄河、陈宝明主笔，俞欣、叶建桥、刘江月参加了部分书稿的写作，张军对部分书稿进行了修改。最后，由程回洲、黄河、陈宝明对全书做了修改和总纂并定稿。书中，有关中国水利电力对外公司和钱江水利集团的企业形象策划的材料，是由中国水利电力对外公司的王移凤同志和浙江省水利投资公司的王猛照同志提供的。

本书的编写得到了水利部领导、部水电司和经济局的关心和大力支持。钮茂生部长在百忙中为本书作序，在此一并表示衷心的感谢。

由于我们的水平有限和所探索问题的特殊性，不当之处在所难免，敬请读者不吝指教。

中国水利电力质量管理协会第三届会员代表大会开幕辞

（1996 年 9 月）

各位代表、各位领导、各位嘉宾，同志们：

今天，我们怀着十分喜悦的心情，迎来了中国水利电力质量管理协会第三届会员代表大会胜利召开。我代表中国水电质协筹备组向大会致以热烈的祝贺！向来自全国水利与电力的会员代表表示诚挚的欢迎！在这里，向给予我们这次大会以大力支持的中质协领导、水利部领导、电力部领导以及有关司、局的领导和新闻单位的同志表示衷心的感谢！

我们这次会议，既是换届改选大会，又是动员水利与电力的广大质量工作者，进一步理解掌握邓小平同志建设有中国特色社会主义理论，落实党中央、国务院关于经济工作的指示，为促进水利部与电力部的改革与发展和加强质量管理做出贡献的动员大会。

全面质量管理是一门新兴的现代管理科学。我国推行全面质量管理是从 1979 年开始的。我们水电质协是 1983 年 6 月成立的，到目前为止拥有网、省、局级团体会员 99 个，基层企业团体会员 58 个。

多年来，推行全面质量管理，对促进质量水平的提高起了巨大的作用。通过贯标办各种培训班，大大提高了广大职工的质量意识。加强质量管理工作是社会主义市场经济的需要，是改革和发展的需要。完成这次代表大会的任务对水利系统和电力系统加强质量管理工作，提高质量水平，推进水利和电力实现“两个根本转变”，促进水利和电力的改革和发展，有着重要意义。我相信，我们的质量管理工作在中国质协、水利部和电力部的领导下，将会取得更大的成绩。

今天出席大会的代表52名，这次会议开一天半，主要议题是听取张绍贤同志作工作报告；听取赵宗鹤同志作关于修改章程说明；听取徐百鹏同志作关于第三届理事会组成的建议方案说明，并讨论通过以上文件。会议将采用民主协商办法，选举产生中国水电质协新一届理事会。

预祝大会圆满成功！

第五篇 水电市场化改革和发展

提出并大力推进全国水利水电经营性资产跨区划战略性优化重组，实施百龙工程和大公司战略，得到水利部党组的大力支持，全国组建了一批省级、地市级水利水电龙头企业和省级水利水电投资公司，水利水电空前发展。

总结在黄河小浪底国际工程施工中的工作实践和启示，大力推进以资本为纽带的股份制集团化改革。

提出并大力推进水利水电资本运营，组织企业上市，三峡水利、闽东水电、岷江水电、钱江水利等一大批企业先后上市，形成全国资本市场上稳健的水利水电板块。

❖

当年全国实施百龙工程时组建的四川水电集团公司，如今已经发展成税后纯利润超过20亿元的特大型骨干企业。右三为四川省水利厅原厅长陈德静。右二、左一为历任四川水电集团公司董事长张忠孝、张志远。右一为现任董事长曾勇（2018年）

❖

广西水利电业集团是全国水利系统第一个资产超过百亿的“百龙”企业。图为其新建工程现场，右为广西壮族自治区水利厅水电局孙良平局长（2001年）

❖
2002年，四川西昌电力上市

❖
2000年，浙江钱江水利上市。右二为钱江水利首任董事长王猛照，右三为浙江省水利厅张今如厅长

❖
云南文山电力上市

❖
湖南郴电国际上市

2001年，全国水利水电板块首届论坛在浙江杭州召开

全国水利电业推行现代企业制度研讨会代表在成都合影

关于水利系统水电改革与发展思路的建议[①]

（1997年4月）

一、从宏观上看，水利系统水电的作用、地位与面临的严峻挑战

新中国成立以来，特别是改革开放以来，水利系统结合治水发展水电，从无到有，从小到大。目前，供电面已覆盖国土面积的40%，全国人口的25%以上。总装机容量达2429万千瓦，其中水电装机和年发电量均占全国水电总量的40%左右。近年来，每年新增装机近100万千瓦，目前在建规模1000多万千瓦。经国务院批准，已建成318个农村水电初级电气化县，第三批300个农村水电初级电气化县正在建设，其中国家级贫困县131个。

水利系统水电主要是面向农村，为农业服务，为农村发展服务。在中西部地区开发水电，特别是在老、少、边、穷地区的经济和社会发展中占有举足轻重的地位，对整个国民经济和社会发展发挥了极其重要的作用。水利系统水电的发展依托于水资源和水利资产，是水利基础产业的重要组成部分。水利系统发电和供电企业应该在水利基础产业发展中充分发挥其龙头作用，带动供水、水利渔业、水土资源开发和多种经营的全面发展，使水利更好发挥国民经济和社会发展的基础作用。

随着社会主义市场经济体制改革的不断深入，水利系统水电也面临着一些亟待解决的问题和困难，主要表现在以下几个方面。

① 《中国农村水利水电》1997年第8期。

（一）供需矛盾

以水利系统水电供电为主的800多个县，主要分布在中西部地区，这些地区经济发展很快，而水电发展却跟不上较高的经济增长速度；同时，系统调节性能较差，枯水期电量和高峰负荷时段出力缺口较大。

（二）水利系统的水电企业规模较小、经营分散，制约了发展

全国县及县以上水电企业3000多家，少数企业总资产有2亿元左右，大多数在5000万元以下，难以形成规模效益，融资能力、投资能力、竞争能力都不强。十四届三中全会以后，企业改革已由简单的放权让利进入到制度创新的新阶段，国家对企业实行抓大放小的方针，水利企业规模较小，难以得到国家相应政策的支持。如1996年中央技改贷款近1000亿元，而水利系统水电只用了0.4亿元；国家重点抓好大型企业集团试点，对这些试点企业集团给了大量的发展政策，第一批有57个试点企业集团，1997年国务院又批准第二批63个，其中水利系统还是空白。在市场经济条件下，企业更多地要在资本市场上筹集资金。近几年全国发行企业债券2083亿元，水利企业规模小，缺乏发行条件，发行债券的数量很小。水电企业通过发行股票筹集资金虽已起步，但由于规模小、起步晚，占有额度也就少。1995年国家股票发行额度为55亿元，全国企业从股市上筹集资金600多亿元，水利系统只筹集了7500万元，所占份额仅千分之一左右；1996年国家股票发行额度为150亿元；1997年国家股票发行额度为300亿元，全国企业从股市上筹到更多的资本金。建立基金也是企业筹资的重要方式，但受水电企业现有规模实力与信誉的限制，操作起来比较困难。企业规模小，融资能力差已成为制约中小水电发展的重要因素。

（三）水利部门作为国有水利资产出资人的法律地位尚未明确

在社会主义市场经济条件下，政府与企业已不是简单的行政隶属关系，要求政企分开，按照《公司法》重新建立出资人与企业的关系。当前，计划经济体制下的政企关系逐步打破，市场经济体制下的新型关系又未建立；水利资产出资人不明确；一些地方和单位政企关系不清、内外关系不顺；一些企业占用水利资源

或资产，名义上属于水利部门，实际上既无行政隶属关系，也没有建立起产权纽带，导致一些效益好的水利国有资产被无偿划拨或转让。

（四）就整体而言，目前水利系统干部职工市场经济观念、意识相对滞后

很有针对性的五大体系建设虽已取得了很大成效，大大地促进了水利改革与发展，但发展还很不平衡。价格体系和资产经营管理体系建设力度也很不够。一些单位仍习惯于计划经济体制下的思维方式，一谈发展就是伸手向上，而忽视市场这个融资的主渠道，或者只注意增量投入，而不注意盘活存量资产。

国家电力体制改革的深入，必将促进我国电力工业的发展，也将使水利系统水电面临严峻的挑战。我们必须抓住机遇，深化水电体制改革，加快发展，更好地发挥水电龙头作用，带动水利产业的发展，更好地为国民经济和社会发展服务。

二、水利系统水电改革与发展的思路和措施

水利系统水电要坚持为农村发展服务，为农业发展服务，为老、少、边、穷地区脱贫致富服务，加大开发力度，更好地发挥其在国民经济和社会发展中的重大作用。

水利系统水电是水利基础产业的重要组成部分，一定要把水电和供水办成水利产业的龙头，带动水利资源优势的全面发挥和水利产业的全面发展，努力探索出一条具有中国特色的水利发展新路子。当前要抓好以下几个方面的工作。

（一）理清思路，转变政府职能

要从宏观、整体、战略的高度，研究水利系统水电发展的方针、政策和措施，逐步从单纯技术专业管理向综合经济管理转变。单纯按技术专业划分进行管理，在计划经济体制下是可行的，但在市场经济条件下，水利系统发电和供电企业、供水和多种经营企业是一个以水资源和水利资产为依托的整体，要发挥资源的综合效益和资产的整体优势，必须进行宏观综合管理。要从经济体制、经济结构、运行机制、增长方式等方面对其进行规划、调控、监督和管理，充分运用好各种调控手段来实现水利产业发展。

（二）加快水利资产经营管理体系建设

要尽快确立水利部门作为水利国有资产出资人的法律地位，建立水利国有资产出资人制度，推动和深化水利国有资产的产权界定工作。按照《公司法》的规定理清政企关系，用市场经济的思路和办法加强资产经营管理体系建设，变实物管理为价值形态管理，逐步形成中央、地方水利部门作为出资人，以水利企业为资产经营主体的资产运营管理体系。

（三）实施“百龙工程”，壮大水利企业规模

发达的产业必须建立在现代发达企业的基础上，没有发达的企业就不可能壮大产业。水电与供水是水利产业的龙头，抓住龙头，加速发展是应该明确的战略决策。目前水利企业普遍规模较小，经营分散，缺乏骨干企业。如果水电、供水和水利多种经营结合起来，发挥水利资源的综合效益和水利资产的整体优势，水利企业实力和运营条件就会大大改善。“百龙工程”就是在1～2年内，通过水利经营性资产跨区划战略性优化重组，企业组织结构调整，实施现代企业制度和加强宏观调控，培育100个资产在5亿元以上的水利股份制企业，重点抓好。

在实施“百龙工程”的基础上实施大公司战略。拟在5年内培育50个资产在20亿元以上，以资产或产品为纽带，跨地区、跨行业的大型水利企业或企业集团。发挥规模效益，提高水利企业的融资能力、投资能力和市场竞争能力，实现水利企业的超常规发展。只要按照市场经济的办法，把政府扶持与市场机制有机地结合起来，运用好各种调控手段，“百龙工程”和在此基础上的大公司战略是可以实现的。

在实施“百龙工程”和大公司战略中，要求公司都冠水利名称，打水利旗帜，树水利形象，形成强大的水利企业阵容。股市上的首家水利企业就是以“汇通水利”为代号，在股市上已树立了良好形象。水利概念为股民普遍接受，特别是水利越来越受到国家的重视，水利宣传日盛，使得汇通股票扶摇直上，股市行情看好。今后上市的水利企业也要求像“汇通水利”一样，创水利名牌，从而在股市上形成令人注目的水利板块。

实施“百龙工程”主要通过优化结构、重组资产、盘活存量，当然也要积极

争取增加投入、扩大增量。要积极引导企业进入要素市场，在资本市场上筹集资金，既要争取发行股票，也要争取发行企业债券和建立水利投资基金等，以扩大企业资金来源。实行择优扶强，集中连片，尽快形成规模实力。具体组织实施必须按市场经济规律运行，严格用现代企业制度规范，不搞行政捏合。

（四）实施“百龙工程”的关键在人

要进一步解放思想，结合水利人才开发工作，大力培训人才、发现人才、引进人才。一是必须加快建立与现代企业制度相适应的选人、用人机制；二是努力建设一支适应水电改革发展和实施“百龙工程”大公司战略需要的经营管理干部队伍、专业技术骨干队伍和高素质的技术工人队伍。

把握好改革发展思路的几个问题[①]

——在全国中小水电投资计划改革研讨会上的讲话（摘要）

（1997年8月山东烟台）

一、水利系统水电发展取得的成就

《水电改革与发展思路》对水利系统水电做了全面深刻的分析，对水利系统水电的规模、总量、成就做了充分的肯定。

全国水利系统水电装机总规模有2400多万千瓦，覆盖了全国1/2国土面积和1/4的人口。它的地位可以从两个角度来看。第一，从整个国民经济的角度来看，在中西部地区、老少边穷地区依靠开发当地丰富的水电资源，解决当地的工农业发展、人民群众生活需要的用电问题，从没有到有，从小到大，全国1600多个县开发了农村水电，现在还有800多个县还是靠水利系统水电供电，所以它对中西部地区发展、对老少边穷地区脱贫致富具有举足轻重的作用，对中西部地区经济和社会发展具有不可替代的作用。第二，从水电行业、水利产业角度来看，水电是水利基础产业的重要组成部分。它依托的资源是水资源，依托的资产是水利资产，在治水的过程中办电，成为基础产业中最有活力的部分。因此，水电应该在当前这种情况下发挥它的龙头、骨干的作用，肩负起促进水利基础产业更快更好发展的责任。把水电定位在这个位置，使水电不游离于水利之外。

水电在全国水利产业收入中占的比重有多少呢？全国水利产业1996年总收入979亿元，水电占20%，接近200亿元，供水不到8%。水电和供水作为水利产业

① 《水电及电气化信息》1997年第8期。

的主导部分，在水利产业总收入中目前只占28%，要进一步发挥其骨干和主导作用。水电不管从促进中西部地区开发、老少边穷地区脱贫致富，还是从发展水利产业这个角度看，通过改革都应该更快更好地发展。更快更好发展要有新思路、新举措，要适应社会主义市场经济的要求，提出新的政策和新的措施，充分发挥市场配置资源的基础性作用，充分调动社会办水利、办水电的积极性。浙江的同志说得好，投向中小水电的钱，不管是政府的也好，企业的也好，个人的也好，外资的也好，都不能像过去那样采用计划经济的办法去喊去要，而要通过市场经济的办法去筹措，通过适应市场经济规律的机制、政策去引导资金的投入。《水电改革与发展思路》的第一条就充分肯定了水利系统水电多年来改革与发展取得的成就、地位、作用，明确了要适应社会主义市场经济的要求，改革与完善体制机制，更快更好地发展，当前要发挥水电的龙头、骨干作用。

二、当前存在的主要问题和困难

第一个问题是我们的观念和认识跟不上。第二个问题是水利系统水电发展不够，跟不上当地经济和社会发展的需要。要发展，一是积极地按照市场经济的办法，同时以资产作为纽带连接起来，大家凝聚在一起，有更强的投资能力、融资能力、抗风险能力和发展的能力；二是要充分依靠社会力量办水电，要解决我们不能适应市场经济的意识。第三个问题是企业规模小。全国水利企业32000多家，有1亿资本的企业很少。企业规模小，资产分散，集约化程度低，这是当前很突出的问题。农村水电企业基本上是小的，我们要通过组织结构调整、资产的优化重组，走股份制、集团化的道路。第四个问题是加快政府职能转变，政府要从政策上引导企业改革，改善市场环境，加强市场监管。

三、改革与发展思路

结合上述存在的具体问题，明确改革的思路，也就是转变政府职能，建立出资人制度，进行资产优化重组，盘活存量资产，实行股份制，扩大企业规模，增强企业竞争能力、投资能力、融资能力、抗风险能力。在实施过程中，要把握三个层次的问题。第一个层次是强化政府职能，即政府的方针、政策、规划、监督职能要加强。第二个层次是出资人制度的建立。要建立水行政主管部门水利资产出资人的法律地位。第三个层次是解决企业规模小的问题。为解决企业规模小的问题采取了一项具体措施，就是实施百龙工程，通过资产优化重组、结构调整，走股份制、集团化的道路，同时，实施现代企业制度。

四、关于百龙工程

实施百龙工程要注意突出以下重点。

1. 要在改制上下功夫。也就是要建立现代企业制度，要产权清晰，权责明确，政企分开，管理科学。百龙工程不是简单地将企业捏合在一起，而是通过建立现代企业制度来改制，以资产为纽带建立一个新的运作体制、机制。没有政府的引导不行，完全由政府捏合也不行。应该按市场经济的思路和办法去搞百龙工程，必须要有一个好体制、机制，要有完善的法人治理结构，决策、执行、监督三权分离，建立健全制衡机制，实现产权清晰，权责明确，政企分开，管理科学。

2. 当前要充分发挥水电企业的龙头作用。带动整个水利产业，从整体上把水利产业搞好。随着国民经济的发展，供水将会更有市场，更有前景，要注意充分发挥水电、供水资产的整体效益，资源的综合效益。特别是南方水电多的几个省，要注意发挥水电的龙头作用，带动供水、渔业、水土资源开发，使得资产能够发挥整体效益，资源能够发挥综合效益。

3. 实施百龙工程要进一步解放思想。大胆探索公有制的有效实现形式，在解放和发展生产力方面，进一步解放思想。

4. 加强领导。请在座各位回去后将会议精神向厅党组、厅长汇报。争取领导重视，加大改革力度。

5. 重视培养人才。注意培养公司制改革、资本市场方面的人才，要注意学习这方面的理论和知识。人才培养是落实思路的关键。

建设“百龙工程”，推行股份制、集团化的若干问题[①]

——在全国水利电力企业改革研讨会上的总结讲话

（1997年11月广西桂林）

这次研讨会开得很成功，各地交流了贯彻水利部水电改革与发展思路，建设“百龙工程”，推行股份制、集团化的宝贵经验。与会同志的发言克服仅就专业技术谈专业技术的毛病，从全局上讲经验、谈见解、提建议都很有深度，收获很大。

关于水电改革与发展形势。水利系统水电在国民经济和社会发展中，特别是在中西部地区、老少山边穷地区的扶贫攻坚中发挥了重要的作用。预计今年中小水电投产装机将超过180万千瓦，在建规模达到1000万千瓦以上，年发电量达到830亿千瓦时以上，都将创历史最高纪录。供电营业区核定、划分工作正有序地进行。水利部水电改革与发展思路符合江泽民总书记“5·29”讲话和十五大精神。全国贯彻落实取得了重要成效。

关于水利部水电改革与发展思路。水利部水电改革与发展思路酝酿形成过程比较长，开始是钮茂生部长两次指示水电司，要求水电司认真研究水利系统水电怎么改革、发展，后经过部党组认真讨论研究，形成了现在的思路。思路不仅是谈水电的改革与发展，也是谈整个水利产业的改革与发展。针对水电和水利产业存在的问题，从三个层次进行分析，提出了思路。

第一个层次是关于政府职能转变。要转到从宏观、整体、战略高度研究改革、发展问题，研究体制、机制、结构、增长方式等问题，从计划经济体制下把精力主要集中在选项目分钱中解脱出来。

第二个层次是关于水行政主管部门水利国有资产的出资人代表法律地位。出

① 《地方电力管理》1998年第1期。

资者不到位，产权不清晰，在水电上比较突出。一些地方国有水利资产产权代表的委派、经营者的任免、资产的转移，均与水行政主管部门无关。不少地方，国有水利资产被平调、流失，影响水利基础产业的巩固，影响水利事业的发展。因此必须加大改革力度，建立出资人制度，确立水行政主管部门对水利国有资产出资人代表的法律地位。

第三个层次是关于规模经营和集约化经营。对此，部党组做出实施“百龙工程”的决策，即通过资产优化重组、企业组织结构调整、实施现代企业制度和增量调控，在1～2年内培育100个资产在5亿元以上的水利龙头企业，5年内培育20个资产在20亿元以上的水利大企业、大集团，作为重点予以抓紧抓好。

水利部先后将《水利部党组会议纪要》、《水利部关于水利系统实施“百龙工程”的通知》和《水利部关于印发〈水利系统水电改革与发展思路〉的通知》等文件发往全国，引起了普遍强烈反应，许多地方都组建了以政府领导为组长的“百龙工程”领导小组，有20个省（市、区）120个企业申报“百龙工程”。第一批审批了24个企业。审批“百龙工程”不只看资产规模，主要看资产重组、结构调整、制度创新，看实施方案，看有没有建立水利国有资产出资人制度，看改革力度。四川推行股份制、集团化在全国水利系统起步最早，走在全国前列，现组建全省性的水利电力产业集团，具有全局性战略意义，是推进水电改革、发展水利产业的重大举措，应尽快促其实现。重庆为组建全市性水利电力产业集团，先按第一步方案设立江峡水利电力有限责任公司，并取得了阶段性成果。云南保山全地区9个水电企业实行紧密型股份制改造，原企业法人资格不变，股权属原地，税收交原地，产值统计在原地，经营权属股份公司，统一配置资源，统一电力调度，统一管理，设立一年来，建立了新型政企关系，资产优化运行，抗灾能力提高，成本降低，利润增多，税收增加，竞争能力增强，各方面反应均很好。开始组建时矛盾多、阻力大，组建的过程是解决矛盾、克服阻力的过程，是改革的过程，是出点子、出政策的过程；运营一年来也是进一步解决矛盾，出经验、积累经验的过程，他们的经验值得借鉴。为什么要实行跨区划资源重组，实行股份制集团化，实现规模化、集约化经营？黄河小浪底工程给了我们很多有益的启示。

建小浪底水利工程，用了世界银行的贷款10亿美金，是当时世行最大的项目。按他们的规定这个项目要实行国际招标。在计划经济体制下我们一些国家级施工大企业都叫工程局，其账上资本很少，只有数以万计的员工。我国十几个水电工程局，还有十几个铁道工程局，个个都有几万职工，但因资本小，连投标资格都没有，结果中标的是法国、意大利的跨国公司，说明国际市场竞争是资产规模的竞争、资本实力的竞争，不是看你有几万、十几万员工。小浪底工程是黄河上的三峡工程，是中央决定与长江三峡工程同时开工建设的两大巨型工程之一。主体工程都隐蔽在山体里面，180 万千瓦的大型水电厂也在地下，发电洞、泄洪洞、冲砂洞、洞上洞、洞下洞，真正一座巨大的地下迷宫。工程不光规模宏大而且非常复杂，兼之山体岩石破碎，施工难度很大，外国公司中标以后完全按国际上通行的菲迪克条款进行管理，一段时间就因为中国人不熟悉菲迪克条款，外国人不懂中国国情，而出现了很多问题，引起了国务院的重视。水利部派出朱登铨副部长为首的工作组到小浪底指导工作，朱部长、建设司刘松深司长和我三人常驻工地，当时给刘松深司长和我各八个字的任务。给我的八个字是“理顺关系、落实投资”，八个字沉重艰巨。仅就投资，国家计委坚持只承诺 60 亿拨款，其余都由国家开发银行贷款。国家开发银行只承诺 90 亿的贷款，其余由国家拨款，一方是国家计委分管投资的副主任，一方是国开行的首任行长，多次协调无果。最终只好组织全国专家研究制定四个投资方案（计委方案、开行方案、水利部方案和最理想方案）报总理裁定。直到最终总理亲自批准投资方案，中央任命张基尧同志任水利部副部长兼小浪底建管局局长，工作组才班师回京。小浪底工程作为一个国际性建设工程，给我们水利水电企业改革开放和发展提供了很多有益的经验和启迪。不久前，江泽民总书记“5·29”讲话中，提出以资本为纽带，通过市场形成具有较强竞争力的跨地区、跨行业、跨所有制、跨国经营的大企业集团。这个讲话适应世界经济发展的趋势，其意义重大、深远。我们应该认真贯彻执行。

关于产权问题。建立现代企业制度的第一项任务就是产权清晰。要本着实事求是、尊重历史的原则明晰产权；形成一种产权清晰、出资者到位的体制、机制，实行产权监管与运营分开，出资者产权与企业法人财产权分开。建立这样的体制、机制，有利于政企、政资分开，提高资产、资本经营效益，增强激励与约束力，推进搞好搞活企业。水利经营性资产与其他行业的资产不完全一样，具有典型的两重性，除供水、水力发电和供电外，还有防洪抗旱减灾、水土保持等社会效益；只能由水行政主管部门作为所有者的代表，行使水利国有资产出资人代表的职责。行使这种职责是对水利事业发展的保护和促进，把中央、省、地、县的产权明晰起来，以产权为纽带，相互协调、制衡，转移、变动产权不能由哪一个人说了算，这样才能防止水利国有资产流失，更好地巩固壮大水利基础产业。我们必须重视确立水行政主管部门的出资人代表的法律地位，并明晰县级及以上各级次水利国有资产产权。吉林临江、安图、抚松、长白等市、县，安徽 7 个市、县，湖北恩施州几个市、县和神农架特区，湖南怀化、郴州都明确了水行政主管部门为水利国有资产出资人代表；四川、重庆都在抓紧明确当地水行政主管部门为水利国有资产的出资人代表。

关于水电农村电气化。国务院部署建设水电农村电气化具有战略意义。水电农村电气化治本性扶贫这面旗帜，水利系统必须继续高举。第三批 300 个电气化县的任务必须保质保量按期全面完成。此外，现在就要考虑下个世纪农村电气化建设的战略目标和发展思路，通过收集国内外信息和调查研究，比较分析发达国家、发展中国家不同水平和差距，提出符合中国实际农村电气化的标准以及改革、发展的政策、措施。电气化的标准，除用电水平、经济发展指标外，还应提出体制、机制和生态环境、文化、生活等指标。要作为一个重大课题进行研究，于 1998 年底、1999 年初提出成果，供领导决策参考。

关于依法行政和科学管理。我们还要做好依法行政、科学管理和宣传培训等工作。各级水行政主管部门是《电力法》及其配套法规的行政执法主体之一，应依法组织搞好水利系统供电营业区的核定、划分和供用电监督管理工作。谋划好改革发展、规模、结构、体制、机制、政策、管理等方面的工作。主要围绕实施“百龙工程”发挥政府扶持和市场机制两方面作用，抓好中小水电和农村电气化投资计划安排，以及水利国有资产监管与运营的管理。

科学管理是建立现代企业制度不可分割的重点内容和企业的永恒主题，实行改制、改组、改造和强化管理有机结合，推行科技进步，提高科技含量，推进现代化管理，才能巩固、扩大改革成果，把改革措施变为规范化、制度化的管理制度、管理方式和管理方法，才能增强企业的活力、实力和后劲，提高企业整体素质，不断推进企业的改革与发展。宣传培训是搞好改革、发展的一个重要方面，对于交流经验、培养人才有着重要作用。

关于精神文明建设。市场经济既是竞争经济、法制经济，又是道德经济，强调这一点对加强社会主义精神文明建设具有重要意义。水利部提出的以优质服务为中心，以“为人民服务、树行业新风”为主题，搞好社会服务承诺制和示范窗口单位建设，十分必要。企业的产品和服务质量、企业的信誉和形象在市场上站不住脚，就难以面向市场经济，适应市场竞争，这应引起我们充分重视，水电行业在这方面应有高度责任感和紧迫感。

关于行业协会。随着社会主义市场经济的发展，政府职能的转换，作为市场中介组织主要组成部分的行业协会，其地位十分重要。要充分发挥协会在行政、企业、市场之间的桥梁、纽带、中介、服务、参谋、助手作用。水利地电企协的老同志、老专家，这些年来做了不少富有成效的工作。要继续充分发挥协会的智力合成优势和老专家们的作用。下个世纪的水电农村电气化课题，在水电司的统筹、指导下委托协会承担，并在工作经费上给予实际支持。协会要围绕不同课题，充实专家力量，采取灵活、有效的活动方式，不断取得成果。要完善市场中介组织体系，如设立审计、法律等方面的机构或增加这些方面的力量，以适应改革、发展的需要。

组建企业集团具有全局性意义[①]

——听取四川省地电局同志汇报后的讲话

（1997年8月北京）

（一）

组建水电产业集团的思路很好。沿用计划经济体制作法，不运用市场机制，不考虑产权监管和营运，就很难促进我们事业的更大发展。四川有那么多“强硬”的文件，有的地方就是不执行，形势要求我们应有新思路。

政府管理的一个很重要方面就是国有资产监督和管理，理顺产权关系，而不是管理具体的生产经营过程。不是依靠行政隶属关系、行政管理方式实施企业管理。搞一个资产运作的母公司，用省级资产运作带动各地县资产运作，全面搞活资产，这是一个方向。从实施“百龙工程”入手，以资产为纽带，组建全省性产业性的企业集团，带动政府职能转变，又搞好资产体系建设，发挥市场机制配置资源资产的基础性作用，必将有力推进全行业的改革和发展。产权界定与管理，难度很大，具体操作时，不要用行政捏合的办法，不能用计划经济的办法搞市场经济。

不同级次的资产重组，涉及跨地区、跨所有制。老的存量资产，要实事求是地界定产权，各方面有什么想法、要求都首先提出来，然后协商统一，可以先粗后细，搞一个办法。按国家政策法规规定，把中央、省、地、县的产权明晰起来，转移、变动产权，不能由一方说了算，用产权关系加行政监督手段保证资产各方

① 《地方电力管理》1997年第9期。

的权益。只有这样才能防止国有资产流失，更好地巩固壮大水利基础产业，从而更好地为农业、为农村、为农民服务，为区域经济、为国民经济和为社会发展服务。

由一些确实懂经济工作的专家人才，对资本进行运作，进行价值管理，最优地发挥资产效益，不直接进行企业的生产经营，因此资本经营运作人员要少而精干，宁缺毋滥。人浮于事，企业无法提高效益，也无法实现科学管理。

你们的一个指导思想，是保持参与的地、县企业法人地位不变，财税解交关系不变，统计口径不变，存量权益不变。增量权益分享，这符合实际，有利于调动方方面面的积极性。

争取企业上市，但必须按现代企业制度规范，明晰产权，用市场经济办法来明晰、界定产权。无论是界定产权，还是组建和运作企业集团，一个重要问题，就是建立出资人制度，各级水利（水电）部门必须具有本级政府授权的国有资产出资人代表的法律地位，企业独立行使法人财产权。四川组建企业集团，考虑了这些问题，带动全系统职能、资产、结构调整，具有全局性意义。搞好这个企业集团，不仅对四川，对全国也有指导意义。与一个局部的企业上市相比，其意义大得多。因此，我认为如有上市指标，同等条件要优先考虑这个省级的（集团）股份有限公司。搞一个公司上市，要考虑带动一大片。你们地电局搞职能转变，实行政企分开，加强行业行政管理职能，推动全行业的改革、发展，这很好。你们回去要向厅党组作好汇报，还要争取省上的重视和支持，我们共同努力把组建企业集团工作搞好。

要加强行业的行政管理，决不能放松。该行政做的事一定要做好。行业行政管理要落实八个字：政策、规划、监督、服务。而这个规划不是单纯指的工程技术规划，它包括结构调整、体制改革、发展经济等方面的规划。一些专业技术性的管理职能可以分离出来，由协会去做。

（二）

关于供电营业区问题，有一些反应，广安、平昌群众联名写信。希望你们认真地进行一些调研和分析，实事求是地给部里报告一下，有哪些问题，这些问题到底属于哪方面，谁来解决；哪些方面不符合国家政策，有什么严重后果，有什么解决方案。供区问题既有产权问题，也有市场问题。要尊重历史，尊重现实，不要损害地方利益，也不要损害中央利益。要在这个问题上做好调查研究，妥善处理。

（三）

江泽民总书记在 5 月 29 日的讲话中要求，要以资本为纽带，组建跨地区、跨行业、跨所有制和跨国经营的企业集团，我们不少地方连县都跨不出去。要认真学习江泽民同志 5 月 29 日的讲话，来一次思想大解放。

“三峡水利”上市的启示[①]

（1997年8月）

■ 股份制　水利企业改革的方向。

■ 集团化　水利企业发展的希望。

8月4日上午9时，随着上海证券交易所一声清脆的锣声，巨大的显示屏幕跃出：“三峡水利开盘价14.58元，即时成交额3600万元。”中国股票市场上再次打出了“水利”牌子，水利企业又一条“龙”实现了新的飞跃。三峡公司的实践给我们以深刻的启示：股份制、集团化是水利企业改革的方向，发展的希望，是企业利用市场机制发展壮大的必由之路。

三峡公司的成功是探索公有制实现形式的又一成功实践。三年前，三峡公司只是一家普通的国有企业，发展缓慢，经济效益较差，在水利系统内名不见经传。1994年，公司领导敏锐地认识到股份制是企业适应市场经济的发展方向，率先通过定向募集，进行了股份制改造。股份制改造促进了三峡公司转换经营机制，适应市场经济。企业活力大大增强，股份制的优势得到充分发挥，经济效益和社会效益显著增加。到1996年底，三峡公司的资产总额达到3.9亿元，实现利润达到5336万元，比1993年有了显著增长。1999年在四川省最佳经济效益、最大市场占有、最大规模的500强企业评价中列入水利电力企业第一名，成为全国水利企业的佼佼者。

三峡公司的股份制改造和良好的经济效益为三峡公司走向资本市场、由资产经营转向资本经营创造了条件。经水利部和中国证监会批准，三峡公司向社会公

① 《中国水利报》1997年8月26日。

开发行5000万股社会公众股，发行价为6.38元，申购资金高达459亿元，共募集社会资金3.2亿元。三峡公司的上市，不仅募集了大量资本金，而且获得了难能可贵的资本扩张权。三峡公司的资产负债率大大降低，信贷能力大大增强，还可以采取配股等方式增资扩股，拥有了持续的资本扩张力，从而促进三峡公司实现超常规发展。三峡公司目前总资产已经达到7亿元，3年之内，可以发展成为资产超过20亿元的大型水利企业，以水电为龙头，带动供水、水产养殖、水利旅游等综合发展，充分发挥水资源的综合效益和水利资产整体优势，真正发展成为全国水利行业的“巨龙”。三峡公司还可以利用资产和资本的纽带作用，通过资产流动、重组等方式，与“川东”、“乌江”等水利电力企业共同组建水利产业企业集团，发挥企业集团的群体优势和规模效益。这个水利产业集团组建后，将使水利成为重庆市的又一大支柱产业，对于实施大城市带动大农村战略，有着重大的现实和长远意义。

三峡公司的发展充分体现了部党组实施“百龙工程”的战略思想，通过企业组织结构调整和资产优化重组，盘活存量资产，实现规模化、集约化经营，充分发挥水资源的综合效益和水利资产的整体优势，带动整个水利产业的发展。股份制是利用市场机制配置资源的重要手段，可以促进企业按市场机制的内在要求来进行资本经营，按照市场经济运行和规模经济的要求来进行存量调整，使企业的资本获得最佳使用和最佳回报，实现资源优化配置。股份制在西方经济发展过程中发挥了非常重要的作用，西方经济学家和法学家认为股份制是新时代的伟大发明，极大地促进了生产力的发展，股份制的重要性远远超过了蒸汽机和电力的发明。股份制又是企业实行规模化、集团化经营的基础，相关企业可以通过资本的纽带作用联结起来，发挥规模效益，提高市场竞争力。实施“百龙工程”就是要利用股份制的资源配置作用，通过集团化的有效途径，盘活水利存量资产，实现规模经营，提高经济效益。

由于长期计划经济的影响，水利企业进入资本市场的步伐滞后，股份制改造落后于其他产业。1993年以来，水利部党组深入研究如何在市场经济体制下发展水利产业，提出了“五大体系”这一在市场经济体制下发展水利产业的基本框架。水利经济蓬勃发展，水利企业不断壮大。“五大体系”中建立多元化、多渠道、多层次的水利投资体系很重要的一点，就是要大力发展股份制，克服“等、靠、要”的思想，通过股份制等多种形式筹集社会各方资金，动员全社会力量共同办水利，发展水利事业。1999 年，全国股份制水利企业已经达到 890 家，股份制为全国水利企业的发展做出了积极贡献。四川省是全国水利系统发展股份制最为迅速的省份，现已有 39 家通过定向募集设立的、规范化的股份制企业，从资本市场筹集了大量资金。股份制改造有力地促进了四川水利经济的发展，1999 年全省水利经济总收入达到 111 亿元，位居全国第二。新疆汇通股份有限公司是水利系统发展股份制的典范，是水利部推荐的第一家上市公司，汇通公司的股份制改造使其逐年翻番发展。三峡公司的成功上市又为水利企业的股份制改造树立了新的典型。

随着我国社会主义市场经济体制的逐步完善，市场配置资源的基础性作用就会越来越大。在市场经济体制下，资源的稀缺性和经济效益是统一的，水资源在我国是一种稀缺资源，应该产生更好的经济效益。利用市场机制配置资源，资本的流向和经济效益也是统一的，因此，水利产业的经济效益又能够吸引资本的流向。水利产业必将成为广大投资者的投资热点。“三峡水利”是近期上市的企业中，申购最为踊跃、市场表现最好的股票，充分表明了广大投资者看好水利产业。因此，水利企业应该充分认识到自己的资源优势，积极走向市场，大力发展股份制和企业集团，在探索极大促进生产力发展的公有制实现形式方面迈出大步伐，把资源优势变成资产优势，资产优势变成资本优势，促进水利经济大发展，更好地发挥水利为国民经济和社会发展的服务功能。

关于浙江经验和当前的工作[①]

——在全国水利系统大中型企业管理与改革会议上的总结讲话

（2000 年 11 月浙江杭州）

这次会议内容很丰富，各地交流的经验非常宝贵，代表们提出了很多很好的建议，下面我讲几点意见。

水利系统水电行业始终要坚持把发展作为主题，把结构调整作为主线，把改革开放和科技进步作为动力，把提高人民生活水平作为根本出发点，以适应“两个根本性转变”对水电行业的要求。

一、关于浙江经验

我对浙江水电的改革和发展做了一些思考，也参与了其中一些过程，概括起来浙江的经验主要有三条。

一是认真贯彻水利部水电改革发展思路，围绕产权管理体制与投资管理体制狠抓体制改革、制度创新。按照打破束缚生产力发展的生产关系的要求进行体制改革、制度创新。体制改革、制度创新是解放和发展生产力的杠杆。浙江是把体制改革、制度创新作为解放和发展生产力的一个重要的手段，紧紧围绕建立适应社会主义市场经济体制要求的产权管理体制、投资管理体制而狠抓不放。在这方面他们做出了突出的成绩，取得了显著的成效：6 年以前，浙江的小水电每年投产 3 万～5 万千瓦，1994 年以来连续 6 年平均每年投产 16 万千瓦，2000 年预计投产 20 万千瓦，2001 年可以投产 23 万千瓦。事实表明体制改革、制度创新确实解

① 《水电及电气化信息》2000 年第 11 期。

放和发展了生产力。在社会主义市场经济条件下真正能够有效解放和发展生产力的是制度创新。大家到了浙江，听了他们的介绍，都深有感触地说浙江的做法、成就和经验值得我们深思和学习。

浙江的经验是什么呢？就是大力推行股份制。体现在投资方面，是推行投资主体多元化的股份制；体现在产权方面，是推行产权清晰的股份制。通过这两个方面的股份制改革使浙江小水电年投产装机翻番，1994年以来的年投产装机是以前年投产装机的4倍。这充分说明制度创新对解放和发展生产力的威力。

实行制度创新，按照现代企业制度的要求推行股份制可以有效改革计划经济下的企业管理体制和经营机制，充分发挥市场配置资源的基础性作用，一些在旧体制机制下不敢想、做不到、做不好的事都可以办到、干好。如建立健全法人治理机构、改革三项制度，在搞好生产经营的同时进行资本运作，从整体上提高管理水平、企业素质，提高效率、增加效益、改善服务等。这从浙江省和其他省的经验中都可得到印证。

股份制、资本运作是市场经济条件下大量筹集资金的重要途径。浙江通过股份制的办法兴办小水电，充分调动和发挥了地方财政的力量、企业的力量、社会的力量，走出了一条成功之路。浙江的实践表明，股份制是一种制度，是解放和发展生产力一种动力，能使社会上的资金更多地流向符合经济与社会发展需要的小水电行业，加快小水电发展。

单一的产权缺乏制衡机制，大家都知道它的弊端。通过产权制度改革，实施产权多元化，如出让30%～50%产权，变成股份制，不仅可以筹集资金，建设电站，建设电网，滚动发展，更重要的是能形成一种好的管理制度和运行机制。制度创新对解放和发展生产力的作用很大，浙江水电在体制改革和制度创新方面提供的经验很值得我们学习借鉴。学习借鉴贵在行动。我们一定要解放思想，尽快启动起来。

二是实行资产优化组合、调整水电产业结构。浙江省水利系统过去没有省一级水利资产和企业。通过贯彻党的十五大精神及水利部水电改革发展思路，实行资产优化组合、调整企业组织机构，出现了一个浙江钱江水利开发股份有限公司，将分散在全省各地的二十几个水电站的资产进行优化重组，将这些企业的组织结构进行优化调整，形成了一个省一级的水利股份制企业，这是很不容易做成的一件事。浙江经过艰苦细致的努力，上下一心终于成功组建了一个具有相当资产规模、结构合理的省级水电集团公司，它的核心企业就是“钱江水利”，在资产重组、结构调整方面迈出了第一大步，出现了第一个飞跃，然后在这个基础上，又严格按照建立现代企业制度的要求规范运作，实现了企业上市，迈出了第二大步，出现了第二个飞跃。现在钱江水利集团有10亿元总资产，这次核心企业上市募集了5亿元资本金，很快就进入城市供水，用1.5亿元收购了杭州市赤山埠水厂。浙江的这个经验，值得我们认真思考。我们一个省的水利水电资产虽然很多，少者几个亿，多者几十个亿，甚至上百个亿，但是非常分散，没有形成具有整体实力的规模，在激烈的市场竞争面前，力量薄弱，处境非常被动。所以浙江资产重组、结构调整的经验值得我们认真学习。

三是坚决落实两项政策。一项是价格政策，一项是税收政策。市场经济的一个关键要素就是价格。浙江抓住了这个关键要素，始终坚持落实小水电“按市场取向，地方自定电价”的政策。他们做了大量的调查研究、大量的协调工作，在此基础上，才使得这项政策得以长期坚持执行。做到这一点很不简单，取得的显著成效来之不易。第二项政策是小水电的优惠税收政策。这项政策是水利部在国家税制改革以后及时向中央反映情况，争取来的一项扶持小水电的政策，即6%的增值税率政策。当时中央对税制改革要求很严，不开口子，而对小水电却开了一个口子。但是各地执行情况不一，真正执行得好的只有浙江等少数几个省。主要是进项税抵扣的问题，许多地方没有找到办法解决，浙江结合自身实际，经过多方工作较好地解决了这个问题。这项政策的执行，减少了11个百分点，这可是纯利润啊！对小水电的发展十分有利。现在大水电也在提，希望像小水电一样执行6%的增值税率。

二、关于当前的几项工作

新中国成立以来特别是改革开放以来，在邓小平同志亲自倡导下，国务院决定在中小水电资源丰富的地方，主要依靠地方、群众的力量，积极开发中小水电，建设有中国特色的农村电气化，中小水电及电气化事业取得了巨大成就。中小水电已成为中西部地区、少数民族地区和东部山区县域经济的支柱产业和财政收入的重要来源，改善了贫困地区的基础设施，带动了山区优势资源的开发和关联产业的发展，培养了大批技术和管理人才，提高了农民生活水平和质量，促进了农村经济和社会的全面发展，推动了贫困地区社会生产力整体水平的提高。正是具备了这样的造血机能，中小水电建设在这些地区的农业和农村经济发展、人民脱贫致富和生态建设、环境保护中发挥了不可替代的作用，对促进西部地区国民经济的协调发展，增强民族团结，推进边疆繁荣稳定和边防巩固，做出了重要贡献。近两三年来我们经受了前所未有的电力垄断体制的冲击，努力消除对中小水电及电气化事业造成的负面影响，已开始走出困境。五中全会召开了，全会指出西部开发要加快基础设施建设。朱镕基总理在五中全会讲话中强调今后五到十年西部基础设施建设要有突破性的进展。作为农业基础设施、水利基础设施、能源基础设施的中小水电，过去在西部区域经济发展与社会进步中已发挥了不可替代的作用，今天在国家实施西部大开发中由于它所具有的资源优势、比较优势和绿色能源优势，必将发挥更加重要的作用。这些都预示着中小水电电气化事业又将迎来一个新的春天。但是我们还必须看到自身存在的问题和差距。第一个差距也是最大的差距，是思想观念、思想认识滞后。我们这个行业由于点多面广、信息不畅，在市场经济的观念、认识上，同其他行业相比有着较大的差距。第二个差距是在实行经济体制改革、经济增长方式的“两个根本性转变”上，同其他行业相比有着较大的差距。第三个差距是在高科技方面，我们信息化程度比较低，同其他行业相比有着较大的差距。我们要奋起直追。缩小这三个差距，要靠全国水利系统大中型电站（厂）、中小水电企业的负责人带头来做，要有紧迫感、使命感、责任感，不能让我们变得更加落后。当前要重点抓好以下几项工作：

一是要按照电力工业改革的方向加快中小水电改革步伐。汪部长对此很重视，水利部也以部发文向国家计委提了我们的建议方案和要求。在农网改造中，对一些违背电力体制改革方向的做法，水利部向负责电力体系改革的国家经贸委发了20多个文，态度非常鲜明，明确提出哪些是错误的，哪些应该纠正，哪些应该调整，这对促进电力体制改革发挥了重要的作用。针对农网改造中扩大垄断，我们及时派出专家调查组进行调查研究，出了一批有分量的调查报告，用翔实的材料和数据分析垄断对农村社会生产力的破坏，对农村经济与社会发展的影响，得到了国务院领导同志的重视，引起了社会的强烈反响和共鸣。其中关于江西国家电力公司虚设产权、进行“控股股改”造成严重后果的调查报告，邦国、家宝两位副总理做了重要批示，并转给国家计委、国家经贸委、国家电力公司以及江西省委书记、省长，在全国产生了很大影响。“我的是我的，你的也是我的”，江西的

“控股股改”就是这样做的，国家电力公司采取不管“我”有没有资产，60%归“我”，不管“你”有多大的资产，只准占40%。现在，由于水利部和全国水利系统对扩大垄断的坚决揭露和抵制，社会各界要求改革现行电力管理体制的呼声日益高涨，国务院已决定由国家计委牵头制定我国电力体制改革方案，要求加快电力体制改革步伐。

电力体制改革的总目标就是要打破垄断，引入竞争。即打破两个垄断，一个是发、输、配一体化、一家管的行业垄断，一个是“省为实体，一省一公司”的区域垄断。实行“厂网分开、竞价上网，输配分开、竞争供电”，是电力体制改革的方向。

自发自供电网内的中小水电企业主要参加配电端的改革。原因在于它是就地发电，就地供电，目的是满足自己用电，而不是为了上网卖电。当然在中小水电网内，电站之间也应该竞争，但不是在输电网中竞争，而是在自己配电网内竞争。譬如，自发自供的地方独立配电公司就可以在配电网内竞价上网。因此，自发自供电网的中小水电企业在自身电力电量平衡的基础上，按照配电端的改革要求进行改革，包括以配电网为单位竞价上输电网消化余电，保障向最终用户更好地供电和服务。与大电网直接联网的大中型水电站（厂）和没有供电区的中小水电站（厂），参加发电端的改革，可以单站（厂）竞价上网，也可以联合组建发电公司竞价上网，还可以通过借网过路竞价取得用户。

二是坚持实行制度创新，调整优化资产结构和企业组织结构。

三是坚持实行投资体制改革、产权制度改革，大力推进股份制、股份合作制办电，鼓励集体、个人和利用社会资金发展中小水电。

四是下大力气推进科技进步。要高度重视加快信息化进程，要认真抓好发供电生产过程和管理过程全面实现信息化的试点，通过试点取得经验，全面推开。要以科技进步为动力，全面推进水电农村电气化工作。

五是贯彻“三改一加强”方针，全面加强企业管理，切实抓好减人增效，实施转岗、再就业工程。

1997 年水电系统改革和发展的回顾[①]

（1998 年 2 月）

1997 年，水利系统高举邓小平理论伟大旗帜，认真贯彻江泽民总书记“5·29”讲话和党的十五大精神，在水利部党组的正确领导下，深化改革，加快发展，开创了水利水电改革与发展的新局面。

一年来，水利系统水电以贯彻落实水利部党组《关于水利系统水电改革和发展思路》为重点，实施“百龙工程”，大力推进股份制、集团化，在水利国有资产出资人制度、水电一体化经营、制度创新等方面取得重要进展；从扶贫攻坚的政治高度扎扎实实地抓好电气化县建设，第三批电气化县有 14 个提前达标验收；依法行政，贯彻《电力法》，充分依靠地方政府，协调好各方面的关系，做好水利系统供电营业区划分工作，1997 年是水利系统水电供电区比较稳定的一年；电价改革初见成效，全年小水电上网电价平均上调 0.03 元，年增收入 24 亿元；水利系统水电发展取得新成绩。全年新开工中小水电站项目 120 万千瓦，全国水利系统水电在建规模达 1100 万千瓦，完成投资 160 亿元，新增装机超过 180 万千瓦，发电量超过 800 亿千瓦时，都创历史最好水平。精神文明建设也得到了进一步加强。

一、认真落实部党组指示，理清思路、转变职能

随着社会主义市场经济体制的建立和完善，水利系统水电发展的外部环境和内在运行机制发生了深刻的变化。如何按照社会主义市场经济新形势的要求，理清思路、转变职能，用市场经济的办法管理发展水利水电，强化行业管理，实现

① 《中国农村水利水电》1998 年第 2 期，《地方电力管理》1998 年第 3 期。

水利系统水电的第二次创业，是水利系统水电持续、快速、健康发展的一个重大而迫切的问题。我们以邓小平理论为指导，解放思想、大胆探索，在广泛征求各级水利部门、水利企业和国家综合经济部门意见的基础上，从宏观整体上认真分析和总结水利系统水电发展的成就、在国民经济和社会发展中地位和作用、存在的问题和面临的严峻挑战，提出加快水利系统水电改革与发展的对策和建议，部党组对这些建议高度重视并召开部党组扩大会进行专题讨论研究，形成了“水利系统水电改革与发展的思路”（以下简称“思路”）。

“思路”提出，要按市场经济的要求理清思路，转变政府职能，实现由专业技术管理向综合经济管理的转变；建立国有水利资产管理营运体系，确定水利部门作为水利国有资产出资人的法律地位；按照抓大放小的方针，实施“百龙工程”，走股份制、集团化的道路，通过资产优化重组，建立现代企业制度，实现水电企业的跳跃式发展。

我们按照党组思路要求，着重从宏观、整体、战略上思考问题，集中精力抓体制、机制和思路，做好政策、规划、服务、监督方面的工作。积极转变政府职能，按照政府、中介机构、企业三个层次，加强行政职能，把一些专业技术性的管理工作分解出去，充分发挥规划、设计机构和社团的作用。大力加强调查研究，推广典型经验。现在大家都感到思考问题的层次提高了，宏观整体战略意识增强了，工作目标更明确了，逐渐从繁重的专业性技术性工作中解脱出来，集中精力抓好政府职能，加强行业管理。

二、扎扎实实贯彻落实部党组水利系统水电改革和发展思路，实施“百龙工程”，大力推进股份制、集团化

水利系统水电改革与发展思路是部党组贯彻江泽民总书记讲话精神，探索水利集团化、股份制发展道路的重大决策、重大举措，符合水利实际，抓住了关键。《水利部关于水利系统实施“百龙工程”的通知》（水经济［1997］218号）和《水利部关于印发〈水利系统水电改革与发展思路〉的通知》（办水电［1997］95号）下发后，我们以各种方式宣传“思路”，各地普遍认识到，部党组思路和“百龙工程”是贯彻落实十五大精神，用市场经济的方法发展水利产业的开创性思维。现在，全行业积极响应部党组的号召，在全国形成了贯彻落实部党组思路、实施

“百龙工程”、推进水利产业发展的强大声势和积极探索水利股份制、集团化发展道路的蓬勃势头。

四川、吉林、辽宁、湖南、湖北、广东、广西、福建、云南、黑龙江、江西、贵州、河南、青海、内蒙古等省（区）成立了由水利厅厅长亲自挂帅的“百龙工程”领导小组，许多地县成立了以政府行政领导为组长的“百龙工程”领导小组。1997 年，按照水利部提出的改革思路和审批程序，通过省厅和流域机构上报申请列入“百龙工程”的企业超过 120 家，还有许多企业正在制定改革方案、组织申报。水电司和经济局根据申报材料，对申请企业进行严格筛选。水利部已批准 24 家企业为“百龙工程”首批入选企业。这 24 家企业 1996 年总资产达 112 亿元，销售收入 36 亿元，利税 9 亿元。

通过实施“百龙工程”，推进股份制，优化重组水利资产，组建股份制企业集团，20 家资产超 20 亿元的大公司、大集团的雏形已经形成。重庆江峡水利水电集团、三峡水利水电集团、长委水电股份公司、浙江省钱江水利产业集团、四川省水利水电集团、辽宁省华宁供水集团、山东引黄济青供水公司、广西贺州水利电业（集团）公司、湖南怀化水利电力（集团）公司、郴州水利电力（集团）公司、四川都江堰水利产业集团有限责任公司、四川雅安水电集团公司、云南滇西水利水电集团、广东源大水利水电集团、福建省闽东电力集团、龙潭水电集团、山西省晋龙集团，总资产都接近或超过 20 亿元。这些企业通过资产重组，加快发展，几年内都可以成长为资产超 20 亿元的大公司、大集团，包括已建成的汉江集团、黄河明珠集团，在建的小浪底、飞来峡、万家寨、江娅等。2000 年左右不仅有 20 个 20 亿元以上资产的强大的水利产业大企业、大集团，还有可能形成 10 个左右 50 亿元资产的特大型公司、大集团。我们在实施“百龙工程”过程中反复强调：要以实施“百龙工程”为切入点，全面贯彻部党组思路；要通过实施“百龙工程”，贯彻江泽民总书记“5·29”讲话和十五大精神，大胆探索能够极大促进生产力发展的公有制实现形式，大力推进股份制、集团化，通过实践解决困扰水电发展的重点和难点问题。各地在贯彻部党组思路、实施“百龙工程”，推进股份制、集团化过程中，取得了许多重大突破。

1. 股份制、集团化发展迅猛，组建各种以资产为纽带的跨地区、跨行业、跨所有制企业集团。各地在实施“百龙工程”中，纷纷打破地区、行业和所有制界限，通过跨县跨地区资产优化组合，实行强强联合或以强带弱，走集团化发展道路。重庆市正在组建由万县、涪陵、黔江三地区联合发起的重庆江峡水利水电股份有限公司。长江委正在探索利用吉林长白山地区的资源优势组建股份有限公司，实现政事企职责分开、机构分设、人员分流。四川省正在组建省级水电股份制企业。云南保山将全地区五县一地9家发供电企业通过资产重组组成保山水电（集团）股份有限公司。

2. **一批水利水电企业积极进入资本市场，在全行业形成强大声势。**以股份制和资本市场为基础，开展资本营运是社会主义市场经济体制下水利行业面临的新课题。我们以政策导向，以典型引路，引导水利水电企业积极进行股份制改组，实行现代企业制度，积极创造条件争取上市，进入资本运作市场。新疆汇通股份有限公司、三峡水利水电（集团）股份有限公司、明珠水电股份公司相继进入资本市场。四川岷江水电股份有限公司也即将上市。重庆三峡水利电力（集团）股份有限公司向社会公开发行股票5000万股，筹集资本金3.2亿元，并充分利用上市公司的扩张能力，加大市场融资的力度，在3年内可以发展成为总资产超过20亿元的大型企业集团。四川岷江水利电力股份有限公司已经中国证监会批准向社会公开发行股票3500万股，可在资本市场募集资本金1.8亿元。中国水利电力对外公司、汉江集团公司和三门峡黄河明珠集团公司、长江水利委员会、中国灌排技术开发公司等都在进行资产重组和制度创新，创造条件上市。许多省区都积极行动起来，目前有50家企业申请上市，积极创造条件到资本市场直接融资。

3. **建立国有水利资产出资人制度迈出重要步伐。**贯彻水利部党组提出的要确立各级水利部门水利国有资产出资人法律地位的工作思路，认真指导各地建立出资人制度，抓好试点。许多地方正在开展政府授权水利部门作为水利国有资产出资人的工作，吉林省、湖北省、安徽省和四川省已经取得很大进展。吉林的临江、安图、长白、抚松等县，安徽的祁门、金寨、潜山、休宁、太湖、石门等县，湖北的恩施等地州，四川的三台等已经由政府行文，授权水行政主管部门作为水利国有资产的出资人，为建立水利国有资产营运体系创造了新的经验。

4. **水电一体化发展。**对水电是水利产业不可分割的一部分已初步形成共识，各地充分发挥水资源的综合效益和水利资产的整体优势，走水电一体化发展道路。四川永安水利产业股份有限公司、明珠水电股份公司、吉林省临江水电股份有限公司、重庆三峡水利水电集团股份有限公司，把水电、供水、水资源开发利用、水产和其他多种经营，以资产为纽带联合起来，充分发挥水资源的综合效益和水利资产的整体优势，走水电一体化发展道路，发展水利集团。

三、从扶贫攻坚的政治高度，加强电气化县建设工作

农村水电电气化县建设是贫困山区脱贫致富的重要途径，是关系到实现国家扶贫攻坚计划的大事，国务院领导非常关心，部党组十分重视。钮茂生部长多次强调要从扶贫攻坚的政治高度搞好第三批300个电气化县建设工作。我们切实加强电气化县建设，采取走下去请上来的方式逐省逐县抓检查落实。上半年重点抓了建设任务较重的陕西、甘肃、四川、云南等十几个省电气化县建设，与水利厅的主管领导一起，专题研究建设中的问题和解决的措施。同时总结各地的一些好的经验和做法，在全国交流推广。下半年部署开展了电气化建设自查与互查活动，基础好的省份通过自查摸清了情况，清晰了思路，达标任务较重的省份，通过互查借鉴别省的经验，提出了有针对性的措施。在云南召开了电气化建设座谈会，交流电气化县建设中涌现的典型经验，进一步动员部署工作。现在电气化县建设的工作力度大大加强，电气化任务较重的14个省都成立了省级电气化建设领导小组；17个省及时出台了省政府关于加快电气化建设的政府文件；绝大多数电气化县都召开了全县的电气化工作会议，把任务落到实处，并且按倒计时安排各项工作，为确保2000年前完成任务打下了基础。全年第三批农村水电初级电气化县建设完成投资80亿元，新增水电装机100万千瓦，各项达标骨干工程大部分均已开工，共解决了600万无电人口的用电问题，38个无电乡、400个无电村通过开发小水电建设农村电气化通了电。全国有14个县提前达标，1998年达标计划也已确定，正克服各种困难按计划实施。

1997年，水利系统水电改革与发展取得了一些成绩，但与部党组的要求差距还很大，第三批电气化县基础差、起点低、建设难度大，如何加快建设步伐，确保任务完成，需要进一步落实各项具体措施。

1998年我们要高举邓小平理论伟大旗帜，认真学习党的十五大精神，继续认真贯彻落实“思路”，扎扎实实工作，要争取取得显著进展，重点做好以下工作。

1. 实施“百龙工程”，推进资产优化重组、结构调整和现代企业制度建设，形成一批有较强竞争力的水利市场竞争主体。

2. 大力推进建立国有水利资产出资人制度，提高水电资产运营效益。

3. 转变政府职能，在壮大市场主体的同时，培育和发展水利电力企协和有关社会中介组织。

4. 加快第三批农村水电初级电气化县建设，力争有40个县提前达标验收。

5. 贯彻实施《电力法》，依法划分供电营业区，为水利系统水电创造良好的外部环境。

6. 深入开展机关“三优一满意”和行业“争创文明服务示范窗口”活动，努力抓出成效。

实施“百龙工程”推进水利企业股份制、集团化发展[①]

（1998年4月）

实施“百龙工程”是水利部党组贯彻落实党的十五大精神，推进水利企业股份制、集团化发展的重大决策、重大举措，是用市场经济的方法发展水利产业的开创性思维和措施，切中了水利经济改革和发展的要害，抓住了关键。

一、实施“百龙工程”，促进水利企业进行制度创新

党的十五大报告指出，建立现代企业制度是国有企业改革的方向，要按照“产权清晰，权责明确，政企分开，管理科学”的要求对国有大中型企业实行规范的公司制改革，使企业成为适应市场的法人实体和竞争主体。水利企业长期在计划经济体制下运行，产权不清，体制不顺，机制不活，缺乏活力和市场竞争力，进行制度创新尤为重要和迫切。

实施“百龙工程”的重要目的是促进水利企业进行制度创新，理顺体制，建立机制。水利部提出，要切实转变观念，用市场经济的思路和办法去组织实施“百龙工程”，要把建立现代企业制度作为实施“百龙工程”的重点。“百龙工程”入选企业都要按规范的公司制进行改革。因此，实施“百龙工程”将有力地推动水利企业进行制度创新，是实现大中型水利企业到本世纪末初步建立起现代企业制度这一目标的有力措施。

① 《中国水利》1998年第4期。

“百龙工程”在推动水利企业进行制度创新的同时，还将对水源工程、供水调水工程和灌溉工程的制度创新进行大胆探索。通过实施“百龙工程”，许多事业单位进行了制度创新的探索。如辽宁省正在以大伙房、汤河、柴河水库为发起人组建股份有限公司，并以此为核心组建华宁集团，总资产超过38亿元；山东省正在对引黄济青工程着手改制，组建总资产超过20亿元的调水供水公司；山西省把汾河水利管理局等五家事业单位的资产进行优化重组，组建山西晋龙集团。这些单位的改革，对探索事业单位向企业跨越有着重要意义。

二、实施“百龙工程”是水利企业调整结构，优化重组资产，实现超常规扩张的战略部署

江泽民总书记在党的十五大报告中指出，要对国有企业进行战略性改组，以资本为纽带，通过市场组建跨地区、跨行业、跨所有制和跨国经营的大型企业集团。实施“百龙工程”，就是要对水利企业进行战略性重组，通过企业组织结构调整和资产优化重组，实现超常规扩张。

目前，全国共有水利企业3200多家，但大都是小规模分散经营。党的十四届三中全会以后，国家着眼于搞活整个国有经济，企业改革由简单的放权让利转到制度创新，对企业实行“抓大放小”、“择优扶强”的方针，水利企业由于规模小，很难得到相应政策的支持。如1996年中央技改贷款近1000亿元，而水利企业用了不到3亿元。国家为了进一步支持重点产业的大型企业，实行银企直接合作，水利企业只有汉江集团公司具备银企直接合作的条件。近几年全国发行企业债券2083亿元，水利企业由于规模小，缺乏发行条件，很难通过发行债券募集资金。截至1997年底，深沪两地股票市场共有A股上市公司719家，B股上市公司101家，但水利系统只有4家A股上市公司，尚无1家B股上市公司。在境内外资本市场上建立基金也是企业筹集资金的重要办法，但以水利企业现有的规模实力也难以操作。因此，企业规模小，严重制约了水利企业的扩张及水利产业的发展。实施“百龙工程”就是要解决水利企业低、小、散的问题，促进水利企业实现规模化、集约化经营，提高水利企业的融资能力、投资能力和市场竞争力。但实施“百龙工程”，实现企业的规模经营，既不能对企业进行简单捆绑，对资产进行简单叠加，更不能搞行政捏合，而是要充分利用市场经济的思路和办法，通过各种

调控手段，在制度创新的基础上，切实对水利企业进行战略性改组，实现超常规发展。

三、实施“百龙工程”，充分发挥水利资产的整体优势和水资源的综合效益

供水、水电和养殖等虽然都是以水资源和水利资产为依托，但都是独立经营，难以发挥资源的综合效益和资产的整体优势，更难以实现规模经营。实施“百龙工程”，可以通过企业组织结构的调整，以资产和资源为纽带，实现企业的联合；可以实现以水为龙头，抓水带电，把水电和供水紧密结合起来，带动水库渔业、水土资源开发和多种经营的全面发展，充分发挥水资源的综合效益和水利资产的整体优势。如四川永安水利产业集团在实施“百龙工程”中，将三台县团结水库综合开发公司的资产授权永安水利产业股份有限公司经营，成为永安水利产业股份有限公司的全资子公司。永安水利产业股份有限公司在大力发展发供电的同时，充分利用团结水库的自然资源优势，大力发展水利旅游、水利渔业和水果种植，发挥资源的综合效益和资产的整体优势。重庆三峡水利电力股份有限公司、吉林临江水电股份有限公司等企业，也把水电、供水、水产和其他多种经营以资产为纽带联合起来，走水电一体化发展道路，发展水利企业集团。

实施“百龙工程”是水利企业适应社会主义市场经济新形势的需要，关系到水利企业能否在激烈的市场竞争中立于不败之地。要贯彻落实好水利部党组关于实施“百龙工程”的重大决策，必须做好以下几项工作。

一是要切实转变政府职能。在市场经济体制下，要充分发挥水资源的整体优势和综合效益，就必须加强宏观综合管理，要从体制、机制和法制等方面对经济的发展进行规划、调控、监督和管理。

实施“百龙工程”必须实行政府扶持和市场机制的有机结合。各级水行政主管部门要加强宏观调控职能，从体制、机制、结构、增长方式等方面为实施“百龙工程”创造条件，要充分运用各种调控手段，重点扶持“百龙工程”入选企业。

二是要建立健全出资人制度。水利企业进行制度创新首先要建立健全出资人制度。水利企业由于长期受计划经济体制“要、分、了”的影响，投资形成的资产产权不明晰。一些水利企业稍具规模就脱离水利部门，一些地方的水利企业被

无偿划拨，变得与水利部门既无行政隶属关系，又无资产所有和资产收益关系，企业各自为阵，相互割裂，自我封闭，难以形成合力，发挥规模经济效益。因此，水利部党组提出，要按市场经济的要求，确立各级水利部门水利国有资产出资人的法律地位，按《公司法》履行出资人的责任和权利。政府与企业之间要由行政隶属关系转变为资本纽带关系，出资人和经营者各司其职，各尽其责，建立规范的法人治理结构，真正体现现代企业制度“产权清晰、权责明确、政企分开、管理科学”的特征。

三是要积极推进水利企业的战略性改组。“百龙工程”入选企业在进行公司制改革的同时，要运用控股、参股等办法组建和发展企业集团，实现战略性改组。要以资本为纽带，构造母子公司体制。要充分运用市场机制，通过收购、兼并、联合等方式，组建跨地区、跨行业、跨所有制和跨国经营的水利企业集团。

四是要积极推动水利企业进入资本市场。以股份制和资本市场为基础开展资本营运，是市场经济体制下水利行业面临的新课题。“百龙工程”入选企业要通过政策导向、典型引路，积极创造条件争取股票发行上市，进入资本市场。

小水电企业进入资本市场大有可为①

——在企业进入资本市场研讨会上的讲话

（2001年8月浙江杭州）

今天，我们在美丽的西子湖畔召开中小水电企业进入资本市场座谈会。感谢浙江省水利厅为此次会议所做的大量准备工作。下面，我讲几个问题。

一、我国小水电产业发展的基本情况

1982年，邓小平同志视察四川、福建等地，亲自倡导开发小水电，解决贫困山区用电，促进这些地区的经济和社会发展。我国政府为此制定了一系列政策，鼓励开发小水电。“七五”期间，国务院选择了100个小水电资源丰富的县进行农村水电初级电气化县试点，取得成功，紧接着“八五”和“九五”期间国务院又分别部署建设200个和300个农村水电初级电气化县。以农村水电初级电气化为旗帜，推动了全国各地小水电蓬勃发展，取得了巨大成就。

小水电开发建设已具有很大规模。小水电在建规模连续十年超过500万千瓦。到1999年底，全国已建成小水电站4万多座，装机达2773万千瓦，占全国水电装机的32.2%，占世界小水电开发量的40%。年发电量813多亿千瓦时。全国30个省（市、区）有小水电，其中浙江、四川、广东、福建、云南、广西、湖北、贵州、重庆、江西、新疆、西藏等省（市、区）资源丰富，西藏开发率最低，约为1%。

小水电促进了贫困山区的增收脱贫和经济发展。小水电已经成为我国广大山

---

① 《水电及电气化信息》2001年第8期。

区农村的基础产业和基础设施，成为广大山区农村经济发展的重要支柱、地方财政的重要来源、农民脱贫致富的重要途径。全国 2400 多个县中，1500 多个县开发了小水电，近 800 个县，3 亿人口，主要由小水电供电。

小水电促进了江河治理，促进了社会进步。小水电开发使数千条河流得到了初步治理，小水电站总库容达 1000 多亿立方米，有效地提高了江河的防洪能力，改善了乡镇供水和农业生产条件；小水电开发已累计使 3 亿多无电人口摆脱了松明点灯、日出而作、日落而息的生活方式，进入了现代文明，取得了显著的社会效益。

小水电促进了环境保护和可持续发展。开发利用小水电符合发展与环境相协调的要求，1999 年全国小水电发电量 720 多亿千瓦时，相当于 3400 万吨标准煤，免除了 85 万吨烟尘、90 万吨二氧化硫、8500 万吨一氧化碳、32 万吨氯化氮、11000 万吨二氧化碳及大量废水污水对环境的污染和破坏；折合成木材，小水电每年提供的电力可节约木材 500 万立方米。事实上，进行小水电开发的地区，由于实行以电代柴，山林乱砍滥伐的现象已大为减少，森林覆盖率稳步提高，生态环境得到了有效的保护，取得了巨大的生态效益。

我国小水电开发不仅比较好地解决了老少边穷地区能源、环境困难问题，而且在增强民族团结、促进边疆繁荣稳定方面发挥了巨大作用，在国民经济发展和社会进步中起着不可替代的历史作用，得到了地方政府和人民群众的热烈拥护和支持，被老百姓誉称为光明工程、致富工程、德政工程。

二、小水电企业进入资本市场的积极意义

1992 年小平同志南方谈话以来，我国市场经济发展迅速，作为市场经济重要组成部分的资本市场也得到了长足发展。小水电企业也积极进入资本市场，目前，小水电企业中已有乐山电力、明星电力、三峡水利、岷江水电、乌江电力、闽东电力、钱江水利等企业成功实现股票发行上市，在中国证券市场占了一席之地。另外，四川西昌电力股份有限公司即将上市，还有一大批企业正在积极争取股票发行上市，有的已经完成改制工作，有的已经进入了上市辅导期。资本市场对小水电的发展有着非常积极的意义。

1. 拓宽了小水电发展的融资渠道。国家鼓励当地农户个人投资、投劳折资和

集体投资发展小水电，鼓励国内外企业投资，采用股份制或股份合作制，实行“谁投资、谁所有、谁收益”政策。各级政府也在资金上对中小水电的发展进行了一定扶持。而社会主义市场经济的逐步完善和资本市场的逐步发展，为小水电提供了更多的融资方式和渠道。为了优化小水电产业的资本结构，发展小水电所需的大量资金更多地需要通过资本市场来筹集。2000 年，钱江水利、乌江电力和闽东电力三家小水电企业股票发行上市，共募集资本 15 亿元，极大地促进小水电的发展。

2. 为小水电企业的发展注入了强大的活力。进入资本市场的小水电企业普遍具有较强的活力，发展速度迅速。如乐山电力，1993 年公司上市时，资产总额只有 1. 3 亿元，到 2001 年中期，公司净资产已经达到 4. 4 亿元，总资产达到 10. 4 亿元；又如岷江水电，1997 年上市前，公司净资产 1. 3 亿元，总资产 2. 7 亿元，到 2000 年底，公司净资产已达到 4. 1 亿元，总资产已达到 12. 2 亿元。分别比上市前增长 215％和 350％，发展速度远远超过未上市企业。

3. 促进了小水电企业转换经营机制，加强内部管理。资本市场为小水电企业转换经营机制，建立现代企业制度发挥了重要作用。上市公司要接受股东的监督和国家证券监管部门的监管，必须严格遵守信息披露的有关要求，这有力地推动政企分开，促进企业转换经营机制，加强内部管理。从实际情况来看，已经上市的小水电企业在理顺产权关系，建立内部制衡机制和外部约束机制等方面都处于行业领先地位。

4. 促进小水电企业结构调整，增强小水电企业的竞争力。资本市场对于小水电企业规模经营和资本集中具有重大作用，是小水电行业培育具有强大市场竞争力的大公司、大集团的孵化器。小水电上市企业通过股票发行，抓住机遇，重组优质资产，快速发展，成为行业发展的“排头兵”。如钱江水利开发股份有限公司，利用股票发行上市，将水电资产进行了重组，重组前，水电资产相当分散，不利于发展，目前，钱江水利公司的净资产已经超过 8 亿元，在行业中名列前茅，有很强的市场竞争力，并利用其自身实力收购了地处西湖的一家供水厂，增强了公司的发展后劲。又如重庆三峡水利电力（集团）股份有限公司，股票发行上市以后用募集资金成功收购了双河、赶场两个水电站和奉节电力有限责任公司，扩大了公司规模和供电营业区，增强了市场竞争力。

三、小水电企业进入资本市场的有利条件

中小水电企业进入资本市场具有较多的产业优势，主要表现在以下几个方面。

1. 党中央、国务院大力支持小水电的发展。长期以来，党中央、国务院非常重视小水电的发展，鼓励各级政府和当地群众就近开发山区丰富的小水电资源，并制定了“自建、自管、自用”的“三自”方针，形成了一系列优惠政策。

（1）税赋政策。在1994年税制改革以前，小水电只征收5%的产品税，1994年后改征6%的增值税，比17%的正常税赋低11个百分点。

（2）保护小水电供电区政策。国务院明文规定“小水电要有自己的供电区”。国家支持农村小水电的分散开发，就近供电，实行自发自供。要求国家大电网要支持地方小水电电网，小水电电网与国家大电网联网运行，调剂余缺，互惠互利。

（3）“以电养电”政策。国家规定小水电企业利润不上缴财政，留给小水电企业用于小水电再开发。

（4）国务院设立小水电专项贷款，用于支持小水电开发建设。

（5）政府财政专项引导资金。中央和地方省级财政列专项拨款，引导地方和社会资金投入小水电开发。

这些政策有力地推进了小水电的发展和商业化运营，有利于提高小水电企业的经济效益，为小水电企业进入资本市场创造了条件。

“十五”期间及今后相当长时期内，我国水电开发仍将受到国家重点支持。我国电力工业发展的指导方针是“优先开发水电，优化发展火电，合理开发核电”，按照这一方针，水电作为清洁、环保、可再生能源处于优先发展地位，小水电作为水电的重要组成部分也将受到国家重点支持。国家计委正在制定的可再生能源“十五”发展计划，把装机5万千瓦以下的水电列入了受国家政策重点扶持可再生能源名单。最近，朱镕基总理在视察湖南、四川时又明确提出要大力发展小水电。

2. 小水电具有巨大的发展潜力。我国小水电开发建设虽然有了较大规模，但仍有巨大的发展空间。目前，我国小水电开发率只有32.6%，而一些较发达的国家小水电开发率都超过了50%，瑞士、法国、美国等发达国家更是超过了80%。我国目前的电力消费水平还相对较低，我国人均拥有发电装机只有0.25千瓦，人均发电量只有1078千瓦时，均不到世界平均水平的一半，仅为发达国家的1/10～

1/6。全国还有574万户家庭没有用上电。随着我国国民经济和社会发展，电力需求将越来越大，电力开发还需要加大力度。另外，我国有一大批污染严重、效率低的小火电需要关闭，这也为小水电的发展创造了有利条件。

3. 国家实施西部大开发战略为小水电的发展提供了机遇。党中央、国务院提出的西部大开发战略，是实施我国经济结构调整的一项重大举措。扩大西电东送，是实施西部大开发战略的一个重要内容。我国可开发水电资源的72%在西部地区，而西部地区的开发率不足10%。这有利于小水电企业借西部大开发的机遇，加大西部中小水电开发的力度，促进小水电的大力发展。

4. 小水电企业已经形成了相当的资产规模。到1999年底，全国已建成小水电站4万多座，装机达2348万千瓦，固定资产已经达到1150亿元，四川、广东、福建等省的资产总量超过了100亿元，浙江、湖南、云南、重庆等省（市）的总资产超过了50亿元。近几年，水利部积极推进水利系统水电改革和发展，在水电资产整合等方面取得了重大进展。四川、广西、重庆、浙江、新疆、青海、吉林、云南、湖北等地都相继组建了省级水电产业集团公司，总资产大多达到了十几亿元，有的甚至达到了几十亿元。

5. 小水电企业具有较好的经济效益。从整体上看，小水电企业的经济效益较好。1999年，全国小水电营业收入达340多亿元，年利税近80亿元。已经上市的小水电企业经济效益普遍较好，如明星电力，1998年至2000年的每股收益分别为0.61元、0.57元和0.56元，在上市公司中名列前茅，其他小水电上市公司的业绩也都比较好。另外，大批正在争取上市的小水电企业也具有良好的经济效益。

6. 小水电企业具有较大的市场竞争优势。水电企业的竞争优势主要表现在收益稳定，市场风险较小。水电站在进入运营阶段后，运营成本较低，大都在较低的内部技术风险中运营。而且，电站在运营过程中能够产生稳定的现金流。这种较低的经营风险和稳定的现金流产生了其他行业所无法比拟的投资吸引力。另外，小水电的总体价格较低，1999年全国总装机1万千瓦及以上电站的平均售电价格为0.167元/千瓦时，远远低于全国的平均电价。随着“厂网分开、竞价上网、输配分开、竞争供电”改革的逐步推行，小水电企业的价格优势将逐步显现出来。

四、积极推进中小水电企业进入资本市场

小水电企业要根据行业特点和自身优势，积极进入资本市场，不断探索进入资本市场的各种途径。

1. 股票发行上市。股票发行上市是目前我国企业进入资本市场的主要途径，小水电企业要按照《公司法》、《证券法》和证券监管机构对股票发行上市企业的要求，积极创造条件，争取有更多的小水电企业早日实现股票发行上市。

2. 债券融资。债券融资具有融资规模大、融资成本相对固定、还本付息的特点，此外，还有债权人不参与企业利润分配、债券的成本低于普通股、债权人不参与公司的经营管理、债券的利息可列入税前支出等优点。目前，国家有关部门和企业已经认识到了债券融资的重要性和优点，越来越多的企业希望通过发行债券筹集资金，我国债券市场发展前景广阔。小水电企业对此要有充分认识，要积极进入债券市场。另外，从目前国家有关政策来看，鼓励已上市公司和拟上市公司发行可转换债券，小水电行业中的已上市公司和拟上市公司应把握国家政策和有利时机，争取发行可转换债券，进一步拓宽融资渠道。

3. 基金融资。产业投资基金是通过向多数投资者发行基金份额设立基金公司，基金公司自己或通过委托基金管理人进行投资活动，投资者按照出资份额，共担风险、共同收益的制度，其主要特点是实行专业化管理。目前，我国正在制定《投资基金法》，该法出台以后，将会掀起设立产业投资基金的浪潮。小水电企业要积极争取设立小水电产业发展基金。

4. BOT 融资。BOT 融资是一种将开发、经营、收回的风险和收益一并转让的融资工具，运用的融资对象是项目结构设计清晰、支持条件稳定明确的项目。这种融资方式比较适合水电站，小水电企业要积极创造条件，争取 BOT 融资试点。

5. ABS 融资。ABS 融资是一种新的项目融资方式，代表着项目融资的未来发展方向。它是由资产的未来现金流支持的证券化，是以未来现金流量所代表的资产作为其融资方式的基础，通过项目公司发行高档债券来筹集资金，具有成本低、风险相对分散的优点。因此，这种融资方式适合未来现金流稳定、风险较小的水电行业，我们可以积极尝试。

小水电企业进入资本市场还有大量工作要做，我们要根据进入资本市场的要求，积极做好以下几个方面的工作：

（1）对小水电进行战略性重组，积极推进集团化发展；

（2）进一步转换企业经营机制，提高企业管理水平；

（3）积极调整产业结构，发展下游产业；

（4）要认真选择投资项目，不能进行盲目扩张；

（5）要将生产经营和资本经营紧密结合起来，盘活存量资产；

（6）积极争取对小水电上市企业的政策支持。

同志们，小水电行业进入资本市场大有可为。我们要进一步解放思想、实事求是，要不怕困难、开拓进取，创造条件进入资本市场，为农村水电和电气化事业的发展做出更大贡献。

深化改革　加快发展
把水电及农村电气化事业全面推向21世纪[①]

（1998年1月）

《农电管理》编者按　自1983年国务院报准在全国建设100个农村初级电气化县起，至今已有318个县依靠开发当地丰富的水利资源，自办电源电网实现了初级电气化县。农村水电电气化县建设对我国老少山边穷地区的经济发展发挥了巨大的促进作用。党的十五大报告提出要加强农业的基础地位，必将促进农村电气化事业进一步发展，农村水电工作也将迈出新的步伐。为此本刊编辑部采访了水利部水电及农村电气化司司长程回洲。

记者：在社会主义市场经济条件下，如何从宏观上认识水利系统水电及农村电气化事业的地位和作用？

程司长：新中国成立以来，特别是改革开放以来，水利系统结合江河治理发展水电，供电区已覆盖国土面积的40%，全国人口的25%。到1997年底，装机容量达2600多万千瓦，水电装机容量和年发电量，均占全国水电总量的40%左右。近几年来，每年新增装机近100万千瓦，1997年达180万千瓦。1996年在全国大水电开工为零的情况下，中小水电仍开工150万千瓦。全国有800多个县，以中小水电供电为主，新中国成立以来，共计提供了7000多亿千瓦时的电量。水利系统水电是国家电力的重要组成部分。实践证明，水利系统水电及农村电气化在中西部地区开发，特别是在老少山边穷地区的经济和社会发展中占有举足轻重

① 国家电力部《农电管理》1998年第1期。

的地位，对整个国民经济和社会发展发挥了极其重要的作用。

农村电气化是农业现代化的基础，是我国8亿农民的大事。经国务院批准，“七五”、“八五”期间，依靠开发山区丰富的水力资源建设中小水电，全国已有318个县通过自力更生，自办电源电网，实现了农村水电初级电气化。“九五”期间，国务院又批准建设第三批300个农村水电初级电气化县，正在实施建设当中。318个农村初级电气化县，普遍实现了工业增效、农业增产、财政增收、农民受益，经济发展实现了结构性调整，成效非常显著，得到党中央、国务院的高度评价。1984—1997年通过开发中小水电，全国共解决了一亿以上无电人口的用电问题。

水利系统水电的发展依托于水资源和水利资产，是水利基础产业的重要组成部分。水利系统发电和供电企业应该在水利基础产业发展中充分发挥其龙头作用，带动供水、水利渔业、水土资源开发和多种经营的全面发展，使水利真正发挥国民经济和社会发展的基础产业作用。

开发水电、实施农村电气化，能够把当前世界关注的清洁能源开发、生态环境保护和贫困地区经济发展紧密结合起来，其社会效益、经济效益和环境效益都非常显著。1997年江泽民总书记访美，在《中美联合公报》中，农村电气化和开发清洁能源、保护环境等问题被列入中美合作的重要议程。展望未来，水电及农村电气化发展前景非常广阔。

当然，随着社会主义市场经济体制改革的不断深入，在新形势下，水电及农村电气化也面临着一些严峻的挑战。首先是供需矛盾。目前，我国农村的用电水平和国外发达国家相比还处于较低水平，能源开发任务很重，水能资源利用程度不足10%，电源结构不合理。以水利系统水电供电为主的800多个县，主要分布在中西部地区，这些地区经济发展速度很快，而水电发展却跟不上其经济发展速度，缺电严重。同其他地区一样，从长远来看，电力缺乏依然是制约这些地区经济发展的主要因素。另外，农村水电供电地区径流电站多，枯水期电量和高负荷时段出力缺口较大。应大力加快电源结构调整力度，提供优质稳定的电力。

第二，根据国家“八五”扶贫攻坚计划，到2000年全国要建成1000个农村初级电气化县，其中，依靠开发中小水电资源建设农村初级电气化县600个，占60%，电气化县建设任务相当繁重。此外，全国还约有6000万无电人口，其中有3000多万集中在农村水电供电地区。扩大通电面，解决无电人口用电任务相当艰巨。

第三，市场主体不发育。水利系统水电企业规模较小、经营分散。县及县以上水电企业3000多家，难以形成规模效益，融资能力差、投资能力、竞争能力都不强，制约了自身的发展。同时水利部门作为国有水利资产出资人的法律地位尚未明确，一些地方存在着水电资产流失和无偿转移现象。

第四，国家电力体制改革不断深入，将会极大地促进我国电力工业的发展，也将使水利系统水电及农村电气化工作面临许多新的课题。

记者：据了解，水利部1997年出台了水电改革的方案，请您给我们介绍一下有关改革方案的具体内容。

程司长：1997年年初，我们认真落实水利部党组的指示，从宏观整体战略的角度，总结了新中国成立以来水利系统水电发展成就，分析了目前存在的问题和面临的挑战，提出了加快水利系统水电改革与发展的对策和建议。水利部党组对此非常重视，进行了专题研究，形成了《关于水利系统水电改革与发展思路》。这是指导今后水利系统水电和农村电气化改革发展的重要文件。

这个思路的主要内容可概括为以下几个方面。

1. 转变政府职能。各级水利行政主管部门要从宏观整体战略的高度，研究水利系统水电发展的方针、政策和措施，逐步从单纯专业技术管理向综合经济管理转变。要在体制、结构、机制、增长方式等方面下功夫，充分运用好各种调控手段，促进水电发展，加快水利产业发展。

2. 加快水利资产经营管理体系建设。要求尽快确立水利部门作为国有水利资产出资人的法律地位，建立国有水利资产出资人制度，推动和深化水利国有资产的产权界定工作。逐步形成由中央、地方水利部门作为出资人，以水利水电企业为资产经营主体的水利资产运营管理体系。

3. 实施“百龙工程”，壮大水利企业规模。“百龙工程”就是在1～2年内通过资产优化重组、企业组织结构调整，实施现代企业制度和加强宏观调控，培育100个水利龙头企业。在实施“百龙工程”的基础上，实施大公司战略。拟在5年内培育20个以资产为纽带，跨地区、跨行业的大型水利企业集团。发挥规模效益，实现水利水电企业的超常规发展。

4. 进一步解放思想，大力培养人才，发现人才，引进人才。一是必须加快建立与市场经济相适应的选人、用人机制；二是努力建设一支适应水电改革发展的经营管理干部队伍、专业技术骨干队伍和高素质技术工人队伍。

记者：1997 年水利系统水电及农村电气化工作，在贯彻上述思路方面取得了哪些成绩和经验呢？

程司长：1997 年，水利发展势头良好，战胜了严重的自然灾害；黄河小浪底、长江三峡工程相继实现截流；水利系统水电改革与发展也取得重要进展。

总结 1997 年的水电及农村电气化工作，可以概括为：改革有突破，精神文明建设有加强，水电建设取得显著成就。

第一，1997 年，我们按照部党组《关于水利系统水电改革和发展思路》的要求，切实转变职能，从宏观整体上把握水利系统水电发展态势，把工作重点转移到加强宏观经济管理，用市场经济的方法管理水电的轨道上来；坚持以“百龙工程”为切入点，全面贯彻部党组思路，通过实施“百龙工程”，贯彻江泽民总书记“5. 29”讲话和十五大精神，大胆探索能够极大促进生产力发展的公有制实现形式，大力推进股份制、集团化。通过实践解决困扰水电发展的重点和难点问题，取得了许多突破性进展。

——股份制、集团化发展迅猛，以资产为纽带的跨地区、跨行业、跨所有制的企业集团开始组建。

——一批水利水电企业积极进入资本市场。继四川乐山地方电力上市之后，又有三峡水利电力（集团）股份有限公司、明星电力股份有限公司、新疆汇通股份有限公司相继上市进入资本市场。

——建立国有水利资产出资人制度迈出重要步伐。许多地方政府已授权水利部门作为水利水电国有资产出资人。

——水电一体化发展已初见成效。很多企业以水电为龙头，把供水、水资源开发、水产和其他多种经营以资产为纽带联合起来，充分发挥水资源综合效益和水利资产的整体优势，走水电一体化发展道路，发展水利企业集团。

——运用各种调控手段，明晰中央产权，为水利开展资本运营奠定了基础。

第二，从扶贫攻坚的政治高度，扎扎实实抓好第三批农村水电电气化县建设。农村水电电气化县建设是贫困山区脱贫致富的重要途径，是关系到实现国家扶贫攻坚计划的大事。国务院领导非常关心，部党组十分重视。钮茂生部长多次强调，要从扶贫攻坚的政治高度搞好第三批 300 个农村水电初级电化县建设，我们加强了电气化县建设的工作力度。任务较重的 14 个省区都成立了以省政府领导为组长的省级电气化建设领导小组；17 个省区均出台了关于加快电气化建设的政策文件；并按倒计时安排工作，为确保2000年前完成任务打下了坚实的基础。

第三批农村水电电气化县建设已完成投资80亿元，新增水电装机100万千瓦，38个无电乡、400个无电村通过开发中小水电通了电，共解决了600万无电人口的用电问题。全国有14个县提前达标，明年达标计划也已确定，并正组织实施。

第三，依法行政，认真贯彻《电力法》，做好供电营业区划分工作。供电营业区划分是贯彻《电力法》，依法为企业创造良好发展环境的一项重要的政府行为。我们认真贯彻《电力法》，按照有关规定，做好指导工作。在有关部门的支持配合下，进展比较顺利。

第四，1997年全国水利系统新开工建设中小水电站120万千瓦，水利系统水电在建规模1100万千瓦，全年新增装机容量180万千瓦，发电量超过800亿千瓦时，都创历史最好水平。电价改革初见成效。

第五，行业精神文明建设得到加强。在全行业部署争创文明服务示范窗口活动，制定并发布了“争创文明服务示范窗口”实施办法，把服务承诺作为重要内容。已有11个单位被确定为首批“争创文明服务示范窗口”。通过这项活动，加强对供电企业的监督，提高服务质量，得到了广大用户的好评。

记者：党的十五大提出，高举邓小平理论伟大旗帜，把建设有中国特色社会主义事业全面推向21世纪。请您谈谈今后水利水电系统如何学习贯彻十五大精神，继续做好水电及农村电气化工作。

程司长：党的十五大是我党历史上一次极为重要的会议，对我国改革开放和现代化建设新世纪发展做出了战略部署，是党领导人民迈向新世纪的政治宣言和行动纲领，也为水利水电的改革与发展指明了方向。目前，水利系统正在结合实际深入学习贯彻十五大精神。具体到水电及农村电气化工作，我们要大胆探索，深化改革，加快发展，把水利系统水电及农村电气化事业全面推向21世纪。

展望世纪之交的水电及农村电气化，必须坚持三个“不动摇”。

1. 坚持为农业、农村、农民服务的宗旨不动摇。

我国处于社会主义初级阶段，社会生产力还不发达，地区经济发展还不平衡，广大中西部地区由于水、电、交通等基础设施条件差，经济比较落后。加快中西部开发，缩小东西部差距，实现国民经济协调发展，关键是开发中西部地区丰富的资源，把资源优势转化为产业优势和经济优势。治水办电相结合，开发水力资源，发展水电，建设农村水电电气化，既可以解决水利设施落后的问题，又可以解决缺电的问题，带动其他产业发展，水电及农村电气化的地位作用更加突出。

2. 坚持发展不动摇。

必须加大水能资源开发力度，大力发展水电，因此，我们必须坚持为农业、农村、农民服务的宗旨，努力做好水电及农村电气化工作。建设有调节能力的电源，缓解电力供需矛盾，满足中西部地区经济发展对电力更高的需求。

“九五”期间，水利系统将新增水电装机 1000 万千瓦，实现《九十年代中国农业发展纲要》提出的水利系统十年新增装机 1500 万千瓦的目标。到 2000 年，水利系统拥有电力装机将超过 3000 万千瓦。

加快第三批 300 个农村水电初级电气化县建设。到 2000 年，全国依靠开发水力资源，建设中小水电实现初级农村电气化的县将超过 600 个，全面完成国务院下达的建设任务。

加强 21 世纪发展规划和有中国特色农村水电电气化发展战略研究，实现水电及农村电气化事业可持续发展。

3. 坚持改革不动摇。

实现水电及农村电气化发展目标，从根本上取决于改革的力度。要求我们深入贯彻党的十五大精神，深化改革，大胆探索能够促进生产力发展的公有制实现形式；贯彻水利部党组《关于水利系统水电改革与发展思路》，实施“百龙工程”，大力推行股份制、集团化；把企业的改制、改组、改造和加强管理结合起来，坚持“两手抓，两手都要硬”，加强全行业精神文明建设，加大科技进步和人才培养力度，走出一条具有较高速度和较高质量的水电发展新路子，实现水利系统“两个根本转变”。

遵循市场经济的规律发展水电[①]

（1997年10月）

一、水利系统水电发展形势

新中国成立以来，特别是改革开放以来，水利系统水电发展取得很大成绩，为促进中西部贫困地区脱贫致富，为实现国家扶贫攻坚计划，缩小东部与中西部差距做出了重大贡献。现在，水利系统水电装机2429万千瓦，占全国水电装机的41%；年发电量780亿千瓦时，占全国水电发电量的40%；供电面已覆盖国土面积的40%、全国人口的1/4以上。近几年，水利系统每年新增装机近100万千瓦，目前在建规模1000多万千瓦，已建成318个农村水电初级电气化县，正在建设第三批300个水电初级电气化县。

水利系统水电依托于水资源和水利资产，是水利基础产业的重要组成部分，也是水利产业最具活力的部分之一，应当充分发挥水电在水利基础产业发展中的龙头作用。

但是，随着社会主义市场经济体制改革的不断深入，水利系统水电也面临一些亟待解决的问题和困难。尤其是在计划经济体制下形成的管理体制和运行机制不能适应社会主义市场经济体制的要求，极大地束缚了水电的发展，主要表现在以下几个方面。

1. 从供求关系上看，供求矛盾突出，远远不能满足国民经济发展的需要。以水利系统水电供电为主的800多个县，主要分布在中西部地区，这些地区近年来

① 《中国水利》1997年第10期。

经济发展很快，水电发展已跟不上经济的快速增长；同时，水利系统水电调节性能较差，枯水期电量和高峰负荷时段出力缺口较大。

2. 从产业基础上看，水利系统的水电企业规模较小，经营分散，制约了水电的发展。水利系统县及县以上水电企业有3000多家，少数企业的总资产在2亿元左右，大多数在5千万元以下，难以形成规模效益，融资能力、投资能力、竞争能力都不强。党的十四届三中全会以后，企业改革已由简单的放权让利进入到制度创新的新阶段，国家对企业实行“抓大放小”的方针，水利企业由于规模较小，难以得到国家相应政策的支持。例如，1999年中央技改贷款近1000亿元，水利系统水电只用了0.4亿元，仅占万分之几；国家重点抓好大型企业集团试点，对这些试点企业集团给了大量的发展政策，第一批确立了57个试点企业集团，最近国务院又批准第二批63个，水利系统还没有一个企业进入。市场经济条件下，企业更多地要靠在市场上筹集资金。近几年全国发行企业债券2083亿元。而水利企业由于规模小，缺乏发行条件，发行债券的数量很小。水电企业通过发行股票筹集资金虽然已起步，但由于规模小、起步晚，占有额度也就少。1995年国家股票发行额度55亿元，全国企业从股市上筹集资金600多亿元，水利系统只筹集了7500万元，所占份额仅千分之一左右。1996年国家股票发行额度为150亿元，1997年为300亿元，全国企业将从股市上筹到更多的资金。成立基金也是企业筹资的重要方式，但水电企业受现有的规模实力与信誉的限制，操作起来比较困难。企业规模小、融资能力差已成为制约中小水电发展的重要因素。

3. 从资产管理体制上看，水利部门作为国有水利资产出资人的法律地位未明确，适应社会主义市场经济体制要求的水利国有资产管理体制尚未建立。在社会主义市场经济条件下，政府与企业已不是行政隶属关系，而是要政企分开，按照《企业法》重新建立出资人与企业的关系。当前，计划经济体制下的政企关系逐步被打破，市场经济体制下的新型关系又未建立，水利资产出资人不明确，一些地方和单位政企关系不清，内外关系不顺。一些企业占用水利资源或资产，名义上属于水利部门，实际上既没有行政隶属关系，也没有建立产权纽带，导致一些效益好的水利国有资产被无偿划拨或转让。

4. 从思想认识上来看，就整体而言，水利系统职工市场经济意识相对滞后。很有针对性的五大体系建设虽已取得了很大成效，大大地促进了水利改革与发展，但发展还很不平衡。价格体系和资产经营管理体系建设力度还不够。一些单位仍习惯于计划经济下的思维方式，一谈发展就是向上伸手，而忽视市场这个融资的主渠道，或者只注意增量投入，而不注意盘活3000多亿元存量资产。国家电力体制改革的深入，必将促进我国电力工业的发展，也将使水利系统水电面临严重的挑战。我们必须抓住机遇，深化水电体制改革，加快发展，充分发挥水电龙头作用，带动水利产业的发展，更好地为国民经济和社会发展服务。

二、水利系统水电改革和发展的思路

针对水利系统水电发展的形势，水利部党组确立了水利系统水电改革和发展的思路。这个思路的实质是遵循市场经济的规律发展水利水电，在坚持水利系统水电为农村发展服务，为农业发展服务，为老、少、边、穷地区发展服务的基础上，加大开发力度，把水电和供水办成水利产业的龙头，带动水利资源优势的全面发挥和水利产业的全面发展，努力探索出一条具有中国特色的水利发展路子。遵循市场经济的规律发展水电事业，要按市场经济的要求，转变政府职能，建立国有水利资产管理营运体系。同时，大力振兴水利企业，必须加快培养市场经济人才。

1. 理清思路，转变政府职能。部党组强调：一手要强化政府职能，搞好政策、规划、服务和监督，一手要大胆发展水利产业，政事企要各司其职。计划经济体制下单纯按技术专业划分进行管理的方式，违背了水电企业、供水企业和多种经营企业是一个以水资源和水利资产为依托的整体的客观实际，不能发挥资源的综合效益和资产的整体优势。因此，我们要从宏观、整体、战略的高度，加强综合经营管理，研究水利系统水电发展的方针、政策和措施，从经济体制、经济结构、运行机制、增长方式等方面对它们进行规划、调控、监督和管理，充分运用好各种调控手段来促进水利产业发展。

2. 加快水利资产经营管理体系建设。水利系统水电国有固定资产已达800亿元，加上供水和多种经营，经营性资产总量十分可观。但过去分散管理营运体系把水利资产条块分割，水利资产的整体优势得不到充分发挥。因此，我们要尽快确立水利部门作为水利国有资产出资人的法律地位，推动和深化水利国有资产的产权界定工作。用市场的思路和办法加强资产经营管理体系建设，变实物管理为价值形态管理，逐步形成由中央、地方水利部门作为出资人，以水利企业为资产经营主体的资产运营管理体系。

3. 以实施“百龙工程”为契机，振兴水电企业。“百龙工程”是部党组探索水利企业集团化、股份制发展道路采取的重大决策，即通过股份制改造培育企业集团，优化重组水利资产，调整企业组织结构，在1～2年内，培育100个资产在5亿元以上的水利股份制企业。在此基础上实施大公司战略，在5年内培育20个资产在20亿元以上，以资产或产品为纽带，跨地区、跨行业的大型水利企业或企业集团。发挥规模效益，提高水利企业的融资能力、投资能力和市场竞争能力，实现水利企业的超常规发展。

水电是水利产业中最具活力的部分，以水电、供水为龙头，充分利用水利资源的综合效益和水利资产的整体优势，发展龙头骨干企业，是水利产业发展的战略选择。目前水电企业普遍规模较小，缺乏骨干企业，水电与供水、水利多种经营结合不紧密，水电的主导作用和龙头作用没有充分发挥。我们要抓住实施“百龙工程”的契机，通过股份制改造培育水利水电企业集团，利用股份制有效地把分散的水利资产优化重组，充分发挥水资源供水、发电、养殖和旅游等综合效益，发挥水电的龙头带动作用，发挥水、电生产和供给的规模效益，发展水利股份制企业集团，发展以区域性或流域性集团为主体的产业型组织形式和集约型经营方式。“百龙工程”切中了制约水利系统水电和整个水利产业发展的要害，找到了促进水利产业改革与发展的道路，必将促进水利系统水电和水利产业大发展。

三、大胆试点，勇于探索，在实践中贯彻水利系统水电改革与发展思路

钮茂生部长多次强调：要以“三个有利于”为标准，敢闯、敢试、敢冒，大胆探索公有制实现形式；水利企业要走集团化道路，促进水利产业上档次、上台阶；大力发展股份制，优化重组资产。钮部长要求，水利改革的步子要再快一些，胆子要再大一些，思想要再解放一些。我们要坚决贯彻党的十五大精神，按照水利部党组的统一部署，加快落实水利水电改革和发展思路。进一步解放思想、更

新观念，克服一切不适应社会主义市场经济要求的思想观念，站在全局的高度，打破资产流动的重重壁垒，优化重组水利资产。只要我们坚持“三个有利于”标准，胆子再大一些，步子再快一些，思想再解放一些，一定会使水利系统水电事业在世纪之交有一个大发展。

振奋精神　努力推进水电改革[①]

——在第三批农村水电初级电气化县建设座谈会上的讲话

（1997年9月四川成都）

一、电气化县建设的基本经验

1. **领导高度重视。**凡是搞得好的，不在于困难多少，而在于领导的力度，不在于条件好坏，而在于领导对这项工作是否重视，这既是第一、二批电气化县建设的重要经验，也是第三批电气化县建设两年来的实践总结。云南、广西、四川等南方水电大省这方面工作就做得比较扎实突出。

中央几代领导人都非常关心小水电建设。大力发展小水电、建设中国特色农村电气化，是小平同志在四川视察，从解放思想的高度提出来的。江泽民总书记最近访美，在中美联合声明中把农村电气化、清洁能源、生态环境一起列为中美合作项目。李鹏总理是电气化建设的发起人之一，多次在全国农村水电及电气化工作会议上发表重要讲话，推动制定了许多促进小水电发展的好政策。各省、区、市主要领导都是非常关心支持小水电。四川省主要领导亲自解决中小水电发展和大小电网关系中的重要问题和疑难问题。湖南省主要领导在90年代初期就指出："小水电，大事业"。中国农村水电及电气化建设，没有中央领导的关怀和各级领导的高度重视，是不可能形成现在这样蓬勃发展的局面和这样大的规模的。凡是工作搞得好的地方，都是因为各级领导高度重视。广西德保这样的国家级贫困县能够搞上去，其他地方同样也应能搞上去，关键是领导重视。

① 《地方电力管理》1998年第3期。

2. **有一个好的精神面貌和精神状态**。没有困难的事情是没有的。如果没有困难，国务院就不会下达建设农村电气化县这项任务。没有难度，国务院就不会这样重视。在十五届一中全会上，江泽民总书记专门讲了精神面貌和精神状态这个问题。从我们肩负的任务来看，我们的工作能不能卓有成效地开展起来，能不能完成党中央国务院交给的光荣使命，很重要的一条就在于我们如何看待我们面临的历史使命和历史责任，要有正视困难和克服困难的决心。如果我们萎靡不振，不能迎难而上，或者办法不多，只在那里叫苦，我们的事业肯定不能发展起来。大量的工作要靠我们去做，靠我们去向主管的各级领导汇报，把情况、意义、问题、思路说清楚，提出措施，得到各级政府和综合经济部门的支持，还要经常到下面去调查研究，把下面的问题弄清楚，提出解决问题的办法。所以我们要发挥承上启下的作用，我们不到上面汇报、不到下面去调研，只汇报困难，提不出办法、措施，上面、下面就不能很好地结合起来。

3. **把水电及农村电气化建设与改革紧密地结合起来**。水电及农村电气化建设不仅要政策扶持，也要充分发挥市场机制的作用。在社会主义市场经济体制改革不断深入的情况下，完全靠政府是不行的，要充分发挥市场机制在资源配置中的基础性作用，充分利用资金、技术、人才市场。把政府扶持与市场机制结合起来，搞好农村水电及电气化建设，这是大家介绍的很重要的经验。

4. **发扬不等不靠、自力更生的精神**。我们的经验中重要的一条就是不等不靠、自力更生。广西德保县，可以说是集我们多年来自力更生的各种措施之大成，经济的、法律的、政策的、市场的手段以及各种宣传发动的手段都用上了，否则在这样一个基础条件很差的县，要在这么短的时间内完成电气化建设任务是不可能的。

二、贯彻水利系统水电改革与发展思路，加快改革步伐

水利系统水电改革与发展思路是要解决三个层次问题，第一个层次是政府职能转变，第二个层次是资产管理，第三个层次是资产优化重组、结构调整、制度创新。

1. **政府职能转变**。水利水电主管部门要加强从宏观、整体、战略上研究问题，从体制、机制、法制上多下功夫。我们过去考虑工程的具体问题多，从宏观、

整体、战略上考虑问题不够，按照市场经济的思路去发展自己、去竞争的工作力度不够。云南保山州走全州地方电力企业紧密联合的路子很成功，如果我们都像他们那样发展，很多问题就可以解决。

政府部门要从宏观、整体、战略上研究问题，在方针、政策、监督、管理上下功夫，多研究发展战略，结合实际，提出切实可行的操作性意见。大家都重视争取优惠政策，但对适应社会主义市场经济要求的政策争取得还不够。真正能发展起来的，不是靠吃偏食，而是有一个好的体制、机制，是在市场上滚动发展起来的。当前，对怎样使农村水电更好地发展的战略性政策研究得不够。优惠政策是需要的，但更要下大力气研究在市场上筹集更多的资金，所以两方面都要争取。中小水电面向农村，与国家扶贫紧密相关，政府扶持是必要的，但是还有一个广阔的市场，现在很多人手中有钱，不知道往哪里投，要吸收这些资金发展我们的事业。这样，国家得到好处，老百姓得到实惠，我们的事业就能蓬勃发展起来。因此，我们要一手抓政府扶持，一手抓市场机制。

2. **出资人代表问题**。过去计划经济体制下资产管理职能与企业运营职能两位一体，政企不分，企业成为政府的附属物。现在要政企分开，政府的主要精力要放在宏观管理上，放在“政策、规划、服务、监督”上。做好发展规划不只是我们过去讲的工程规划，还要在总量、体制、机制、法制、结构、增长方式等方面做好规划、做好谋划，要按市场经济的规则来规范行业和企业的行为和权益。政府职能一个是经济管理职能，一个是国有资产出资人的职能，出资人到底怎样建立，有一个改革探讨和不断健全的过程。我们提出出资人问题是比较早的。1997年4月份水电司向水利部党组汇报提到出资人的问题时，那时并没有国家大政策的依据。全民资产的最终所有者是国务院，但国务院又不可能把所有的资产都具体管住，就出现一个资产所有者缺位的问题。根据我们国家的实际，政府部门作为出资人代表可以解决这个问题。5月份我们收到国务院的一个文件，提出政府授权有关部门作为出资人代表，这样我们就有了政策依据。

水利系统为什么要强调出资人代表问题？主要是因为水利资产一方面有防汛抗旱等社会职能，另一方面又要承担发电供水等经营职能，具有典型的两重性，客观上要求水利部门必须作为水利国有资产的出资人代表，使水利更好地满足国民经济发展的需要，我们要尽到这个责任。当然水利国有资产包括中央国有和地方国有，是多层次的，不像国家电力，只有一个出资人，就是国务院。水利不一样，有中央投资、省投资、地投资、县投资，就复杂一些。水利部门作为出资人代表是要把国有资产管得更好，保证保值增值，更好地满足国民经济对水利的需要。

我们专门找了国家体改委负责出资人制度改革的负责同志讨论过水利资产出资人问题。他们认为，体改委现在考虑的还只是城市这一块，地方、行业这一块更大范围内还没有考虑，水利部这个思路很好，以后搞行业改革试点，要把水利部作为试点部门。现在各地已有所突破，吉林4个县、安徽7个县、湖北恩施州、湖南怀化等地政府都做出了授权。从根本上解决出资人缺位的问题，是国民经济发展的需要。

明确了出资人，就要按《公司法》来规范出资人和经营者各自的责、权、利，依法理顺市场经济条件下新型的政企关系。《公司法》规定出资人有三项权利，一是选择经营者，二是企业重大经营方针的决策，三是产权收益。经营者行使企业法人财产权，自主经营，自负盈亏。

3. **积极探索，极大地促进生产力发展的公有制实现形式。**资产优化重组，调整结构，实施现代企业制度，这是中央提出的企业改革的方向。水利系统水电改革与发展思路第三个层次讲的就是这个问题。现在全国水利总资产3000多亿元，经营性资产2000多亿元，其中50%在事业单位，另外50%在企业。经工商部门注册登记的水利企业有32000多家，县以上企业有3900多家，水电总资产800多亿元，每个企业所占有的资产非常少。除汉江集团、东深供水等极少数大企业外，整个行业总体上讲资产分散，企业规模很小，效益不高，集约化程度低。针对这个问题，水利系统水电改革与发展思路决定按照中央“抓大放小”的方针，在全国水利系统实施“百龙工程”，即在1～2年内通过资产优化重组，企业组织结构调整，实施现代企业制度，加强宏观调控，重点培育100个资产在5亿元以上的水利龙头企业。在此基础上，5年内培育20个资产在20亿元以上，跨地区、跨行业的大型水利企业和水利企业集团。水电改革与发展思路符合十五大精神和水电发展的客观实际。

水电行业的各级领导要按照中央的方针和水利系统水电改革与发展的思路，像云南保山那样，在一个地区或几个地区，甚至全省范围内进行资产重组，结构调整，尽快形成有一定规模、一定实力的以资产为纽带的股份公司，使自己处于主动地位。各地常说小水电企业被收购、代管，都是因为集约化程度低，资产规模小。如果按市场经济的规律来指导我们的工作，加大资产优化重组、结构调整的力度，实施现代企业制度，采用股份制的办法，走股份制集团化的道路，情况就很可能不一样了。现在“百龙工程”形势很好，上报到部里的有 120 多家，第一批审批了 24 家。贯彻十五大精神，贯彻水利系统水电改革与发展思路，实施“百龙工程”，是水利系统水电改革与发展的内在要求和客观需要。

三、依法核定、划分供电营业区

在供电营业区的核定、划分问题上，各地做了很多工作，也创造了很多经验，大家可以相互交流。《电力法》、电力部的有关通知都是我们工作的依据。

电力部领导的讲话要求尊重历史，维持现状。这是大家坚持的政策，我们要充分运用这个政策。但是有了这个政策就没有矛盾也是不可能的。供电营业区的问题大家都看得很透，这是个市场问题，要发展没有市场不行。企业之间的竞争是正常的，也会发生用不正当手段竞争的事，这就要依靠政策、法律来保护我们自己。做得比较好的地方有一个很重要的经验，就是加强向各级领导的汇报，加强与有关部门特别是综合部门的协商、汇报，这是非常重要的。各省区市都有自己的好经验，我们要加强省际的交流。

各地开发自己的资源，形成自己的支柱产业，占领市场，发展当地的经济，是一件对地方有益的好事，也是一件对国家发展有益的好事。许多领导对地方中小水电的历史和现状不清楚，要靠我们向各级领导汇报。你说透以后，领导会积极支持的。怎么样依法把工作做好，是我们的责任。

供电营业区的核定、划分工作是很艰苦的工作，按《电力法》的要求把供电营业区的事搞好，也是长治久安的一件大事，我们要有信心，要发挥我们的优势，做好工作。把这个问题解决好，会为我们今后的发展创造一个良好的法制环境。

第六篇

建设和谐友好水电

提出建设和谐友好水电理念。大力推进“建设一座水电站，健康一条河流，美化一片国土，造福一方百姓”的试点和实践。在全国大力清理“四无”水电站，整顿开发建设秩序。落实河流生态流量，解决大量天然季节性河流枯水期断流脱水问题。

提出建立水能资源股制度。将资源股量化到资源地农户，同时把农户投劳、投资、国家各类农村补助资金量化为农户股权，建设普惠农户的股份制水电站，让资源所在地农户普遍拥有年年分红的不竭源泉。

❖

1994年，考察湖南江娅水库上游，研究湖南澧水的整体开发和保护。左一为严克强副部长

❖

2004年，考察湖南永州流域综合利用时，题写“建设环境友好型水电”。右四为湖南水利厅时任副厅长李皋。右一为水电局局长李名幸

❖

大力提倡“建设一座水电站，健康一条河流，美化一片国土，造福一方百姓”理念。图为安徽宝塔水电站。左三为安徽水利厅董光琳局长（副厅），右二为安徽水利厅傅云光局长（2006年）

❖

2004年，30多个国家和国际组织的200多位专家政要参加中国水电开发与保护经验交流会。图为郴州基地会场一角

❖

2006年，中央农村工作领导小组办公室主任段应碧（前排右三）一行专程前往贵州、云南、湖南考察水电建设，高度评价水电在农村发展中的脱贫效益、生态效益和环境效益。右一为云南水利厅杨影丹局长

期间，全国各省（市、区）水利厅水电局（处）时任局（处）长杨树良（副厅）、张忠孝（副厅）、张志远（副厅）、王淘浪、罗子权、张富能、孙良平、李彦林、易家庆、张从银、龚艮安、李名幸、周水生、顾宏、杨影丹、陈运良、戴天酬、杨丽萍、陈洪、王阿平、林振华、雷金龙、林铭实、陈国忠、王振华、廖瑞钊、李佐云、帅开阳、吴新黔、戴群莉、叶舟、陈烨兴、左远明、李国君、刘肃、马毓延、孙道成、张培民、潘晓光、李喜增、赵国芳、姜仁、陈昆仑、王福岑、董光琳（副厅）、傅云光、杨有枝、徐祥利、武成烈、邱小庄等为当地水电建设和改革、农村电气化事业付出了艰辛和汗水，做出了重要贡献。伟大祖国星罗棋布的水电站，为社会主义建设日以继夜的奉献绿色电力，永续着他们的终生追求和梦想。

树立水能开发利用新观念
建设和谐友好型水电发展机制[①]

——在第二届中国替代能源与电力国际峰会上的讲话

（2006年6月）

我国水能资源技术可开发量为6亿千瓦，是当前具备规模开发条件的第二大能源。水能开发是未来15年我国能源发展的战略重点。

2005年底，全国水电装机1.17亿千瓦，其中农村水电4390万千瓦，水电三分天下有其一。水电在增加能源供应，改善能源结构，保护环境，促进国民经济社会发展中发挥了巨大的作用。

开发水能在带给人类绿色电力的同时，也可能会带来生态影响和移民等环境和社会问题，特别是近几年水电开发加快，这些问题受到社会的广泛关注。

要实现水能开发与环境社会的友好和谐，必须认真贯彻落实科学发展观，切实树立水能开发的新理念，建立水能开发与保护的良性循环机制，建设环境友好和社会和谐型水电。

一、树立水能开发利用的新观念

（一）河流健康生命

河流有其生长发育演变的过程和规律，从一定意义上讲，河流是有生命的。

---

① 本文作为特稿刊登于国务院发展研究中心《经济要参》2006年第69期。

只有尊重河流运行的自然规律，才能维持河流健康的生命。

人与河流唇齿相依、唇亡齿寒，河流健康生命与人类发展息息相关、休戚与共。必须建立河流健康生命的观念，维护河流健康，实现人与河流和谐共处。

（二）水能是河流生命的动力

水能和水电是两个完全不同的概念，两种不同的能源。但长期以来，水能管理被严重忽视。水能是河流生命的动力，没有水能，河水流动就要停止，河流生命也就停止了。

水能可以转变成动能、热能、机械能，也可以转变成电能，但水能同样严格遵循能量守恒定律。一部分水能变成其他能以后，原始的水能配置发生了变化，河流的生态环境随之要发生变化，造成对河流及其水生物的影响。这种变化达到一定程度，河流健康生命就会被破坏，生态和环境就难以承受，直至威胁人类的生存和发展。

（三）在保护生态基础上开发水电

水能可以开发成水电，但必须首先保证河流健康生命的水能和水量。要转变只强调充分利用水能，过度开发水能，忽视河流保护的观念和做法。不仅要留足生态水量和生态水能总量，而且要科学规划其运用的时空曲线。

（四）有偿使用水能资源

水能资源与土地、矿产等资源一样都是我国重要的自然资源和稀缺资源，属于国家所有，是全民的资源性资产。

全民资源长期由少数人或部分人无偿占有和收益，势必造成资源分配不公和社会分配不公，同时也带来跑马圈河、抢占资源等问题。

树立有偿使用水能资源的新观念，维护社会公平。同时，促进水能资源的节约和保护。

二、加强水能资源管理的基础工作

（一）水能资源管理滞后于水电开发的需要

面临水电大发展的需求，水能开发利用与保护规律的研究、河流规划等严重滞后。跑马圈河、无序开发还没有得到完全的制止。

（二）加强水能资源开发和保护的理论研究

研究水能开发与河流健康生命的规律，建立良性循环机制。

研究和制定河流健康生命标准，为开发和保护提供依据。

研究制定河流生态水能和生态水量的定量标准和调度方法。

（三）加强水能资源规划

加强对河流水能资源的基础调查、信息收集和专题研究。建立水能资源信息系统和水能资源定期评价制度。

以科学发展观为指导，加快流域综合规划和水能开发利用规划的编修，为科学有序开发利用水能提供条件。

三、建立环境友好和社会和谐水电的发展机制

（一）建立水能资源开发与保护的良性循环机制

尊重自然规律，正确处理水能开发和河流保护的关系，建立相应机制，促进良性循环。

（二）建立水能资源开发使用权制度

建立水能资源开发使用权制度，通过招标、拍卖等市场竞争方式确定开发使

用权及其价值。

各地在建立水能资源开发使用权制度方面取得了重要的经验，重庆、贵州、福建、湖北、湖南、浙江、广西等多个省（市、区）出台了行政法规和具体办法。

（三）建立国家水能资源股，形成水电反哺机制

水能资源使用权的价值以水能资源股形式计入工程总资产。水能资源股收益用于河流治理、保护，反哺河流，用于补偿移民和库区，支持移民增收解困和库区发展，形成长效机制。

（四）规范管理制度，建立有序开发机制

严格项目基本建设程序。完善项目审批和核准制度，完善项目规划意见书、建设方案同意书、水土保持方案审批、环境影响评价报告审批等许可制度，建立有序开发机制。

四、农村水电的成功经验

（一）水电促进广大贫困山区的经济社会发展

新中国成立时，全国农村都没有电。中央采取两条腿走路的方针，在农村主要靠结合江河治理，兴修水利，开发农村水电，解决农村照明和生产用电。

到 20 世纪 80 年代，全国一半以上的农村主要靠农村水电供电，目前，1600 多个县开发了农村水电。2005 年农村水电新投产装机 530 万千瓦，累计装机 4390 万千瓦，年发电能力达 1400 亿千瓦时。农村水电不仅成为山区农村发展重要的基础设施和强大推动力，而且为国家增加能源供应，改善能源结构，保护生态环境发挥了不可或缺的作用。

50 多年来，通过开发农村水电，全国累计解决了 6 亿多无电人口的用电问题。

“七五”至“九五”连续三个五年计划建成的 653 个农村水电初级电气化县，大大促进了贫困农村经济社会的全面进步。这些县实现了经济发展水平“五年翻

一番、十年翻两番”，有效保护了生态。

“十五”建成的400个水电农村电气化县，平均每县增加水电有效资产3亿元、水电装机3万千瓦、年发电能力1亿千瓦时。400个县国内生产总值年均增长率达到15%，是全国平均水平的1.5倍，农村水电有力促进了中西部贫困山区经济社会的发展，促进了社会和谐和进步。

（二）水电促进农民增收解困

在政府扶持下，广大山区农村集体经济组织或农民以资金、小额贷款、投劳、淹没赔偿等方式作为投入，开发农村水电，增加了收入，促进了脱贫致富。

江西铜鼓县红苏村全村468人，在国家的扶持下，建成农民股份合作制小水电站7座，总装机容量3085千瓦，年收入220多万元，每年人均收入4700元，全村1/3的农民成为水电工人。

四川峨眉县龙洞村建成9座农村股份制小水电站，年收入850万元，上交国家税金和村集体利润近70万元，2004年全村人均纯收入3400元，其中小水电收入1900元。

福建德化县大铭乡由乡政府用集体资产提供无偿担保帮助农户贷款兴办小水电，家家都有小水电股份。2004年全乡农民人均纯收入3486元，其中小水电收入1394元。

广东乳源瑶族自治县是一个少数民族贫困山区县，有14个乡镇，40个行政村，240个自然村，镇镇村村都办小水电。2004年全县农民人均纯收入3773元，其中来自小水电的收入1555元。这个县股份制开发利用小水电，还壮大了农村集体经济，农村饮水工程、农田水利工程、乡村道路、有线电视等投资主要由村集体支付。

（三）水电促进生态和环境保护

2003年，国家启动小水电代燃料试点。经过两年多的努力，试点取得圆满成功。试点项目区有20多万农民实现了小水电代燃料，巩固退耕还林面积30万亩，保护森林面积156万亩，国家投资75元长期稳定地保护一亩山林，有效保护了生态环境，投资效果显著。小水电代燃料电价为0.17～0.25元/千瓦时，农民非常高兴。小水电代燃料解除了农民砍柴烧柴的辛苦，减轻了农民负担，解放了被砍柴烧柴长期束缚的农村劳动力，特别是妇女从烟熏火燎中解放出来的幸福感更是溢于言表；增加了农民收入，带动了改厨、改厕、改电、改水、改路等农村基础设施建设，大大改善了农民的生产生活条件；促进了农民思想观念的转变，激发了农民奔小康的热情，调动了农民自己动手建设美好家园的积极性，改善了村风村容村貌。试点表明小水电代燃料不仅是解决农民烧柴、保护生态环境的重要举措，也是解决山区农业、农村、农民问题的有效途径，是建设社会主义新农村的一个有效措施，实现了国家得生态、农民得实惠、企业得效益的三赢效果。

建立科学有序的农村水电市场[①]

——《中国水利报》记者专访

（2006年9月）

水利部日前发布了《关于加强农村水电建设管理的意见》（以下简称《意见》）。《意见》内容涵盖农村水电开发建设的全过程，是一部新时期农村水电行业管理的重要法规性文件。记者就《意见》起草的背景、主要内容和措施，采访了水利部水电局局长程回洲。

一、建立科学有序的农村水电秩序需要法规支撑

程回洲首先介绍了《意见》起草的基本情况。他说，我国农村水电不仅成为农村经济社会发展的重要基础和强大推动力，而且对增加能源供应，改善能源结构，保障能源安全，保护生态和环境都发挥了不可或缺的作用。但一些地方存在职责不清、违反规划、越权审批、以批代审、违规建设、无证从业等问题，出现了无序开发和影响公共安全及社会稳定的问题。为此，自2003年以来，水利部陆续下发了有关清查“四无”水电站、加强农村水电站工程验收管理、农村水电站安全管理分类及年检办法、农村水电安全生产监察管理指导意见、农村水电建设项目环境保护管理办法等系列文件，对制止无序开发、清除安全隐患、加强水能资源及农村水电管理提出了具体的规定和要求。各地做了大量工作，取得了显著成效。水利部在总结实践的基础上，发布这一贯穿农村水电建设全过程的综合性《意见》，旨在全面落实科学发展观，落实中央关于加强农村水电开发规划和管理

① 《中国水利报》2006年9月19日。

的指示，建立科学有序的农村水电开发建设秩序，维护公共安全、公共利益和河流健康生命。

二、切实加强河流水能资源开发规划

《意见》指出，要切实加强河流水能资源开发规划。对不符合规划要求的项目，一律不得审批或核准；对违反规划擅自建设的项目，要责令立即停工并予以处罚。要在流域综合规划指导下，抓紧编制或修编水能资源开发规划。

程回洲说，我国水能资源在世界上居第一位。如何将水能资源规划好、管理好、利用好，是关系到经济社会发展的大事。加强规划工作，一是切实改变规划工作滞后的现状，抓紧规划编制和修订工作，改变没有规划或者企业规划代替政府规划、专业规划代替综合规划、河段规划代替全河规划的现象；二是要用科学发展观来指导规划，调整传统的规划思想和开发思路，落实规划经费；三是抓紧一些重大问题的研究，如梯级开发形成的河流水库化问题、河流生态流量的确定和制度的建立、开发与保护的良性循环机制等。

程回洲说，水能资源开发规划是河流水能开发利用的依据，只有统筹考虑河流水能资源开发与防洪、用水、生态和环境保护等关系，才能科学有序地可持续利用水能资源，维护河流健康生命。

三、严格项目技术审查和行政审批

程回洲介绍，农村水电单站规模小、个数多，分布在边远贫困山区，信息闭塞，力量薄弱，资金短缺。农村水电开发建设都是地方管理，按照规模大小又分别由省、地、县管理。特别是近几年，随着投资主体多元化，多种经济成分纷纷进入农村水电开发市场，一些业主急于开工建设，不到水利部门履行建设立项审查和初步设计审批等基建程序，使农村水电管理十分复杂和困难。

2004 年全国共清查出“四无”水电站 3000 多座。其中无立项审查的占 47%，无初步设计就开工建设的占 71%，形成严重安全隐患。2002 年两座总装机 500 多千瓦的小微水电站汛期垮坝，造成 27 人死亡的特大事故。2004 年和 2005 年分别发生的两个汛期垮坝的重特大事故以及最近一些地方发生的小水电站垮坝事故，都属于没有立项审查和初步设计审批所造成。

水利部在征求意见过程中，意见最为集中的，就是要切实执行水行政主管部门的行政许可制度、立项审查同意书制度、初步设计审批制度、开工报告审批制度和工程验收制度。因此，《意见》明确：各种所有制投资建设的项目必须严格执行水工程规划同意书、工程立项审批、建设项目水资源论证及取水许可、水土保持方案审批和前期技术文件审查审批等。对于政府投资的项目实行审批制；对不使用政府投资建设的项目，实行核准制。其中，核准制取消项目建议书、可行性研究报告的编报程序，水行政主管部门审批的初步设计成为项目核准的前置条件。已经审查或审批的项目，任何个人和单位不得擅自变更建设规模和内容。凡涉及工程布置、建设规模、水电站大坝及溢洪设施、主要设备等重大设计的变更，由原设计单位提出变更设计文件，经原审查审批部门复审同意后，方可实施。

凡未经水行政主管部门技术审查的项目，不得申报审批或核准，更不得开工建设。对违反规定造成严重后果的，从严追究责任。

四、落实环境影响评价预审、取水许可和水资源论证制度

程回洲介绍了建立和落实农村水电建设项目环境影响评价预审制度的内容：项目应按规定编制并报批环境影响报告书。对处于非环境敏感区和单机装机容量小于1000千瓦的项目，可只编制环境影响报告书。项目法人向水行政主管部门申请环境影响评价预审，应当按规定提交建设项目环境影响报告书。水行政主管部门应在规定的时间内提出预审意见。项目法人在取得环境影响评价预审意见后，即可按有关规定报环境保护行政主管部门审批。他说，这是建立环境友好型水电的重要基础。

程回洲说，按照《取水许可和水资源费征收管理条例》，农村水电建设项目的法人，应当向有审批权的水行政主管部门提出取水申请，并提交经审定的由具备建设项目水资源论证资质的单位编制的建设项目水资源论证报告书。论证报告书应当包括取水水源、用水合理性及对生态与环境的影响等内容。

五、坚持项目开工报告审批，严格执行工程验收制度

程回洲认为，农村水电建设项目是江河开发治理工程，直接关系到人民生命财产安全。根据《国务院对确需保留的行政审批项目设定行政许可的决定》，《意见》明确要求项目具备开工条件后，由项目法人提出开工申请报告，经有审批权的水行政主管部门审批后，方可正式开工。这也是近几年实践取得的经验，许多“四无”水电站就是业主主观上逃避开工审批，在地方水行政主管部门不知情的情况下擅自开工建设，造成了一系列环境、安全和其他社会问题。因此，农村水电项目的开工审批非常必要。《意见》要求，对不具备条件的项目，一律不准开工建设。对违反规定擅自开工，或“边建边报”、“未报先建”等违规项目，要立即责令停工，并限期整顿或拆除。

对农村水电站工程验收，《意见》要求实行分类验收制度，包括：截流前验收、重要隐蔽工程及基础处理工程验收和单项工程验收由项目法人负责，水行政主管部门参加；环境保护设施竣工验收，由环境保护行政主管部门和水行政主管部门负责；工程蓄水验收由水行政主管部门组织；机组启动验收由项目法人与接入电网的经营管理单位共同组织，水行政主管部门参加；竣工初验由水行政主管部门负责等。

程回洲说，竣工验收合格，由水行政主管部门发给使用证，由取水许可审批机关核发取水许可证后，电站才能正式投入运行。否则，水行政主管部门要限制其蓄水或令其空库运行，并与电网企业协商，不许上网。对工程未经验收擅自投运发电造成安全事故的要依法从重追究责任。

六、依法加强施工过程监管、安全监管和市场监管

程回洲介绍，《意见》中涉及的监管，重点是施工过程监管、安全监管和市场监管等三方面的内容。

在施工过程监管中，各地水行政主管部门应监督落实项目法人、参建单位严格执行国家有关法律法规，严格执行项目法人责任制、招标投标制、建设监理制和合同管理制。各级水行政主管部门要对批复的初步设计、水土保持方案、环境

保护方案、防汛度汛预案等执行情况实施跟踪监管。工程建设、设计、监理和施工单位应自觉接受水利工程质量监督机构的监督。

程回洲强调，安全监管至关重要。各地水行政主管部门要积极负责本行政区域内所管辖的农村水电工程建设安全的监督管理。参建的项目法人、勘察、设计、施工、工程监理及其他有关单位，必须遵守国家安全生产法律法规，建立健全安全生产责任制度和安全生产教育培训制度，注重加强事故案例教育，预防为主，确保安全。《意见》对安全制度和安全责任等做了详细的规定。其中，农村水电建设项目防洪安全实行安全生产行政首长负责制和安全事故一票否决制。

对于农村水电建设市场，应依法贯彻和执行建筑市场准入和清出制度；应依法规范设备市场准入；应积极推广新技术、新材料、新产品的应用；应充分发挥行业协会、新闻媒体和人民群众的舆论监督作用，形成法律规范、政府监管、行业自律、舆论监督、群众参与的农村水电市场监管体系。

七、关键是要抓好落实

如何把文件精神落到实处，程回洲特别强调以下几点。

首先，各地要站在对国家和人民负责的高度，提高认识，切实加强领导和管理。最近又有小水电站垮坝，冲毁下游群众房舍，淹没农田，造成严重的经济损失和社会影响，再次引起中央领导的高度重视和社会舆论的热切关注。为此水利部紧急下发了《关于制止无序开发，进一步清除“四无”水电站的意见》。各地必须采取有效措施，确保清查、整顿和监管等全面到位，坚决制止抢占资源和无序开发行为。

其次，对于个别地方长期存在的水能和农村水电管理缺位和职责不清的，水行政主管部门有责任建议政府尽快明确管理部门和管理职责，做到有人负责，权责统一；对于一些地方审批权限不清或管理混乱、越权审批和无序开发的，进行一次清查清理，重新明确省、地、县三级审批权限，该上收的要上收，该明确的要明确；对于暗箱操作、越权审批的，不仅一律无效，同时要追究责任，严肃政纪法纪。因此造成事故的，要追究刑事责任。

第三，加大资源转让和项目审批中的监督检查和后续监管力度，认真查处和严厉打击其中的商业贿赂行为。对于个别地方抢占资源、无序开发问题严重，安全隐患长期得不到解决，造成突发事件形成重大损失的，在调查事故原因的同时，查清是否存在失职、渎职、贿赂等腐败问题，除了依法追究有关责任人责任外还要追究主要负责人的领导责任。

程回洲最后强调，《意见》已经发布，关键是落实。各级水行政主管部门应提高认识，克服麻痹思想，清除管理障碍，进一步明确职能，健全机构，充实骨干，提高管理水平，开创农村水电建设管理的新局面。

在湖南、安徽调研时强调建设环境友好型社会和谐型水电[1]

（2006 年 5 月）

水利部水电局局长程回洲率调研组赴湖南、安徽等地就农村水电开发建设和水电站运行管理进行调研。

调研组在湖南对南津渡、双牌、江垭、海螺等不同规模的 20 多个水电站运行管理情况进行了全面考察，实地察看了柘溪水电站、高家坝水电站枢纽工程建设现场及移民安置情况，察看了已初具规模的永州市泡水河流域水电梯级开发建设和生态保护情况，并对即将实行梯级开发的湘西州猛洞河流域沿程进行了调研。在安徽，调研组重点察看了佛子岭、严家、大龙潭、五河、新桥、宝塔水电站，以及胡家河、中关、历口等变电站。

在与湖南有关地方政府和水电干部群众的交流座谈中，程回洲高度赞扬了湖南的“政府指导、市场运作、统一规划、有序开发”的水电开发思路。

泡水河流域统一规划、集中连片开发，很好地解决了资源开发和环境保护的矛盾，促进了人与水和谐、人与自然和谐，解决了几万无电人口用电和增收问题，促进了和谐社会建设，程回洲对此给予了充分的肯定。在肯定泡水河流域梯级开发模式的同时，对于如何科学合理地进行猛洞河流域水电梯级连片开发，程回洲指出，过去只是强调水资源的综合利用和充分利用，现在要转变观念，全面落实科学发展观，认真落实水利部党组新时期治水新思路，落实汪恕诚部长“水利工作者必须承担起水利建设与生态保护两副重担”的重要指示，使水电开发和环境

① 中国农村水电及电气化信息网。

保护协调统一起来，建设环境友好型水电、社会和谐型水电，使生态环境得到有效保护和改善，河流生态更加健康，促进环境友好型水电建设。

在宣传环境友好型、社会和谐型水电理念时，程回洲经常介绍欧美的先进做法，讲述欧洲的一些水电站白天瀑布飞流供游人观赏，封闭式透明厂房供游人参观、科普、学习，夜间利用水能发电，到处可见以水电站工程为中心，以及依托开发山水资源，形成能让人们享受大自然之美的风景区、大公园。程回洲进一步启发大家思考，我国水能资源丰富，尤其相对贫困的中西部地区，积极拓展思路，总结推广普安小水电代燃料经验。以水电站建设为龙头，开发山水资源，建设各具特色的风景区。实现建设一座水电站，健康一条河流，美化一片国土，造福一方百姓。未来，一定能实现，哪里有水电站，哪里就是风景旅游区。

这次在安徽看到的宝塔水电站，也有这种效果。在美丽的徽州区临街有一座古宝塔，巍峨的宝塔旁，有条小河。这里不仅流传着许多古老的故事，而且还是当年新四军的点将台，但不协调的是这条穿城小河经常河滩裸露，杂草丛生，一片荒凉。2004 年，安徽省水利厅在这里修建了一座颇具花园式建筑风格的小水电站，水电站依塔傍水，临街而卧，原来一片狼藉的河道变成一条漂亮的玉带，碧波荡漾，钓者云集，不仅改善了小城的生态环境，而且成为一道亮丽和谐的城市风景，成为小城古老文明与现代文明交汇的花园。

对于安徽大量徽派建筑风格的水电站，特别是宝塔水电站规划建设中注重改善生态、改善环境的设计思想，程回洲给予高度评价，建议作为水电开发的一种理念，大力宣传和推广。

位于皖南深山区的石台县横渡镇的新桥村民组有村民 44 户 179 人。1985 年村民以股份合作形式募股筹资，村民投工投劳、提供建材折资 1500 元，从银行贷款 3500 元，每户 1 股筹得资金 5000 元，共筹资 22 万元，加上国家引导投入资金 15. 42 万元，共投资 37. 42 万元，把已运行 10 多年的 40 千瓦电站扩建成装机三台共 185 千瓦的电站。到 2005 年，该电站已安全运行 19 年，除还贷外，股东累计分红 160 万元，平均每股每年分红约 2000 元，农民每年人均收入分红 491 元。累计上缴利税 15. 7 万元。程回洲指出，这种水电站就是社会和谐型水电站。它促进了山区经济社会发展，促进了社会的和谐进步。社会主义新农村建设最重要的是生产发展，最困难的是贫困山区。广大山区农民可以直接用来发展生产的资源有土地、山林和水。除此之外，能被山区农民广泛利用来发展生产的资源极少，小水电资源是其中之一。因此，小水电资源的开发利用有利于促进相对贫困山区的农民增收，促进和谐社会建设。他建议探讨和实践以建设新农村水电站为载体，把国家对农民的补助、农民获得的小额贷款、相关补偿和投工投劳等都量化成农民在电站的股权，农民通过占有电站股权而有限占有小水电资源，从而把政府补助的货币，金融贷款和小水电资源都变成农民增收的资本，把小水电站变成新农村建设的“绿色”银行，形成农民增收的长效机制，建设社会和谐型水电。前几年水利部按照国务院部署开展小水电代燃料试点，取得了成功经验，得到温家宝总理的高度赞扬。这种新农村水电站非常类似于小水电代燃料生态电站。可以把小水电代燃料电站的体制、机制和管理经验推广运用于新农村水电站的规划、建设和管理。希望湖南、安徽在这方面创造新经验。

关于当前农村水电工作[①]

（2004年12月）

2001年以来，党中央国务院都把农村水电列为“建设周期短，见效快，覆盖千家万户，促进农民增收效果更显著的农村中小型基础设施和公共设施”，要求“放在更加重要的位置，增加投资规模，充实建设内容，扩大建设范围”。农村水电成为国家支持的重点。这几年农村水电持续、高速发展，但在发展过程中也面临一些新情况、新问题。结合学习中共十六大和十六届三中、四中全会精神，就农村水电当前发展的有关问题谈一些想法和意见。

一、正确认识农村水电发展形势

（一）农村水电高速发展

1. 农村水电近几年每年新增装机250万千瓦以上，2003年达到300万千瓦，创历史之最，发展速度是20世纪90年代的3～4倍；总装机达到3000多万千瓦，占全国水电装机36%，占全国已开发可再生电能的95%以上，在建规模超过1000万千瓦，这也是历史上没有过的。

2. 完成农网改造和县城电网改造310亿元，改革乡镇电管站2439个。降低了电价，每年减轻农民负担53亿元。

3. 小水电代燃料试点取得了显著成效，减少了森林砍伐、解除了农民砍柴的辛劳、减少了农民燃料支出，改善了农民生活条件，解放了劳动力，增加了农民

① 国务院发展研究中心《经济要参》2005年第10期，《中国水力发电年鉴》2004年。

收入。农民对小水电代燃料表现了空前高昂的热情。

4. 水电农村电气化县建设取得重要进展。“十五”水电农村电气化的主要指标要在“九五”基础上提高 1.5 倍。全国 400 个水电电气化县明年将全面达标。虽然困难还很多，但胜利在望。

5. “无电人口光明工程”的建设，几年来以西部和边疆贫困地区为重点，每年解决 200 万无电人口用电。

6. 农村水电现代化迈出步伐。按照水利部《关于农村水电现代化指导性意见》和规划目标要求，全国已有 1000 多个水电站和变电站实现了无人值班（少人值守）。

（二）农村水电当前面临的新情况、新问题

农村水电空前发展的同时，面临一些新情况、新问题。

1. 水能资源管理缺位，跑马圈河，无序开发。

（1）不按规划开发，有的单纯追求发电效益，放弃防洪、灌溉、供水、航运等综合效益，有的掠夺性开发，造成资源浪费。

（2）个别非季节性河流由于未考虑生态用水，过度开发，出现局部断流脱水，影响河流健康生命。

（3）跑马圈河，诱发一些社会不安定因素。

2. 1998 年机构改革以后，水电建设管理职能在部门之间不明确，水电市场监管缺位。一些地方违反审批程序和审批权限、抢占资源、仓促上马、野蛮施工，出现了一批无立项、无设计、无验收、无管理的“四无水电站”。

3. 农村水电空前发展，但与中央的要求差距很大。中央对农村水电“增加投资规模，充实建设内容，扩大建设范围”的投资政策没有落实。几年来基本没有增加中央对农村水电的投资，影响中央关于发展农村水电增加农民收入目标的实现。海内外社会力量利用自己的资本优势，抢先开发利用农村水电资源，但对农民增收效果很小。可被广大农民开发利用增加收入的资源和门路十分有限。农村水电资源是除土地、山林、水量之外，可被广大农民开发利用增加收入的稀有资源和有效门路，但农民贫困，没有资金优势，如果没有国家扶持，农民无法开发利用。海内外社会力量有资金优势，大量占用农村水电资源，在资源利用上又造

成新的社会不公。

4. 垄断的电网体制。

二、把握机遇，转变观念

（一）新时期农村水电面临着新的发展机遇

1. 党中央把发展作为执政兴国的第一要务，十六届三中全会又确定了以人为本，全面、协调、可持续的科学发展观，推动建立统筹城乡发展、统筹区域发展、统筹经济社会发展、统筹人与自然和谐发展的有效体制和机制，促进社会全面进步和人的全面发展。

2. 中央高度重视农业、农村、农民问题，把农民增收作为重中之重，支持革命老区、少数民族地区、边疆地区和其他欠发达地区加快发展。农村水电广泛分布于全国1600多个县，适合广大农民开发，国家适当扶持，发展农村水电是增加农民收入的最有效途径之一。

3. 国家实施西部大开发战略，统筹区域发展。西部是我国农村水能资源最丰富的地区，约占全国的68%，开发西部地区的农村水电资源是西部大开发的重要内容。

4. 党中央、国务院高度重视农村水电，把农村水电列为周期短，见效快，覆盖千家万户，增加农民收入效果更显著的中小基础设施和公共设施，要求把其放到更加重要的位置。

5. 生态安全得到世界各国关注，温室气体排放成为全球关注的焦点。我国正在制定的《可再生能源法》将为农村水电的持续、快速、健康发展带来新的机遇。

6. 水利得到全党全国的高度重视，水利部新时期治水新思路为农村水电发展开辟了广阔的天地。

（二）树立科学发展观，落实新时期水利治水思路，农村水电发展要实现观念转变

1. 由人定胜天，向人与自然和谐相处转变。由较多注重经济效益，向维护河

流健康生命转变，正确处理发电与生态效益、社会效益的关系。

2. 由忽视水能资源管理，向加强水能资源管理转变。搞好水能资源市场化配置和管理。

3. 由传统行业管理方式，向现代行业管理方式转变，加强市场监管和公共服务，科学制订规划，搞好设计市场、设备市场、建设市场、产品市场的监管。强化发供电安全文明生产管理。

三、落实科学发展观，做好农村水电工作

1. 紧紧抓住发展这个第一要务，促进农村水电持续、快速、健康发展。建成一批30万千瓦以上的大型农村水电基地，100万千瓦以上的特大型农村水电基地，10万千瓦以上的农村水电大县，400万千瓦以上的农村水电强省。

2. 坚持为“三农”服务的宗旨，发展农村水电，增加农民收入，提高农村电气化水平，促进城乡协调发展和区域协调发展。改革创新，建立以水电站建设为载体，把国家对农村、农民的扶持转化为水电生产力，量化为农民的股权，开辟农民增收的新途径，建立农民利用身边丰富的农村水电资源增加收入的长效机制。建立五年一个台阶滚动发展的水电农村电气化建设新机制，不断提高农村电气化水平。全面完成农村电网“两改一同价”任务，降低电价，减轻农民负担，繁荣农村经济。推进农村水电现代化建设，加快无电人口光明工程建设。充分发挥农村水电在山区水利中的龙头作用，改善中西部地区、革命老区、民族地区和广大山区农村基础设施和公共设施。

3. 加快小水电代燃料生态保护工程建设，促进人与自然协调发展。全面总结小水电代燃料减少森林砍伐，保护环境，改善农村生产生活条件，减轻农民负担，增加农民收入的成效，全面总结小水电代燃料行之有效的体制机制管理等方面的经验，积极争取扩大小水电代燃料的建设规模和范围，加大国家投资，加快小水电代燃料建设。

4. 加强水能资源管理，正确处理水能资源开发中的生态效益、社会效益和经济效益之间的关系，充分考虑当前效益与长远环境影响，认真研究水能发电与河流健康生态的规律和关系，加强河流规划，下大力气建立和落实河流生态用水制度，改变我国中小河流绝大部分是季节性河流丰水期发洪水、枯水期断流的特点，

通过开发水电，全面解决季节性河流断水的问题，提高河流健康水平。同时尽可能增加防洪库容，减少洪水突袭，实现建一座水电站，造福一方百姓，治理一条河流，美化一片国土，为此必须下大功夫建立水能资源开发许可制度和水能资源使用权管理制度，切实加强水能资源管理，改变当前无序开发的状况。

5. 加强农村水电市场监管，深化体制改革，促进农村水电市场规范有序、健康发育。理顺关系，加强资质管理，加强“四制”管理，规范农村水电资源市场、设计市场、建设市场、设备市场、产品市场，建立规范有序的农村水电市场。积极推进电网输配分开的改革，坚持独立配电公司方向，积极推进《可再生能源法》的制定和可再生能源规划的制定，为农村水电发展创造公平、公正的市场环境和新的发展机遇。

水能资源管理及农村水电建设“十五”总结和“十一五”打算[①]

（2005年11月）

在水利部党组的正确领导下，在水利部党组治水新思路的指导下，我们克服困难，迎难而进，农村水电在艰难曲折中不断创新，跨越式发展，从低谷走向高潮，水能资源管理从开始起步到有法可依，初见成效。五年来，不断开创水能资源管理和农村水电发展新局面，水电农村电气化县建设上了一个新台阶，小水电代燃料试点取得显著成效和宝贵经验，农村水电网“两改一同价”全面完成，行业管理和机构能力建设明显加强，国际合作与交流进一步扩大。

一、“十五”水能资源管理和农村水电建设取得显著成效

（一）农村水电空前发展

2005年农村水电新增装机突破500万千瓦，达到530万千瓦，一年投产超过“八五”期间五年投产总量，超过改革开放前三十年投产总量，超过投产7台三峡机组。年发电量1380亿千瓦时，在建规模2000万千瓦。五年来，累计完成投资1500亿元，新增装机1600万千瓦，发电量5600亿千瓦时，实现工业增加值2800亿元，税利350多亿元，解决了1200万无电人口的用电问题。农村水电站建设中，增加水库库容66亿立方米，修建和改造农村公路6万多公

① 《中国水利》2006年第8期。

里。“十五”农村水电新增装机实现效益比“九五”翻了一番。到今年底，水利系统管理的总装机突破5000万千瓦，达到5190万千瓦，其中，农村水电4390万千瓦，累计形成固定资产3000亿元。农村水电不仅是农村经济社会发展的重要基础和强大推动力，而且对满足全国经济社会发展的需求、增加能源供应、改善能源结构、保护环境发挥了不可或缺的作用。

（二）农村水电发展促进了全面小康社会建设

1. 水电农村电气化县建设上了一个新台阶。

2001年，国务院批准全国建设400个水电农村电气化县，要求在农村水电初级电气化县建设的基础上，适应全面建设小康社会的要求，大力开发农村水电资源，提高农村电气化水平，改善农民生产生活条件，增加农民收入，保护与改善生态环境，推动农村经济社会全面协调可持续发展。400个水电农村电气化县80%分布在中西部地区，85%属于老少边穷地区，涉及25个省（区、市）和新疆生产建设兵团，近2亿人口，200万平方公里。400个县中有164个国家扶贫开发重点县，有162个少数民族县，有103个县位于祖国边陲。

在党中央、国务院的亲切关怀下，在有关部门的大力支持和当地政府的直接领导下，经过五年的不懈努力，超额完成了“十五”400个水电农村电气化县建设任务，累计完成农村水电投资1200亿元，约占全国总量的80%，新增装机1200万千瓦，约占全国总量的75%，每个电气化县平均增加有效资产3亿元、水电装机3万千瓦、年发电量1亿千瓦时，大大加强了这400个县的基础设施，提高了这些县的综合生产能力。人均年用电量650千瓦时，比2000年增长76.6%，比全国平均增长率高10个百分点。户均年生活用电量560千瓦时，比2000年增长69.2%，比全国平均增长率高18个百分点。400个县国内生产总值年均增长率达到15%，是全国平均水平的1.7倍，电气化县建设的旗帜有效发挥了政府调控的导向作用，有力促进了城乡协调发展和区域协调发展，促进了和谐社会建设，深受广大农民和地方政府的拥护和欢迎。

2. 小水电代燃料试点取得显著成效和宝贵经验。

进入21世纪，党和国家开展大规模生态建设，农民烧柴和农村能源成了党和国家关注的重大问题。在水利部新时期治水思路的指引下，我们抓住机遇，开展调查研究，提出小水电代燃料的建议和思路，开展论证和规划。党中央、国务院从保护生态环境、解决农民燃料和长远致富的战略高度，做出实施小水电代燃料生态工程的英明决策。2003年中共中央3号文件要求“启动小水电代燃料试点”，全国小水电代燃料试点在中西部5个省（区）的26个县（市）展开。经过两年的试点，取得了圆满成功，探索了一条“政府扶持、企业运作、农民参与、低价供电、保护生态、改善生活”的路子和有效的管理体制和运行机制，得到了项目区群众、当地政府和社会各界的一致赞扬，被誉为“点燃大山希望”的德政工程，也得到了党和国家的充分肯定。2005年中央1号文件要求“扩大小水电代燃料工程建设规模和实施范围”，纳入今年国务院工作要点和今明两年能源工作重点。温家宝总理对试点给予高度评价，最近批示“经验宝贵”，印发各地参考。回良玉副总理多次批示“小水电代燃料工程是一件一举多得的事，能够实现经济、社会、生态效益三赢”，“是山区解决‘三农’问题的一个有效途径。应总结经验，扩大小水电代燃料工程的建设规模和实施范围”。

试点项目区有20多万农民实现了小水电代燃料，巩固退耕还林面积30万亩，保护森林面积156万亩，国家投资75元长期稳定地保护一亩山林，投资效果显著，而且长期稳定。小水电代燃料电价为0.17～0.3元/千瓦时，农民非常高兴。小水电代燃料解除了农民砍柴烧柴的辛苦，减轻了农民负担，解放了被砍柴烧柴束缚的农村劳动力，增加了农民收入，带动了改厨、改厕、改电、改水、改路等农村基础设施建设，大大改善了农民的生产生活条件，促进了农民思想观念的转变，激发了农民奔小康的热情，调动了农民自己动手建设美好家园的积极性，改善了村风村容村貌。试点表明小水电代燃料不仅是解决农民烧柴、保护生态环境的重要举措，也是解决山区农业、农村、农民问题的有效途径，是建设社会主义新农村的一个有效措施。

3. 全面完成农村水电网“两改一同价”，推进了电力体制改革。

水利系统农网改造累计完成投资240亿元，新建和改造35kV以上变电容量3143MVA，10kV以上线路109970公里，低压线路327325公里，改造配电台区74140个，新安装与更换高耗能变压器75464台、3221MVA。全面完成乡镇电管站的体制改革，实现“三公开、四到户、五统一”。农村水电电网结构和供电设施显著改善，乡镇供电体制和管理得到改革和加强，农村电价平均降低0.3元/千瓦时左右。据统计，由水利系统负责“两改一同价”的地区，每年直接减少农民电费支出 40 多亿元，切实减轻了农民负担。

水利部门为推进国家电力体制改革开展了大量卓有成效的工作。为了打破发输配一体的行业垄断和以省为实体的区域垄断，水利部门坚持发供分开，竞争供电，输配分开，竞价供电，建立公平、科学、竞争有序的电力市场。水利部先后向国务院和有关部委报送 20 余个文件，一些重要建议被国务院采纳，成为农网“两改一同价”的重要政策。制止了上划、代管、虚设股权控股农村水电电网企业，制止扩大垄断、侵占农村利益和破坏农村社会生产力的做法，遏制了垄断的扩大。坚持独立配电公司的方向，促进了全国农网“两改一同价”工作的顺利开展。我们百折不挠地推进国家电力体制改革，关键时刻的建议得到汪恕诚部长的大力支持，引起朱镕基总理的高度重视，当机立断，决心改革垄断的电力体制，不懈努力排除障碍和干扰，推动电力体制改革方案的制定。国务院（2002 年）5 号文件出台，改组了全国发输配售一体的国家电力公司。组建了多个独立的发电集团和国网南网，坚冰终被打破。

4. 农村水电现代化迈出大步。

农村水电现代化是水利现代化的重要组成部分。在开展试点和示范的基础上，2002 年制定了《水利部关于全国农村水电现代化指导意见》，提出了农村水电现代化建设的指导思想、基本原则、总体目标、具体任务和要求，编制了《农村水电现代化示范模式》。按照到 2015 年农村水电全面应用微机技术、通信技术、信息技术，以及其他新技术、新工艺，全面实现现代化的目标，全国上下逐级制定了农村水电现代化实施计划，有效地指导和推动了全国农村水电现代化建设。目前全国已有 2000 多座农村水电站和变电站实现了无人值班（少人值守），几百个县级电网实现了微机调度自动化，微机管理信息系统、电力营销管理系统、远程抄表系统都得到广泛运用，加快了农村水电现代化建设步伐。应用微机技术、通信技术和信息技术，水电新技术、新工艺实现农村水电现代化也成为全行业共识。进展比预定目标更快。

（三）克服体制障碍，加强水能资源管理

1. 提高对水能资源管理的认识。

水能与水电是两个完全不同的概念，水力能源和电力能源是两种完全不同的

能源。水能以水为载体，存在于河流中，是水位差与水流量的函数，而水电能以电网为载体，存在于电力系统中，是电位差与电流量的函数。水能使河水流动，是河流生命的动力，是河流生命的心脏。没有水能，河流生命就停止了。而水电能则与河流生命没有直接关系。但是长期以来在管理领域，水能与水电相混淆，水能没有作为一种独立的能源进行管理，国务院历届三定方案都没有水能和水能管理部门，从而使水能管理长期缺位，基础调查、专题研究和规划工作没有得到应有的重视。水能是我国具备规模开发条件的第二大能源，但目前开发量只有25%，只占全国能源消费的6%，水能没有发挥应有的作用，大量的清洁能源白白流失，加剧了能源短缺和能源结构的不合理，加剧了生态环境的压力。在水利部治水新思路的指引下，我们克服体制不顺的困难，从地方入手，加强水能管理，几年来已初见成效。

2. 探索和实施水能资源有偿使用和市场化配置。

随着市场经济不断完善，一部分人占有和使用属于全民所有的水能资源的矛盾凸显，同时跑马圈河、抢占资源、无序开发和浪费资源的问题突出出来。我们先后在发达地区浙江和贫困地区贵州开展试点，多次召开专题研讨会，探索水能资源有偿使用和市场化配置，在试点的基础上逐步推开，现在已有十几个省、市、区水行政主管部门开始通过招标、拍卖等方式有偿出让水能资源开发使用权，实现水能资源的有偿使用和市场化配置。一些地方开始探讨以国家资源股的形式实现水能资源的有偿使用，变货币形式为资本形式，以国家资源股的形式占有水电站股权，将股权收益用于反哺河流治理和保护，形成促进开发和保护良性循环，维护河流健康生命的长效机制。

3. 加大改革力度，加强水能管理。

水能资源有偿使用和市场化配置的改革实践，促进了各地水能资源管理体制的改革。贵州、重庆、安徽等4个省（市）以省（市）人大立法的形式明确了水行政主管部门水能资源管理的职能，福建、广西、河北、浙江、甘肃、陕西、湖北、湖南等十几个省（区）以省（区）政府文件等形式明确了水行政主管部门水能资源管理职能，明确了水行政主管部门对水能开发利用项目合规审查、资源许可、建设方案审查、初步设计审批和竣工验收等职能。随着体制的理顺，职能的明确，各地都加强了自身机构和能力建设，大部分省（市、区）水行政主管部门都加强了水能资源管理和开发利用项目的合规审查、建设方案审查、初步设计审批和竣工验收工作。积极探讨和建立河流生态用水制度，很多地方都积累了很好的经验。水能资源管理得到了加强。

4. 整顿水能资源无序开发，加强农村水电市场监管。

2003 年以来，针对全国水能资源无序开发的情况，水利部连续下发出了《关于清查“四无”水电站确保安全度汛的紧急通知》和《关于加强领导清除“四无”水电站事故隐患的紧急通知》及《关于进一步加强农村水电工作的通知》等 3 个文件，对全国无立项、无设计、无监管、无验收的“四无”水电站进行了全面清查和整治。要求各级水利部门切实加强水能资源管理，承担起水能资源开发和保护的两副担子，坚决制止无序开发，防止新的“四无”水电站产生。全国共清查出 2872 座“四无”水电站，目前 2600 多座水电站已整改并通过水利部门验收，无序开发的情况得到遏制。

加强了农村水电设计市场、建设市场、设备市场和产品市场的监管。把理顺农村水电电价作为重要工作，加强调研和协商，五年农村水电上网电价平均提高了 3. 5 分钱，每年增加农村水电收入 35 亿元。

(四) 积极促进立法，建设依法管理的环境

1. 积极争取，努力参与，促进《可再生能源法》出台。

随着资源短缺、环境破坏问题的日渐突出，国家对人口、资源、环境问题高度重视。2002 年全国人大着手制定《可再生能源法》，但在开始很长时间小水电和水能都没有被纳入可再生能源范畴。我们积极做好各方面汇报工作，先后提交了大量的论证材料和报告，最终水能被纳入可再生能源。我们还就可再生能源管理体制、市场份额、强制上网、价格机制及有关政策提出了许多积极的意见和建议，得到立法部门的重视和采纳。尤其是我们总结小水电长期解决不了上网难、年年大量弃水的教训。虽然国家有小水电优先上网的政策，但在执行中往往被同等条件优先的理由使政策失效。风能发电和太阳能光伏发电当时同样电价很高，当时太阳能光伏发电每千瓦时 4 元，如不解决上网问题则发展风能、太阳能发电将成为一句空话。我们认真研究建议国家制定“全额上网”的法定制度，虽然开始有激烈反对，但最终被《可再生能源法》采纳，从而解决了风能、太阳能发电的市场问题，解决了风电、光伏发电起步、生存和发展的根本问题。2005 年 2

月，全国人大审议通过了《可再生能源法》，并于 2006 年 1 月 1 日开始实施。

《可再生能源法》确立了水能作为一种独立能源的法律地位。同时明确了分部门分级管理的体制，即“国务院能源主管部门负责可再生能源开发利用的统一管理，国务院有关部门负责相关可再生能源的开发利用管理工作”。确立了各级水行政主管部门水能管理执法主体的地位，使水能管理从无法可依进入了依法管理的历史新阶段。《可再生能源法》是继《水法》、《水土保持法》、《防洪法》、《水污染防治法》之后又一部涉水的重要法律。

2. 依法理顺关系加强职能。

在部领导的关怀下，在人教司等司局的大力支持和努力下，中编办进一步明确了我局的行政职能，人事部重新将我局纳入公务员管理，财政部将我局工资纳入国家机关统发，使 1998 年遗留的问题得到了解决，重新理顺了我局的行政管理关系。《可再生能源法》出台后，水利部落实《可再生能源法》，重新制定了我局的三定方案，规定了我局十项行政职能，新增了全国水能资源开发利用管理的职能，加强了农村水电建设管理的职能，为我局加强水能资源和农村水电管理提供了保障。

（五）创建联合国国际小水电中心和国际示范基地，建立国际合作的新模式

经过多年的努力，多次与联合国工发组织协调，最终在联合国工发组织法律框架内成立了联合国国际小水电中心。经朱镕基总理批准，中国作为国际小水电组织的东道国，从而历尽艰辛终于确立了两个国际组织的法律地位。在此基础上，几经周折和努力，经中编办批准，中国成立了水利部外经贸部国际小水电中心，同时明确了该组织的事业单位性质、编制和行政级别。这个中心与联合国工发组织国际中心和国际小水电组织秘书处合署办公。

我国的小水电世界第一，国际小水电组织的总部设在中国，为了发挥这两个优势，五年来，我们与 30 多个国家开展了多个项目的技术咨询和合作，培训亚非国家小水电技术人员 500 人次，引进了加拿大政府对我国小水电的援助项目，先后在我国杭州、郴州，以及加拿大、印度、奥地利组织了 8 次国际会议和国际论坛，扩大了我国的国际合作与交流，扩大了国际组织与发展中国家的合作，得到国际社会的高度赞扬。引进加拿大政府援助 1500 万加元的水电站自动化项目，进

展顺利。

为了进一步发挥优势，促进贫困地区的开放与发展，扩大国际合作与交流，我们先后在郴州、张掖创建的两个联合国国际小水电示范基地，都取得了丰硕的成果。郴州实现了历史上三个零的突破（从来没有外商来过郴州，郴州从来没有到过国外开展合作，也没有一家上市公司）。先后有 30 多个国家包括欧美发达国家和发展中国家来郴州考察和洽谈合作。郴州与印度、非洲的多个国家开展了合作，还在国外办小水电设备制造厂，郴电国际成功上市，由年产值不足 1 亿元，发展到年利润 2.35 亿元。郴州基地成功开展多方面国际合作，对郴州的开放与发展发挥了重要作用，得到朱镕基总理的赞扬。张掖基地的基础是一个县级小水电发电企业。建立国际示范基地后，与国外成功开展了多项合作，引进亚行贷款 3 亿元开发黑河梯级水电站。张掖基地在全国第一个打开了与发达国家开展减排交易的大门，产生很大影响，无偿获得 CDM 外汇收益 1.2 亿元，为全国各行各业推广清洁发展机制，扩大与发达国家减排交易创造了经验。由于两基地都取得了非常突出的成效，2005 年两个基地的主任双双荣获全国劳动模范、五一劳动奖章。联合国工发组织、世行、亚行等国际组织和机构，向世界各国推荐中国国际小水电示范基地的做法和经验。国际小水电基地的模式，有效地促进了贫困地区的部分开放和发展，有效扩大了国际合作与交流，得到了国际社会的广泛赞誉。

（六）落实科学发展观，全面开展水能资源开发利用和农村水电建设规划

紧紧围绕全面建设小康宏伟目标和中央水利工作方针、水利部新时期治水思路，认真贯彻落实科学发展观，精心组织，开展水能资源开发利用和农村水电规划工作。2002 年编制了《全国小水电代燃料生态保护工程规划》。全国有 26 个省和 886 个县开展规划工作，有近万名科技人员和水利干部职工参加，深入各地开展调查研究，先后调查了 2 万多户农村居民，取得了大量第一手资料。全国规划编制组认真听取专家和地方政府的意见和建议，广泛听取了全国不同地方群众和专家的意见，听取有关院士，农业、农村、林业、环境、经济、生态、电力、能源等方面专家的意见，听取国家发改委、财政部、中财办、中央政策研究室、国务院研究室、国务院发展研究中心等有关单位领导和专家的意见和建议。国家发改委组织中咨公司对《全国小水电代燃料生态保护工程规划》进行评估，受到

好评。

积极开展“十一五”规划编制工作。先后编制完成了《“十一五”水能资源开发利用及农村水电管理与改革专项规划》和《农村水电发展“十一五”规划》。规划全面总结了“十五”以来农村水电和水能资源开发管理工作成绩、经验和问题，在分析面临的形势、有利条件和制约因素的基础上，明确了“十一五”期间农村水电和水能资源开发利用管理的指导思想、基本原则和总体思路，明确了“十一五”期间农村水电发展和水能资源开发利用管理的主要任务。同时还编制完成了一系列专项规划，有《水能资源开发利用部分规划》、《十一五及2020年全国水电农村电气化规划》、《“十一五”全国小水电代燃料生态保护工程规划》、《农村水电增收解困工程规划》、《农村水电电网建设与改造工程规划》、《边境无电乡村光明工程规划》、《农村水电技术现代化实施计划》、《中小河流集中连片开发规划》。这些规划为“十一五”水能资源开发利用、科学管理和农村水电改革与发展奠定了坚实的基础。

二、存在的主要问题和困难

（一）水能资源管理严重滞后于水电开发的需要

我国常规能源短缺，主要是煤，石油和天然气很少。只有水能是除煤炭外具备规模开发条件的第二大能源。因此，今后一段时间满足经济社会发展对能源的需求，一是增加煤的生产和运输能力，增加石油进口，二是大力发展水电。在年初批准的能源规划中，今后15年水电装机要达到2.64亿千瓦。最近提出的可再生能源规划中，今后15年水电装机要达到2.9亿千瓦，这就是说，过去55年开发了1亿千瓦，今后15年要开发1.9亿千瓦，每年平均投产1300万千瓦，届时水能开发率将超过72%，除西藏外内地水能资源基本上将被开发完。今后20年是水电发展的黄金时期。

面临水电大发展的需求，既要促进河流水能资源的科学利用，又要保护环境，维护河流的健康生命，作为河流的代言人，面临着重大的历史责任，也面临着严峻的形势。首先，人们的思想观念与科学发展观差距很大，与人水和谐、保护环境、维护河流健康生命的理念差距很大。其次，水能开发利用与河流健康生命的规律等重大问题的研究滞后，水能开发利用与生态环境相协调，与河流生态相统一的体制和机制尚未建立。第三，按照科学发展观的要求，水能资源管理的基础工作严重滞后，河流水能资源开发利用规划工作严重滞后。一些河流还存在河段规划代替全河规划，专业规划代替综合规划，企业规划代替政府规划的问题。跑马圈河、无序开发还没有得到完全的制止。第四，市场体制下水能资源的有偿使用和市场化配置的改革刚刚起步，水能资源管理的职能和机构还没有到位。特别是西南一些大江大河，今后 15 年分别都要建设一批几百万千瓦级的特大型水电站，落实科学发展观，真正实现水能开发利用和环境保护的统一，水能资源开发与河流健康生命相协调，形成开发与保护的良性循环机制，任务更是艰巨。

（二）中央关于农村水电的政策不落实

中央把农村水电列为增加农民收入的重要途径，要求“增加投资规模，充实建设内容，扩大建设范围”。今年中央 1 号文件要求“扩大小水电代燃料工程建设规模和实施范围”。《国务院 2005 年工作要点》要求“加快发展小水电代燃料”和国务院能源领导小组办公室“国务院今明两年能源工作要点”要求“积极实施小水电代燃料工程”。温家宝总理有重要批示，给予高度评价，回良玉副总理有多次明确批示，水利部领导非常重视，有关司局做了大量工作，但中央政策还是没有落实。农村水电是广大山区农民可以开发利用增加收入的宝贵资源，没有国家扶持，农民很难开发利用，中央关于发展农村水电增加农民收入目标得不到实现。没有中央资金引导，私人业主大量投资农村水电，不仅造成无序开发、破坏生态环境、危及河流健康生命，而且在资源利用上造成严重的社会不公。

（三）农村水电管理难度大

农村水电点多面广，规模小，数量大，千差万别，体制不顺，政出多门，管理难度大。大量水电站小站养大库，防洪、灌溉等公益支出长期得不到补偿，入不敷出，难以为继。一些地方无序开发的情况又有回潮。

三、“十一五”发展与改革思路和打算

“十一五”水能资源管理和农村水电建设的指导思想是：以邓小平理论和“三

个代表”重要思想为指导，认真落实以人为本，科学发展观，认真贯彻《可再生能源法》和《水法》，深入贯彻新时期中央水利工作方针和水利部治水新思路，转变观念，创新机制，依法管理水能资源，为经济社会发展服务，科学发展农村水电，为农村全面建设小康社会服务。

“十一五”水能资源管理和农村水电建设目标是：落实职能，加强机构，大力加强水能资源管理的基础工作和规划工作，探索并逐步建立水能资源开发与保护的良性循环机制。当好河流代言人，加快水能开发利用，维护河流健康生命。形成竞争有序的农村水电市场，新增农村水电装机1600万千瓦，建成400个小康水平农村电气化县，1000万农民实现小水电代燃料，1000万贫困农民通过发展农村水电实现长效增收，1000万无电人口用电问题得到解决，10000座农村骨干水电站实现无人值班。要实现这些目标，必须做好以下四方面工作。

（一）落实科学发展观，加强水能资源管理

1. 认真贯彻落实《可再生能源法》，依法加强水能资源管理。

《可再生能源法》将于2006年1月1日开始施行，水能管理由于长期缺位而欠账很多，国家经济社会发展需要大力开发利用水能资源，当务之急是按照《可再生能源法》和《水法》等法律法规的要求，依法落实水行政主管部门水能资源管理和开发利用管理的职责，建立和健全中央流域机构和地方水行政主管部门水能管理机构，充实和加强管理队伍，尽快开展水能资源管理和有关开发利用管理工作，依法管理，依法行政。充分发挥从中央到地方水行政管理体系和专业队伍的作用。20世纪50年代初期和80年代初期，长江流域规划办公室（长江水利委员会前身）和黄河水利委员会等流域机构以流域为单元，会同流域内地方水行政主管部门对所辖流域主要河流开展过两次较大的水能资源普查工作，取得了大量的基础数据，多年来都是使用这些数据和资料开展规划和建设。在此基础上解决好水能资源管理缺位的问题，开创水能管理工作的新局面。

2. 坚持以人为本，认真落实科学发展观，保护和改善河流健康生态。

深入贯彻新时期中央水利工作方针和水利部治水新思路，切实转变和纠正只强调充分利用和综合利用而忽视保护的传统水利观念和做法，树立河流健康生命理念，正确处理水能开发利用与环境保护、与河流健康生命的关系，给流域环境

和河流生态留出足够的生态水能。河流生态水能不仅要从总量上留足，而且要根据开发利用规划方案，对生态水能的配置进行科学规划。对于一些非季节性河流在传统观念指导下已经出现过度开发，造成河道断流脱水的，要调整电站运行方案，采取有效措施保证生态水能和生态水量。针对中心河流大部分都是季节性河流，要通过建设水电站解决其枯水期断流问题，改善河流健康生态。

3. 大力加强水能资源管理的基础工作。

加强对河流水能资源的基础调查、信息收集和专题研究。按照科学发展观的要求，研究水能开发与河流健康生命规律，建立水能资源信息系统和水能资源定期评价制度，为实现水能资源开发利用管理提供科学依据。加快河流综合规划和水能开发利用规划的编制或修订，为科学有序开发利用河流水能提供条件。

4. 认真实施建设方案审查同意书制度。

认真贯彻落实《中华人民共和国河道管理条例》和水利部、国家计委《关于河道管理范围内建设项目管理的有关规定》，落实水电建设项目建设方案审查同意书制度。凡在河道修建水电工程，具体建设方案要按照河道管理权限，经水行政主管部门审查同意并出具审查同意书后，方可按照基本建设程序履行审批手续。加强项目建设同意书执行情况的监督和检查，确保建设方案同意书内容的正确实施。同时，落实相应的开工和竣工验收制度，确保河流规划有效执行，资源合理利用，开发有序进行，生态环境有效保护，从源头确保工程质量和公共安全。严格对项目初步设计文件进行审批。

5. 实施水能有偿使用，完善水能资源市场，形成反哺机制，促进开发和保护的良性循环。

水能资源是国家稀缺的战略资源，属全民所有。随着市场经济体制改革的不断深入和完善，水能开发利用已经全面实现多元化和企业化，要加快完善水能开发利用权有偿制度和市场配置制度，建立竞争有序的水能资源市场，节约和保护水能资源，制止跑马圈河、无序开发，防止部分人无偿占有和使用全民资源，维护社会公平，建立河流生态用水制度。针对我国绝大多数中小河流都是季节性河流，枯水期断流缺水问题，改善河流生态，促进河流健康，实现建立一座水电站，造福一方百姓，健康一条河流，美化一片国土的目标。建立水电站水能资源股制度，股权收益用于反哺河流治理、保护和管理，用于库区治理，形成维护河流健康生命的反哺机制，促进开发和保护的良性循环。

（二）科学发展农村水电，促进农村经济社会发展

1. 继续开展水电农村电气化县建设，促进协调发展。

在农村水电资源比较丰富的贫困山区、少数民族地区和革命老区，选择400个县进行新一轮水电农村电气化建设，建立5年一个台阶、连续建设、动态管理的新机制，坚持为农业、农村、农民服务的方向，结合经济建设、江河治理、扶贫开发、生态建设，科学合理开发农村水电资源，大力提高农村电气化水平，改善农村能源结构，改善农村基础设施和生产生活条件，增加农民收入。到2010年全面建成400个小康水电农村电气化县，人均年用电量达到800千瓦时，户均年生活用电量达到600千瓦时，乡、村通电率达到100%，户通电率达到99.5%，促进区域协调发展、城乡协调发展和经济社会生态环境协调发展。

2. 扩大小水电代燃料工程建设规模和实施范围，巩固生态建设成果，促进新农村建设。

推广试点经验，扩大小水电代燃料工程建设规模和实施范围，实现1000万农村居民小水电代燃料目标，保护森林3500万亩，改善生态环境，解除农民砍柴烧柴的辛苦，减轻农民负担，解放被砍柴烧柴束缚的劳动力，增加农民收入，同时通过农民辛勤劳动和国家扶持，带动改厨、改厕、改电、改水、改路，明显改善农村生产生活条件和村风村貌，促进社会主义新农村建设。

3. 加强农村水电供电网的建设与管理，繁荣农村经济。

继续实施农村电网建设与改造，完善农村水电电网结构在加强110kV主网架的同时，完善低压网络及户表工程，村、户改造面达到95%，全面改善供电网络结构，提高供电能力和供电质量，降低网损消耗。改革和完善农村供电体制。进一步减轻农民负担，繁荣农村经济。

4. 建设农村水电增收解困工程，建立农民增收长效机制。

农村水电是除土地、山林之外，适合国家适当扶持农民开发利用增加收入的稀有资源。在农村水电资源丰富的贫困山区，以建设农村水电站为载体，把国家对贫困农民的扶持资金转化为发电生产力，量化为农民在水电站的股权，同时允许农民以未来电站资产作质押，获得银行小额贷款投入电站建设。实现500万贫困农民直接通过开发农村水电年复一年按股权从电站获取收益，增收解困，形成

贫困农民增收的长效机制。

（三）加强市场监管，建立竞争有序的农村水电市场

1. 加快制定《农村水电条例》，建立农村水电发展的良好法制环境。

国务院将制定《农村水电条例》纳入今明两年能源工作要点。抓紧开展农村水电立法方面的专题研究，加快《农村水电条例》制定步伐，促进《农村水电条例》的早日出台，为农村水电发展提供法律保障。

2. 进一步清理整顿无序开发，加强农村水电市场监管。

在清查“四无”水电站基础上，重点清理整顿越权审批、以批代审、违规建设、无证从业等行为，明确职责，落实责任。规范农村水电基本建设程序。

建立农村水电设备市场准入制度和产品认证认可制度，依法制止各种设备制假和恶性竞争。制定农村水电建设管理办法，加强农村水电勘测、设计、施工、监理等单位的资质监管，防止无资质、越级承担建设任务。严格执行建设项目法人制、招标投标制、建设监理制和合同管理制。严格执行竣工验收制度。完善行政执法、行业自律、舆论监督、群众参与的市场监管体系。建立农村水电设计、施工、设备企业信用体系。建立竞争有序的农村水电设计市场、建设市场和设备市场。

3. 加强国有农村水电资产监管，促进农村水电资产战略重组。

指导农村水电资产战略性重组，引导省级农村水电企业通过兼并、收购和重组，做实做强 20 个省级农村水电企业，使之成为实力雄厚、竞争力强的大型企业。

贯彻《可再生能源法》，基本解决农村水电上网难和电价低两大难题，使农村水电基本实现全额上网，上网电价基本达到平均水平。两大难题的解决，每年将增加农村水电电费收入 120 亿元。

（四）建设现代化农村水电，扩大国际合作与交流

1. 加快技术进步，全面推进技术现代化。

继续贯彻《水利部关于农村水电技术现代化指导意见》，加大力度落实农村水电现代化实施计划，加快建立农村水电现代化标准体系，引导制造行业创新，大

力推广新技术、新产品、新设备、新工艺，推动行业整体技术水平的提升。加快建设技术先进、管理科学、体制合理、服务优良的现代化农村水电。实现10000座农村骨干水电站达到无人值班水平。

2. 建立分类管理制度和年检制度，全面推进管理现代化。

针对农村水电站点多面广、差异大的特点，制定农村水电站星级管理标准，对全国农村水电站进行一次全面清理、登记和评价，建立农村水电站分类管理制度和年检制度，形成有效管理机制。

3. 推广示范基地的经验，扩大国际合作与交流。

在中西部贫困地区、革命老区、民族地区再建设10个有一定影响的国际小水电示范基地，促进贫困地区开放和经济发展，进一步扩大国际合作与交流。

加强农村水电工作　为全面建设小康社会提供保障[①]

（2005 年 4 月）

在水利部党组的正确领导下，水电局认真学习邓小平理论和党的十六大和十六届三中、四中全会精神，认真贯彻落实科学发展观和水利部党组治水新思路，2004 年的农村水电工作取得了显著成绩，农村水电高速发展，新增装机容量和在建规模均创历史新高，小水电代燃料试点取得良好效果，400 个水电农村电气化县建设进展顺利，水利系统县城电网改造全面展开，无电乡村光明工程建设稳步进行，水力资源管理初见成效，以农村水电现代化建设为龙头的农村水电行业管理全面加强，农村水电法治建设迈出了新步伐。最近，记者采访了水利部农村水电及电气化发展局局长程回洲。

记者：近年来，关于水电与可持续发展的问题引起了国内外的广泛关注。我国电力体制改革也步入一个新的阶段。农村水电是农业基础设施的重要内容之一。全面建设小康社会要求为广大农村提供充足、清洁的能源。在这个大的背景下，2004 年水利部在发展农村水电方面有哪些具体措施和成效？

程回洲：2004 年，农村水电工作取得了显著成绩，农村水电高速发展，农村水电新增装机 330 万千瓦，在建规模 1000 万千瓦，均为历史新高，新增装机是 20 世纪 90 年代的 3～4 倍。到 2004 年底，水利系统总装机容量 4500 多万千瓦，年发电量约 1450 亿千瓦时。其中小水电总装机容量 3400 万千瓦，年发电量 1220 亿千瓦时，小水电发电量占我国清洁可再生电能的 99%以上。

① 《中国水利》2005 年第 4 期。

小水电代燃料试点取得良好效果。按照中共中央“启动小水电代燃料试点，巩固退耕还林成果”的要求，2003 年末在全国 5 省（自治区）26 个县启动了小水电代燃料试点。为抓好这项工作，水利部多次召开会议，制订了一系列管理办法。通过扎实细致的工作，试点取得了良好效果。试点区的农民实现了小水电代燃料，一些试点项目已经开始验收。小水电代燃料使农民生活条件大大改善，农民得到实惠，受到农民群众的欢迎和拥护。小水电代燃料巩固退耕还林成果、保护生态环境的作用初步显现。项目区农民享受低于当地照明用电价一半以上的代燃料电价，不再上山砍柴。小水电代燃料不仅让农民从繁重的砍柴和烧柴劳动中解放出来，而且减轻了农民的负担，平均每户年减少开支 100 多元。小水电代燃料解放了农村劳动力，农民有了更多的外出务工时间，可以增加收入。据统计，平均每户年增加收入 300 多元。小水电代燃料还转变了农民的生活观念，农民开始追求文明、卫生、健康的生活。一些项目区以小水电代燃料为龙头，统筹农村卫生、道路和扶贫等工作，改厨、改厕、改厩、改路、改电，开展生态文明示范村建设，实施综合治理和改造，政府补助一部分材料，农民自己动手美化了生活环境，改善了生产生活条件，提高了生活质量。农民群众称赞小水电代燃料是党和政府给老百姓看得见、摸得着的实惠，是实实在在的“民心工程”。试点在小水电代燃料管理体制与运行机制等方面都摸索和积累了成功经验。

水电农村电气化水平大幅度提高。2004 年是 400 个水电农村电气化县建设关键年，各地水电农村电气化县建设进展顺利，骨干工程处于收尾阶段，四川、福建、广东、湖北、辽宁、江西等省已有近 80 个县达标验收。2004 年 400 个水电农村电气化县建设完成投资 130 亿元，新增装机 250 万千瓦，电气化水平大幅度提高，农村人均年用电量和户均年生活用电量分别提高 12% 和 10%，达到 480 千瓦时和 400 千瓦时。解决了近 200 万无电人口的用电问题。水电农村电气化建设有力促进了农村生产力的发展、农民用电水平的提高和农村经济的繁荣，使农村发生了很大的变化，农民逐步过上了现代文明生活，成为山区全面建设小康社会的重要动力。

农网改造成效显著。2004 年，水利系统县城电网改造全面铺开，已完成投资 17.46 亿元。西部地区完善农网建设与改造工程即将启动。截至目前，水利系统农网和县城电网建设与改造投资 310 亿元，新建和改造 110kV 变电站 123 座，容量 3601MVA，线路 2340 公里；35kV 变电站 891 座，容量 3756MVA，线路 12514 公里；新建和改造 10kV 线路 15.03 万公里，低压线路 46.02 万公里，改造配电台区 12.46 万个，新安装和更换高耗能变压器 11.45 万台，容量 6506MVA。改革乡镇电管站 2439 个。通过电网改造和农电体制改革，农村低压线损率由原来的 30%左右降到 12%以下，平均电价下降 0.15～0.30 元/千瓦时，全国每年减轻农民负担 53 亿元。

无电乡村光明工程建设取得新进展。解决西藏自治区边境无电问题，是无电乡村光明工程的重点，近 5 年通过光明工程建设，全自治区新增水电装机 7.07 万千瓦，新增变电容量 8.578 万 kVA，新建、改造 35kV 线路 477.65 公里、10kV 线路 3178.94 公里；全自治区乡村通电率由“九五”末的 22%提高到 36.35%，解决了 52 个县 221 个乡镇 1873 个村 50851 户 535637 无电人口的生产生活用电问题，有力地促进了西藏地区的稳定，广大边境农牧民进一步体会到了党中央的关心，体会到了祖国大家庭的温暖。新疆、云南、广西、甘肃、内蒙古等 5 省（自治区）的边境地区无电乡村光明工程的规划已经完成。结合水电农村电气化建设和送电下乡工程建设，每年解决 200 多万无电人口的用电问题。

记者：2004 年在加强水能资源管理、规范水能资源市场，以及农村水电现代化建设、坚持电力体制改革等方面，取得了哪些进展？

程回洲：2004 年，水能资源管理进一步得到加强。针对一些地方出现的无立项、无设计、无监督、无验收的“四无”水电站，造成资源浪费、威胁公共安全、酿成多起事故、给国家和人民群众生命财产造成重大损失的情况，水利部下发了《关于清查“四无”水电站确保安全度汛的紧急通知》，对全国“四无”水电站进行了一次大清查，共查出 3000 多座“四无”水电站。之后水利部又发出了《关于加强领导清除“四无”水电站事故隐患的紧急通知》，要求坚决清除“四无”水电站的事故隐患，同时要求严格审查，杜绝产生新的“四无”水电站。2004 年共有 1500 多座“四无”水电站消除了事故隐患，其他“四无”水电站也正在抓紧整改之中，有效保护了人民生命财产。

针对水能资源管理薄弱、违反流域规划和河流水能开发规划、“跑马圈河”、滥占资源、无序开发、浪费资源的情况，水利部发出《关于进一步加强农村水电工作的通知》，要求各地加强水能资源管理，规范水能资源市场。水能资源是水资源不可分割的重要组成部分，要求各级水行政主管部门做好水能资源调查、评价、规划，加强水能资源开发许可和市场化配置管理，研究政策，协调各方利益关系。积极推动各地农村水电资源管理工作。浙江省水利厅、省发展和改革委员会联合出台了《关于加强水电资源开发管理的若干规定》和《浙江省水电资源开发使用权出让管理暂行办法》，湖北省水利厅出台了《加强水能资源管理暂行办法》，贵州省水利厅出台了《贵州省中小水电资源开发利用管理暂行规定》和《贵州省水能资源开发使用权出让管理办法》等。有效地促进了水力资源管理，促进了河流资源的综合利用，保护了河流的健康生命。

农村水电现代化建设和法制建设迈出新步伐。各地积极贯彻落实水利部《农村水电技术现代化指导意见》，不断加快建设步伐。湖南省郴州农村水电现代化建设基地，积累了宝贵的经验，有力地推进了全国农村水电现代化建设。全国已有1000多座农村水电站和变电站实现了无人值班、少人值守，部分县实现了调度自动化，配电自动化、远程抄表等新技术也开始试点。新型高效水轮发电机组、节能变压器、无油化电气设备等得到广泛推广和应用，取得了良好的效果，农村水电现代化技术水平和管理水平逐年提高。

积极推进和参与国家《可再生能源法》的制定工作，负责完成《可再生能源法》农村水电专题研究。一些建议、意见在《可再生能源法（草案）》中得到了采纳。例如，可再生能源中包括5万千瓦及以下小型水电站；可再生能源发展要充分调动各部门积极性，明确各部门的职责；实行可再生能源配额制，国家设立可再生能源专项资金；可再生能源发电量要全额上网，可再生能源电价要考虑环境保护加价，不低于所在省平均上网电价，同一地区、相同类型可再生能源电价实行统一价格；对可再生能源企业实行税收优惠等。同时，开展《农村水电条例》专题调研，确定了《农村水电条例》的框架内容。

坚持电力体制改革方向，针对一些地方出现扩大垄断、混淆全省联网和“一省一公司”、控股农村水电自发自供县的做法，水利部发出通知，要求坚持独立配电公司方向，推进电力体制改革，加强农村水电国有资产管理，防止国家资产流失，规范农村水电管理。通知得到各地的高度重视，有效地纠正了扩大垄断的错误做法。

记者：在新的一年里，农村水电及电气化建设工作思路和工作重点是什么？

程回洲：在新的一年里，要紧紧把握新时期农村水电发展的新机遇。党中央把发展作为执政兴国的第一要务，十六届三中全会又确定了以人为本，全面、协调、可持续的科学发展观，推动建立统筹城乡发展、统筹区域发展、统筹经济社会发展、统筹人与自然和谐发展的有效体制和机制，促进社会全面进步和人的全面发展。

中央高度重视农业、农村、农民问题，把农民增收作为重中之重，支持革命老区、少数民族地区、边疆地区和其他欠发达地区加快发展农村水电广泛分布于全国1600多个县，适合广大农民开发，国家适当扶持，发展农村水电是增加农民收入的最有效途径之一。

国家实施西部大开发战略，统筹区域发展。西部是我国农村水能资源最丰富的地区，约占全国的68%，开发西部地区的农村水电资源是西部大开发的重要内容。

党中央、国务院高度重视农村水电，把农村水电列为周期短、见效快、覆盖千家万户、增加农民收入效果更显著的中小型基础设施和公共设施，要求放到更加重要的位置，增加投资规模，充实建设内容，扩大建设范围。

生态安全得到世界各国关注，温室气体排放成为全球关注的焦点。我国正在制定的《可再生能源法》将为农村水电的持续、快速、健康发展带来新的机遇。

水利得到全党全国的高度重视，水利部新时期治水新思路为农村水电发展开辟了广阔的天地。

要树立科学发展观，实现农村水电发展观念的转变。由人定胜天，向人与自然和谐相处转变。由较多地注重经济效益，向维护河流健康生命转变，正确处理发电与生态效益、社会效益的关系。由忽视水力资源管理，向加强水力资源管理转变。搞好水能资源市场化配置和管理。由传统行业管理方式，向现代行业管理方式转变，加强市场监管和公共服务，科学制订规划，搞好设计市场、设备市场、建设市场、产品市场的监管。强化发供电安全文明生产管理。

在2005年工作中，要紧紧抓住发展这个第一要务，促进农村水电持续、快速、健康发展。2005年计划新增装机330万千瓦，新开工装机300万千瓦，在建规模保持在1000万千瓦左右。经过几年努力，建成100个10万千瓦以上的农村水电大县，36个30万千瓦以上集中连片的大型农村水电基地，5个100万千瓦以上的特大型农村水电基地，3个400万千瓦以上的农村水电强省。

加大投资力度，扩大小水电代燃料生态保护工程建设规模和实施范围，大力开展小水电代燃料工程建设，解决农民生活燃料问题，巩固退耕还林、天然林保护等生态建设成果，改善农村基础设施和农民生产生活条件，提高农民生活质量，减轻农民负担，增加农民收入，美化农村生活环境，全面建设小康社会。

坚持为“三农”服务的宗旨，发展农村水电，增加农民收入，提高农村电气化水平，促进城乡协调发展和区域协调发展。全面实现“十五”水电农村电气化县建设目标，建立适应全面建设小康社会要求的5年一个台阶滚动发展的水电农村电气化建设新机制，开展“十一五”水电农村电气化县建设。加强农村水电投资体制改革，建立以农村水电站为载体，把国家对农村、农民的扶持转化为生产力，量化为农民的股权，建立农民利用身边丰富的农村水力资源增加收入的长效机制，开辟农民增收的新途径。

加强水能资源管理和农村水电建设管理。正确处理水能资源开发中生态、社会和经济效益之间的关系，认真研究水能发电与河流健康生态的规律和关系，加强河流规划，保护环境，维护河流健康生命。建立水能资源开发许可制度和水能资源使用权管理制度，切实加强水能资源管理和农村水电管理，改变当前无序开发的状况。

加快无电人口光明工程建设。除西藏自治区外，积极争取国家投资，启动新疆、云南、广西、甘肃、内蒙古等5省（自治区）的边境地区无电乡村光明工程建设，为边境地区的稳定作出更大贡献。

全面完成县城电网改造及西部地区完善农网建设与改造工程建设，进一步降低电价，减轻农民负担，繁荣农村经济。

加强农村水电市场监管，深化体制改革，促进农村水电市场规范有序、健康发育。理顺关系，加强资质管理，加强“四制”管理，规范农村水电设计市场、建设市场、设备市场、产品市场，建立规范有序的农村水电市场。坚持独立配电公司方向，积极推进电网输配分开的改革。积极争取出台《农村水电条例》，继续推进《可再生能源法》的制定，为农村水电发展创造公平、公正的市场环境和新的发展机遇。

贯彻党的十六届四中全会精神，切实加强自身建设。坚持用邓小平理论、“三个代表”重要思想和科学发展观武装头脑，加大农村水电机构能力建设力度，加强队伍建设，建设政治坚定、求真务实、开拓创新、清正廉洁、勤奋努力的局领导班子和献身、负责、求实的高素质职工队伍。

发挥协会作用　建设和谐友好水电

——在泰顺县小水电协会成立十周年庆典大会上的讲话

（2007年9月浙江泰顺）

17年前我曾来过泰顺，考察了三岔溪水电站坝址，那时泰顺的小水电已在全国很有影响。今天，泰顺成为中国农村水电之乡，全县农村水电装机达到20万千瓦，年发电近6亿千瓦时，年收入2.5亿元，上缴税收占到全县财政收入的三分之一，成就辉煌。泰顺历届党委和政府都非常重视水电开发和利用，在他们的正确领导和带领下，一代接着一代干，经过全县几代人的艰苦奋斗，现在水电已成为泰顺的产业支柱和财政支柱，成为泰顺经济社会发展的强大动力。泰顺水电改革和发展还为全国创造了许多宝贵经验，成为全国农村水电的一面旗帜。

十年前，泰顺在全国率先成立了县级小水电行业协会。这是适应社会主义市场经济发展的一个创举。协会成立以后，按照市场经济的要求，充分发挥桥梁纽带作用，在落实合理电价、制止乱收费、加强信息交流、规范行业行为等方面创造性地开展工作，解决了很多长期没有解决好的老大难问题，取得了很好的效果，促进了电力市场的完善和地方水电行业的健康发展，这些经验在全国得到广泛借鉴和推广。何序昌会长一心为公、百折不挠的工作精神在全行业得到广泛的赞誉。现在全国许多地方成立了县级小水电协会，浙江省成立了省级小水电联谊会，小水电行业协会在电力市场中发挥了它的重要作用。

新时期我们面临新的形势和任务，任重道远。希望协会认真贯彻科学发展观，继续发挥协会作用，做出新的贡献。

认真贯彻胡锦涛总书记“要充分发挥社团、行业协会、中介组织提供服务、反应诉求、规范行为的作用”的重要指示，努力做好新时期小水电协会工作，推进电力体制改革，促进电力事业发展。

认真贯彻科学发展观，树立在保护基础上开发水电的观念，正确处理好水电开发和环境保护、河流健康的关系，建设环境友好型水电。

认真落实温家宝总理关于小水电开发应该确定正确的方针和政策，使其与农民利益、地方发展、环境保护、生态建设结合起来，走科学、有序、可持续发展的道路的重要指示，认真宣传好、贯彻好四个结合，克服无序开发和过度开发的问题，建设社会和谐型水电。

小水电代燃料生态保护工程的成效和经验[①]

——在全国小水电代燃料生态保护工程试点总结交流会上的讲话

（2005 年 7 月贵州兴义）

国家实施以天然林保护和退耕还林为重点的大规模生态建设，有效遏制了陡坡开荒和森林过度采伐问题，但农村居民燃料问题更加突出，农民砍柴成为生态环境恶化的主要原因。全国“十五”期间年森林采伐限额为 2.23 亿立方米，其中农民烧柴限额为 0.64 亿立方米。全国每年农民燃料实际烧掉木材 2.2 亿多立方米，是国家限额的三倍多，相当于 3.4 亿亩森林。党中央、国务院从保护生态环境、解决农民燃料和长远致富的战略高度，做出实施小水电代燃料生态工程的英明决策。按照 2003 年中共中央 3 号文件“启动小水电代燃料试点”的要求，全国小水电代燃料试点工程正式启动，涉及四川、云南、贵州、广西、山西 5 个省（区）的 26 个县（市），22 万人。

经过两年的努力，小水电代燃料试点取得圆满成功，成效显著，得到了项目区群众、当地政府和社会各界的高度赞扬和一致欢迎，被誉为“点燃大山希望”的德政工程。试点农民不再上山砍柴，保护了森林，开辟了人与自然和谐相处的可持续发展之路，具有很好的生态效益、社会效益和经济效益。回良玉副总理多次批示“小水电代燃料工程是一件一举多得的事，能够实现经济、社会、生态效益三赢”。

---

① 《水电及电气化信息》2005 年第 7 期。

一、农民不再砍柴，森林得到有效保护，促进了人与自然和谐相处

试点项目利用当地丰富的小水电资源，在国家扶持下建设代燃料电站，给农民提供低价的代燃料电，家家户户用上电炒锅、电饭锅、电水壶，替代烧柴烧煤，做饭、烧水、取暖，过去农民院子里堆放的柴火不见了，厨房里的老式烧柴灶拆除了，除少数地区农户冬季取暖烤火需要少量的煤炭外，已经不再需要生火烧柴。农民说："过去农民烧柴把树砍光了，就砍桩桩、刨根根、烧草草，山坡都被剃光了，地也不肥了，一下暴雨就发山洪。""现在用电做饭，比烧柴还省，谁还愿意再去砍柴？""过去没有烧的，只能砍柴，树越砍越少，日子越过越穷。现在党和政府送来了这么便宜的电，做饭取暖省心省力又卫生安全，经济上又合算，现在就是让砍也不砍了，把山林好好保护起来，把青山绿水留给子孙，一座代燃料电站保护了一座座山，一个生态项目受益几代人。"

小水电代燃料从源头上、根本上控制了砍树烧柴这一消耗森林资源、破坏生态的行为，项目区走上了"以林蓄水，以水发电，以电护林"的良性发展道路。小水电代燃料试点项目区每年减少烧柴消耗 16 万吨，巩固退耕还林面积 30 万亩，保护森林面积 156 万亩，每年减少二氧化碳排放 77 万吨，同时还减少了大量二氧化硫、烟尘等污染物排放，维持了良好的生态环境，促进了人与自然的和谐相处。小水电代燃料投资效果显著，试点区户均巩固退耕还林面积 5.8 亩，保护森林面积 31.2 亩，实现国家投资 75 元长期稳定地保护 1 亩森林的目标，是国家退耕还林平均每亩投资的 1/17，具有很好的投资效果，建立了退耕还林、保护生态的长效机制。

二、解除了农民砍柴烧柴之辛苦，减轻了农民负担，农民过上了现代、文明、健康的新生活

过去农民为了砍柴翻山越岭，斧砍肩扛，劳动强度很大，有的甚至丧命于悬崖峭壁。云南腾冲试点项目区以前每户人家每年平均要烧 5 立方米左右的木材，约 7500 斤，一个壮劳力一天也就砍一担柴，全年差不多要忙 1～2 个月。砍柴很累，背 100 多斤的柴要走七八里山路，山很陡，常有人从山上摔下来丢了性命。

农民说，砍柴使双手磨起了老茧，背柴压弯了农民的腰杆。许多农户家的主要劳动力一直因砍柴烧柴束缚不能外出打工或从事其他劳动来挣钱脱贫致富。据统计，试点项目区平均每户一年需要砍柴和运煤工日近50个，最多的达90多个，最少的也要30多个。

小水电代燃料电价一般为0.17～0.3元，比照明电价低一半甚至更多。一户农民一年代燃料用电1200～1500度，年代燃料电费支出为240～400元，占农民户均年纯收入的3%～5%。农民“烧电”比烧柴、烧煤平均每户一年节省200多元，减轻了农民负担，农民发自内心高兴。云南剑川试点项目区仕登村农民李德彬家5口人，小水电代燃料以前家里夏天烧柴，冬天烧炭，偶尔还烧点蜂窝煤和液化气，每年的燃料费支出超过1000元。现在全家一年代燃料用电1500度，每度0.17元，总共不到300元，比烧煤、烧柴省六七百元。贵州普安试点项目区营山村农民张仕林家4口人，平均一年烧5吨煤，每吨煤在当地的平均价格是160元，5吨共计800元。实施小水电代燃料后，他家一年大约用代燃料电1200度，每度0.19元，只需230元左右，比烧煤节约500多元。山西陵川试点项目区马圪当乡有的农民原来烧煤，即使是价格便宜的煤加上运费，平均每户每年也要花500多元，现在户均年代燃料用电1210千瓦时，合近300元，一年可节约200多元。据统计，小水电代燃料试点项目区每年可减少农民燃料费支出1000万元。

小水电代燃料使农村妇女获得又一次解放。过去农村妇女烧柴烧煤做饭，三餐饭围着灶台转，要四五个小时，烟熏火燎，苦不堪言。房子被熏得漆黑，满屋都是柴火灰，冬天一身灰，夏天一身汗，稍不注意被烟呛得又咳又喘，鼻涕眼泪直流，又脏又苦。现在小水电代燃料农户家家厨房里电饭锅、电炒锅、电水壶等一应俱全，有的还有电磁炉，灶台上贴上了白瓷砖，满屋不见一根柴、一块煤，厨房的墙和地都干干净净。下地干活前将电闸一合，回来香喷喷的饭就熟了，再炒几个菜，不要20分钟就可以了，一般做三餐饭只要一个多小时，方便、快捷、省时、省力。有了时间和精力的农村妇女走出家门，有的外出打工，有的就近寻找一些就业机会，有的参加技术培训，有的积极参加各种丰富多彩的活动，听知识讲座、计划生育宣传等。农村妇女开始注重提高个人职业素质，追求个人生活质量，精神面貌和个人形象焕然一新。农村妇女从繁重的家务和体力劳动中解放出来，投入创收增收。普安试点项目海马庄村妇女杨美过去每天早上6点起床，掏灰、做饭，晚上从地里回来还要烧火做饭，每天要花4～5个小时做饭、炒菜，早出晚归只能干3～4个小时的活。现在用电做一顿饭还不到一个小时，早上再也不用起早掏灶灰了，家务少了，致富的时间多了，她利用节约下来的时间种烤烟，今年比去年同期增加收入300多元。小水电代燃料使农民生活条件大大改善，开始过上了和城里人一样的生活，享受现代文明带来的幸福。四川天全试点项目区的农民激动地说，小水电代燃料让我们厨房亮堂了，院子干净了，环境漂亮了，连城里人都到我们这里来旅游，真是做梦也没想到。小水电代燃料试点项目区近2万农民消除了火眼病、呼吸道疾病、肺气肿和氟中毒等疾病。

三、解放了被砍柴烧柴束缚的农民，增加了收入，缩小了城乡差距

小水电代燃料不仅解除了农民繁重的砍柴劳动和烧柴的烟熏火燎之苦，而且解放了被砍柴烧火束缚的农村劳动力。这些从砍柴烧火做饭中解放出来的农民每户每年平均节约上山砍柴工日近50个，腾出时间外出务工、开展手工编织、搞特种种养、从事农副产品加工和开展特色旅游等，增加收入。山西陵川试点项目区农民从砍柴中解脱出来，可以无牵挂外出经商、打工，年均收入4000～5000元。云南腾冲试点项目区大园子村农民把从砍柴、烧柴中解放出来的劳力投入到烤烟种植中，户均年增加净收入800～1000元。贵州普安试点项目区营山村和海马庄村把解放出来的劳动力发展烤烟生产和畜牧养殖，两个村的烤烟产值都超过100万元，人均烤烟单项收入超过400元。普安县委书记龚修明说："增加农民收入在西部地区尤其是个难题。小水电代燃料通过直接为农民减负，帮助农民增收，为西部地区如何利用当地优势资源，解决三农问题，建设小康社会，走出了一条创新的路子"。四川天全试点项目区紫石乡紫石关村211户农户实施小水电代燃料后，农村人居条件大大改善，被解放的妇女找到了自己的出路，有近百户农户开展了以农家乐为主的生态旅游。去年旅游旺季接待游客600多人次，仅此户均增加纯收入1000多元。四川天全试点项目3240户农户，每年节约砍柴劳动工日13万个，使3880个劳动力从砍柴中解脱出来，从事种养业和外出打工等，增加收入34万元。据统计，项目区小水电代燃料减少被砍柴束缚的劳动力5万多人，减少砍柴及运煤工日200多万个，户均增加收入300多元。

四、带动了农村基础设施建设，大大改善了农民生产生活条件，促进了农村全面小康社会建设

人畜混居是一些试点项目区最突出的卫生问题。有的厕所与居室相通，一到夏天，蚊蝇乱飞，蛆虫乱爬，下雨后更是污水横流。人与猪、马、牛只是一墙相隔，卫生条件极差，人居环境十分恶劣。

贵州、四川、云南等地的一些试点项目以小水电代燃料工程为龙头，政府给农民补助一些水泥等材料，充分利用农村丰富的闲散劳动力资源，发动农民投工投劳，自己改自己的厨房、厕所、牛栏、猪圈，自己修自己的路，自己改自己的水，自己动手改善自己的生产生活条件，国家花很少的钱，使农村人居环境和农村面貌发生了巨大变化。贵州普安试点项目把代燃料试点村与全面建设小康村、生态示范村、精神文明建设示范村相结合，统一规划，通盘考虑，围绕“五通、五化、五改”（通电、通路、通水、通广播电视、通电话，美化、绿化、亮化、净化、电气化，改路、改电、改厨、改厕、改厩），国家适当扶持，农民投工投劳，改厨、改厕，修路，改善生产生活条件，建设优美山村。普安试点项目区改造厨房灶台 3128 户，改厕 460 个，解决人畜混居 300 多户，为 621 户解决了饮水困难，给 60 多个不通电的农户通上了电，修建乡村道路 160 公里。现在走进项目区，不见了泥泞的乡村小道，映入眼帘的是平整清洁直通家家户户的水泥路；不见了昔日的脏、乱、差，取而代之的是整洁、卫生、明亮的农民新村；与人混居的猪、牛、马也喜迁新居。项目区代燃料前后就如两重天，农民形象地说：“小水电代燃料一看表，二看锅，三看厕圈，四看坡，五看农民笑呵呵。”贵州省副省长禄智明说，普安县结合小水电代燃料建设，充分发挥国家投资的导向效用，统筹安排，真正改善了农村基本生活环境，提高了生活质量和水平，项目区发生了翻天覆地的变化，效果显著。

据统计，小水电代燃料试点共增加灌溉面积 2.28 万亩，解决无电人口 1509 人，解决 6500 多农户吃水问题，改厨 38744 个，改厕 7126 个，改圈 7193 个，改路 510 公里。小水电代燃料大大改善了项目区农村的生产生活条件，提高了农民生活质量，促进了农村全面小康社会建设。

五、传播了现代文明知识和理念，促进了农民思想观念的转变，激发了农民奔小康的热情

小水电代燃料给封闭的山区农民带来了先进生产力和先进文化，改变了农村不讲卫生、人畜混居等陈规陋习，使农村传统生活方式产生了一次革命性变革，改变环境的同时也改变了人，一些农民愚昧落后的思想观念发生了显著变化，卫生意识、环境保护意识、致富意识等都明显增强。

一是传播了先进生产力。贵州普安试点项目区海马庄村 86 岁的黄张氏老人看到小水电代燃料用电磁炉做饭不冒火不放光时激动地说："不用火能煮饭炒菜，我一辈子也没见过，共产党真是神了！"四川珙县试点项目区群众在体验到小水电代燃料带来的巨大变化后，由衷地说，小水电代燃料让我们一夜之间，跨过几重天。

二是改变了农民等、靠、要的传统思想观念。试点项目区农民不等、不靠、不要，自己动手改变自己的生活，学文化、学手艺、学技术、外出打工蔚然成风。四川天全试点项目紫石乡紫石关村通过实施小水电代燃料，农民自己动手对 40 余间传统民居进行了修整，修建了古城门洞、古街、古店，让昔日不起眼的"羊肠小道"变成了举世闻名的"茶马古道"，让昔日的穷乡僻壤变成了今日的"世外桃源"，吸引了众多游客，成为一道亮丽的旅游风景线。

三是增强了卫生意识。四川剑阁试点项目区通过实施小水电代燃料，农民自己动手投工投劳对 1000 个厕所、1200 个猪圈进行改造，实现了人、畜分离，农民卫生条件和生活环境大大改善。村里建设公共垃圾池，房前屋后道路、公共卫生都实行了责任制，定期检查评比，一些农民还对房屋进行了粉刷装修，村容村貌焕然一新。存在决定意识，随着村容村貌的变化，人的面貌也焕然一新。妇女不仅体会到从厨房中解放出来的幸福，而且亲身体验到现代文明、现代文化、现代生活的美满。营山村妇女凡德敏说："过去厨房又黑又脏，衣服也被油烟熏得看不清了颜色，讲卫生、讲漂亮根本不可能，现在做饭干干净净，家里不收拾利索不好意思。妇女也不再蓬头垢面了，也敢穿整齐漂亮的衣服了。"所到之处，妇女的解放给人的印象最深。

四是增强了环境保护意识。农民们自觉保护森林和环境，乱砍滥伐得到有效禁止，恢复往日的青山绿水。贵州普安营山村张支书说，以前禁止上山砍柴，可怎么罚都管不住，现在村民们不仅不去砍柴，还自发地在村前屋后栽上了树。营

山村 80 多岁的老支书刘名成老人发现房后有人打鸟时，就跟打鸟人说："只要你不打鸟，我愿送你一只鸡"，自觉保护树林和鸟类，实现人与自然和谐相处。

五是增强了致富奔小康的强烈欲望。小水电代燃料后，农民生活条件大大改善，人人清爽健康，家家清洁卫生，进入文明、卫生、健康的现代生活，深刻体会到了现代文明给生活带来的幸福，追求现代生活意识进一步加强，农村精神文明建设得到跨越式发展，农民脱贫致富奔小康的热情十分高涨。普安试点项目区刘冠龙家小水电代燃料后，生活条件大大改善，不再为砍柴费时费力，不再为雨季出门一脚泥而烦恼，不再为上露天厕所而担心，他正用他的花卉养植技术和代燃料后腾出来的时间教村里人养花种草，把村寨建成花园式农家，大家共同致富奔小康。

六、密切了党群、干群关系，增加了基层党组织的凝聚力，巩固了基层政权

小水电代燃料建设改善了农民生产生活条件，帮助农民开辟增收致富门路，农民得到了实实在在的实惠。贵州普安试点项目区营山村农民刘名成把自己写的一副对联贴在大门上，"建小水电富万家万家欢乐，造生态园惠百姓百姓安康"，横批"利国益民"，充分表达了广大农民发自内心地对党和政府的感激之情。普安县海马庄村支书张明说："过去开会怎么叫也只能来几个人，更不用说干活了。代燃料建设之后，村民的积极性就像土改分田地一样，村里开会一叫就到，屋里挤得满满的，开会的条件也好了，完全两个样。"群众说："很多年了，干部和群众还没出现过这样心齐的场面"，"小水电代燃料让党和群众的心更近了，情更浓了"。

各地在小水电代燃料建设过程中，各级领导干部和党员深入群众、深入基层做好宣传工作，在小水电代燃料建设中充分发扬了党的优良传统，吃苦在前，享受在后。为了做好小水电代燃料试点工作，2500 多名县、乡（镇）、村党员干部到群众中去，针对群众不了解小水电代燃料、迷信拆灶、倒灶不吉利等情况，认真做好宣传工作。党员干部分户包干，各负其责，风里来雨里去，一身汗一身泥，带领群众加班加点，与群众同吃、同住、同劳动，调查了解在一线，解决问题在一线，起到了党员的先锋模范作用，树立了党在群众心中的形象，代燃料的效果

真正教育了群众，提高了党在群众中的威望，密切了党群、干群关系。四川天全试点项目紫石乡党委政府领导、干部分片包干，各负其责，乡党委书记从安排部署到统筹协调，从规划设计到组织施工，一直奋战工程建设现场。乡长和其他干部天天在各自的包干村，帮助解决实际问题。他们说："小水电代燃料是实现群众利益的最好载体，做不好工作就对不起党的关怀和群众的厚望。"贵州黔西南州政府陈文发副州长说："普安小水电代燃料试点工程，解决了农民的生活燃料，使来之不易的退耕还林等生态建设成果得到有效保护，更重要的是树立了党和政府在人民群众中的威信，赢得了广大人民群众的支持和信任。"小水电代燃料使广大群众从心底里感谢党和政府，使群众更加坚定了跟党走的决心和信心，进一步增强了党组织的凝聚力，巩固了基层政权。

全面实施《全国小水电代燃料生态保护工程规划》，可以使 1.04 亿农村居民实现小水电代燃料，从根本上解决山区农村燃料问题，大大改善广大山区农村基础设施和生产生活条件，实现减负增收，每年减轻农民负担 100 多亿元，增加农民收入 200 多亿元，使 1.04 亿贫困山区的农民生活水平产生质的飞跃，过上现代、文明、健康的新生活，有力推动农村全面小康社会建设，促进和谐社会建设。同时，每年减少农民烧柴消耗 1.49 亿吨，保护森林面积 3.4 亿亩，把农民烧柴消耗控制在国务院规定的限额以内，保护和改善生态环境，促进人与自然和谐相处。

农民群众和地方各级政府，对小水电代燃料发自内心地拥护和欢迎，热切期盼尽快实施小水电代燃料工程，早日过上现代、文明、健康的新生活。

第七篇

中国特色水电农村电气化

邓小平亲自倡导，历届中央决策部署，中国特色水电农村电气化县建设，造福祖国广大山区城乡，托起几亿农民的希望，是中国特色社会主义发展史上的一座不朽丰碑。

组织实施并完成国务院“九五”、“十五”两批共 700 个水电农村初级电气化县建设任务（期间同时解决了难度最大的 6200 万无电人口的用电问题），促进了广大老少边穷地区增收脱贫和社会和谐。

当年仍有 1/2 的国土、1/3 的县、1/4 的人口主要由地方建设的中小水电供电。

❖

1990年，在福建宁德考察水电开发，得到时任地委书记亲切接见

❖

2005年，在江西调研时瞻仰八一南昌起义纪念馆。右三为江西省水利厅厅长孙晓山，左一为江西省水利厅时任副处长李佐云，右一为江西省水利厅时任处长廖瑞钊

❖

2000年，在河北调研。前排右五为河北省水利厅张凤林厅长，前排左一、左二为赵国芳、李喜增处长

❖

在海南调研。右二为海南省水利厅邱小庄处长

❖

1999年9月，开展全国水电及农村电气化县建设和农村电力体制调研，调研总结会在湖南召开。前排左五为湖南省水利厅厅长王孝忠

❖

中国农村开发水电、建设农村电气化和实施小水电代燃料生态保护工程得到国际社会的广泛赞誉。尤其发展中国家积极学习推广中国经验。图为2004年国际南南合作水电论坛会议中外代表步入郴州基地会场

❖
左一为资深老专家李其道，左二为资深老专家白林

期间，白林、李其道、程官华、方兴林、季家才、李名生、李晓岗、郑北鹰、游大海、卓四清、何序昌、陆荣华、沈菊琴、朱兴杰、黄玉林、于和平、贺学均、常安宁、安景生、夏扎旦木·扎依提、王猛照、叶行地、龙功才、李良龙、刘少康、陈润秋、柳忠诚、周秀莲、方声兴、李跃星，挂一漏万了，这些几十年如一日驰骋在水电建设和改革、农村电气化“沙场”上的专家和企业家，很多人大学毕业之后，一直在这个行业干了一辈子，直到耄耋之年还在念念不忘这项不老的事业！历史不会忘记他们。

新中国成立时，全国只有几座大城市有少量的电，广大农村（包括地县城市）都没有电。解放后，中央采取两条腿走路方针，广大农村主要由地方结合兴修水利建设水电解决农村生产生活用电。直到 21 世纪初仍有 800 多个县(市）主要由地方开发的中小水电解决经济社会发展和人民群众生活用电。

全国共兴建了4万余座中小型水电站，它们是不排碳、无污染的绿色能源，在中国过去半个多世纪的发展中，发挥了无可替代的作用。在今天碳达峰、碳中和的能源革命中，它们将不仅是绿色可再生能源，而且将在以太阳能、风能为主体的新型电力系统稳定中发挥更加宝贵的作用。

今天国家富了，强了，人们穿上皮鞋了，但千万不要忘记当年长征路上红军战士穿过的那双旧草鞋，它是长征胜利，革命成功的大功臣！忘记过去就意味着背叛！

❖ 水电厂一角（2002年）

❖ 变电站一角（2002年）

❖

电厂中控室一角（2002年）

❖

水电供电的农村家庭电气化（2002年）

❖
水电供电的四川宜宾市五粮液酒厂（2002年）

❖
水电供电的山区县城灯火辉煌（2002年）

迎接新世纪　把农村电气化县建设推向一个新阶段[①]

——在全国农村水电初级电气化建设座谈会上的总结讲话

（2000 年 11 月四川成都）

在邓小平同志亲自倡导下，国务院决定在中小水电资源丰富的地方，主要依靠地方、群众的力量，积极开发中小水电，建设有中国特色的农村电气化。结合江河治理，开发当地中小水电优势资源，培育当地优势产业，带动关联产业，既解决当地用电问题，又形成自身造血机能，发展社会生产力、推进农村经济和区域经济发展与社会进步。

一、农村水电初级电气化建设成就辉煌

已建成的 653 个初级电气化县，人口 2.52 亿，面积 274 万平方公里，82%以上位于中西部地区，80%以上属“八七”扶贫攻坚县、省级重点扶贫县、少数民族聚居县、革命老区县。农村水电初级电气化县建设是“符合中国国情、持续时间最长、覆盖面最广、效益最显著的光明工程、扶贫工程、鱼水工程”。农村水电初级电气化建设，取得了巨大的成就。

（一）促进了农村经济发展和农民脱贫致富

中小水电及农村电气化建设成为山区农村经济发展的重要支柱、县财政收入的重要来源、人民脱贫致富的重要途径。1999 年底全国共拥有中小水电站 4.3 万

① 《中国水利》2001 年第 5 期，《地方电力管理》2001 年第 1 期。

座，装机容量2560万千瓦，年发电量778.2亿千瓦时，有800个县、3亿人口主要靠中小水电供电，年发供电经营收入520亿元。640个初级电气化县的水电企业年实现税利约50亿元，上缴的税利平均占县财政收入的8.8%。广东省33个初级电气化县1999年农村水电上缴税利6.6亿元，占33个县财政收入的22%，最高的乳源县达到68%。甘肃省甘南藏族自治州8个县中有7个初级电气化县，农村水电企业上缴的税金占全州财政收入的30%，其中舟曲县、卓尼县占财政收入的70%以上。四川省峨边彝族自治县农村水电上缴税金占县财政收入的35.5%，加上相关产业上缴的税金占财政收入的81.5%。

连续三批电气化县建设，都实现了国内生产总值、财政收入、农民人均收入、人均用电量"5年翻一番"、"10年翻两番"，充分说明了电气化县建设与山区经济增长的内在联系和不可替代的推动作用。第一批和第二批电气化县，不仅在建设期实现了四个翻番，建成后仍保持强劲的增长势头。第一批建成的109个电气化县，从1984年到2000年，国内生产总值将从79亿元增长到1489亿元，增长速度比全国平均增速快一倍；财政收入将从8亿元增加到96亿元；农民人均纯收入将由203元增加到2303元，年均增长8%，比全国平均增速快一倍，1984年的农民人均纯收入只相当于全国平均水平的一半，2000年将与全国平均水平基本持平。第二批建成的209个电气化县，1999年财政收入是1990年的3.4倍；农民人均纯收入是1990年的3.7倍，年均增长约10%，比4.8%的全国平均增速快一倍多。贵州省21个初级电气化县的国内生产总值、财政收入、农民人均纯收入、人均用电量，5年建设期的年均增长率分别为20.7%、23.5%、17.4%、28.5%；其中第三批10个电气化县的国内生产总值、乡镇企业产值、财政收入，5年间分别增长2.5倍、9.5倍和2.7倍。湖北省27个电气化县，1999年财政收入达到28.8亿元，比1985年增长5.6倍。福建省山区53个电气化县，1999年国内生产总值达到1283.8亿元，比1983年129.5亿元增长8.9倍，翻了三番多。

中小水电农村电气化建设，培育了农村生产能力、形成了农村造血机能，加快了农村经济发展。受益区农村人口占全国的1/4，为中西部地区、少数民族地区、东部山区经济发展做出了重要贡献。

(二) 促进了农村经济结构调整

第一批电气化县在开展电气化建设前，工业产值在工农业总产值中的比重为

36.6%，是典型的农业县；经过5年电气化县建设，提高到60%，2000年将提高到77.5%，15年提高了40.9个百分点。第二批电气化县工业产值在工农业总产值中的比重从56%提高到69%，2000年将提高到77%，10年提高21个百分点。第三批电气化县的工业产值在工农业总产值中的比重5年提高9个百分点。全国农村工业总产值在工农业总产值中的比重，1985年到1999年14年提高了10.9个百分点，而三批电气化县基本上是5年提高10个百分点。湖北省兴山县通过初级电气化建设，形成了以中小水电为龙头的产业链，1999年全县工业总产值达到12.25亿元，占全县工农业总产值的83%，农业产值比重已由过去的3∶7变成了现在的8∶2。广西壮族自治区15年农村水电电气化建设，提供了大量廉价电能，促进了矿产资源开发，1999年全区锰矿产量达到81.34万吨；铁合金产量达到37.51万吨，比1985年增长5.5倍。据统计，目前中小水电供电地区铁合金等矿产品的产量占全国同类产品产量的2/3，占市场流通量的70%，产品远销日本和欧美市场。农村水电电气化建设，加快了贫困地区矿产资源的开发和产业结构的调整。

产业结构的变动相应带来就业结构的变动，据不完全统计，15年初级电气化县建设，通过中小水电建设使用农村劳动力、移民搬迁，带动乡镇企业、关联产业发展，促进小城镇建设，累计使3000多万农村剩余劳动力转移到二、三产业。二、三产业的发展，又推进小城镇建设，促进了工业化、城镇化。四川省百万以上人口的射洪县，10年电气化建设使贫困山区农民群众的生存、生活、生产条件得到巨大改善，不断发展的乡镇企业、民营企业，为贫困山区剩余劳动力就业提供了机会，农忙务农、农闲务工经商成为广大农村剩余劳动力的普遍劳动就业模式，包括大部分亦工亦商亦农的劳动力在内，10年累计转移农村剩余劳动力56万人。许多县在电气化建设中，以电站及库区为依托，沿库区建立小集镇，搞旅游、办商业、兴三产，容纳搬迁农民和转移农村剩余劳动力。

经济结构的演进是经济发展的前提和基本支撑，农村水电初级电气化建设以电气化带动工业化、城镇化，推动经济结构的转换，有利于从根本上解决制约贫困地区经济发展的结构性矛盾。

（三）改善了农业和农村生产条件

初级电气化县大都位于偏远山区，处于大电网外和边沿地区，长期没有解决农村用电问题。通过电气化县建设，解决农民和农业生产用电，电站水库、渠道还可解决农田灌溉和农村人畜饮水困难，促进农村和农业发展。15 年电气化县建设，累计使 1.2 亿无电人口用上电，电气化县净增灌溉面积 2530 万亩，增加粮食产量 300 亿公斤，解决了 6425.5 万人口及 4742.5 万头牲畜饮水。内蒙古自治区乌审旗经过 10 年电气化建设，以电启动、以水引路，实施电、井、田配套建设，农牧民人均水浇地达到 4.6 亩，全旗年产粮食 1.05 亿公斤，比建设电气化前增长 2.8 倍，实现了自给有余。河南省 12 个山区电气化县的建设，解决了长期未解决的 29.8 万户 149 万人的用电问题，同时解决了 30 万人的吃水困难问题，增加灌溉面积 8.4 万亩。

电气化县普遍利用山区治水成库后形成的落差装机发电，用电的收入弥补水价太低的问题。广大山区农村以小水电为龙头，以电补水，巩固了山区水利，提高了水利为农业服务的能力。四川都江堰在电气化建设中，利用渠系落差大办小水电，发电装机已超过 30 万千瓦，其中都江堰及各渠系管理单位拥有发电装机近 5 万千瓦，一年售电净收入近 4000 万元，对改善水管单位渠系维护管理和职工生活条件，促进体制改革、机制转换和搞活水管单位，发挥了重要作用。

(四) 加快了中小河流的治理

各地在电气化县建设中坚持治水办电相结合，建成了一批综合利用的水利枢纽工程，累计增加水库库容约 500 亿立方米，数以千计的中小河流得到初步开发治理，提高了防洪抗旱能力。湖北省 27 个初级电气化县为建设水电站兴建 1209 座小型水库，初步治理了 468 条中小河流。重庆市在 21 个初级电气化县建设中，新增水库库容 27.3 亿立方米，对拦蓄当地径流、泥沙，对减轻三峡库区的泥沙淤积和防洪压力，起到了积极作用。江西省电气化县建设促进中小河流综合开发治理，45 个初级电气化县累计形成水库库容 16.2 亿立方米，治理了水土流失面积 1.34 万平方公里。云南省在电气化建设中，坚持中小水电开发与中小流域综合治理相结合，由径流式电站建设走向流域、梯级、滚动、综合开发，已实现梯级开发的中小河流有 40 条，发电装机 51 万千瓦，正在进行梯级开发的河流还有 12 条，发电装机 31 万千瓦，结合云南实际，实现上游建库，中游发电，下游灌溉，开发河谷水土资源。

（五）保护了生态环境 促进了可持续发展

农村水电一年发电量相当于3400万～4400万吨标准煤，减少排放11000万吨二氧化碳、8500万吨一氧化碳和90万吨二氧化硫，有利于保护环境。绝大部分电气化县位于江河上游，积极推行“以电代柴”，减少了自然林砍伐，防止了水土流失。据统计，全国农村水电供电地区约有2000万户居民部分使用电炊，每年减少大量木材砍伐量。初级电气化县的森林覆盖率15年平均增长了9.88个百分点，比全国快5.4个百分点。四川省104个初级电气化县有148万季节性“以电代柴”户，每年可节约木材400万立方米、保护林地100余万亩。内蒙古自治区克什克腾旗通过电气化建设，近40%的农牧户使用电炊，一年减少木材消耗25万立方米，遏制了该地区土地荒漠化。发展中小水电、推动林区经济结构的调整，实现以林蓄水、以水发电、以电保林，对天然林保护和退耕还林还草等生态建设工程的实施起到了重要保障作用。四川省阿坝藏族羌族自治州通过发展中小水电，水电企业及关联产业一年上缴的税金占全州财政收入的70%，替代林业成为支柱产业和财政收入的主要来源，促进了森工企业转产，成为四川省天然林保护工程顺利实施的重要支撑。

全国许多的中小水电站及库区都成了当地的生态旅游景点。山西省泽州、阳城、平顺三个电气化县修建的两座水库电站，一座水域长达9.5公里，一座回水有2.5公里，在干旱缺水的北方地区，构成了亮丽的风景线，过去因生存条件恶劣人口几近迁空的电站周围村庄，如今山水林草秀色宜人，成了本省和邻近省的旅游胜地。历史文化名城贵州镇远县，通过电气化建设，形成了文化底蕴深厚的“道道堤水映明珠、处处侗寨星闪烁”的舞阳河风景区，每年游客数十万人，水电旅游成为支柱产业，全县旅游收入比建设电气化前增长13倍。九寨沟、黄龙寺、海螺沟、青城山、峨眉山、黄山、长白山、神农架等著名风景区，所在地都是农村水电电气化县，生产生活普遍使用中小水电能源，对保护环境、改善生态、美化景区，促进生态旅游事业发展，发挥了重大作用。

（六）促进了民族地区和边疆地区的繁荣稳定和民族团结

250个农村水电初级电气化县在民族地区，100多个在边疆地区。这些县的人口占全国少数民族的 40%。初级电气化县建设促进这些地区经济快速增长。第三批电气化县国内生产总值年均增长 18%，比全国增长速度快一倍。第二批电气化县中的长白、爱晖、大新、呼玛、瑞丽、景洪、屏边、温宿、富蕴、博乐等 10 个边疆县，“八五”期间工农业总产值由 21.4 亿元上升到 49.5 亿元，财政收入由 1.9 亿元上升到 3.5 亿元，农民人均纯收入由 710 元上升到 1103 元，粮食产量由 6.7 亿公斤上升到 9.2 亿公斤。青海省 10 个农村水电初级电气化县全部在少数民族聚居区，通过电气化县建设实现经济快速发展，农牧民的人均纯收入 15 年翻了三番。有力地促进了民族团结，新疆生产建设兵团垦区实施电气化建设以来，机井加压喷滴灌面积从无到有、发展到 25 万亩，10 年间农业总产值增长 6.7 倍，同时解决了占连队总人口 3/4 的 17.5 万人的清洁饮水问题，基础设施和生活条件得到明显改善，增强了广大军垦战士屯垦戍边的信心和决心。云南边境县在电气化建设中扩大对外开放，率先于全国电业实现中小水电走出国门向邻国送电，巩固了与邻国的友好睦邻关系，巩固了边防。

（七）促进了山区精神文明建设和社会进步，密切了党群关系

已建成的初级电气化县，电视覆盖率超过 90%，学龄儿童入学率普遍在 95% 以上，电化教学手段进入山乡中小学校，文化、教育、卫生、体育事业全面发展，提高了广大群众科学文化素质和身体素质，精神文明建设取得显著成效。四川凉山彝族自治州甘洛县，1986 年以前还是凉山州最贫穷的县之一，靠吃国家返销粮过日子，建设电气化后，廉价、充足的电能吸引了大批省内外客商到甘洛投资办厂，使沉睡千万年的铅锌矿得以开采利用，电气化建设期间全县工业产值增长 7 倍，财政收入增长 16.9 倍，各项社会事业飞速发展，一跃而成为全州最富裕的县，成为率先于全省三个自治州拥有“两场、一地、一房”设施的四川体育先进县。各族人民、特别是老少边穷地区的人民群众在发展农村电气化事业中直接受益，用上了现代生产和生活设施，增加了收入，提高了生活质量，切身感受到党和政府的关心和支持，密切了党和群众的血肉关系，更加拥护党的领导和改革开放事业。

15 年农村水电电气化建设还为老少边穷地区造就了一大批建设与管理人才。一批优秀的技术干部和管理骨干走上了领导岗位，有的还担任了市县领导。

（八）促进了对外开放和国际合作

我国开发中小水电，建设有中国特色的农村电气化，消除贫困、保护环境，得到了国际社会的高度评价和广泛赞扬。世界上许多国家，包括欧美发达国家都在积极推广中国发展小水电的经验。一些与我国无邦交的国家也通过民间途径学习我国如何建设管理小水电。到 1999 年底，我国已为 60 个国家和地区培养了数千名小水电专家，向 50 多个国家出口小水电设备。由于中国小水电在国际上的广泛影响，有 60 多个国家 130 多个政府机构和国际组织参加的国际小水电组织的总部设在我国杭州，这是迄今唯一将总部设在我国的国际组织。联合国工发组织国际小水电中心将于 2000 年 12 月在杭州市成立，这将是我国改革开放 20 年来的一项重大成果，不仅为小水电的发展，而且为国际合作、特别是发展中国家的南南合作，开辟了新的途径和前景。

二、主要经验和做法

（一）党和国家的高度重视，是小水电建设快速健康发展的根本保证

1982 年，邓小平同志到四川调查研究时，胡耀邦同志向他请示，地方同志讲，只要中央允许地方自己开发小水电自建自管自用，地方就可以解决自己的用电问题，还可以促进地方发展。小平同志讲，中央给个政策，农民获利，国家不吃亏，这就是改革开放，这就是解放思想。小平同志的讲话指明了小水电发展的方向，随即国务院“七五”期间在全国选 100 个县进行农村初级水电电气化试点，并出台了自建自管自用等一系列扶持政策，经过五年的努力，试点取得圆满成功，有力推进了这些县的经济社会发展，得到了广大群众和当地政府的热烈拥护。在此基础上“八五”、“九五”国务院又分别部署 200 个和 300 个农村水电初级电气化县建设。在党中央和国务院的直接推动下，农村小水电开发和电气化建设得到健康快速发展。

（二）小水电发展符合我国的国情和现阶段生产力发展水平

小水电为什么在国家投入不多，后期没有专项贷款指标的情况下，还是发展得很快？最近两年小水电发展速度不但没有下降，而是大幅度增长，1998 年新投产装机容量超过 150 万千瓦，1999 年超过 200 万千瓦。这说明它的发展，符合广大山区经济与社会发展的迫切需要，符合广大农民群众要求摆脱贫困、奔向小康、建立美好生活的强烈愿望。小水电在国家的政策扶持下，地方与群众办得起、建得快、管得好、很快能用上，能唤起和调动广大基层干部、群众建设社会主义的热情与积极性，国家投得不多，企业可以投，集体可以投，个人可以投，引进资金可以投。由于小水电的发展，适应社会主义市场经济发展的需要，符合我国的国情，符合我国现阶段生产力发展的水平，因此，它充满了生机和活力。

（三）不断改革束缚生产力发展的生产关系，为农村经济社会发展服务

小水电在发展过程中，率先提出和实践了“自建、自管、自用”，“谁投资、谁所有、谁收益”的方针，有力地防止平调资产，维护投资者合法权益，调动了各方面发展小水电的积极性。针对我国垄断电力体制的情况，坚持小水电电源与电网同步，电力建设与负荷建设协调发展的方针，实行就地发电，就地供电，大幅度降低成本，不仅提高了企业自身经济效益，不断改革束缚生产力发展的生产关系。实行“以电养电”政策，形成投入产出良性循环、滚动发展的机制。率先改革体制，实行股份制、股份合作制，允许民营、独资办电，使小水电发展充满活力，高速发展。

（四）紧密结合实际，实事求是地做好电气化建设规划

高度重视小水电和电气化县建设的规划工作，规划紧密结合当地的资源情况和经济社会发展需要，坚持实事求是的原则，坚持电源、电网、负荷统筹规划、有机结合、共同发展，注重规划的可操作性。

（五）不断推进科技进步和加强管理

大力推进科技进步，在设计、制造、施工建设各个环节注重新技术、新工艺、

新材料、新设备应用，不断提高小水电科技水平，如四川沙排电站采用的碾压混凝土拱坝的设计与施工技术处于世界领先水平。从勘察、规划、设计、建设到管理各个环节制定了规程和标准，提高了管理水平。

三、提高电气化水平，“十五”建设400个水电农村电气化县的初步设想

党的十五届五中全会指出，从21世纪开始，我国将进入全面建设小康社会，加快推进社会主义现代化的新的发展阶段。今后五到十年，是我国经济和社会发展的重要时期，是进行经济结构战略性调整的重要时期，也是完善社会主义市场经济体制和扩大对外开放的重要时期。推动经济发展和结构调整，必须依靠体制创新和科技创新。发展是硬道理，是解决中国所有问题的关键。制订、实施“十五”计划要把发展作为主题，把结构调整作为主线，把改革开放和科技进步作为动力，把提高人民生活水平作为根本出发点。五中全会还指出，我国将着力改善农村生产、生活和市场条件；大力推进国民经济和社会信息化，以信息化带动工业化；合理调整生产力布局，实施西部大开发战略，积极稳妥地推进城镇化，促进地区、城乡协调发展；加强基础设施建设，重视生态建设和环境保护，实现可持续发展。贯彻五中全会精神，面对新形势新要求，提出了加快水电农村电气化事业的改革与发展，提高电气化水平，把农村电气化建设推向一个新阶段，下面，我就“十五”期间全国农村电气化县建设的新目标、新形势、新任务谈几点初步思考，请大家讨论。

（一）面临前所未有的机遇

一是市场前景广阔，主要由中小水电供电的中西部地区、少数民族地区和东部山区用电水平还很低，1999年640个初级电气化县的人均用电量为322千瓦时，仅为全国人均用电水平的34.7%，全世界人均用电水平的15.9%。经济发展和社会发展需要增加中小水电供给；二是资源开发潜力很大，中小水电已开发2560万千瓦，还不到可开发量的20%；三是山区加快经济发展，提高人民生活水平需要进一步开发中小水电资源，增强造血功能，促进农村社会生产力发展；四是党的十五届五中全会强调要大力加快水利、能源基础设施建设，加快农村、农业基础

设施建设，今后5到10年西部基础设施建设要有突破性的进展，中小水电必将得到国家更多的支持；五是国家实施西部大开发战略，中小水电资源主要集中在中西部地区，开发中小水电、建设水电农村电气化，是西部大开发的重要组成部分，必将得到国家高度重视；六是中小水电综合经济效益好，国家少量资金引导，能够带动社会资金参与开发和建设。15年农村水电初级电气化县建设，累计投入692亿元，中央补助资金只占4%，1元钱中央资金带动了24元地方和社会投资，起到了四两拨千斤的作用。

（二）“十五”水电农村及电气化建设的工作重点

1. 加快开发中西部地区和东部山区占优势的水电资源，满足贫困地区脱贫致富和人民小康生活用电。在初级电气化县建设的基础上，多项建设指标要大幅度提高。

2. 兴水办电，促进江河治理，改善农业基础设施，改善农村生产生活条件，为提高农村社会生产力服务。

3. 以农村电气化带动农村工业化和城镇化，形成中小水电优势产业，带动关联产业发展，促进产业结构优化升级和小城镇建设，为培育当地经济支柱和财政来源、培育当地新的经济增长点服务。

4. 发展清洁可再生能源和绿色能源，以电代柴，改善生态，保护环境，促进改善能源布局和结构，为实施可持续发展服务。

5. 开发西部丰富的中小水电，促进西部基础设施建设和生态建设，为“西电东送”、为国家实施西部大开发战略服务。

（三）进一步调整优化资产结构和企业组织结构

1997年水利部提出水利系统水电改革与发展思路以后，各地陆续实行资产重组、结构调整和制度创新，走股份制集团化道路，按照建立现代企业制度的要求，组建了一批企业集团公司，为解决我们行业“小、散、弱”的问题，走出了重要一步。四川、重庆、广西、吉林、新疆、浙江、青海、河南等组建了省一级水利水电集团公司，四川、重庆、广西、吉林在“两改一同价”工作中因此赢得了“一省两贷”。广西水电集团公司在“两改一同价”工作中运作得十分有力，成效显著。新疆、青海水电集团公司还经政府授权，行使水利水电国有资产出资人职责。近年来，全国还组建了70多个跨县地区性水电集团或股份有限公司或有限责任公司，四川“乐山电力”、“明星电力”、“岷江水电”，重庆“三峡水利”、“乌江水电”，福建“闽东水电”等地区一级的水电公司先后上市，浙江省一级的钱江水电集团公司最近也已上市，河南水电集团控股的“招商股份”实现借壳上市，还有许多地区一级和省一级的水电公司通过资产优化重组在积极准备上市或借壳上市，在水利系统水电改革发展思路的指导下，我们已经迈出了重要步伐，取得了上述成绩，但发展不平衡，总的讲来进展还比较缓慢，尤其是出资人问题普遍地没有得到解决。在体制创新方面，广西、浙江的做法值得各地借鉴。新疆、青海省（区）政府出文，明确水电集团公司作为水利水电国有资产的出资人，下面的公司按资产关系规范地成为子公司、参股公司，这样关系就理顺了。希望还没有按照建立现代企业制的要求实行公司制改组，组建规范化省级公司和地、县级公司的，要积极创造条件，形成一定的企业规模和完善法人治理机构，这样在竞争中才能站得住，否则你站不住。汪恕诚部长指示我们要把省级公司、地县级公司抓好。在配电公司方面，我们有很多实体。我们要适应完善市场经济体制的要求，调整优化资产结构、企业组织结构，增强竞争力。

（四）积极推进股份制、股份合作制办电，发展农村水电

2010年我国要建成比较完善的市场经济体制。要研究如何认真坚持公有制为主体、多种所有制经济共同发展的基本经济制度，运用国家政策广辟投资渠道的问题。这几年沿海的福建、广东、浙江都发展得比较好，他们主要是采用了股份制和股份合作制办电。中西部地区的省（区、市）应该解放思想，大胆地推进股份制、股份合作制办电，加快产权制度改革。我们要深化改革，按国家政策法规规定、规范操作，争取五年内在国家绝对控股改为相对控股方面迈出大的步伐。要认真研究把国有电站（厂）的30％～50％的股份卖给职工，收回钱可作为资本金，到银行贷款融资去修新电站，去改造建设电网，去滚动发展，调整和优化所有制结构。股份制不光是能够筹集资金，更重要的是有利于转换机制、加强管理，增强活力和后劲。但必须依法评估资产，决不能造成国家资产流失，决不能违反政策违规违法，这是要坚决反对和严格制止的。

(五) 大力推进科技进步，加强企业管理

现在的高新科技日新月异，五中全会提出要以信息化推动工业化。现在是信息技术时代，要高度重视加快信息化进程，要认真抓好发供电生产过程和管理过程，全面实现信息化试点，通过试点取得经验，全面推开。再不抓要落后于人。要认真重视中小水电结构调整，优先建设有调节性能的水库电站。要以科技进步为动力，全面推进农村水电现代化。

在企业内部改革和管理方面，我们的任务非常艰巨。人多了不仅把企业的效益吃光，很多人没事做，无事生非，怎么搞得好管理。要把富余人员集中起来培训，为新建电站培养骨干，开展创新业务，开拓三产，形成一种竞争机制，否则自身素质很难提高。要抓紧制定中小水电站定编定员定岗标准，切实抓好减人增效、降低成本、提高效益的工作，加强舆论宣传，大力推广典型经验。处理好分流和再就业问题，新电站建成后，优先选配分流人员。

中小水电、电气化事业为什么能在这么大的范围、这么长的时间里长盛不衰，就是因为它对人民有好处，对提高边远地区、贫困山区人民的生活水平、生活质量有好处，所以千百个县的人民百折不挠地兴办中小水电！我们作为水电和农村电气化工作者，始终要把提高人民生活水平作为我们一切工作的根本出发点。

给国务院领导同志的信

（2001 年 3 月）

邦国、家宝副总理：

我国中小水电资源十分丰富，可开发量 1.28 亿千瓦，分布在 1600 多个县。多数位于边远山区、民族地区和革命老区。1982 年 9 月，小平同志在四川视察工作时，胡耀邦同志向小平同志请示，地方同志反映，如果允许地方自己建设小水电，就可以解决农村用电、带动农村经济发展。小平同志说：中央给个政策，群众得利、国家不吃亏，这就是改革开放，就是解放思想。按照小平同志的指示精神，“七五”期间国务院部署 100 个县进行农村水电初级电气化县建设试点，并出台了“自建、自管、自用”等一系列发展小水电的方针政策。试点县的农村水电初级电气化建设，有力地促进了当地的经济发展和社会进步，得到了广大人民群众和地方政府的热烈拥护。在试点成功的基础上，“八五”和“九五”国务院又先后部署建设 200 个和 300 个农村水电初级电气化县。到 2000 年底，已建成 653 个农村水电初级电气化县。

农村水电初级电气化县建设，就是在中小水电资源丰富、无电、缺电的边远山区、民族地区和革命老区，结合江河治理兴水办电，既解决当地用电问题，又培育优势产业，带动关联产业，增强造血功能，形成农村社会生产力，把当地资源优势转变为经济优势，促进这些地区的经济发展和社会进步。农村水电初级电气化县建设严格按照国家颁布的国家标准 GB/T 15659—1995 组织实施。标准包括电源布点、网络布局、负荷发展、电力电量平衡、人均年用电量、户均年生活用电量、通电面、用电保证率、以电代柴、水土保持、降损节能、科技进步、生态保护等多项技术经济指标和要求。农村水电初级电气化县建设是一个统筹发电、供电和用电，协调扶贫、资源、生态和水利建设，有效解决人口、资源、环境问题的系统工程。

农村水电初级电气化建设，加快了边远山区、民族地区和革命老区的经济发展，增加了农民收入，加快了农民脱贫致富步伐。目前，全国有1500多个县开发了小水电，装机达2500万千瓦，占全国水电装机33%，年发电量730亿千瓦时。新中国成立以来，已累计解决了6亿无电人口的用电问题。目前全国有800个县主要依靠小水电供电。已建成的653个农村水电初级电气化县，涉及人口2.52亿，面积274万平方公里，82%位于中西部地区，200多个属于少数民族县，100多个县位于祖国边陲。连续三批建设的农村水电初级电气化县，虽然资源和经济社会条件各不相同，但开展农村水电初级电气化县建设后，基本上都实现了国内生产总值、财政收入、农民人均纯收入、人均用电量“5年翻一番”、“10年翻两番”的目标，发展速度明显高于全国平均水平。1999年，653个电气化县水电企业上缴的税金占这些县财政收入的8.8%。广东省33个电气化县水电企业上缴税金占这些县财政收入的22%，最高的乳源县达到68%；甘肃省甘南藏族自治州水电企业上缴的税金占州财政收入的30%；四川省阿坝藏族羌族自治州水电企业上缴的税金占州财政收入的40%。第三批建成的335个电气化县，从1995年到2000年，GDP由2345亿元增加到4778亿元，年均增长率为15.3%，是全国的2倍；农民年人均纯收入由1082元增加到1914元，年均增长率12.1%，是全国的2倍多。农村水电初级电气化建设，已成为边远山区、民族地区和革命老区经济发展的重要支柱，地方财政收入的重要来源，增加农民收入的有效途径。农村水电初级电气化建设一开始就实行“自建、自管、自用”和“谁建、谁管、谁有、谁受益”的方针政策，有效调动了农民的积极性，有效保护了农民利益，增加了农民收入。

以电气化带动工业化和城镇化，促进了经济结构调整。15年电气化建设，600多个农村水电初级电气化县工业产值占工农业总产值的比重5年提高了10个百分点，使这些地区的产业结构得到快速升级转换，并相应带来就业结构的变动。三批初级电气化县累计有2000多万农业剩余劳动力转移到二、三产业，二、三产业的发展又进一步加快城镇化进程。经济结构的升级有利于从根本上解决制约边远山区、民族地区和革命老区发展的深层次问题。

加快河流的综合治理，改善了农业和农村生产条件，促进了农业发展。通过农村水电初级电气化县建设，初步治理了数千条中小河流，增加水库库容500亿立方米，增加灌溉面积2530万亩，解决了6425万人及4742万头牲畜饮水困难，发展了以小水电为龙头的山区水利，提高了防洪抗旱和水利为农业服务的能力。

开发清洁可再生能源，促进了生态建设、环境保护和可持续发展。农村水电初级电气化县建设大力实施以电代柴，小水电供电区约有2000万户居民使用电炊，减少了森林砍伐，每年节约木材约900万立方米，改善了生态环境，成为巩固发展退耕还林和天然林保护工程成果的重要措施。

开发小水电，是边远山区、民族地区和革命老区建设农村水电初级电气化的有效途径，符合中国国情，符合市场经济规律。小水电开发按照改革开放的方针，积极探索适应市场经济要求的发展道路。目前，股份制和股份合作制已成为小水电开发的普遍方式。为适应我国全面建设小康社会，加速推进现代化的要求，进一步调动中央和地方两个积极性，必须坚持多年来行之有效、符合市场经济规律的开发小水电建设农村电气化的方式。

中国开发廉价清洁可再生小水电，得到了国际社会的高度评价和充分肯定，开辟了国际合作的新途径。小水电具有建设工期短，一般为1～3年；投资省，单位千瓦投资为5000～8000元；发电成本低，为0.06～0.08元/千瓦时，是大水电的50%～70%；上网电价一般为0.20元/千瓦时左右，丰水期电价为0.10元/千瓦时左右，均优于其他能源。小水电和大水电一样，丰水期电量较多。为了解决丰枯矛盾，多年来，一方面结合水资源综合利用，建设一批有调节性能的水电站，改善电源结构，提高供电保证率；另一方面有计划地发展以电代柴、电热、高耗能等季节性用电负荷，消化丰水期季节电能，以保证小水电供电区电力电量平衡。无论是丰水期还是枯水期，由于发展了小水电，都大量减少了火力发电造成的环境污染和生态破坏。国际上把小水电、风能、太阳能、潮汐能、生物质能等列为清洁可再生能源，小水电更是得到了完全的肯定。据国际能源署和世界能源理事会的统计，中国清洁可再生能源的发电量仅占全部发电量的5.5%，其中99%以上是小水电。我国清洁可再生能源的比重远远低于欧美发达国家。我国以煤炭为主的能源结构亟待改善。欧美等发达国家为了提高清洁可再生能源的比重，都制定了一系列强制使用清洁可再生能源，促进清洁可再生能源发展的措施。如欧盟制定了可再生能源配额制和绿色能源证书制度。我国小水电资源非常丰富，应该加快开发速度，增强能源供给，改善能源结构，促进可持续发展。我国开发小水电这种清洁可再生能源，建设有中国特色的农村电气化，消除贫困、保护环境，实现可持续发展的经验，得到了国际社会的高度评价和广泛赞扬。世界上许多国家包括欧美发达国家都积极推广中国发展小水电的经验。有60多个国家130多个政府机构和国际组织参加的国际小水电组织的总部设在我国杭州。1999 年 2 月，朱总理正式批准我国作为国际小水电组织的东道国。2000 年 12 月，联合国工发组织又在杭州设立了国际小水电中心。国际能源署、世界能源理事会、世界银行、国家计委等正积极筹备在我国召开“小水电与可持续发展”的国际会议。

积极推进“两改一同价”工作。1998 年初，汪恕诚同志在国家电力公司工作时，分管农电工作，在向总理汇报“两改一同价”工作时，把全国农电管理体制分为 3 种，即大电网直供直管县、趸售县和小水电自发自管县。全国 2400 个县，大体上各占 1/3。其中，趸售县由省电力公司代管，而自发自管县有自己的小水电站，不实行代管，可作为独立的供电公司，这与电力体制改革方向也是一致的。这一政策在后来的国发［1999］2 号文件中做了明确规定。在 2 号文件出台之前，一些地方的大电网提出先代管，后改造，不代管就不安排农网改造资金，导致很多小水电自发自管县被代管，扩大了电力垄断，使改革走了回头路。1999 年初，2 号文件出台之后，制止了对小水电自发自管县的代管，同时国家实行“一省两贷”政策，全国农网改造进度明显加快。据了解，2000 年四川省完成的农网改造投资达 45 亿元，累计完成农网改造投资 90％以上；贵州省累计完成农网改造投资 80％以上。

请求国务院择日批复“十五”全国建设 400 个水电农村电气化县。多年来，开发小水电，建设农村电气化，被誉为“符合国情、持续时间最长、覆盖面最广、效益最显著的光明工程、扶贫工程、鱼水工程”。各地要求继续开发丰富的中小水电资源，提高农村电气化水平，建设适应全面建设小康社会要求的水电农村电气化县。全国有 600 多个县向省（区、市）人民政府和水利部申请建设水电农村电气化县。水利部已收到国务院办公厅转来贵州、四川等 14 个省（区、市）人民政府向国务院申请建设水电农村电气化县的报告。根据国务院批准的水利部三定方案“组织协调农村水电电气化”的职能，从实际出发，我部计划从 600 多个县中选择 400 个县，提高电气化水平，建设水电农村电气化县，并按基建程序向国家申报立项。目前国家计委、财政部已审查通过，已报请国务院审批。请国务院早日批复，我们将努力工作，认真完成 400 个水电农村电气化县建设任务。

水利部农村水电及电气化发展局局长　程回洲

二〇〇一年三月二十七日

中国农村水电的建设和发展[1]

——在云南省和世界银行公私合作参与水电建设国际研讨会上的报告

（2003年11月云南昆明）

首先要感谢大家对中国水电事业的关注，借此机会我向大家介绍一下中国农村水电建设和发展情况。

一、资源总量、分布和特点

中国农村水电资源十分丰富，据最近资源复核初步统计，可开发量约为1.28亿千瓦，居世界第一。资源分布广泛，全国30多个省（区、市）的1600多个县（市）都有农村水电资源，主要集中在西部、中部和沿海地区，西部地区、贫困山区、革命老区、少数民族地区占70%以上。资源分布分散，适合于分散分布式供电的能源战略发展方向。规模适中，适合农村、农民组织开发，促进农民增收和农村经济发展。

二、建设成就

1949年，新中国成立时，全国农村都没有电。中央政府采取两条腿走路的方针，在农村主要靠结合江河治理，兴修水利，开发农村水电解决照明和生活生产

① 国务院发展研究中心《经济要参》2004年第5期。

用电问题。直到20世纪90年代以前，中国大部分的县都主要靠农村水电供电。通过开发农村水电，全国累计解决了6亿多无电人口的用电问题。中国有1500多个县开发了农村水电，共建成4.8万座农村水电站。2003年，全国新增农村水电装机230万千瓦，全国农村水电总装机将达到3080万千瓦，年发电量1100亿千瓦时，均占全国水电总装机和年发电量的40%左右。农村水电全年发供电增加值500亿元，利税70亿元。水利部按照国务院的部署，在"七五"、"八五"、"九五"期间，在全国连续组织了三批农村水电初级电气化县的建设，建成了653个农村水电初级电气化县。这些县基本上都实现了国内生产总值、财政收入、农民人均收入、人均用电量"5年翻一番"、"10年翻两番"，经济结构显著改善，发展速度明显高于全国平均水平。

三、投资结构演变

1990年以前，农村水电建设主要靠国家投资，农村水电初级电气化县建设投资中，中央投资占30%以上。1990年到20世纪末，除了国家投资外，广东、浙江、福建等地有部分社会资本（主要是私营企业）投资农村水电开发，同时外资也开始投资农村水电。进入本世纪更多的社会资本在更大范围内投资农村水电建设。浙江、广东、福建等沿海开放地区比例比较高。新时期，国家将水电列入周期短、见效快、覆盖千家万户、促进农民增收效果更显著的农村中小型基础设施建设计划，并扩大投资规模，充实建设内容。同时国家将农村水电作为大规模退耕还林生态建设，解决农民烧柴和农村能源的重要途径，实施小水电代燃料生态工程。

四、主要经验

1. 按照中国国情办事。中国政府采取两条腿走路的方针，农村用电问题主要由地方结合江河治理，兴修水利，开发农村水电来解决，符合中国国情，调动了中央和地方两个积极性，因而发展很快。

2. 按客观规律办事。将农村水电开发与江河治理、水利建设紧密结合，在中国的广大山区农村，水电是山区水利的龙头。充分发挥水资源的综合效益，既取得了发电效益，又获得了防洪、灌溉、供水等综合效益，实现了水资源的综合利用和可持续发展。

3. 坚持为农业、农村、农民服务的宗旨。发展农村电，解决农村经济社会发展用电，形成了强大的农村社会生产力，直接为农业增产，农民增收，农村发展服务。

4. 与消除贫困紧密结合。在广大西部地区，老少边穷地区，实施农村水电电气化战略，将资源优势转化为经济优势，促进农村消除贫困，实现经济效益和社会效益双赢。

5. 与保护生态紧密结合。在退耕还林等重点生态建设地区，实施小水电代燃料生态战略。解决农民燃料和农村能源问题，巩固以退耕还林为重点的大规模生态建设的成果，通过水电站合理的调度，使季节性河流长年不断水，改善河流健康生态，实现经济效益与生态效益双赢。

6. 国家政策和投资支持。中国政府制定了“自建、自管、自用”、“农村水电要有自己供电区”、“以电养电，滚动发展”、实行6%增值税等政策，政府对农村水电发展给予了大量的投入。

五、发展机遇

1. 生态安全得到世界各国关注，温室气体排放成为全球关注的焦点。调整能源供给结构，大力发展清洁可再生能源，减少二氧化碳排放，得到国际社会的高度重视。

2. 中国实施可持续发展战略，统筹人与自然的和谐发展，实施以退耕还林为重点的大规模生态建设。实施小水电代燃料生态保护工程，解决农民燃料和农村能源，巩固退耕还林成果。规划到2020年，将建设投产代燃料生态电站2400万千瓦。

3. 中国高度重视”农业、农村、农民”问题，统筹城乡发展。农村水电被确定为重点支持建设的农村中小型基础设施和公共设施。

4. 中国实施西部大开发战略，统筹区城协调发展。西部地区是中国农村水电资源最丰富的地区，又是经济相对落后地区。开发西部地区农村水电资源，是西部大开发的重要内容。

5. 水利继续受到国家的高度重视和支持。农村水电作为山区水利的龙头，将得到持续、快速、健康发展。

6. 国务院部署水利部组织水电农村电气化县建设，不断地适应农村经济和社会发展的用电需求，提高农村电气化水平。预计2020年前，中国农村水电每年新增装机容量将保持在200万～300万千瓦。

7. 国家推进电力体制改革，打破电力垄断。政企分开、公平竞争、开放有序、健康发展的电力市场体系将逐步形成，农村水电发展的市场环境将逐步改善。

六、问题和风险

1. 不按流域综合规划和河流水能开发规划，不经水利部门许可，无序开发农村水电情况严重，一些地方甚至出现“跑马圈河”现象，并造成资源和财力的大量浪费，危害防洪、灌溉、人畜饮水和生态用水安全。

2. 一些工程不经过水利部门审查，工程结构存在严重安全隐患，违反基建程序，无立项、无设计、无监督、无验收的“四无”水电站问题突出，有的已造成事故，对国家和人民群众的生命财产安全构成严重威胁。

3. 设计市场、设备市场、建设市场亟须规范。近两年，由于农村水电迅猛发展；一些不具备设计资质的单位参加农村水电工程设计；一些不具备生产能力或生产技术水平低下的工厂、车间，甚至个人都大量承揽设备制造任务；一些不具备施工资质的建设单位承建农村水电工程等，这些都造成了工程安全、设备安全和生产安全的隐患。

4. 电力体制改革稳步推进，但输配分开尚未提上日程，电网垄断仍未打破。有水发不了电，有电上不了网的问题还可能在某些地方存在。

5. 国务院出台了新的电价政策，但新的电价机制形成尚待时间。

6. 农村水电立法滞后，《农村水电条例》尚未出台。清洁可再生能源发展还没有立法支持。

七、进一步发挥农村水电在经济社会发展中的作用

新时期，中国政府提出了全面建设小康社会的宏伟目标。全面建设小康社会

的难点和关键是农村，特别是广大的西部农村，这些地方拥有丰富的农村水电资源。因此，要充分发挥农村水电在促进农村经济社会发展中的作用，为农村全面建设小康社会提供有效支撑。中国政府实施可持续发展战略，调整能源供给结构，减少温室气体排放越来越引起重视，要充分发挥农村水电在保护环境改善生态方面的作用，为国民经济社会可持续发展做出贡献。

1. 加强农村基础设施建设，改善农村生产生活条件。

2. 开发农村水电，增加农民收入。

3. 开发农村水电，为地方创造更多的 GDP 和财政收入。

4. 加快小水电代燃料生态工程建设，解决山区农民生活燃料，巩固大规模退耕还林和自然林保护成果。

5. 为国民经济和社会发展提供更多的清洁可再生能源，改善能源结构。

6. 把水电站建设和改善河流生态合起来，更加重视通过水电站建设健康河流生态的作用，从规划设计开始就要把解决季节性河流枯水期断流的问题作为重要目标，留足河流生态用水。

以创新求发展[①]

（2001 年 1 月）

这几年，我们认真贯彻党的路线、方针、政策和部党组新时期治水思路，努力克服机构变动带来的不利影响，不断推进水利系统水电及农村电气化工作，取得了较好的成绩。

一、水电及农村电气化建设持续快速健康发展

（一）中小水电迅速发展

近三年，水利系统每年新增装机都在 200 万千瓦以上，最高达 301 万千瓦，1997 年以来中小水电每年投产都在 150 万千瓦以上，1999 年超过 200 万千瓦。“九五”累计投入中小水电建设资金 850 多亿元，累计增加装机 1100 多万千瓦，相当于前 45 年总和的一半。到 2000 年底，水利系统电力装机预计达到 3300 万千瓦，约占全国水电装机总量的 40%，年发电量 1000 亿千瓦时，其中小水电装机达到 2700 万千瓦。四川省水电装机达 470 多万千瓦，居全国第一位，广东、福建、湖南、云南 4 省都达 300 万千瓦以上，浙江、广西达 200 万千瓦以上，江西、湖北、重庆、贵州、新疆等 5 省（区、市）达 100 万千瓦以上。电源结构得到调整改善，电网规模不断扩大。

国务院在《九十年代中国农业发展纲要》中提出，水利系统 90 年代新增水电装机 1500 万千瓦，其中大型水电 280 万千瓦。经过 10 年奋斗，在大型水电站只

① 《中国农村水利水电》2001 年第 1 期，《地方电力管理》2001 年第 2 期。

完成213万千瓦的情况下，中小水电超额完成任务，水利系统实际完成装机1600万千瓦，超额完成了国务院的任务。目前全国1/2的国土、1/3的县、1/4的人口主要由中小水电供电。

（二）农村水电初级电气化县建设成效显著

到2000年底，第三批建成农村水电初级电气化县337个，超额完成国务院部署的任务，累计投入资金317亿元，其中中央资金12.5亿元，1元中央资金拉动了25元社会资金。农村水电初级电气化县建设为加快广大贫困山区和民族地区经济增长、结构调整、人民脱贫致富和生态建设、促进国民经济协调发展做出了重要贡献，发挥了不可替代的作用。

第三批建成的300多个电气化县，从1995年到2000年，国内生产总值从2345亿元增长到4778亿元，增长速度比全国快一倍；县财政收入从150亿元增长到255亿元；农民人均年纯收入由1082元增加到1914元，同比年均增长速度8.1%，是5.4%的全国平均增速的1.5倍，与全国平均水平的差距从500元缩减到296元；工业产值在工农业总产值中的比重5年提高9个百分点；使一大批农业剩余劳动力转移到二、三产业。

电气化县通过治水办电相结合，建成了一批综合利用的水利枢纽工程，加快了河流综合治理，既解决用电问题，又改善农业灌溉和农村饮水条件，提高了防洪抗旱能力。电气化县普遍利用山区治水成库后形成的落差装机发电取得收入，用电的收入弥补水价太低的问题，在山区农村形成了以小水电为龙头、以电补水、水电不分家的水利发展格局，巩固了山区水利，提高水利为农业服务的能力。

我国开发中小水电，建设有中国特色的农村电气化，消除贫困、保护环境，得到了国际社会的高度评价和赞扬。包括欧美发达国家在内的许多国家都积极推广中国发展小水电的经验。有60多个国家130多个政府机构和国际组织参加的国际小水电组织总部设在我国杭州。联合国工发组织国际小水电中心于2000年12月在杭州市成立，这是我国改革开放20年来的一项重要成果。

（三）农网“两改一同价”进展顺利

坚持电力工业改革方向，打破垄断，引进竞争。努力纠正“代管”、“上划”

水电自发自管县电网的错误做法，做了大量的协调工作。经过努力，四川、重庆、广西、吉林、云南、青海、湖北、湖南、广东、山西等省（区、市）相继实行“一省两贷”，坚持独立配电公司的方向，由水利部门负责自发自管县农网改造工作。在深入调查研究的基础上，出了一批有分量的调研报告，以翔实的材料和数据，分析垄断对农村社会生产力的破坏，对农村经济社会发展造成的影响，得到了国务院领导的重视，激起了社会的强烈反响和共鸣。要求改革现行电力体制的呼声日益高涨，国务院已经决定，由国家计委牵头制定我国电力体制改革方案。

提出一些重要的政策建议被国务院和有关部委采纳：自发自管县按独立配电公司方向改革，不要上划、代管；农网改造贷款实行“一省两贷”；用未来电费收益权作为农网改造贷款质押担保，藏族地区农网改造资本金由20%提高到50%；农网改造贷款还贷期延长到20年；西部贫困地区农网改造资本金由国债改为拨款（水利系统得益27亿元）；自发自管县农网改造还贷加价实行全省均摊（国家计委正在做方案）。这些政策的出台大大促进了老少边穷地区、民族地区的“两改一同价”工作。

精心组织，加强管理，加快农网改造进程。水利系统农网改造预计到年底可完成投资80亿元，超过到位计划资金20%。累计新建和改造高低压变电容量475万千伏安，新建和改造高低压线路16.6万公里，改造配电台区45352个，累计完成1828个乡镇电管站的改革工作，新建1183个供电所。实施电管站改革的地方都实现了“三公开、四到户、五统一”，大幅度降低了农村电价，提高了农村供电质量和安全性，得到了农民的热烈拥护，农村用电量显著增加。

(四) 水电企业改革取得实质性进展

贯彻十五大精神，按照建立现代企业制度和水利部水电改革和发展思路的要求，推进水电企业资产重组、机制转换和制度创新。四川、重庆、广西、吉林、新疆、浙江、云南、青海、湖北、湖南、河南等省（市、区）都成立了以产权为纽带的省级水电公司，有的拥有几十亿的资产。四川、重庆、广西、吉林、青海等省级水电公司还作为农网改造的承贷主体，负责自发自管县的农网改造工作，通过农网改造进一步壮大了这些公司的实力，与各县的资产关系更为紧密。广西、吉林水利系统管理的县水电公司均改造成为省水电集团公司的子公司。据不完全统计，全国组建了70多个跨县地区性水电集团，云南省形成了7个地区级有限责任公司或股份有限公司，水电企业规模小、市场竞争力弱的情况得到了改善。

继乐山电力后，四川的明星电力和岷江水电、重庆的三峡水利和乌江电力、福建的闽东电力、浙江的钱江水电等多家水电企业在三年内相继上市。河南水电集团公司出资控股了已上市的四川招商股份，实现了借壳上市。四川永安水电、广西桂东水电、重庆的黔江水电，涪陵水电等一大批水电企业正在积极筹划、准备上市。

二、以创新求发展，努力开创水电及农村电气化工作的新局面

从21世纪开始，我国将进入全面建设小康社会，加快推进现代化的新的发展阶段。新世纪、新目标和新战略，对水电及农村电气化工作提出了新任务：（1）加快中小水电开发，满足山区贫困人口脱贫致富和人民小康生活用电需求；（2）兴水办电，促进江河治理，改善农业基础设施，为提高农业生产能力服务；（3）以农村电气化带动农村工业化和城镇化，促进产业结构的优化升级和小城镇建设，提高经济增长的质量和效益，为经济结构战略性调整服务；（4）开发中西部地区丰富的中小水电资源，促进西部基础设施和生态建设，为西电东送和西部大开发服务；（5）开发中小水电，提高清洁可再生能源的比重，保护环境，通过"以电代柴"促进生态建设，为实施可持续发展战略服务。"十五"水利规划新增水电装机800万～1000万千瓦，建设一批具有调节能力的水库电站和配套电网；建设400个水电农村电气化县。

经过20多年改革开放和发展，我国市场供求关系、经济发展的体制环境和对外经济关系发生了重大变化。"十五"期间，水电及农村水电电气化工作面临新的机遇。一是市场前景广阔。主要由中小水电供电的中西部地区、少数民族地区和东部山区用电水平还很低，1999年人均年用电量仅为全国人均用电量34.7%，为世界人均用电量的15.9%。同时小水电作为清洁可再生能源越来越受到人类社会的重视。随着经济发展、可持续发展战略的实施，提高清洁能源的比重，必然要增加中小水电的供给和消费。二是资源开发潜力很大，已开发中小水电资源不到可开发量20%。三是五中全会把水利建设放在突出位置，水电建设具有兴利除害双重效益，有利于增强地方的自我发展能力，必然能得到各方的重视和支持。四

是山区加快经济发展提高人民生活水平需要进一步开发中小水电，发挥造血功能，促进经济增长、产业结构升级和城镇化。五是我国中小水电资源主要集中在中西部地区，国家实施西部大开发战略和西电东送，有利于加快中小水电开发。六是电力体制改革将为小水电提供新的发展空间和公平竞争的环境。此外，小水电综合经济效益好，加大中小水电开发力度，能够带动社会资金参与基础产业的开发和建设，有利于扩大内需，加快经济增长。面临新的发展机遇，也存在严峻的挑战。电力体制改革，打破垄断，电力市场的竞争会更加激烈；科学技术日新月异，面临人才短缺和科技落后的严峻考验。

新形势和新任务，要求水电及农村电气化工作要紧紧围绕治水思路的转变和电力体制改革的大趋势调整发展思路，开拓进取。“十五”期间要以中小水电及农村电气化建设为主题，以改革和科技创新为动力，抓住机遇，加快发展，促进农村经济社会发展和山区经济发展，为实现城乡经济良性互动和地区经济协调发展服务。工作中要抓好四个创新。

1. 体制创新。要加快调整优化产权结构，积极探索公有制的多种实现形式。按国家法律法规和政策规定，加快减少国有资本在农村水电中的比重，争取3～5年使农村水电行业由国有资本绝对控股转变为相对控股，实现股权多元化，促进经营机制转换。改革投融资体制，实行股份制和股份合作制，鼓励集体、个人和社会资金投资农村水电。推进水电企业战略性改组，通过资产重组，组建实力雄厚、有竞争力的水电企业集团，有条件的企业要规范上市。按电力体制改革方向，自发自管县农村水电及电网企业作为独立配电公司参与电力体制改革。加快“两改一同价”步伐，降低农村电价。

2. 科技创新。提高科技含量，推进发供电生产全过程和管理全过程信息化。现有发供电企业要以降低成本、提高效率为中心，采用新技术、新工艺、新材料、新设备，加快更新改造，淘汰一批损耗大、效率低的发供电设备；新建发供电工程要优化设计，积极采用低耗、高效设备和现代信息技术。要选择有条件的工程从水文测报、水库调度到发电的安全经济运行全过程进行信息化管理试点，总结经验，逐步推广。

3. 管理创新。行业管理要引导水电企业的改革和改组，培育市场竞争主体。积极争取国家建立电力市场准入制度，提高清洁可再生能源在能源生产和消费中的比重。强化服务意识，加强行业规程、规范的制定，推进科学化、规范化管理。

培养、宣传推广典型。水电企业要建立现代企业制度，健全企业法人治理结构，深化企业内部改革，建立行之有效的激励和约束机制。要切实抓好“减员增效”工作，采用离岗培训等多种方式安置企业富余人员，以降低成本、降低电价，增强竞争力。

4. 政策创新。做好调查研究和舆论工作，争取出台清洁可再生能源配额制和绿色能源证书政策，鼓励使用小水电等绿色可再生能源政策，促进生态建设和环境保护，促进可持续发展。农村水电及其电网继续执行6%增值税率，妥善解决增值税进项税抵扣问题。提高农村水电的投资回报，积极引导集体、个人投资农村水电。合理分摊水库电站用于防洪、除涝、灌溉的投资。优先开发具有调节能力的水库电站，实现“流域、综合、梯级、滚动”开发。积极推行财政部关于国家扶贫资金包括不发达地区发展资金、新增财政扶贫资金、“以工代赈”、扶贫开发贷款等可用于农村水电及其电网建设的政策。

中国小水电开发及联网的经验与问题

——在独立分布式发电联网的技术、经济和政策国际研讨会上的报告

（2001 年 2 月北京清华大学）

一、中国小水电开发及联网现状

（一）中国小水电开发建设和发展

中国小水电开发建设已具很大规模。小水电在建规模连续 10 年超过 500 万千瓦，投产规模连续 10 年超过 100 万千瓦，近两年每年投产都超过 150 万千瓦。到 1999 年底，全国已建成小水电站 4 万多座，装机达 2348 万千瓦，占全国水电装机的 32.2%，占世界小水电已开发量的 40%。年发电量 720 多亿千瓦时。

小水电促进了贫困山区的脱贫致富和经济发展。全国 2400 多个县中，1500 多个县开发了小水电，其中近 800 个县，3 亿人口，主要由小水电及其小电网供电。1999 年小水电营业收入达 340 多亿元，年税利近 70 亿元，取得了巨大的经济效益。50 年来小水电开发使数千条河流得到了初步治理，小水电站总库容达 1000 多亿立方米，有效地提高了江河的防洪能力。开发利用小水电符合发展与环境相协调的要求，促进了环境保护和可持续发展。小水电的开发及联网建设不仅较好地解决了发展中国家共同面临的能源、环境和贫困问题，而且还在增强民族团结、促进边疆繁荣稳定方面发挥了巨大作用。

（二）小水电联网情况

小水电联网过程大体经历了四个阶段，目前还存在着这四种形式。

1. 初期，一般都是单个电站开发后，简单拉线就地辐射，就近供电，发供一体。

2. 随着发供一体电站数目的增多，在一个县域内，若干个这种发供一体的小水电站分别联网，形成若干个乡镇电网。

3. 随着开发规模的不断加大和农村电气化事业的发展，县内乡镇电网需要电力电量平衡和电网统一规划，从而连接成县内发供统一的电网。这种县电网有的与国家电网一点联网，实现与国家电网互相调剂电量。目前全国这种小水电自发自供的县级配电网共有 800 多个。

4. 在一些边远山区，为了增加自发自供电网的调节能力，提高供电质量，多个县电网互相连接形成跨县的地区电网。1999 年底，全国共有这种小水电自发自供的地区电网 40 余个，其中最大的地区电网覆盖十几个县（市）。

小水电站与大电网的关系可归纳为以下三种情况：

· 电站直接与国家电网连接，所发电量全部上大电网；

· 通过小电网与大电网连接，实行电量交换；

· 与大电网没有关系，在小水电自发自供的孤立电网中运行，所发电量全部就地消化。

二、中国小水电开发及联网的特点与经验

（一）以县为基础的分散开发管理体制

中国在小水电开发及联网管理方面是以地方为主、以县为基础分散进行的。除了小水电开发及联网的标准及方针政策由国家制定外，其他有关规划、开发、价格、经营、管理、设备制造等均由地方政府和业主根据当地实际确定。

（二）国家对小水电开发及联网给予专门的优惠扶持政策

长期以来，中国政府制定了“自建、自管、自用”等一系列的政策，鼓励地方各级政府和当地群众就近开发山区丰富的小水电资源。

·税赋政策。在1994年新税制之前，小水电只征收5％的产品税，1994年改征6％的增值税，比17％低11个百分点。

·保护小水电供电区政策。国务院文件明确规定“小水电要有自己的供电区”。国家支持农村小水电的分散开发，就近供电，实行自发自供。要求国家大电网要支持地方小水电网，小电网与国家电网联网运行，调剂余缺，互利互惠。

·实行多渠道、多层次、多模式集资办电政策。国家鼓励当地农户个人投资、投劳折资或集体投资，鼓励国内外企业投资，采取股份制或股份合作制，实行“谁投资、谁所有、谁收益”政策。

·“以电养电”政策。国家规定小水电及其电网利润不上缴财政，留给小水电及其电网企业用于小水电开发及电网的滚动发展。

·国家设立小水电专项贷款，用于支持小水电开发及联网建设。有力地推进了小水电的发展和商业化运营。

·政府财政专项引导资金。中央和地方省级财政列专项拨款，引导地方和社会资金投入小水电开发及电网建设。

（三）经济实用的小水电开发及联网技术

中国小水电发展较快，在整个建设中，重视应用新科技、新产品、新工艺，从而形成了与我国农村发展水平相适应的经济实用的小水电开发及联网技术。

·制定一套农村水电初级电气化标准体系。这个标准体系的村小水电建设和经济增长、居民生活水平的提高有机地结合起来。

·在规划上探索出一套发展电源同时发展负荷的方法，充分利用季节性电能。由于中国农村电气化以小水电供电为主，在电力电量平衡中常出现丰水期电力电量有余，而枯水期电力电量不足的矛盾。为了充分利用丰水期电能，鼓励农户在丰水期使用电炊、农作物烘干、田间作业和能够蓄热的电锅炉等；在枯水期这些季节性负荷都减下来，确保正常的生活用电、工农业生产用电、商业用电。

·制定从前期工作到建设、安装、验收、运行等各个环节的技术规程、规范、标准。这些电力行业技术法规，确保了小水电在开发及联网建设过程中，按科学方法保证质量、讲求效益。

·推广新技术。在小水电开发及联网建设中，大力推广应用新技术。主要有碾压混凝土拱坝、面板堆石坝、沥青心墙堆石坝、无人值班技术、氯塑料轴瓦、自动清洁拦污栅、电网优化运行调度、多梯级水库群优化运行、高效转轮、简易水机自动操作器、微型整装机组等。

·培养人才。全国有多所高等院校，专门为小水电开发及联网建设定向招收学生，培养了一大批农村水电机电专业人才。同时，各县设立的工人培训学校，结合实际培养了一批工人技术骨干。

三、中国小水电开发及联网目前面临的问题与建议

（一）面临的困难与问题

·“上划”、“代管”小水电网。我国电力体制基本上是计划经济时期形成的发输配一体的垄断体制，这种体制使一些地方的小水电及其小电网经常面临着大网要“上划”、“代管”的困境，束缚了小水电的发展。

·限制小水电上网电量。一些地方限制小水电站及小电网上网电量，尤其是在电力供需矛盾相对缓和以后，有的小水电站50％以上的水量白白浪费，而另一方面是大电网自己的价格高、污染严重的燃煤电厂满发。

·降低小水电上网电价。目前电价形成机制，不按市场供求关系实行同网同质同价。小水电上网电价一般为0.2元/千瓦时左右，有的低到0.02元/千瓦时。而大电网给小电网下网电价多为0.4元/千瓦时，有的更高。

·把小水电与小火电混为一谈。一些地方认为小水电与小火电都是小，一样对待，停止执行国务院支持小水电发展的政策。不准小水电项目立项，有的立项了也不准开工。

（二）建议

1. 制定促进小水电等清洁可再生能源发展的政策。一是对小水电等清洁可再

生能源实行上网电量配额制，保证清洁可再生能源全额上网，相应地建立发电排放污染物折算加价制度，加价收入用于环境保护。二是继续执行小水电实行6%增值税率，改变按售电计征增值税的办法，将小水电站一次性投资分摊到各年，作为增值税进项予以抵扣。对小水电所得税实行零税率或“两免三减半”政策。三是坚持“小水电要有自己的供电区”的政策，继续实行“以电养电”政策。四是将小水电贷款的还贷期延长至25～30年，降低贷款利率。

2. 加快电力体制改革。一是实行“厂网分开、竞价上网、输配分开、竞争供电”；二是建立电力市场政府监管机制，规范监管程序；三是纠正对小水电自发自管县的上划和代管。

3. 建立科学合理的电价形成机制。改电价制订基于成本为基于市场供求关系定价，逐步形成科学合理的电价形成机制。

《中国农村水电及电气化发展“十五”规划》提出，“十五”期间中国将投产小水电600万千瓦，并建设与之配套的小电网，到2005年全国小水电装机容量将达到3000万千瓦，在建成600个农村水电初级电气化县的基础上，再建设400个水电农村电气化县。

中国小水电及其联网发展前景广阔。

在全国水利系统区域性电网建设与管理经验交流会上的总结讲话[①]

（1992年5月湖南怀化）

一、怀化地区电网建设和管理的经验

这次我们在湖南省怀化市召开全国水利系统区域性电网建设与管理经验交流会，同时参加了怀化地区电网成立10周年的网庆活动。听了怀化电网建设、管理的经验介绍，普遍认为他们的经验主要有以下三点。

1. 怀化地委、行署对地区电网建设十分重视，加强了对地方电力建设和电网管理的领导。地委、行署根据社会、经济发展的需要，充分发挥当地水力资源丰富的优势，提出了狠抓电力建设，发展地方经济，以电力促经济全面发展的战略目标，发动全区人民大力发展中小水电，在发展电源的同时，积极组织和发展跨县地区电网。现在全区开发的中小水电已经有30多万千瓦，年发电量9亿千瓦时。地区电网已拥有装机20万千瓦装机。他们充分发挥自己的资源优势，占有资源，形成了相当规模的水利、水电基础产业，同时拥有了全区的销售市场。

地方电力的发展和电网建设，基本上满足了全区社会经济发展对电力的需要，为贫困山区脱贫致富，为振兴怀化经济做出了重要贡献，取得了很好的经济效益和社会效益，从他们的经验来看，从需要办电到电源点建设，到组建跨县电网，到确定电网的管理方式，都有地委、行署和湖南省水利水电厅领导的关心指导和

① 《地方电力管理》1992年第5期。

大力支持，这是怀化地区水利、水电建设取得巨大成就、形成水利水电基础产业的根本保证。

取得各级地方党政领导的重视，是发展地方电力，搞好管理，发挥效益的关键环节，我们各地水利（水电）部门一定要认真学习怀化地区的经验，加快区域性地方电网的建设和发展。

2. 重视区域性地方电网规划，电网规划切合当地实际。地委、行署决定主要以开发当地水利资源来解决当地的用电需求以后，地区水利水电局自 1978 年就开始抓了地方电网的规划、设计工作，以后几经修改、完善，逐步形成了完整的、符合当地社会经济发展需要的电源、电网发展规划。按照规划步骤实施，1982 年分片形成 2 个小电网；1988 年两片小网连通；1984 年将网架由 35 千伏升为 110 千伏，此后着重建设有调节性能的水库电站；1986 年组成了 6 个县（市）的电网，直至目前，电源、电网建设基本适应了怀化市及联网各县的社会经济发展的用电需要，现在他们正积极按规划要求，建设有调节性能的骨干电源；同时抓紧 110 千伏网架建设，可望在今年内形成 11 个县（市）联网的区域性地方电网。从他们过去的实践，现在的决心和措施，资源条件，以及振兴怀化地区经济的需要看，他们的十年规划和“八五”计划是完全可能实现的。

发展区域性地方电网涉及网内若干个市、县的社会经济发展和资源的综合开发利用，必须要有一个切实可行的全面规划，我们希望有关省、自治区和地区，都要高度重视规划工作，还没有进行全面规划或规划还不完善的区域性电网，都要抓紧做好规划。

搞好了全面规划的区域性电网，还应该抓紧进行前期准备工作，不要因为前期工作跟不上而错过机遇。

3. 强化管理，巩固发展建设成果。怀化地区在大力发展电源、电网的同时，十分重视管理工作。按照湖南省水利水电厅的规定，积极开展“一查五定”、“千分制考核”和标准化建设，使生产现场的管理水平大大提高，电站、电网的安全生产水平也大大提高，他们特别注意协调处理好不同产权关系、不同财务关系的参网各县（市）的权益分配问题。他们成立了在地区水电局领导下的有电网参网各方主管部门和企业主要负责人参加的地区电网管理委员会，并设常设机构，行使“立章、监督、协调、仲裁”的职能，对参网各方的权益分配透明、合理，做到了民主管网，依法治网，既提高了电网的经济效益，也增强了地区电网的向心力、凝聚力，为电网的巩固、发展打下了坚实的基础。

成立电网管理委员会实行民主管网，是怀化办电、管电的一个创举，它体现了地方电力管理的特点。很多省的同志来怀化考察以后，都把他们的这个办法移植回去，有的还有创新。希望怀化地区水电局在怀化地委、行署的领导下，创造更多更好的新鲜经验。

怀化地区电网建设、管理上的经验还很多，比如，实行多渠道、多层次、多模式办电，重视新技术的开发应用，重视人才培养，等等，这些都是值得我们认真学习和借鉴的。

二、区域性地方电网的建设与管理

1. 建设区域性电网的必要性和重要性。

区域性地方电网包括跨县电网、跨地区电网等，它是以市、地、州所在地的县和市为基础的，它的形成和发展是为当地农村和地方经济的发展、振兴服务的，它主要面向农村，为农业、乡镇企业、地方工业和城乡人民生活用电服务，为建设具有中国特色的农村电气化服务，它是水利基础产业重要的不可分割的组成部分；也是水利基础产业中最有活力的组成部分。我国幅员辽阔，经济发展不平衡，城市、县镇、农村用电点多面广、差异性大，国民经济的迅速发展和人民物质文化生活水平的不断提高，电能紧张的矛盾将会长期存在。当前许多省、市、区乃至全国都严重缺电，特别是农村缺电更为严重。目前全国将近还有 2 亿农民没有用上电，用上电的水平也很低。老少边山穷地区更是特别需要以水电开发为龙头，启动经济发展推进社会进步，走脱贫致富、共同富裕的道路。在国家经济建设财力不足，以及当前中央、地方财政分灶吃饭的情况下，尤其需要调动中央和地方两个积极性，坚持两条腿走路，所以大小电网并举，两种管电体制并存，互补、互惠、互利，各有侧重，共同发展，将是长期的客观存在，这也是由中国的国情决定的。正因为如此，最近国务院领导同志要求到 2000 年再发展水电 4500 万千瓦，其中要求水利系统发展 1500 万千瓦，实现这一要求，2000 年水利系统电力将达到 3200 万千瓦，相当于 70 年代中期全国的总电力装机容量。

综上所述，随着中小水电的发展，建设区域性地方电网是必然的趋势。建设区域性地方电网，有利于资源的综合规划、开发，有利于电源和负荷的同步发展，更好地应用资源，发挥效益。对于调节地、市、县之间，县与县之间的电力余缺，缓解全国性的电力紧张局面，普及用电，促进老少边山穷地区地方经济和社会发展，建设具有中国特色的农村电气化，有着现实和深远的意义。现在起我们应逐步把工作重点放在巩固原有的和发展新建的区域性地方电网上来，在投资上给予倾斜。

2. 区域性地方电网的管理体制。

体制问题属于生产关系范畴，要通过改革束缚生产力发展的生产关系，促进社会生产力的发展。大小电网的矛盾，地方电网内部地、县之间的权益矛盾等，都是长期的客观存在，就本质上讲，它是推动电力工业发展的重要动力，问题是要妥善处理好各方面的权益分配关系，既要重视技术方面的自然属性，也要重视经济方面的社会属性，既要按自然规律办事，又要按经济规律办事，这里的核心问题一是办电、管电、用电的自主权问题，主要是处理好经济权益关系；二是坚持实行投资主体多元化、投资来源多渠道的方针，认真贯彻谁投资、谁所有、谁管理、谁受益，界定产权，保护投资者的权益原则。现阶段组建区域性电网，应该坚持以下几点要求。

（1）在指导思想上，对于不同产权的电站、电网联网要保持其所有权、经营管理权和使用权不变，地区电网和县电网应该实行两级实体、两级核算、公平分配、合同调度的原则，区域性电网应该维护县电网的实体地位，县电网要树立依托区域性电网的观念，支持区域性电网经济实体的形成，保持参网各县电网供电区的相对独立性。

（2）在供需平衡上，要积极创造条件，提高区域性电网的调节能力，修建有调节能力的水库电站和配套火电，运用价格杠杆，促进电源、电网和负荷的配套建设。

（3）在经济利益分配上，参网各企业都是经济实体，应该坚持平等互利、等价有偿的原则，区域性电网地区公司的经营者要树立正确的经营思想，为了提高电网的凝聚力、辐射力，要从全局出发，以保障全网的安全、经济运行。

（4）要完善调度体系和手段。区域性电网实行统一分级调度。严格按联网经济合同（协议）、当地电力分配政策和通过民主协商共同制定的章程、决议编制运行方式，实行统一分级调度，做到团结办网、民主管网、依法治网，确保电网安全。

（5）在管理形式上，要因地制宜，不搞一刀切。无论哪种形式，妥善处理好不同产权的实体之间的权益关系，都要结合技术、经济、行政手段，以保证电力调度、权益分配能够做到公正、公开、公平。可以借鉴怀化的经验，成立电网管理委员会，在地区水电局领导下，发挥立章、监督、协调、仲裁的职能，有的地方结合本地实际，实行所有权、经营权、调度权"三权"分离；有的按股份制组建区域性电网经济联合体；有的在特定条件下搞区域性电网一个实体；等等，这些形式在充分调查研究的基础上取得共识，都可以探索、试验。

（6）要努力搞好地方电网和国家电网的关系。在建设和管理上，国家电网积累了丰富的经验，要本着团结治网、互谅互让、平等协商、合同调度、共同发展的原则，主动协商解决好国家电网与地方电网之间的权益矛盾，积极取得当地政府的支持。

（7）搞好区域性电网建设，必须要有中长期规划，按照规划，分步实施，不能盲目发展。对规划好、能够尽快提高自主供电能力、效益好的区域性电网，部里将给予重点扶持。在电源上要择优安排发展有调节性能的水库电站、配套火电和蓄能电站，这是巩固和发展区域性电网的关键。按照规划，电网的网架建设可以适当超前，至少要做到与电源建设同步发展。电网网架目前以 110 千伏为主，根据发展，也可以考虑 220 千伏。在骨干电源和网架建设上，应该提倡县与县联办，省、地、县联办，社会可以参股。我们一定要进一步解放思想，抓住有利时机，加快步伐，促进区域性地方电网的建设和发展。

认真搞好“十五”水电农村电气化建设

——在贵州、陕西、四川等省水电农村电气化建设工作会议上的讲话摘要

一、2001年12月在贵州贵阳[①]

贵州省农村水电及电气化县建设，在省委、省政府的领导下，坚持以改革促开放，以开放求发展，充分调动社会、群众办电的积极性，农村水电建设取得了可喜的成绩，发电装机容量超过100万千瓦，建成了21个农村水电初级电气化县，超额完成了国务院下达的任务。21个初级电气化县的国内生产总值、财政收入、农民人均纯收入、人均用电量，都实现了5年翻一番，10年翻两番，取得了显著的经济效益、社会效益和生态效益，有力地改变了老少边穷地区群众生产生活条件，对保障和促进全省地方经济社会的可持续发展做出了重要贡献，为全国创造了经验。

在总结15年农村水电初级电气化建设成就与经验的基础上，国务院批准“十五”全国建设400个水电农村电气化县，这对实施西部大开发战略和可持续发展战略，推动地方经济社会发展，有着重要的现实意义。

进入21世纪，人与自然的和谐共处成为人类生活的头等大事。江泽民总书记在“七一”讲话中指出，要促进人与自然的协调与和谐，正确处理经济发展同人口、资源、环境的关系。党的十五届五中全会提出，要加强人口和资源管理，实

① 《地方电力管理》2002年第1期。

现可持续发展。小水电作为清洁可再生能源，越来越广泛地得到全世界的肯定。发展小水电，有利于促进退耕还林改善生态环境，有利于人口、资源、环境的协调发展，有利于水资源和水能资源的可持续利用。朱镕基总理多次指示，要大力发展小水电，解决农民燃料和农村能源问题，促进退耕还林和天然林保护，保护生态，改善环境，发展贫困山区、民族地区经济，增加地方财政收入，增加农民收入，在这方面要给予扶持。温家宝副总理最近指出，发展农村水电、建设农村电气化，是实现农业、农村现代化的重要条件，提出农村水电要坚持为农业、农村、农民服务的方向，要把农村水电建设同经济建设、江河治理、生态保护、扶贫开发结合起来，进一步搞好治水办电，实施小水电代燃料工程，加快农村电网改造，提高农村电气化水平，为促进农村社会经济发展做出更大的贡献。农村水电历来都受到党中央、国务院和社会各界及国际社会的高度重视和支持。新时期，农村水电肩负着解决农民燃料和农村能源，促进退耕还林和天然林保护，保护生态，改善环境，促进中西部贫困地区、少数民族地区和革命老区经济社会发展和人民脱贫致富的历史使命。要认真学习和贯彻江泽民总书记、朱镕基总理、温家宝副总理的重要指示，要认真贯彻最近召开的全国农村水电暨“十五”水电农村电气化县建设工作会议精神，紧密结合贵州实际，充分发挥地方和群众积极性，坚持两条腿走路的方针，坚持电力工业改革的方向，积极开发农村水电，扎实工作，把贵州的水电农村电气化建设推向一个新的高潮。

要坚持电力体制改革的方向，积极推进现代企业制度改革。汪恕诚部长在这次全国农村水电暨“十五”水电农村电气化县建设工作会议中指出，中国的电力体制改革第一步应先搞发电端的改革，配电端、供电端的改革以后再说。改革的步骤这么安排，并不意味当前的改革可以不考虑下一步改革的需要。小水电有两种情况，一种是小水电发电后直接上国家电网，像浙江大多数是这种情况，现在是协议定价，将来电力体制改革形成竞价上网以后，就直接报价，用市场竞争的办法取得电价，这属于在发电端参加的改革。另一种情况，现在小水电厂多数有自己的小电网。小电网大部分是和大电网相连的，小电网电有富余的时候就上大电网，电不够的时候就从大电网购电，也就是说我们的小水电厂有自己的供电区。从配电端、供电端的改革来看，独立配电公司，允许有自己的供电区，供需直接见面，卖期货，是提倡的。大电厂将来也要卖期货。美国的农电合作社电富余了就上大电网，电不够了由大电网来补给。法律上规定要保护，只要有电，大电网必须吸纳，鼓励使用清洁能源。因此，小电网要受法律保护上大电网，这是符合电力体制改革方向的。现在有些做法，如上划、无偿调拨都是不可取的。我们要认真学习、深刻领会汪部长讲话的精神。坚持电力体制改革方向，坚持独立配电公司方向。要建立健全水利水电国有资产监管体系，明确国有水电资产出资人，确保水利水电资产的保值增值。逐步完善以资产为纽带的经营管理体系，条件成熟时，要积极组建跨县、跨地区、跨所有制的水利水电产业集团，发挥规模优势，提高竞争力。

二、2001年12月在陕西西安①

陕西省农村水电及电气化县建设在省委、省政府的领导下，高举邓小平理论伟大旗帜，认真贯彻落实党的十五大精神，积极实施可持续发展战略，通过优化投资环境，充分调动社会办电积极性，超额完成了国务院下达的任务，使陕西省近1/3的县实现了农村水电初级电气化，取得了显著的社会效益、经济效益和生态效益，改善了老少边穷地区群众生产生活条件，对保障和促进全省经济社会的可持续发展发挥了不可替代的作用。“九五”期间，陕西农村水电建设资金投入、建设规模均创历史最好水平，装机规模连年持续稳定增长，保持了良好的发展态势。

进入21世纪，人与自然的和谐共处成为人类生活的头等大事。江泽民总书记在“七一”讲话中指出，要促进人与自然的协调与和谐，正确处理经济发展同人口、资源、环境的关系。党的十五届五中全会提出，加强人口和资源管理，实现可持续发展。小水电作为清洁可再生能源，越来越广泛地得到全世界的肯定。发展小水电，有利于促进退耕还林改善生态环境，有利于人口、资源、环境的协调发展，有利于水资源和水能资源的可持续利用。朱镕基总理多次指示，要大力发展小水电，解决农民燃料和农村能源问题，促进退耕还林和天然林保护，保护生态，改善环境，发展贫困山区、民族地区经济，增加地方财政收入，增加农民收入，在这方面要给予扶持。温家宝副总理最近指出，发展农村水电、建设农村电气化，是实现农业、农村现代化的重要条件。农村水电历来受到党中央、国务院

① 《地方电力管理》2002年第2期。

和社会各界及国际社会的高度重视和支持。新时期，农村水电肩负着解决农民燃料和农村能源；促进退耕还林和天然林保护，保护生态，改善环境；促进中西部贫困地区、少数民族地区和革命老区经济社会发展和人民脱贫致富三大历史使命。发展农村水电、建设水电农村电气化，是国务院部署的一项光荣而艰巨的任务，是水利部门和各级地方政府的重要职责。各级地方政府和有关部门要切实负起责任，从实践“三个代表”重要思想的高度，把“十五”水电农村电气化县建设作为富民兴邦的大事列入任期目标和重要议事日程。要健全各级电气化组织机构，落实责任制；要落实中央现有农村水电及电气化建设的方针政策，制定地方的水电农村电气化建设相关政策措施，创造良好的建设环境。要多渠道筹集资金，加大对农村水电及电气化资金的投入力度。要明确各级水利部门指导水电农村电气化建设的行政职能，健全水电管理机构。水利部门作为农村水电及农村电气化建设的组织实施部门，要以对党和人民高度负责的精神和“献身、负责、求实”的水利行业精神，积极工作，勇挑重担，当好政府参谋。要把农村水电纳入水利发展总体规划，统筹兼顾、综合开发、合理安排，治水与办电协调发展。全面完成水电农村电气化县建设任务，充分发挥农村水电经济效益、社会效益和生态效益高度统一的优势，为农业、农村现代化做出更大贡献。

从21世纪开始，我国进入全面建设小康社会，加快推进社会主义现代化建设的新的发展阶段，这对农村水电及电气化工作提出了新的更高的要求，机遇与挑战同在。让我们认真学习贯彻江总书记“三个代表”重要思想和朱镕基总理、温家宝副总理关于发展农村水电的重要指示，认真贯彻落实全国农村水电暨“十五”水电农村电气化县建设工作会议精神，坚持农村水电为农业、农村、农民服务的方向，抓住机遇，坚定信心，扎实工作，全面开创新时期农村水电及电气化建设的新局面！

三、2002年3月在四川成都①

四川水能资源可开发量1.03亿千瓦，农村水电可开发量2146万千瓦，是名副其实的全国第一；目前全省地方电力发电装机达到460万千瓦，其中农村水电

① 《地方电力管理》2002年第4期。

420 万千瓦，年发电量 180 亿千瓦时；170 个县建设了农村水电，有 113 个县主要由地方电网供电、约占全省总县数的63%，有3700 个乡（镇）主要由地方电网供电，约占全省乡镇总数的 73.5%。到 2000 年，四川共建成农村水电初级电气化县 104 个，超额完成30 个，“十五”要建设水电农村电气化县60 个，是全国最多的。四川在全国率先实行农网改造“一省两贷”，率先实施农网改造全省加价均摊还贷政策。由水利系统实施农网改造的县达 100 多个，到 2001 年底，累计完成第一期农网改造投资 49.2 亿元，超额 7%完成了国家下达的投资计划，预计第二期农网改造投资计划 35 亿元，四川水利系统农网改造将新增资产 80 余亿元。四川在全国率先组建省级水电产业集团公司，拥有上市公司 3 家，拥有规范化股份制企业 59 家。在全国率先完成小水电代燃料工程规划，上报国家计委和水利部。2000 年地方电力企业销售收入 45 亿元，实现税利 9 亿元，其中纳税 4.4 亿元，利润 4.6 亿元；地方电力经营性资产总额 198 亿元，均居全国第一。

四川农村水电一直保持持续快速健康发展，取得了显著的经济效益、社会效益和生态效益。省委、省政府十分重视农村水电事业的发展。四川农村水电之所以能够保持持续快速健康发展，正是由于省委、省政府长期重视和正确领导。四川农村水电及电气化改革发展工作一直处于全国领先地位，在全国举足轻重，是全国农村水电改革发展的政策创新策源地，是农村水电发展的“领头雁”，为全国农村水电的改革与发展做出了突出贡献。

汪部长讲，中国的电力体制改革一定要把握住两条，一条是要保护全社会办电的积极性，这样才能真正得到发展；另一条是绿色能源问题，实现绿色能源中国最现实的就是水力发电。中国水能资源可开发量达 3.78 亿千瓦，现在才开发了 7000 多万千瓦，而水电在整个电网的装机比重不到 20%，发电量的比重不到 15%，中国的水电发展还很有潜力。要发展水电，不解决体制问题是不行的。

从历史上来看，很长一段时间农村电网建设中央是不投资的，完全是由地方政府和农民自己集资办起来的。等到发展起来了，又收走了，不是太打击积极性了吗？全国的农电三种体制，自发自供县、趸售县和直供直管县，三种体制的改革是不一样的。我觉得小水电对地方的财力本身就是一种力量，保护地方的财力作为中国来讲也是需要的，无偿划拨的结果等于是进了中央企业资产。在市场经济的情况下，把自己的管理搞好，降低成本，降低电价永远是第一位。要好好地加强管理，好好地把自己的体制、机制理顺，发展是最重要的。我们要认真学习、宣传汪部长在全国农村水电及电气化会议上的讲话精神，结合四川实践，把会议精神落到实处。

国务院电力体制改革方案即将出台，我们要按照电力体制改革的要求，坚持独立配电公司的方向，抓好农村水电改革。四川水电产业集团经过 3 年多的资产经营和农网改造，目前包括子公司、参股公司已发展到成员企业 110 多户，经营性资产达 150 亿元的规模。要尽早确立国有农村水电资产出资人代表地位，进一步建立和完善出资人制度，并通过充实完善法人治理机构，加强资产运营管理，增强集团凝聚力，把产业集团做实做强。没有加入产业集团的市（州）和县独立电站（厂），可以加入进来，也可以组建几个区域性或流域性发电公司，以适应电力体制改革的要求，在电力市场上统一报价，参与竞争，规范运作。

认真总结“十五”经验　做好新一轮电气化建设规划[①]

（2005年8月北京）

上世纪80年代初，在邓小平同志亲自倡导下，国务院决定在农村水电资源丰富的地区，开发农村水电，建设中国特色农村电气化。“七五”至“九五”期间全国共建成了653个农村水电初级电气化县，取得了巨大的成就，有力地促进了国民经济发展和社会进步。进入新世纪，国务院又批准“十五”期间全国建设400个水电农村电气化县，今年即将全面完成。“十一五”水电农村电气化县建设即将启动，现就新一轮电气化县建设规划问题，讲一点意见。

一、“十五”水电农村电气化县建设的成就和经验

“十五”水电农村电气化县建设取得了促进经济社会发展的巨大成就，创造了一些宝贵经验。

（一）不断满足广大山区经济社会发展的需求

截至2004年底，400个电气化县累计完成投资526亿元，新增农村水电装机696万千瓦，占全国农村水电新增装机总数的70%以上，水电的持续快速发展不断满足广大山区经济社会发展的需求。这些县人均年用电量、户均年生活用电量比2000年分别增长70%以上和50%以上，分别由2000年的360千瓦时和322千

① 《中国农村水电及电气化》2005年2/3合刊。

瓦时，增加到 2004 年的 623 千瓦时和 499 千瓦时。

水电农村电气化极大地推动了农村水电发展。这几年投产装机都在 300 万千瓦左右，实现了超常规跨越性发展。2004 年全国新增农村水电装机 450 万千瓦，相当于三峡电厂 6 台 70 万千瓦特大型机组投产。目前在建规模 2000 多万千瓦，是上世纪 70 年代初期全国电力建设总规模。年完成投资近 400 亿元，是上世纪 80 年代初全国电力年投资的 3 倍。截至 2004 年底，全国农村水电装机容量达到 3875 万千瓦，占全国水电装机的 37%，年发电量 1344 亿千瓦时，占全国水电发电量的 33.7%。农村水电发电量占我国可再生能源发电量的 99%。

（二）促进中小河流的综合治理

电气化建设发展了以农村水电为龙头的山区水利，提高了防洪抗旱能力。400 个电气化县 4 年使上万条中小河流得到初步治理。湖北省 24 个水电农村电气化县经过 4 年建设，初步治理中小河流 500 余条，实行梯级开发，增加库容 3 亿立方米，提高了防洪、灌溉、城乡供水能力，同时带动了小流域综合治理和水土流失治理。

（三）加强农村基础设施，改善农民生产生活条件

各地通过电气化建设，促进了农村基础设施和公共实施建设，改善了农村生产生活条件。4 年来，400 个县的农村水电开发和电气化建设，共新建和改造乡村公路道路 3 万多公里、110 千伏及以下高压配电线路 19.5 万公里。新增水库库容 66 亿立方米，增加灌溉面积 2300 万亩，促进了粮食增产和人畜饮水困难的解决。农村用电、饮水、卫生、文化、教育、广播、电视、通信、交通等条件都随之得到有效改善。四川射洪县在电气化建设中协调各方力量，统筹各方资金，实施“六通三化”工程，实行农村水通、电通、路通、气通、电话通、光纤电视通，以电气化促进农业产业化、农村城镇化、农民生活小康化。贵州普安县在电气化建设与小水电代燃料建设中，广泛开展“五通、五化、五改”（通电、通路、通水、通广播电视、通电话，美化、绿化、亮化、净化、电气化，改路、改电、改厨、改厕、改厩），改善了农村生产生活条件，农村面貌发生了深刻的变化。吉林临江市，4 年间水电开发中筑路 178 公里，受益 68 个自然屯，从根本上解决了 7900 余

户农民出行难、生产资料调入难、产品运出难的“三难”问题，结束了当地农民肩挑背驮的历史，为农村的土地、矿产、旅游开发、山水林田综合治理和商品流通铺平了道路。

(四) 促进农民增收

各地在电气化建设中，以农村水电建设为载体，以增加农民收入，提高农民生活水平为目标，支持农民以土地、劳力、材料和“相关补偿”等入股办电增加收入；鼓励农民在农村水电建设中打工，优先吸收有文化的农民在电站、电网企业中当工人；支持乡村集体办农村水电，壮大集体经济；降低农村水电电价，促进农民减负增收；在国有资本的引导下，引入社会资本兴办农村水电，推进农村经济社会发展，均收到显著效果。2004 年，400 个水电农村电气化县农民人均年纯收入达到 2415 元，同比增速是全国的 1.25 倍。江西铜鼓县红苏村全村 450 多人，已建和在建的农民股份合作制小水电站 7 座，总装机容量 3085 千瓦，年收入 220 多万元，每年人均小水电收入达 4700 多元，全村 1/3 的农民成为水电工人，红苏村由原来靠山吃山的“林业村”，变成了借水发财的“水电村”。湖南桂东县沤菜村以农村水电建设为载体，实行股份制办电，使农民长期稳定地从水电站直接获得分红收入，1999 年人均纯收入仅 506 元，目前农民人均年纯收入达到 3108 元，比 1999 年翻了两番多。2003 年桂东县水庄村建设了水庄水电站，除保证农民分红外，年满 60 岁的老人可领到一份“养老补助”，还为全村教育、医疗、社会保障和其他公益事业提供资金。

(五) 促进城乡协调发展和区域协调发展

400 个水电农村电气化县 80%分布在中西部地区，85%属于老少边穷地区，有近 200 个国家扶贫开发重点县，有 162 个少数民族县，有 103 个县位于祖国边陲。这些地区都是需要国家重点支持的农村地区。电气化县建设发挥农村水电资源优势，大力发展农村水电，增强农村造血功能，带动了农村工业化、城镇化，促进了县生产总值增长，400 个水电农村电气化县国内生产总值达到 1.1 万亿元，年均增速是全国的 1.78 倍，工业增加值占工农业总增加值的比重增长了 7.4 个百分点。大量农业劳动力转移到二、三产业。县财政收入达到 696 亿元，年均增长

17%。电气化县经济发展速度明显高于全国农村平均水平，400 个电气化县农村水电直接提供的税收平均占全县财政收入的 9%，有的县高达 70%。水电农村电气化促进了农村产业结构调整和升级，促进了国内生产总值增长、县财政收入的增加，推动了农村经济社会全面发展，加快了西部地区、贫困地区发展速度。

（六）促进和谐社会建设

400 个水电农村电气化县中有 162 个少数民族县，占 40.5%。电气化建设促进了民族地区的发展。云南省地处祖国西南边陲，46 个边疆民族贫困县经过 4 年水电农村电气化建设，由于水电工业及其相关产业的发展，工业增加值由 40.9 亿元增长为 88.7 亿元，增长 117%，是全国增长速度的两倍多；农业增加值由 107.7 亿元增长为 157.8 亿元，增长 46.5%，也高于 44.2%的全国增长速度。

开发农村水电，建设农村电气化有力地促进了老少边穷地区社会事业的发展。400 个电气化县电视覆盖率超过 95%，学龄儿童入学率普遍在 95%以上，X 光机、B 超机、CT 机等医疗设备进入农村卫生院所，电化教学手段进入山乡中小学校，文化、教育、卫生、体育事业有了长足发展。电气化县建设解决了 2000 万无电人口的用电问题。少数民族地区、革命老区、边疆地区和贫困地区的人民群众在发展农村水电及电气化事业中直接受惠，提高了生活质量，分享了祖国改革开放成果，切身感受到党和政府的关心和支持，密切了党和群众的血肉关系，巩固了党的执政基础和地位，人民群众更加拥护党的领导和改革开放事业。电气化建设促进了边疆政治稳定，经济繁荣，民族团结，人民安居乐业。

（七）促进人与自然和谐相处

2004 年，400 个水电农村电气化县农村水电发电量相当于 2340 万吨标准煤，减少排放 3500 万吨二氧化碳和其他大量有毒有害气体。这些县平均森林覆盖率增长是全国森林覆盖率增长的二倍多。陕西、湖南、广西、黑龙江、安徽的水电农村电气化县平均森林覆盖率分别达到 52.55%、54.96%、57.21%、62.32%、69.32%，远远高于 2004 年全国平均森林覆盖率。吉林省的水电农村电气化县平均森林覆盖率达到80%。电气化县还利用丰水期电能开展小水电代柴，一年减少薪材用量358万吨，保护森林面积3800万亩。九寨沟、海螺沟、张家界、峨眉山、康巴草原、神农架等著名风景区几乎都是农村水电供电，都是水电农村电气化县。云南景谷傣族彝族自治县，电气化的建设与小水电代燃料的实施，有效地控制了对森林的乱砍滥伐，退耕还林还草面积不断扩大，在林纸工业每年消耗木材90万立方米的情况下，全县森林覆盖率上升到74.9%，既为林纸工业作为省、市、县的重要产业提供了可靠的资源保障，又实现了“不见炊烟起，但闻饭菜香”。许多地方从吃“木头”，变成吃“水头”。用小水电做饭、取暖，不再砍树烧柴，群山叠翠、四野漫绿，山更美了，水更净了，天更蓝了，草更青了。许多电气化县建设项目成了当地和全国的生态旅游景点。电气化县建设保护了生态，美化了环境，促进了人与自然和谐相处。

二、用科学发展观指导新一轮电气化建设规划

新时期，党和国家确定了以人为本，全面、协调、可持续的科学发展观，新一轮水电农村电气化县建设中，我们要全面贯彻落实。

（一）继续坚持促进协调发展建设和谐社会的方针

第一，新一轮电气化县建设要以科学发展观为指导，认真总结推广“十五”电气化县建设的先进经验和做法，继续在促进城乡协调发展、区域协调发展、经济社会协调发展、人与自然和谐相处上下功夫，求实效，做出更大的贡献。

第二，电气化县建设项目布局和投资力度要进一步向西部地区、老区、民族地区和贫困地区倾斜，要努力争取各级政府增加这方面的投入。农村水电不仅资源丰富，而且单个资源规模不大，广泛分布，特别是其区位分布与贫困山区、老区、民族地区的区位分布吻合。这些老少边穷地区大都是山区，交通不便，信息不灵，由于历史原因，经济社会文化都比较落后。农民增收的门路很少，农民可依靠增收的资源和机遇也很少。丰富的小水电是国家扶助农民增收致富最好的切入点和突破口。小水电是一种稀有资源，政府不投资，社会上有钱人就大量投资，无偿地占用这些宝贵资源，造成资源分配的严重不公，资源分配的不公就会导致

社会分配的严重不公，让贫困农民失去希望。

第三，要切实贯彻中央关于向西部地区倾斜、向农村倾斜的方针，研究制定这些地区农民开发小水电在税收、信贷等方面的切实可行的优惠政策，如允许农民用未来电站的股权作质押，获得银行一定额度的贷款，扶贫资金用于农民贴息贷款，等等。

第四，要进一步加强西部地区农村水电及电气化工作的管理，水行政主管部门要健全机构，选配得力干部。全面落实水行政主管部门水能开发利用管理和农村水电行政管理职能，尽快解决一些地方职责不明确、机构不健全、权责分离、无序开发、管理混乱、事故频发的局面。特别是要加强农村水电规划和项目前期工作，加强农村水电设计市场、建设市场、设备市场和产品市场的监管。加强国有农村水电资产的监管，防止流失，要坚决制止各种侵占国有农村水电资产的腐败行为。

（二）继续坚持为“三农”服务，增加农民收入的宗旨

要坚持通过开发农村水电资源，形成广大山区农村的发电和供电生产力，增强这些地区的造血功能，带动其他资源的开发，把山区的资源优势变成经济优势。

要通过农村水电的开发带动相关产业的发展，带动农村产品加工业，山区特色产业的发展，进一步把农村水电的开发利用与水利旅游风景区的建设结合起来，与当地的历史文化和风土人情结合起来，带动山区农村观光旅游业和休闲旅游业的发展，引导农村劳动力的转移，促进农村产业结构优化调整。

要通过农村水电的开发和电气化建设，改善农村基础设施和公共设施，特别是以水电站建设为龙头，在提高发电供电能力的同时，带动乡村公路、防洪灌溉设施、人畜用水设施以及广播、电视和信息设施的建设。

要通过农村水电的开发和电气化建设，促进改善农村生产生活条件。要推广贵州普安的经验，以农村水电站和电气化建设为龙头，统筹农村交通、卫生、扶贫、改水等方面的投资，把改电与改水、改路、改厨、改厕结合起来，提高投资效果，真正为农民办实事，提高农民的生活质量。

要认真研究开发农村水电促进农民增收的机制和政策。要研究农民投资入股、投劳入股、小额贷款入股、国家补助入股等方面的政策和办法、措施，把国家对

农民的补助，变成农民开发和利用当地丰富水电资源的资本，使农民依托农村水电资源，以开发农村水电站为载体，把国家对农民的补助量化为水电站的股权（即将国家的货币补助转变为资本补助），从而使农民年复一年从水电站的发电收益中分红，形成农民增收的长效机制。

要认真贯彻《可再生能源法》，依法保护农民利益。特别是要依法解决好小水电全额上网的问题、小水电合理电价的问题，《可再生能源法》在 2006 年 1 月 1 日开始实行，水行政主管部门作为执法主体，要切实执行《可再生能源法》，依法解决好上网难和电价低的问题，依法保护农民利益，促进农村水电的健康发展。

要切实加强农村水电站的生产技术管理和经营管理，克服从上到下普遍忽视农村水电站管理的倾向。农村水电站与大水电站比，规模小，个数多，底子薄，基础差，广泛分散在边远贫困山区，交通不便，信息不灵，技术力量弱，管理力量弱，领导往往也不够重视，大型水电站全国不过百十座，5 万千瓦以下的农村水电却有 4 万多座。大水电站规模大，技术先进，资金雄厚，技术力量和管理力量也雄厚，各级领导都重视，其生产技术管理和经营管理有章法，反而相对好解决，小水电则千奇百样，外部环境也千奇百样，它的管理不同于大水电，但要将镶嵌在辽阔中华大地的几万座夜明珠真正管理好，却不是一件容易的事，要比管好大水电困难得多。因此各级领导切不可掉以轻心。今后五年在水电站管理上要抓好两件事。第一件是全面贯彻水利部《农村水电技术现代化指导意见》，以全面推广微机技术、通信技术、信息技术、新材料、新工艺、新设备为基础，按指导意见的要求全面推进无人值班、少人值守目标的实现，从而从整体上提高农村水电的技术含量和装备水平。第二件是对全国农村水电站全面进行一次清理评价和登记，同时建立年检制度，评价主要是对工程及设备、生产经营和安全管理三方面的主要问题进行评价，分别确定为 A、B、C、D 级。A 级要求高，基本达到无人值班水平，C 级要限期整改，D 级则要停产整改。整改仍达不到要求的要报废或拆除。A 级在信贷、税收、干部选拔等方面都享有优先权。而 D 级则要停止各项优惠政策，降低工资待遇。在全面进行一次拉网式清理评价登记基础上，建立定期年检制度，及时调整评价等级，实行动态管理，从而建立起水行政主管部门行业管理的长效机制。

（三）认真实施《可再生能源法》，贯彻“在保护中开发，在开发中保护”的方针

《可再生能源法》规定了水能分部门分级管理的体制，各级水行政主管部门要认真搞好水能资源的开发利用管理工作。要按照水能资源合理开发永续使用，同时维护河流健康生命的原则加强河流综合利用规划和水能开发规划的制定和修编，省管以下河流相当部分没有综合利用规划，即使有规划也存在深度不够，或者没有按时进行修编，还存在着河段规划代替全河规划，专业规划代替综合规划，企业规划代替政府规划的情况。做好规划工作是落实科学发展观，实现在保护中开发，在开发中保护方针的前提和基础。也是实现水能永续利用，河流健康生命的前提和基础，必须首先抓好。

要更加高度重视生态问题，把保护和改善生态作为重要任务，维护河流的健康生命，认真对待和科学处理水电对生态的影响。坚持以人为本，按照国家有关政策，妥善解决好移民问题，保障移民合法权益；要深入研究河流生态用水标准和保护措施，规划设计、工程建设、运行管理等各阶段都要确保生态用水与环境保护工作；农村水电站绝大多数河流都是自然季节性河流，这就为水电建设提出了艰巨而光荣的任务：通过水电建设，解决季节性河流枯水期断流问题。实现建设水电站的同时，改善河流生态。

要认真研究河流健康生命的标准；积极探索水电工程有利于生态的建设方案、调度模式等，实现水电开发与生态环境协调发展。实现建一座水电站，健康一条河流，美化一片国土，造福一方百姓。

要继续做好清除“四无”水电站隐患的工作，水行政主管部门要加强水电开发项目的立项审查和初设审批工作，核准项目的水能资源开发许可管理，加强建设过程的管理，严格竣工验收。切实解决当前一些地方管理混乱、无序开发、破坏生态和威胁安全的局面。

要加强水能资源的开发使用权管理，解决好资源利用上的社会不公，解决好水能开发利用中越来越突出的利益纠纷，维护社会公平，维护社会安定。

（四）建立五年一个台阶的连续建设、动态管理的发展机制

新时期水电农村电气化县建设实行五年一个台阶，连续建设，动态管理，滚

动发展，不断满足农村全面小康社会建设的需求。

五年一个台阶，连续建设。不像初级电气化建设那样，五年达到初级电气化标准后，就换另一批县，再开始初级电气化县建设，而是选定一批符合条件，严格按照要求积极开发水电，开展电气化建设的县，五年一个目标，连续建设。

动态管理，年度考核。对那些积极性不高，管理无力，不能按照要求开展电气化县建设的，实行淘汰制，补充其他积极性高，具备条件的县参与建设，实行动态管理，有序竞争，更好地发挥国家投资效益，形成以电气化县建设为龙头，带动全国农村水电的开发和利用，整体推进全国水电农村电气化建设一浪一浪向前进。

第八篇

小水电代燃料生态保护工程

提出并大力推进小水电代燃料生态保护工程，解决农民燃料和农村能源，保护山林植被，巩固退耕还林和天然林保护成果。

以小水电代燃料工程为龙头，配套推进乡村改厨、改水、改厕、改圈、改路。农村生活环境大改善，农民生活质量大提高，妇女从烟熏火燎中解脱出来，农民由衷欢迎。

小水电代燃料生态保护工程连续8年被写进中央一号文件，在全国推广。

❖

2003年12月，全国小水电代燃料工程启动仪式在四川广安举行。中央和国家多个部委有关负责同志、各省（市、区）和新疆建设兵团发改委和水利厅有关负责同志、有关地县代表参加会议

❖

2003年，贵州省麻江县小水电代燃料电站开工，农民载歌载舞

❖
2001年，《贵州都市报》刊登的贵阳市花溪区农村居民砍柴归来

❖
2003年，小水电代燃料前贵州普安村民陈凤家厨房，烟熏火燎

❖
2004年，小水电代燃料后陈凤家厨房，春光明媚，前后差别两重天

❖
2004年，从灶台上解放出来的妇女从事手工编织

❖

2004年，以小水电代燃料生态保护工程为龙头，带动农村改厨、改灶、改路、改厕、改水，农民直接收益，再现当年土改时的积极热情

❖

2004年，清洁的家园，美丽的村庄

❖

2005年5月，国家发改委、水利部和贵州省人民政府在贵州普安召开全国小水电代燃料试点现场会。中央国家机关多个部委有关负责同志，各省（市、区）和新疆建设兵团发改委、水利厅有关负责同志、有关市县负责同志参加会议

❖

会场外的热切期盼

新世纪　新使命　新开局[①]

——新世纪农村水电要肩负起保护和改善生态环境的新使命

（2002年6月）

新世纪我国进入了全面建设小康社会，加快推进社会主义现代化建设的新的发展阶段。党中央、国务院制定了新世纪治水方针，水利部党组确立了从传统水利向现代水利和可持续发展水利转变，以水资源的可持续利用保障经济社会可持续发展的治水新思路。党中央、国务院对水利工作高度重视，水利地位空前提高，水利事业迎来难得的发展机遇，进入了新的历史时期。农村水电以新世纪、新使命的姿态迎来了又一个鲜花盛开的春天。

新世纪的第一个春天，朱镕基总理在湖南考察时指出，保护和改善生态环境，已到了刻不容缓的地步。要切实搞好退耕还林、封山育林。在退耕还林中，要重视抓好农村能源结构的调整，解决居民生活所用燃料问题。在有条件的农村，要推广蜂窝煤、沼气，特别要大力发展小水电，这方面要给予扶持。6月，朱镕基总理在四川考察时再次指出，要采取各种形式，处理好退耕农民的当前生计和长远致富问题。大力发展小水电、沼气等，解决农民的燃料和农村能源，把退耕还林和调整产业结构紧密结合。要使中央关于退耕还林的政策真正落到实处，保证退得下、稳得住、能致富、不反弹。朱镕基总理在四川甘孜州考察时指出，你们的能源结构现在很明显，不许砍树，那不就得靠水电吗？靠煤炭那距离很远。开发水电是民族地区发展的希望，无论如何要让水电能很好地发展，这样就能保护生态环境。水电是你们最好的资源，最便宜的能源，你们要好好开发，使农民用到便宜的电，改善人民生活，也为你们增加财政收入。8月，朱镕基总理在贵州

---

① 2001年度《中国水利年鉴》。

考察时再三强调，要解决好退耕农民当前生计和长远发展生产问题，支持农民发展当地有资源优势和有市场需求的产业，要通过发展小水电、沼气等解决农民的燃料和农村能源问题，防止滥伐山林，保护退耕还林成果。朱镕基总理关于要大力发展小水电的多次讲话，一是退耕还林保护生态刻不容缓，要保证退得下、稳得住、能致富、不反弹，就必须解决农民燃料和农村能源问题，要从源头上解决这个问题，就要大力发展小水电；二是开发农村水电要同退耕农民的当前生计和长远致富、长远发展结合起来；三是开发农村水电要同农村经济结构调整结合起来，增加地方财政收入，促进社会经济发展，加快脱贫致富。

温家宝副总理于 11 月指出，发展农村水电、加快农村电气化建设，是实现农业和农村现代化的重要条件。改革开放以来，这项工作取得显著成效。到 2000 年底，农村水电已遍布全国 1/2 的地域、1/3 的县市、1/4 的人口，累计使 6 亿多无电人口用上了电，特别是中西部地区、老少边穷地区有了水电的带动，经济社会发展和人民生活发生了重大变化。实践证明，党中央、国务院关于发展农村水电的决策是正确的，是符合广大人民群众根本利益的。从新世纪开始，我国进入全面建设小康社会，加快推进社会主义现代化建设的新的发展阶段，这对农村水电工作提出了新的更高的要求。水利系统广大干部职工要认真学习贯彻“三个代表”的重要思想，坚持为农业、农村、农民服务的方向，把农村水电建设同经济建设、江河治理、生态保护、扶贫开发结合起来，进一步搞好治水办电，实施小水电代燃料工程，加快农村电网改造，提高农村电气化水平，为促进农村经济社会发展做出更大的贡献。国务院领导的讲话充分体现了党中央、国务院对农村水电的高度重视和亲切关怀，朱镕基总理和温家宝副总理的讲话站在全局的高度，指明了新时期农村水电的发展方向，提出了新时期农村水电肩负的新的历史使命，把农村水电及电气化建设在国民经济和社会发展中的地位提到实现农业农村现代化的新高度，这对我们深入领会邓小平同志亲自倡导的农村水电电气化建设的构想，按照江泽民总书记“三个代表”的要求，进一步认识农村水电及电气化的历史地位和作用，做好农村水电及电气化工作，加快贫困地区、少数民族地区和革命老区的经济发展和社会进步，具有十分重大的意义。

2001 年国务院批准“十五”期间全国建设 400 个水电农村电气化县，充分体现了党中央国务院对农村水电及电气化工作的高度重视。加强农村水电及电气化建设是实践“三个代表”重要思想，促进农业农村社会经济全面发展的重大举措。

水电农村电气化建设是在农村水电初级电气化县建设的基础上，建设适应新时期经济社会发展要求，具有较高电气化水平的农村电气化；是在中小水电资源丰富的贫困山区、民族地区、革命老区和边疆地区，结合江河治理兴水办电，既解决当地用电问题，又培育优势产业，带动关联产业，增强造血功能，统筹发电、供电和用电，协调扶贫、资源、生态和水利建设，有效解决人口、资源、环境问题，有效形成农村社会生产力，把当地资源优势转变为经济优势，促进地方的经济发展和社会进步。这 400 个水电农村电气化县 80%分布在中西部地区，85%属于老少边穷地区，涉及 25 个省、区、市，近 2 亿人口，200 万平方公里，规划建设总投资 500 多亿元。按照建设标准，乡通电率要达到 100%，户通电率达到 98%以上，用电保证率达到 95%以上，人均年用电量超过 500 千瓦时，户均年生活用电量超过 400 千瓦时，线损率低于 12%，小水电代柴面达到 30%。加强农村水电及电气化建设，是改善农村生产、促进农村社会生产力发展的重要措施，是加强农村精神文明建设，推进农村先进文化发展的重要措施，是改善农业农村生产生活条件，是山区脱贫致富的治本方式，代表着广大贫困地区、民族地区和革命老区广大人民的根本利益。党中央、国务院历来十分重视农村水电及电气化工作。1982 年开始在邓小平同志支持下，经过三个五年计划建设，全国累计建成了 653 个农村水电初级电气化县，涉及人口 2.52 亿，面积 274 万平方公里，82%以上位于中西部地区，80%以上属老少边穷地区。这 653 个电气化县基本上实现了人均用电量、国内生产总值、县财政收入、农民人均纯收入“5 年翻一番、10 年翻两番”的目标，城镇化进程明显加快，经济结构、经济状况和社会面貌发生了重大变化，充分反映了党和国家对贫困山区、少数民族地区、革命老区和边疆地区广大人民群众的关怀。目前全国有 1500 个县开发了小水电，全国共建成中小水电站 4.8 万座，全国有 800 个县主要靠中小水电供电。累计解决了近 6 亿无电人口的用电问题。治水办电结合，形成了上千亿库容，使数千条河流得到初步治理，在防洪、灌溉、供水、水土保持等方面发挥了重要作用。

为贯彻落实国务院“十五”建设 400 个水电农村电气化县的目标任务。2001 年 11 月 21—22 日在人民大会堂隆重召开了“全国农村水电暨‘十五’水电农村电气化县建设工作会议”，会议全面总结了过去 15 年连续三批特别是“九五”农村水电初级电气化县建设取得的成就和经验，表彰了第三批农村水电初级电气化县建设先进集体和先进个人，部署了“十五”期间全国 400 个水电农村电气化县建设。中共中央政治局委员、书记处书记、国务院副总理温家宝代表国务院向会议致信，指出了新时期农村水电及电气化建设的方向、目标和任务。水利部汪恕诚部长做了重要讲话，陈雷副部长做了工作报告，财政部张佑才副部长做了重要讲话，国家计委有关领导也做了讲话。中央财经工作领导小组办公室、中央政策研究室、国务院研究室等有关部门的领导同志，湖南、甘肃、四川、新疆等省（区、市）领导和各省（区、市）计委、财政、水利、物价等部门负责人，电气化地（市）、县专员、州长、市长、县长、先进集体和先进个人代表，水利部机关司局、直属单位的领导和代表 500 多人参加了会议。中央电视台在《新闻联播》进行了报道，新华社播发通稿，人民日报、中央电视台等多家新闻媒体进行了大量宣传报道，在全国产生了轰动效应。

会上汪恕诚部长全面论述了农村水电及电气化建设在国民经济和社会发展中的地位和作用，新时期农村水电及电气化建设面临的大好发展机遇，指明了新时期农村水电及电气化发展的方向。汪部长还深刻论述了电力工业体制改革的重大理论和实践问题，分析了电力体制改革的重要性和当前的一些认识问题，全面阐述了电力体制改革的指导思想、目标任务和具体方案，指出电力体制改革一定要打破行业垄断和地方垄断，把握住保护全社会办电的积极性和绿色能源问题，指出必须把电网大小和市场范围这两个概念分清楚，指出农村水电坚持独立配电公司的方向，允许有自己的供电区，供需直接见面。财政部张佑才部长要求各级财政部门加大投入力度，优先安排建设资金，支持水电农村电气化县建设，促进农业和农村经济发展。国家计委高俊才副司长表示各级计划部门要加大支持力度，优先安排水电农村电气化县建设项目。会后，各地纷纷贯彻会议精神。湖南省委、省政府联合召开全省农村水电暨“十五”水电农村电气化县建设工作会议，省委副书记、常务副省长周伯华做重要讲话，分管副省长庞道沐做工作报告。水电农村电气化县建设正在全国各地全面铺开，开局很好，进展顺利。

2001 年的农村水电建设成就辉煌，取得了历史性的突破。一是全年全国水利系统水电基建投资突破 250 亿元，达到 291 亿元，新增水电装机 266 万千瓦，其中农村水电装机为 171 万千瓦，创历史新纪录。全国水利系统水电总装机达到 3674 万千瓦，年发电量 1133 亿千瓦时，其中农村水电装机 3120 万千瓦，年发电量 954 亿千瓦时。农村水电作为清洁可再生绿色能源，体现了与时俱进的强大生命力。二是全面完成水利系统一期农网改造，农村电价大幅度下降。截至 2001 年底，全国水利系统完成一期农网改造投资125.8亿元，为到位资金的114.2%，其中四川水利系统完成投资48.5亿元，超额完成了国家下达的投资计划。今年水利系统农村电网改造累计新建和改造110千伏变电站68座、35千伏变电站569座、110千伏线路1544公里、35千伏线路9168公里、10千伏线路7.95万公里、低压线路21.13万公里，对2474个乡镇电管站进行了改革，新建供电所1974个，完成了7.07万个配电台区的改造。实现了“三公开、四到户、五统一”，农村电价大幅度降低，农村用电量显著增加，得到了广大农民群众的拥护。针对电力体制改革中出现的上划代管农村水电自发自供企业、搞虚拟股权控股等问题，深入开展调查研究，提出了一些有分量的调查报告，得到国务院领导同志的重视。提出了一些重要的政策建议，一些政策建议被国务院和有关部委采纳，出台政策。如自发自供县按独立配电公司方向进行改革的政策；农网改造贷款实行“一省两贷”的政策；以未来电费收益权作为农网改造贷款质押担保的政策；农网改造贷款还贷期延长到20年的政策；民族地区农网改造资本金增加到50%，由中央财政支付的政策；特别是农网改造还贷在全省（区、市）范围内加价均摊，实行“一省两贷”的省（区、市）建立农网还贷资金的政策。这些政策极大地促进了老少边穷地区的“两改一同价”工作和全国农村水电行业的改革与发展，为老、少、边、穷地区的发展做出了贡献。

推进农村水电改革，实施农村水电资产战略性重组。自1997年水利部提出水电改革与发展思路以来，水利系统水电改革步步深入，针对农村水电资产分散、企业规模小、管理粗放的问题，按照建立现代企业制度和水利系统水电改革发展思路的要求，积极推进水电企业的结构调整、资产重组和制度创新。继四川、重庆、广西、吉林、新疆、浙江、青海、河南等省（区、市）之后，2001年云南、湖北、湖南、河北、山西、安徽也成立了以资产为纽带的省级水电公司。至此，共有17个省（区、市）组建了省级水电公司，有的拥有几十亿元的资产，有的被省级政府明确为水利水电国有资产的出资人代表。四川、重庆、广西、吉林等省级公司还作为水利系统农网改造的承贷主体，负责全省自发自供县的农网改造。全国还组建了70多个跨县的地区性水电公司。1997年以来，四川的“明星电力”和“岷江水电”、重庆的“三峡水利”和“乌江电力”、浙江的“钱江水利”相继上市，2001年福建的“闽东电力”、广西的“桂东水电”又敲钟开盘，河南水电集团公司出资控股四川招商股份实现了借壳上市，至此在我国股市上形成了业绩稳健的中小水电板块。四川“西昌水电”已通过证监会“股票公开发行核准”，新疆“新水股份”和四川“永安水电”、“大渡河水电”等一大批水电企业正在抓紧筹备上市。树水利雄风，加快农村水电企业进入资本市场，发展农村水电上市公司，带动中小水电结构优化，促进农村水电行业加快改革发展。

在对广东、湖南、浙江、四川、甘肃、新疆等省（区、市）农村水电生产现场进行深入调研的基础上，提出了以提高农村水电综合竞争能力为目标，以体制创新、机制创新、管理创新为动力，用现代科学技术、现代管理方式来建设农村水电、管理农村水电，实现农村水电现代化的思路。同时选择湖南郴州作为示范，进行电站、电网及企业管理方面的现代化试点。

我国开发小水电，建设有中国特色的农村电气化，解决国际上共同关心的能源、环境和消除贫困问题的经验，得到了国际社会的高度评价和赞扬。世界上许多国家，包括欧美发达国家都在积极推广中国发展小水电的经验。由60多个国家和地区，140多个政府机构和国际组织组成的国际小水电组织总部设在中国杭州。2000年联合国工发组织批准在中国杭州成立了国际小水电中心，是迄今为止联合国在中国境内设立的第一个法律框架内的组织，2001年6月，国际小水电协调委员会在印度召开第7次年会，印度总统和印度总理分别致电祝贺。会上选举产生了第三届国际小水电组织管理机构，水利部农村水电及电气化局局长程回洲当选主席，国际小水电中心主任童建栋当选总干事。经过推荐克鲁吉亚公共和国总统谢瓦尔拉泽任名誉主席，中华人民共和国外经贸部副部长龙永图任顾问。

新世纪第一年，农村水电肩负新使命，开创新事业，全面启动了小水电代燃料生态保护工程规划。水利部响应朱镕基总理要大力发展小水电、保护生态、改善环境等一系列重要指示，4月中旬开始，组织调研组赴湖南、安徽、四川、重庆、云南、贵州、广西、甘肃、青海、新疆等10个省（区、市）进行了广泛深入的调查研究，听取了省、市、县有关领导、部门、专业人员的介绍，走访了大量乡、村和农牧户，与基层干部和农牧民群众座谈，同时征求国务院有关部门的意见，形成了省县两级《小水电代燃料生态保护工程规划纲要》和《规划编制说明》。12月在成都召开了全国小水电代燃料生态保护工程规划研讨会，到阿坝州茂县进行实地考察。全国县级和省级小水电代燃料生态保护工程规划全面启动。小水电代燃料生态保护工程将和水电农村电气化县建设一样，成为推进农村经济发展和社会进步的旗帜。

12月召开了学习贯彻“关于坚持电力工业体制改革方向，搞好农村水电体制改革”的研讨会。会议认真学习国务院5号文件，分析全国农村水电面临的形势、机遇、挑战和改革的思路和对策。各地都表示要抓住机遇，迎接挑战，制定切实可行的改革方案，扎实工作，积极进取。

2001年是农村水电及电气化事业锐意改革、全面推进的一年。展望未来，农村水电以实践“三个代表”重要思想为使命，与时俱进，前程似锦。

国家应尽快组织实施小水电代燃料生态保护工程①

（2003 年 5 月）

国家实施退耕还林、天然林保护工程以来，有效地解决了陡坡开荒和森林过度采伐的问题，但农村居民烧柴问题仍然没有解决，严重影响了退耕还林的有效实施。20 世纪 90 年代我国每年森林消耗量达 3 亿多立方米，其中农村居民生活用柴占 40%，有的山区占 50%～70%。国务院批准全国“十五”期间年森林采伐限额为 2.23 亿立方米，其中农民烧材限额为 0.64 亿立方米，而 2001 年全国农村居民实际消耗薪柴 2.28 亿立方米。过量砍伐树木，导致水土流失加剧，河湖淤积，洪水泛滥，造成严重自然灾害。最近联合国环境规划署报告指出，农民做饭、取暖烧柴是造成“亚洲棕云”的重要原因，是造成东南亚地区严重自然灾害的主要原因，严重威胁全球生态环境。

党中央、国务院对农民烧柴问题十分重视，多次指示要大力发展小水电，解决农民燃料和农村能源，巩固退耕还林成果，保护生态环境。2001 年，朱镕基同志在考察湖南、四川和贵州时多次指示，要大力发展小水电，解决农民燃料和农村能源问题，促进退耕还林，保护和改善生态环境，解决好农民的当前生计和长远致富问题，在这方面要给予扶持。时任国务院副总理温家宝指出，要进一步搞好治水办电，实施小水电代燃料工程，为促进农村经济社会发展做出更大的贡献。2002 年，中共中央 2 号文件指出，节水灌溉、农村水电、乡村道路等作为国家重点支持的农村中小型基础设施，要放在更加重要的位置，继续加大投资力度。国务院颁布的《退耕还林条例》中规定：各级人民政府应当根据实际情况加强沼气、小水电、太阳能、风能等农村能源建设，解决退耕还林者对能源的需求。《国务院

① 国务院发展研究中心《经济要参》2003 年第 31 期。

关于进一步完善退耕还林政策措施的若干意见》指出，为巩固生态保护工程成果，中央将对小水电等农村能源建设给予补助。时任国务院副总理温家宝还在全国抗旱和农田水利基本建设电视电话会议上指出，开展小水电、沼气、太阳能替代燃料的试点，巩固退耕还林成果。2003 年中共中央 3 号文件要求启动小水电代燃料试点，巩固退耕还林成果。胡锦涛总书记在中央农村工作会议上指出，要加大农业基础设施建设力度，尤其要增加对节水灌溉、人畜饮水、乡村道路、农村水电等的投入。

根据党中央、国务院的指示精神，水利部广泛深入开展了小水电代燃料生态保护工程的调查研究和规划工作，组织 10 个专家组深入湖南、四川等 10 多个省（区、市）进行了深入的调查研究，听取地方政府、有关部门和基层单位干部和群众的意见，各地也积极开展广泛调查研究，先后走访了 2 万多家农户，进行典型调研。经过近两年的努力，全国 886 个县（市、区、旗）编制了县级《小水电代燃料生态保护工程规划》，25 个省（区、市）和新疆生产建设兵团编制了省级《小水电代燃料生态保护工程规划》，经各省级综合部门审查后，报国务院或水利部。在调研和各省（区、市）规划的基础上，水利部组织编制完成了《全国小水电代燃料生态保护工程规划》（简称《规划》）。《规划》形成初稿后，多次召开座谈会、研讨会，征求中国科学院、中国工程院两院院士、有关专家的意见和中财办、中农办、国家计委、财政部、中央政策研究室、国务院研究室、国务院发展研究中心、农业部、林业部、西部开发办等有关单位、地方政府的意见。各方面专家和代表普遍认为，小水电代燃料生态保护工程是巩固退耕还林成果、保护生态环境的战略举措，也是解决农村、农业和农民问题的重要举措；规划基础扎实，规模适当，措施明确，切实可行。建议国家尽快组织实施。目前《全国小水电代燃料生态保护工程规划》已通过水利部审查。

一、小水电代燃料生态保护工程规模与投资

小水电代燃料生态保护工程规划范围包括退耕还林区、自然保护区、天然林保护区和水土流失重点治理区内小水电资源丰富的地区，涉及 25 个省（自治区、直辖市）和新疆生产建设兵团共 886 个县（市、区、旗、垦区、林场）。除可利用天然气、煤炭、秸秆、太阳能、风能、沼气等解决部分地区农村居民的生活燃料

外，可实施小水电代燃料的规划面积有22.26亿亩，涉及2830万户、1.04亿人。根据各地水文气象特征、自然地理特点、水能资源条件和经济发展水平，将全国小水电代燃料规划区划分为西南区、西北区、东北区、长江中下游区、黄淮海区和东南沿海区等6个规划区，分别进行规划。西部地区森林植被的破坏，加剧了水土流失、洪水泛滥和土地荒漠化，生态脆弱，环境恶劣，不仅造成长期贫困落后，而且对东部地区的防洪减灾、生态安全和社会经济发展构成威胁，是实施小水电代燃料生态保护工程的重点地区。西部地区规划小水电代燃料为1706.5万户、6348.7万人。

“十五”期间，从2003年至2005年，在退耕还林区、生态特别脆弱地区、少数民族地区、革命老区和贫困地区等当前急需解决农民燃料问题的地区，开展试点，建设小水电代燃料工程示范区，稳定地解决286万户、1100万农村居民的生活燃料和农村能源问题。重点在西北区和西南区。

“十一五”期间，在示范区建设的基础上，对生态特别脆弱，农民生活燃料直接威胁退耕还林、天然林保护成果的地区，进一步扩大小水电代燃料生态保护工程建设，稳定地解决684万农户、2630万农村居民的生活燃料和农村能源问题。重点在西北区、西南区及其他一些重点地区。

“十一五”以后，随着国力的不断增强，加大投入力度，在西南区、西北区、东北区、长江中下游区、黄淮海区和东南沿海区全面实施小水电代燃料生态保护工程，长期稳定地解决1860万户、6670万农村居民的生活燃料和农村能源问题。

根据小水电代燃料生态保护工程的规模、国家投入强度和地方配套能力，拟从2002年开始到2020年，用18年时间，基本完成小水电代燃料生态保护工程，长期稳定地解决2830万户、1.04亿农村居民的生活燃料和农村能源问题，需新建代燃料装机2403.8万千瓦，新增年发电量781.2亿千瓦时。

小水电代燃料生态保护工程总投资1272.62亿元。其中，新增电源投资1226.05亿元，电网工程投资35.89亿元，辅助工程总投资10.68亿元。

二、实施小水电代燃料生态保护工程的作用

实施小水电代燃料生态保护工程，对保护生态环境，促进农村经济社会的可持续发展，实现全面建设小康社会目标，具有重要的现实意义和深远的历史意义。

一是巩固退耕还林成果和改善环境的保障。实施小水电代燃料生态保护工程，可长期稳定地解决规划区内农村居民生活燃料，保证退耕还林退得下、稳得住、能致富、不反弹。全国农村居民消耗薪柴 2.28 亿立方米，相当于 1.59 亿农民全天候烧柴。小水电代燃料可从根本上解决 1.04 亿农民的烧柴问题。每年减少砍伐薪柴 1.49 亿立方米，有效保护森林 3.4 亿亩，提高森林覆盖率，减少水土流失，保护和改善生态环境，减少自然灾害。

二是使千家万户农民直接受益，明显提高了生产生活条件，促进全面实现小康社会。小水电代燃料生态保护工程可使 1 亿多山区农民不再为砍柴付出大量艰苦的劳动，不再受千百年来烧柴的烟熏火燎之苦，明显改善生产生活条件，从根本上改变农民的生产生活方式，促进农村精神文明建设和农村社会全面发展，是新时期全面建设小康社会，实现农村第三步发展战略目标的重大战略举措，是实践“三个代表”重要思想的具体体现。

三是实践中央积极财政政策，扩大消费，拉动内需，促进经济增长的重要措施。实施小水电生态保护工程可有力地带动建筑、运输、商业、机械、电子、电器等行业的发展，增加农民收入，扩大农村消费市场，促进农村居民的消费，拉动内需，促进农村经济和整个国民经济的持续、健康、快速发展。

四是西部大开发战略的重要组成部分。西部地区小水电资源丰富，但目前开发程度较低，农民人均用电量不到全国的 30%。小水电代燃料生态保护工程规划的重点是西部山丘区，这些地区的社会经济相对落后，人民生活水平相对较低。实施小水电代燃料生态保护工程，可使这些地区丰富的小水电资源得到开发利用，改善西部地区的基础设施，巩固西部地区退耕还林和天然林保护成果，建设西部绿色屏障，同时可将资源优势转变为经济优势，加快这些地区脱贫致富的步伐，提高农村社会生产力，实现西部地区农业和农村现代化，缩小与中东部地区差距。

五是促进可持续发展。农村水电是清洁可再生能源，可年复一年，永续使用，既能改善河流生态环境，又能减少温室气体排放，符合我国能源结构调整的方向和世界能源消费潮流，有利于我国能源的可持续利用。实施小水电代燃料生态保护工程，可带动以农村水电为龙头的中小河流治理开发和山区水利建设，形成“以林涵水，以水发电，以电养水，以电兴工，以电护林”的良性循环，促进水资源的综合开发和可持续利用。

六是实践我国对保护和改善全球环境向全世界所做承诺的具体体现。联合国关于全球气候变化的框架公约，要求在今后半个世纪内把目前占全球电力生产80%的矿物燃料发电，降到25%左右。《京都议定书》要求，2002年至2012年期间，工业化国家二氧化碳排放总量要在1990年水平基础上降低5.2%。我国是世界第三大能源生产国和第二大能源消费国，二氧化碳年排放量占全球总量的13.6%，居世界第二。朱镕基同志在南非可持续发展世界首脑会议上，向全世界宣布我国政府正式核准《京都议定书》。实施小水电代燃料生态保护工程，每年减少二氧化碳2亿多吨，二氧化硫92万吨，保护人类赖以生存的地球，是实践中国政府向全世界做出庄严承诺的具体体现，有利于树立我国良好的国际形象。

三、实施小水电代燃料生态保护工程的有利条件

1. 小水电具有明显的资源优势。我国小水电资源非常丰富，居世界第一，可开发小水电资源量达1.28亿千瓦，主要分布在长江上中游、黄河上中游和珠江上游。目前，已开发小水电资源3100万千瓦，开发率为23 %，尚有近1亿千瓦的宝贵资源未被利用，开发潜力巨大。目前我国靠烧柴做饭、取暖的农村居民，主要分布在中西部地区，特别是长江上游、黄河中上游的退耕还林区、自然保护区、天然林保护区和水土流失重点治理区，与小水电资源的分布基本一致。小水电资源及其区位分布能够长期稳定解决这些地区农村居民的生活燃料问题。

2. 小水电具有突出的价格优势。小水电站规模较小，工程相对简单，基本没有移民和淹没赔偿问题，就地发电，就地供电，不需要高电压远距离输送电，发供电成本低。目前全国农村平均到户电价为0.68元/千瓦时左右，城乡同网同价后为0.50元/千瓦时左右，而全国小水电自发自供县平均上网电价0.232元/千瓦时，农村平均到户电价0.324元/千瓦时。国家给予适当扶持，通过分散开发、就地供电、加强管理，不同地区小水电代燃料到户电价可降到0.18元/千瓦时、0.26元/千瓦时，农民基本可以承受。

3. 实施小水电代燃料工程具有良好条件和基础。多年来，为解决农村照明和工农业生产用电，开展了农村水电初级电气化建设和农村电网改造；农村水电在规划、设计、施工、运行、试验研究、人员培训等方面积累了丰富的经验，建立了一整套规程、规范和标准；全国拥有十几万人的农村水电科技和管理人才队伍；四川等一些地方进行了小水电代燃料的探索。卧龙自然保护区、九寨沟等一些著

名风景区成为无烟区，康定跑马山恢复了旧日郁郁葱葱的景象。阿坝州的大多数城镇小水电代燃料户都达到50%以上。湖南莽山天然林停采后，林场通过开发小水电实现森工企业顺利转产。安徽新桥村大力开发小水电，不仅实现小水电代燃料不花钱，还每年户均分红1200多元。这些地方小水电代燃料不仅保护了森林和草原，还改变了农民传统生活方式，增加了农民收入，受到农民群众一致欢迎。

四、主要措施

1. 切实加强领导。小水电代燃料生态保护工程是巩固退耕还林、天然林保护建设成果的重要举措，各级政府要将此项工程列入重要议程，落实行政首长负责制。各级水行政主管部门要切实负起责任，采取积极有效措施，做好组织实施工作。各有关部门要采取有效措施积极支持，加快建设。

2. 加大资金投入力度。小水电代燃料工程是农村中小型基础设施，是以保护生态为目的的非盈利性公益工程，建设资金采取中央、地方、群众、社会多渠道解决。国家要在政策和资金上重点支持，地方要统筹安排西部开发、扶贫开发、以工代赈、农村基础设施建设资金，要纳入小水电代燃料工程建设项目。

3. 加强管理，严格监督。小水电代燃料工程的建设、管理和运营按照项目法人责任制、招标投标制、建设监理制的要求，严格工程建设管理、审计监督和资金管理，确保工程建设顺利进行。

4. 积极推动科技进步。以现代通信技术、计算机技术和信息技术为龙头，积极推广应用新技术、新材料、新产品，提高小水电代燃料生态保护工程的科技含量、技术装备水平、运行管理水平和安全管理水平，降低小水电建设和运行成本，提高小水电代燃料生态保护工程的综合效益。

只争朝夕　抓紧做好小水电代燃料试点工作[①]

——在全国小水电代燃料试点工作会议上的讲话

（2004 年 3 月北京）

去年 12 月 30 日，国家正式启动了小水电代燃料试点，投资计划陆续下达。各地积极性很高，一些地方提前开工建设，一些地方还千方百计组织一部分资金先垫资建设。目前，全国的试点项目进展情况大致分成四种情况。

第一种情况，2004 年 5 月份以前电站能够投产，占 25％左右。其中个别电站在 3 月份就可投产，5 月份就可验收。对于这种情况，当前主要是贯彻小水电代燃料试点工作会议精神，按照水利部《关于加强小水电代燃料建设管理的通知》和小水电代燃料验收办法的要求，重点抓好体制、机制和管理的进一步实践和完善，按照验收规程的要求全面实现目标。

第二种情况，2004 年 8 月份以前电站可以投产，占 40％～50％。这类项目电站都已进入主体工程建设阶段，当前在抓好电站建设投产的同时，要下大功夫抓项目区建设，抓管理体制和运行机制，抓制度办法的建立和完善。

第三种情况，电站到年底可以投产，占 10％～20％。对这类项目，要逐个进行分析，抓住控制工期的关键，重点攻关，重点突破，力争提前。同时，要着力抓好项目区的体制机制和管理建设，争取在年底前硬件、软件都能达到《小水电代燃料验收规程》的标准。

第四种情况是到 2004 年年底电站投产还有困难的，占 10％左右。对这类项目，首先党委政府要加强领导，高度重视，对项目的每个环节进行认真解剖，影响进度的问题是什么，用什么办法去解决，千方百计争取提前，到年底前验收。

---

① 《中国水利》2004 年第 6 期。

总体上看，各试点省（区）都做了大量工作，但也有个别项目确实存在不可忽视的问题，必须采取坚决、果断的措施加以解决。根据上述情况，部里初步安排4月左右选择1～2个试点召开一次全国小水电代燃料试点现场会，总结推广经验，进一步推进试点工作。6月份左右进行第一个项目验收，7、8月份要验收60%左右，10月份验收达到80%～90%，争取更高一些。云南的剑川县和腾冲县，广西的全州县，贵州的普安县，山西陵川县，四川天全县，组织得较好，创造了一些宝贵经验，有的出台了一些小水电代燃料相关优惠政策；有的制定了一系列的管理制度和办法；有的在实践保障小水电代燃料长期有效运行的体制和机制方面已取得了很好的经验。针对当前试点工作实际，我讲几点意见。

一、提高认识，明确任务

小水电代燃料工程是农村水电建设的重要内容，是农村重要的中小型公共设施和基础设施，是以人为本，科学发展观的具体实践，党中央、国务院非常重视。朱镕基总理、温家宝总理、回良玉副总理先后对小水电代燃料多次发表重要讲话，作出重要批示，2003年中共中央3号文件部署启动小水电代燃料试点。水利部把小水电代燃料列为三个亮点工程之一。最近，汪恕诚部长要求把小水电代燃料试点工作作为水利工作的大事抓好。从事这项工作的同志必须进一步提高认识，高度重视。

小水电代燃料的任务，一是解决农民的烧柴问题，保护退耕还林和森林植被，改善生态；二是改善农民生活条件和农村卫生条件；三是解放劳动力，增加农民收入。这些是小水电代燃料工作的出发点和落脚点。三者相辅相成。解决了农民的烧柴问题，可以改善农民生活条件，可以把农民从繁重的砍柴劳动和束缚中解放出来，从事其他劳动，增加收入；农民增加了收入、改善了生活条件，得到了实惠，就能够稳定地解决不砍柴问题，有效地保护退耕还林和森林植被，改善生态。任务明确，目标明确，我们的工作才能突出重点，抓住关键，有效推进。

二、抓住重点，科学实践

试点要解决的重点问题，一是电价，电价能否降低到农民能够承受的程度；

二是农民用了便宜电不再砍树，获得解放的劳动力，找到了增收的门路，增加了收入；三是代燃料电站国家出资建起来，怎么保证电站功能长期不变，保证代燃料生态目标的持久实现。

关于代燃料电价，据我们调查，农民人均年纯收入不同，承受能力不同，农民人均纯收入分别为1200元、2000元、2500元和3000元，可接受的代燃料电价分别为0.18元/千瓦时、0.22元/千瓦时、0.26元/千瓦时和0.33元/千瓦时。只要控制得好，完全可以把电价降到农民能够承受的水平。在电价问题上，要考虑农民的承受能力，但不是一刀切，越低越好，这样会造成新的不公平。同时，我们要考虑国家的承受能力，要做到农民能承受，国家也能承受。这样这件好事就可以发展起来，使更广泛的农村、农民受益。否则，国家承受不了，就难以发展。

关于代燃料农民不再砍柴和增加收入问题。要加强组织引导和宣传，要积极创造条件，让从砍柴劳动中解放出来的农民，找到新的就业门路，或者外出务工，或者因地制宜，从事特色农业和特色副业生产，增加收入，改善生活条件，提高生活水平。农民尝到了甜头，不再上山砍柴的问题自然也就解决了。四川、广西一些试点项目统筹农民的代燃料建设和引导外出务工，取得了很好的效果。农民非常高兴，非常欢迎。

关于保证电站功能长期不变，保证生态目标持久实现问题。要通过建立行之有效的管理体制，来解决这个问题。实行所有权、使用权、经营权分设的体制，省级水行政主管部门承担出资人代表职责，履行资产保值责任，保证生态目标的实现，但不能获得其他经济利益，也不能出卖电站，改变电站用途。使用权属于代燃料农户，农民只有使用生态电的权利，没有处置电站资产的权利。经营权归代燃料电站经营者，通过招投标从市场择优选择经营者。经营者也没有处置电站资产的权力。这种体制是有效保证代燃料电站功能长期不变的值得试点的一种模式。除此之外，还要以法律形式明确参与小水电代燃料工作的各个方面的相互权益、责任和义务关系，建立行之有效的管理制度。

小水电代燃料试点要落实党中央、国务院的指示精神，认真解决好以上三个问题。试点的结果直接关系到小水电代燃料工程能不能健康发展下去，能不能使广大老百姓受益，能不能为解决“三农”问题作出应有的贡献，因此责任重大，意义深远。

三、加强领导，落实投资

试点工作中有很多问题，都靠水利部门协调是很难做到的。要通过加强党委政府领导，加强协调，解决实际问题，使试点工作顺利推进。四川省试点项目都是县委书记当领导小组组长。建议学习他们的经验，加大领导力度。试点省（区）各级水利部门要加强向党委政府汇报，争取党委政府的领导和支持。

小水电代燃料试点项目是国债项目，一定要严格按基本建设程序组织实施；一定要严格管理，要按照项目法人责任制、招标投标制、建设监理制和合同管理制来组织建设，确保工程质量；一定要按国债资金的管理规定来严格规范资金管理，任何单位和个人不得截留、挤占和挪用，确保资金安全。

各地申报小水电代燃料项目时，都已承诺要提供配套资金，现在要千方百计落实地方配套资金。国家开发银行希望开展农村水电行业贷款合作，多次表示要支持农村水电，各试点省（区）水利厅要加强和金融机构的联系。这里我要特别说明一下关于小水电代燃料电站保本运行不形成利润和偿还银行贷款问题的关系。小水电代燃料电站由国家投资，国家得到生态效益和社会效益。因此在设计电价时，为了进一步降低电价，让农民真正得到实惠，考虑国家不再收取电站利润，但是充分考虑了还本付息问题。以小水电代燃料电价 0.17 元/千瓦时为例来看电价构成，一是小水电的运行成本，是 5 分钱左右；二是还贷成本，也是 5 分钱左右；三是 6%的增值税，是 2 分钱左右；四是供电成本，3 分钱左右，再加上 2 分钱的供电利润，也就 5 分钱左右。以上四项加起来就是 0.17 元。各个电站的资源条件、投资结构和管理水平不一样，电价有所不同，但基本是这样一个构成。这说明代燃料价中已包括了足够的还贷成本，保本运行但充分考虑了还本和付息，不存在代燃料电价低，不收取利润，因此不存在还不起银行贷款的问题。说不清楚，就给银行造成误导。

中央去年初就部署启动小水电代燃料试点，我们要以只争朝夕的精神把试点工作抓紧抓好。当前既是工程建设的黄金时期，也是做好各项改革试点的黄金时期。各试点项目要按部里总的进度要求，倒计时安排工程建设和各项试点工作，要统筹协调，科学安排，抓紧再抓紧。

我们要坚持以人为本，科学发展观，做好小水电代燃料试点工作。要发扬求真务实作风、献身负责精神，把为农村、农业、农民服务的口号真正落到实处，开拓创新，扎实工作，努力推进小水电代燃料工程的全面开展，为经济社会环境协调发展和农村全面建设小康社会做出贡献。

小水电代燃料试点的重点、难点和关键[①]

——在全国小水电代燃料试点项目实施方案编制会议上的讲话

（2003 年 3 月北京）

这次会议是小水电代燃料试点项目实施方案编制工作会议，是启动小水电代燃料试点做准备工作的会议。小水电代燃料试点项目实施方案怎么编制，前一段时间大家做了很多有益的工作。特别是《中共中央、国务院关于做好农业和农村工作的意见》（中发［2003］3 号）决定启动小水电代燃料试点后，各地非常积极，但编制出来的实施方案多种多样，需要统一认识的问题很多，尤其需要进一步提高认识。根据国家计委的意见，水利部制定了一个关于实施小水电代燃料试点项目实施方案编制的指导意见，这次会议主要是贯彻这个指导意见，使小水电代燃料项目实施方案编制工作能够顺利进行，试点能够顺利启动，各项工作能够顺利展开并从中积累经验，为全面展开小水电代燃料工程做好充分的准备。搞好项目实施方案的编制工作，我们专门组织了这样一个会。下面，我讲几点意见。

一、充分认识小水电代燃料生态建设的重要性

（一）党中央、国务院非常重视小水电代燃料生态工程建设

国家实施以退耕还林为重点的大规模生态建设以后，如何解决过去以烧柴为

① 《农村水电及电气化信息》2003 年第 3 期。

主做饭、取暖的农民的燃料问题，成为党中央、国务院关心的重大问题。2001 年 4 月，朱镕基总理考察湖南时提出“要大力发展小水电，解决农民的燃料和农村能源问题，促进退耕还林和天然林保护，解决农民当前的生计和长远致富问题，促进地方经济发展。”同年 6 月，朱总理在四川考察时，进一步深刻阐述了这个问题。8 月在贵州，10 月在山西，朱总理都反复讲这个问题。2002 年 11 月，胡锦涛同志当选中共中央总书记以后，在中央农村工作会议上讲话强调，要大力发展农村水电等中小型基础设施，加大这方面的投入。温家宝副总理多次写信、批示实施小水电代燃料工程。小水电代燃料这个名称就是温家宝副总理改定的。当初我们给温副总理的信中，用的是“小水电代柴”，温副总理将它改为“小水电代燃料”，更代表朱总理讲话原意。代燃料范围更宽泛，它不光可以代柴也可以代煤，代柴是保护山林植被，减少碳排放，保持水土，保护生态环境，代煤是消除燃煤的污染和碳排放，大量的农民生活用煤效率很低，给农民家庭造成污染非常严重，贵州一些地方还因燃用含氟的煤，造成大范围的氟中毒，导致大骨节等地方病。仅贵州严重的氟骨病患者有 65 万人之多，氟牙患者 1600 多万，前者有的失去劳动能力，给农民造成身残痛苦和经济贫困。农民燃煤做饭，排放的硫等有毒气体不仅毒害农民身体，而且还严重地腐蚀家用电器、金属门窗和其他用具。一字之改更符合国情实际。家宝同志当选中共中央政治局常委以后到贵州考察时指出，农村水电是带动力很强的工程，它不仅可以解决农民燃料问题，还可以增加农民收入，使广大的农民直接受惠。新世纪、新时期，党和国家领导人对农村水电和小水电代燃料生态建设寄予厚望。

2002 年，《中共中央、国务院关于做好 2002 年农业和农村工作的意见》（中发［2002］2 号）将农村水电列为覆盖千家万户，直接受惠广大农民的中小型基础设施，要加大投入力度。这是农村水电第一次出现在中共中央的文件上，是新时期党和国家对农村水电提出的新的任务和要求，这也是党中央和国务院给农村水电在国民经济和社会发展中的一个明确定位。2003 年，《中共中央、国务院关于做好农业和农村工作的意见》（中发［2003］3 号）进一步强调要对农村水电等中小型基础设施加大投资规模、充实建设内容，启动“小水电代燃料试点”。近年来党和国家的其他一些重要文件也多次提出要大力支持发展农村水电。

水利部对农村水电和小水电代燃料生态建设高度重视，及时组织贯彻党中央、国务院领导的指示，开展小水电代燃料的调研和规划。汪恕诚部长把小水电代燃料生态工程列为水利部三大亮点工程之一。

（二）小水电代燃料是巩固退耕还林成果的一项战略措施

乱砍滥伐森林、陡坡开荒造成山林植被破坏、水土流失、土地荒芜、旱涝灾害等严重自然灾害。中央做出以退耕还林为重点的生态建设的重大决策。实施退耕还林和天然林保护后，森工企业的乱砍滥伐问题和农民陡坡开荒问题基本得到解决，但农民砍柴的问题还没有解决。2001 年，全国农民烧柴量为 2.28 亿立方米，大大超过了国务院规定的 0.64 亿立方米的农民烧柴限额，也超过了国家 2.23 亿立方米的全国森林砍伐总限额。要解决农民砍柴问题，必须解决农民燃料问题。实施小水电代燃料工程，可长期稳定保护 3.4 亿亩森林，每年可以减少砍伐 1.49 亿立方米薪柴，以 2000 年为例，相当于农民消耗薪柴的 65%，使农民砍柴量降低到接近国务院规定的 0.64 亿立方米的限额，可以基本上解决农民烧柴而造成的滥砍乱伐问题，是保障退耕还林能够退得下、稳得住、能致富、不反弹的一项战略性措施。

（三）小水电代燃料对解决全球关注的温室气体排放作出重大贡献

《京都议定书》规定，到 2012 年全球工业化国家二氧化碳的排放量要在 1990 年的基础上平均减少 5 个百分点。对发展中国家尚未规定具体减排指标。地球气候变化主要是发达国家近 70 年来工业化进程中排放温室气候累计造成的。目前我国正处在工业化发展过程中，但目前我国的每年二氧化碳排放量占全球的 13.2%，是第二大排放国，在美国之后。这给我国造成了很大压力，去年朱镕基总理在可持续发展世界首脑会议上代表中华人民共和国政府向全世界郑重宣布，我国政府核准《京都议定书》。目前，我国二氧化碳的排放量每年 31.3 亿吨，实施小水电代燃料以后可以减少 2 亿吨，减少 6 个百分点，按照世界银行的保守算法，每年产生生态效益 360 亿元，效果十分明显。最近，联合国环境规划署报告指出，在亚洲上空 14 公里处有一个 3 公里厚的棕色云团，叫“亚洲棕云”。联合国组织世界各国的 200 多位科学家，经过五年的研究，得出两个重要结论，一是这个云层主要是由灰尘、烟尘、酸性物及其他有害悬浮粒子组成，其中大部分是农民烧柴的烟尘。亚洲地区农民烧柴做饭、取暖是造成“亚洲棕云”的主要原因。二是“亚洲棕云”导致气候反常，造成东南亚地区严重自然灾害和疾病，这个棕色云团还正在危及全球环境安全。科学家们呼吁这些地区用水电、太阳能等清洁可再生能源来代替薪柴等农村能源。从减少温室气体排放、保证全球环境安全角度看，实施小水电代燃料生态保护工程是实践我国政府向全世界公布，核准《京都议定书》庄严诺言的具体实践，是我国对全球环境安全的一大贡献。

（四）小水电代燃料电站星罗棋布，覆盖千家万户，可以使广大农民直接受惠

大家可能注意到，中央在投资结构上的两个变化，一是过去东部投资比较多，现在逐步向西部倾斜。二是过去大项目比较多，现在逐步增加能够使广大农民直接受益的中小项目，解决农民增收缓慢的问题。小水电代燃料之所以得到重视，是因为它顺应了全局的需要。全国 2400 个县级建制中，有 1600 多个县有小水电，其中 886 个县编制了小水电代燃料生态保护工程规划，25 个省（区、市）和新疆兵团编制了省级规划，水利部编制了全国规划，涉及 3 亿人口、350 万平方公里的范围，规划建设规模很大，要新建水电装机 2404 万千瓦，当然投资规模就不小了。小水电代燃料项目点多面广，覆盖范围大，人口多，可以长期稳定解决自古以来农民烧柴烟熏火燎之苦，改变农村的生产生活条件。可以使广大山区农民直接受益。

（五）小水电代燃料生态建设对拉动内需，开拓农村市场有重要意义

小水电代燃料工程涉及许多行业，水轮机制造、水工程建设、输配电工程、家用电器等，其建设可以拉动机械、建筑、电子、材料、钢铁、运输、电器等产业的发展，可以增加农民收入，增加就业机会，拉动农村消费市场。

从事这项工作的同志一定要充分认识小水电代燃料工作的重要性，要切实克服把可研报告做成“可批性”报告，不扎扎实实做工作的倾向。项目能不能顺利开展，试点是关键之一。万事起头难，开头的工作很多是开创性的，所以要高度重视，开好头，起好步，搞好试点。

二、小水电代燃料试点的重点、难点和关键

从上报的众多实施方案看，一个突出问题是对重点、难点和关键问题把握不够。一种是还没认识到，一种是绕过难点，搞可批性报告。实际上，这些问题不解决，方案就是不可行的，所以我要重点说一下。

第一，保证项目任务的全面实现是试点工作的重点。小水电代燃料的主要任务是解决农民的烧柴和烧煤问题，保护山林，保护环境，促进退耕还林。这个项目和常规的小水电开发不一样，常规小水电开发主要是经济效益，解决农民增收和地方经济发展问题。而小水电代燃料主要是生态效益，解决农民燃料问题，巩固退耕还林成果，保护和改善生态环境。所以在编制实施方案的时候，一定要把握好这个重点。从各地上报的项目实施方案看，对于巩固退耕还林成果，保护森林重视不够，任务目标不明确，措施办法不得力，这样事情怎么办得好呢？因此首先必须把握住这个重点。

第二，代燃料电价是项目成败的关键。小水电代燃料的任务是保护生态，修建代燃料电站是为了替代农民做饭、取暖的燃料，因此必须让农民用得起、乐意用，有好处。如果做不到这一点，农民不愿意用电代燃料，这个项目就没有达到目的，就不能批准建设。小水电代燃料项目国家要投资，而国家之所以投资，是为了生态效益和社会效益。所以大家在编制方案时必须认真研究解决电价问题。要解决这个问题必须抓好几个环节：一是要选资源条件和经济指标好的电源点；二是要优化设计，千方百计地降低造价，按无人值班的要求设计，降低运行成本；三是解决好过网问题。有自发自供电网的要定好过网费，没有自发自供电网的要麻烦些，要与电网协商过网问题。不管是自发自供电网还是其他电网都必须签订合法有效的供电协议。协议要包括代燃料生态电站的上网电量、电价（含多余电量上网和电价），峰枯峰谷互抵和电网下网电价，还要包括安全可靠供电的措施等，最终保证到户电价低廉，农民能可靠用电。小水电代燃料与农网改造不一样，农网改造后电价从 1 元降到 7 毛、6 毛、5 毛，但农民照明用电很少，农民可以用得起；而农民长年做饭、烧水、取暖用电很多，如果小幅度降低电价，农民就用不起，所以小水电代燃料必须得到国家财政的支持来大幅度降低电价，保证农民用得起电。我们通过对全国各地各种情况的 2 万多户农民调查统计分析，得到一

个结论，农民人均纯收入在 1300 元左右的，电价承受能力大约为一毛七、一毛八；人均纯收入在 2000 元左右的，电价承受能力在两毛到两毛二；人均纯收入在 2500 元左右的，电价承受能力两毛六左右。相对发达地区农民电价承受能力可能高一些。社会各界最关心的两个焦点问题，一是农民能否用得起，二是国家适当扶持电价能不能降到农民可以接受的程度。大家在实施方案中，一定要回答好这两个焦点问题。电价降不下来，农民用 5 度、10 度、100 度还可以承受，但要用 1200 度或更多就用不起了，那么我们接下来的工作就难做了。经过我们测算，只要大家把握好前面说的几个环节，国家适当补助，完全可以解决好电价这个关键问题。

第三，体制、机制是代燃料试点工作的重点。有的地方可能会以代燃料的名义，向国家争取补助修电站，把电站修起来了，而且电价也很低，农民用电烧饭、取暖，担心就担心一旦县里发工资有困难，就涨电价，电价一涨，农民就用不起，生态电站就变成了以盈利为目的的常规电站，甚至有的还会把电站变卖来发工资。那么如何保证生态电站能够长期稳定地以代燃料电价向农户提供生态电力呢？也就是汪恕诚部长在全国水利厅局长会议上提出的如何解开这个“扣”的问题。我们必须从管理体制、运行机制上来解决这个问题。初步考虑，要使这个电站的性质不被改变，长期稳定地为农民做饭取暖服务，有效地保护退耕还林成果，保护环境，对它的管理要实行“三权分立”，也就是所有权、使用权和经营权分立，相互制约。所有权属于国家，出资人代表可以由国家授权给省级水行政主管部门，其他人就不能随便变卖了，水行政主管部门只能行使保值责任和义务，也不能获取利润和变卖资产，因为代燃料电站为国家创造了生态效益和社会效益。使用权属于农民，这是国家因农民以电代柴而给农民的一种补偿，可以装机或电量的形式量化给代燃料用户，农民有按代燃料电价使用生态电量的权利，但没有所有权，无权处置电站资产。通过市场招聘经营者，经营者行使经营权，负责电站的经营管理，他只能取得在电站的经营管理中的劳务收入。可以组织当地政府、水行政主管部门、代燃料用户代表参加的代燃料协会，对代燃料工程建设、运行过程进行协调和监督。要真正实施这样一种体制和相应的运行机制，试点中大家要做大量深入细致的工作，摸索总结出一套行之有效的做法和经验。

第四，长期可靠保证农民代燃料电力是一个始终要高度重视的问题。这个问题与农民的吃饭、取暖直接相关。它不同于照明和家用电器，一天没电问题不是很严重，但一天没电不能烧饭，问题就严重了，所以我们要对各种可能遇到的问题进行充分研究，一一解决，最大可能地保证农民代燃料用电。这项工作与千家万户农民的吃饭、取暖息息相关，在编制方案的时候要认真负责，深入细致，切实解决农民的后顾之忧。小水电代燃料供电的方案要做好，采用其他能源互补的方案也要做好，是烧煤还是烧秸秆，还是其他多能互补，方案要严密、周到，要切实可行，也要防止重复建设。同时，我们也要考虑到电站、电网事故等非常情况下的应急措施，让广大代燃料农民放心满意。要实实在在地按“三个代表”重要思想来指导我们做好这项工作。

三、几点建议

第一，要进一步提高小水电代燃料生态建设的认识。小水电代燃料工程是一个覆盖千家万户的工程。如果我们的工作考虑得不周到，不全面，稍有失误，就会损害农民利益，农民就会有意见。比如，哪个项目资金不够，乱集资，增加农民负担等。农村电网改造中，有的地方集资超过两百块钱，农民就告状。党中央、国务院对减轻农民负担问题十分重视。这个项目政治性、敏感性都非常强，我们要进一步提高思想认识，思想和工作上都要予以高度重视。

第二，要加强领导。试点项目一定要组织强有力的领导班子，试点县的主要领导挂帅，有关部门参加，做好群众工作，协调好各方面关系。水利部门要具体做好这个项目的组织实施工作。

第三，要选好试点项目。一是资源条件和其他试点条件比较好。二是领导重视，领导不重视就无法完成试点任务。

第四，要按指导意见做好试点项目实施方案。编制方案时，要遵循我们下发的《小水电代燃料试点项目方案编制指导意见》，一定要把握重点、难点和关键，把各个问题考虑周到。水利厅要把好审查关，不能返工太多。

第五，要做好群众的宣传发动工作。一旦试点项目启动，首先要认真做好群众的宣传发动工作，做到家喻户晓，好事办好。不做好群众工作，群众不认识，不了解，不关心，不支持，那就什么也办不成，试点就搞不下去。农网改造，都是县委书记亲自主持召开群众大会进行动员，凡是这样做的，工作进展就顺利。

第六，试点要出成果。成果包括两方面：一是硬成果，那就是修好生态电站，发了电，农户用电代燃料，巩固了退耕还林成果，减少了烧煤污染和碳排放量，农民很满意，各方面很满意；二是软成果，试点项目要围绕小水电代燃料的任务、目标，重点、难点、关键，在体制、机制、管理等方面进行大胆创新，创造出方方面面的切实可行的经验，包括体制、机制、制度、办法、协议等，形成可供各地学习、借鉴、推广的经验范本。

中国小水电发展的新领域　小水电代燃料[①]

——在国际能源署、国际小水电组织、联合国工发组织“今日水电论坛”上的专题报告

（2005年6月浙江杭州）

中国农村水电资源十分丰富，可开发量约为1.28亿千瓦，居世界第一，广泛分布在全国30多个省（区、市）的1600多个县。目前开发率达到30%，总装机3875万千瓦。累计解决了5亿多无电人口的用电问题。进入本世纪，农村水电被中央列为重点支持发展领域，实现了跨越式快速发展。2004年全国新增农村水电装机450多万千瓦，是2000年的3倍，相当于三峡电厂6台70万千瓦特大型机组投产。在建规模2000多万千瓦，是20世纪80年代初期全国电力建设总规模。年完成投资近400亿元，是80年代中期全国电力年投资的3倍。

1949年，新中国成立时，中国农村都没有电。中国政府实行两条腿走路的方针，在农村主要靠结合水利建设和江河治理，开发农村水电。全国一半以上的农村主要靠农村水电供电。1982年在邓小平先生的倡导下，中国政府用三个五年计划的时间，建成653个农村水电初级电气化县。进入21世纪，中国政府十分重视“三农”问题和生态环境问题。随着以天然林保护和退耕还林为重点的大规模生态建设的开展，农民燃料和农村能源问题越来越突出，中央政府要求大力发展农村水电，解决农民燃料和农民致富问题，农村水电肩负起新的历史任务。2003年，中国政府启动了小水电代燃料工程试点，开创了中国小水电发展的新领域。

① 《水利发展研究》2005年第8期。

一、小水电代燃料试点实践和成效

小水电代燃料生态工程的基本思路是，国家补助农村建设水电站，以降低电价，让农民低价用电做饭、烧水、取暖，替代木柴、煤炭等传统燃料，达到农民不再砍柴砍树、保护森林植被的目标，形成保护环境改善生态的长效机制，促进人与自然和谐发展。

小水电代燃料试点工作在四川、云南、广西、贵州、山西等5个省（区）的26个县（市）进行，兴建27座小型生态电站，解决30万农民用小水电代燃料。

在各地政府的高度重视和支持下，经过一年多的艰苦努力，试点圆满成功，效果十分显著，农民非常欢迎。

1. 保护了森林，改善了生态，促进了人与自然和谐相处。试点项目区30万农民家家户户使用电饭锅、电炒锅、电水壶和电取暖，不再砍柴砍树，从源头上保护了森林植被，试点项目区每年共减少薪柴砍伐11万吨，保护森林面积200万亩，其中保护退耕还林面积30万亩，每年减少二氧化碳排放20万吨，同时还减少了大量二氧化硫、烟尘等污染物排放，实现了国家投资62元长期稳定地保护一亩森林的目标，投资效果显著。

2. 解除了农民砍柴之辛劳和烟熏火燎之苦，使农民享受了现代文明。农民用低廉的电做饭、炒菜、烧水、取暖，不仅从砍柴的繁重劳动中获得解放，而且妇女也从灶台上获得解放。代燃料试点解放被砍柴束缚的农村劳动力5万多人。过去妇女三餐围着灶台转，要四五个小时，烟熏火燎，又脏又苦，现在只要一个多小时，干干净净、快捷、方便、省时、省力，没有烟熏火燎，使2万多农民消除了火眼病、肺气肿和氟中毒等疾病根源，生活条件大大改善，开始过上了和城里人一样的生活，享受现代文明带来的幸福。

3. 减少了农民燃料费支出，减轻了农民负担。小水电代燃料到户电价0.19～0.3元/度，约为当地照明电价40%，户均年代燃料用电量1200～1500千瓦时，年电费支出为200～400元，而年烧煤费用为420～600元，烧电比烧煤每户每年减少开支近200元，比烧柴平均每户每年节约50多个工日，减轻了农民负担，给农民真正带来了实惠。

4. 农民从砍柴束缚中解放出来，积极创收增收。实施小水电代燃料后，农民利用节约的砍柴工日，或外出务工，或开展手工编织，或搞特种种养，或从事农副产品加工和开展特色旅游等，各地因地制宜，广开就业门路，增加农民收入。据项目区统计，小水电代燃料试点一年减少砍柴、运煤工日 300 多万个，平均每户可增加收入 300 多元。

5. 改善了农村基础设施，农村人居环境和面貌发生了巨大变化。试点项目区政府统筹协调各部门，统一规划厨、厕、圈、水、路，整合扶贫、卫生、交通、水利等有关资金，利用农村大量闲散劳动力，以小水电代燃料工程为龙头，给农民补助一些水泥建材，发动农民投工投劳，自己改自己的厨房、厕所、牛栏、猪圈，自己修自己的路，改善自己的生产生活条件，由于充分发挥了农村丰富的劳动力资源优势，大量地降低了工程成本，国家花很少钱，解决了 2 万无电、缺电人口的用电问题，解决了 1.1 万农户的饮水困难，改厨 32000 个，改厕 7633 个，改圈 7000 个，改路 510 公里。为农村人居环境和农村面貌带来了巨大变化，圆了 30 万农民世世代代想圆的梦。

6. 转变了农民的观念和思维方式，农民的精神面貌发生了深刻变化。实施小水电代燃料工程后，农村改变了不讲卫生、人畜混居等陈规陋习，道路条件大为改善，电视、电话、照明、家务全面实现电气化，现代文明全面进入农家。随着生活条件的巨大变化，农民思想观念和思维方式随之也发生了深刻变化，精神面貌焕然一新。

7. 密切了干群关系，增加了基层党组织的凝聚力，巩固了基层政权。小水电代燃料建设改善农民生产生活条件，帮助农民开辟增收致富门路，实实在在为老百姓办好事，提高了党在人民群众中的威望。2500 多名县、乡（镇）、村党员干部深入到代燃料项目现场，带领群众加班加点，同吃、同住、同劳动，密切了干群关系。农民一副楹联“建小水电富万家万家欢乐，造生态园惠百姓百姓安康”，横批“利国益民”充分表现了广大农民发自内心的感情。小水电代燃料巩固了基层政权，也进一步增强了党组织的凝聚力。

二、小水电代燃料试点的主要做法和经验

小水电代燃料建设不仅实现了生态效益、社会效益、经济效益三赢的目标，

而且取得了一些成功的做法和经验。

1. 实行所有权、使用权、经营权分设的管理体制和运行机制。国家投资建设的代燃料电站所有权归国家，由省级水行政主管部门履行出资人职责，保证国有资产保值增值。通过市场招聘电站经营者，经营者享有经营权。电站使用权属于代燃料农户，农户享有低价使用代燃料电量的权力，负有保护森林植被、不再砍伐森林的责任和义务。三权分设的体制保证了小水电代燃料长期、稳定、有效。

2. 依法管理，民主管理，建立代燃料的长效机制。小水电代燃料的发电、供电、用电各环节，政府、业主和用户各方面的责任、义务和权益都通过签订合同、协议来严格规范，依法管理。同时，成立小水电代燃料用户协会，实行民主管理。用户协会主要由代燃料户代表、发电、供电业主和地方政府组成，对代燃料电站的运行管理、代燃料电量和电价的执行和森林植被的保护等进行监督管理，建立起小水电代燃料依法管理、民主管理的长效机制。

3. 发挥农村劳动力资源优势，充分发挥中央投资最大效益。在实施改电、改水、改厕、改圈、改路等配套工程时，政府统一规划，广泛宣传，充分调动农民投工投劳的积极性，激发农民的参与热情。农民真正认识到小水电代燃料是党和政府改变自己生活条件的一件实实在在的大好事，积极性空前高涨，争先恐后地加入修建村路、改造圈舍等建设的行列中。一些年近古稀的老人也奋不顾身地战斗在热火朝天的建设现场。农民投工投劳，直接改善自己的生活条件，大大节约了投资，最大限度地发挥了国家投资的综合效益。

4. 政府积极引导农民开辟就业门路，增加收入。各地政府因地制宜，依托当地资源优势、经济优势，通过制定优惠政策、提供就业信息、开展技能培训、提供技术服务等方式，开辟就业空间，拓宽就业门路，引导农民发展特色农业，从事农产品加工业，发展旅游业，外出务工等，增加收入。政府充分发挥职能，引导小水电代燃料的实施，扩大了小水电代燃料的成果。

中国政府非常重视小水电代燃料生态工程，指出要扩大小水电代燃料建设规模和实施范围。水利部编制了《全国小水电代燃料生态保护工程规划》。国家发展和改革委员会组织了评估。规划到 2020 年，最终解决 2830 万农户、1.04 亿农村居民的生活燃料和农村能源问题，实现每年减少砍柴 1.49 亿立方米，有效保护森林 3.4 亿亩的目标。

对普安县小水电代燃料试点工作的几点意见[①②]

（2004 年 4 月）

普安紧密结合实际，落实以人为本科学发展观，开展小水电代燃料试点的一些经验和做法很有特色，取得了阶段性的进展。下阶段要在完善提高的基础上，进一步实践科学发展观，在以下实现小水电代燃料效益上创造经验。

1. 农村基础设施明显改善，农民生活条件明显改善，农民受惠。

2. 代燃料解放了被砍柴束缚的农村劳动力，被解放的劳动力找到了增收的门路，如外出务工等，解决了当前和长远增收问题，农民增收。

3. 代燃料农民不再砍柴，保护森林植被，巩固退耕还林有了长效措施。

4. 以小水电代燃料为龙头，结合农村两个文明建设，统筹水电、交通、卫生各方资源，协调各方积极性，形成综合效益。

5. 提高中央投资效率，农民能受益，同时国家能承受，才能得到国家的支持和推广。电价太高农民承受不了，太低国家承受不了。要创造用中央较少的投资，解决更多农户受益的经验，即提高中央投资效率。

① 《贵州地方电力》2004 年第 4 期。

② 这是 2004 年 4 月 28 日在贵州省水利厅关于普安县小水电代燃料试点工作材料上的批语。

崛起新征程　2003年工作回顾[①]

——启动小水电代燃料试点

（2003年12月）

党中央、国务院十分重视农村水电。2002年中共中央2号文件将农村水电列为国家重点支持的农村中小型基础设施，2003年中共中央3号文件再次强调要将农村水电放在更加重要的位置，扩大投资规模，充实建设内容；文件同时决定启动小水电代燃料试点。《国务院关于克服非典型肺炎疫情影响促进农民增加收入的意见》进一步要求搞好小水电代燃料试点工作。年初汪恕诚部长把小水电代燃料生态保护工程列为水利建设的“三个亮点”工程之一。按照中共中央2003年3号文件的部署，全国小水电代燃料生态保护工程，在四川广安隆庆启动，落实中央决定，小水电代燃料生态保护试点工程的正式启动，开创了农村水电发展的一个新领域。水能资源管理作为一项崭新的管理工作，通过几年的积极探索，取得了经验，取得了成效。可以说2003年水能源管理和农村水电事业发展具有里程碑意义，是历史最好时期之一。

一、创造条件启动小水电代燃生态保护工程

通过前两年调研、讨论、规划的大量工作的推动，小水电代燃料生态保护工程得到党中央、国务院的高度重视，围绕中央的决定和水利部的要求，统一社会各方面的认识，协调国务院有关部委的意见，为项目纳入国家建设计划，立项启动建设创造性地开展工作。

① 《水电及电气化信息》2003年第12期。

开展规划论证，申请国家批准立项，组织社会各界开展调研，统一认识。多次组织中财办、中农办、中央政策研究室、国务院研究室、国务院发展研究中心、国家发改委、财政部、农业部、水利部、环保总局、林业总局等部委、中科院、中国工程院、清华大学等教育和科研机构的专家学者开展广泛深入的调查研究。按照国家发改委的安排，中国国际工程咨询公司对《全国小水电代燃料生态保护工程规划》开展了评估工作。中咨公司评估意见认为，“小水电代燃料生态保护工程建设是解决山区农民燃料问题的有效途径，对于巩固我国重大生态建设工程成果，减少温室气体排放，促进农村经济发展，解决‘三农’问题，促进全面建设小康社会具有重要意义。”评估认为，“工程具有显著的生态、经济和社会效益，《规划》基本达到本阶段深度要求，建设规模和布局基本合理。试点工程的各项前期工作基本就绪，具备开工条件，建议尽快启动小水电代燃料试点工程。”敬正书副部长批示，评估报告对小水电代燃料生态保护工程规划给予了充分肯定，实施这一亮点工程大有希望。

加强协调和沟通，为小水电代燃料工程纳入国家计划，启动试点创造条件，开展深入细致的工作。通过与国家发改委等部委的多次协商，提出了《小水电代燃料生态保护工程项目前期工作指导意见》和《小水电代燃料试点项目实施方案编制大纲》，召开了全国小水电代燃料试点项目实施方案编制工作会议，组织各地开展小水电代燃料项目选点工作。拟订了《小水电代燃料电站并网协议》、《用电管理协议》等十几种合同范本，指导各地试点方案的编制工作。组织专家对各地上报的 697 个试点项目实施方案进行认真审查，严格筛选，优选了 241 个项目。建立了小水电代燃料试点项目数据库，编制完成并向国家发改委报送了《全国小水电代燃料试点项目实施方案》。根据小水电代燃料的项目性质和具体情况，制定并下发了小水电代燃料项目建设管理办法。

积极启动小水电代燃料工程。经与国家发改委等有关部门反复协调，数易《小水电代燃料试点计划方案》，终于落实了中央关于启动小水电代燃料生态保护工程的决定，落实了试点项目投资计划，国家发改委和水利部在四川召开了全国小水电代燃料工程启动会议，回良玉副总理对会议做出重要批示，“发展农村水电，实施小水电代燃料，是改善农民生活条件、推进农村小康建设的富民工程和德政之举，是巩固退耕还林成果，保护生态环境的重要举措。有关地区和部门要切实加强对试点工作的领导，注意总结实践中的成功经验，探索建立行之有效的机制和符合各地实际的发展路子。”汪恕诚部长做了书面讲话，指出要坚持以人为本，全面、协调、可持续的发展观指导农村水电和小水电代燃料建设工作，把不断满足人的全面需求作为农村水电和小水电代燃料工作的出发点和落脚点。加强水能资源管理、合理开发、优化配置，不断提高水能资源的利用效率，维系良好的生态系统，实现人与自然的和谐。各级水利部门认真贯彻回良玉副总理的重要指示精神，切实加强领导，加大投入，周密部署，精心组织，团结协作，不断扩大建设规模，切实把这件利国利民的好事办好。敬正书副部长出席会议并讲话，对小水电代燃料工程建设提出了具体要求。中财办、中农办等中央部门、国务院研究室、国家发改委、财政部、农业部、林业部等部委以及四川省政府的负责同志到会并讲话，全国小水电代燃料工程正式启动。小水电代燃料试点的启动，开辟了一条解决农业、农村、农民问题的新途径。

二、水能资源管理初见成效

理顺水能资源管理的总体思路。水能资源是水资源不可分割的组成部分，是水资源管理的重要内容，但是长期以来水能资源管理的职能一直没有明确，水能资源缺乏统一的规划和有效的开发利用政策，造成水能资源开发利用程度低，无序开发，资源浪费，直接影响了水资源的优化配置和可持续利用。针对上述情况，提出全国水能资源管理的总体思路。

研究探讨水能资源管理的内容。水能资源管理不同于水电建设管理和电力能源管理，水能资源管理是以水资源配置、节约、保护、可持续利用为目标，对江河水能资源进行勘测、调查、评价、规划，从综合发挥防洪、抗旱、灌溉、供水、通航、生态、发电效益出发，研究制定政策，科学管理水能资源，促进水能资源的可持续利用和节约保护，保护河流健康生态。协调上下游左右岸利益，处理权属纠纷。明确水能资源管理的内容，为开展水能资源管理工作提供基础。

落实水能资源管理的职能。水能资源管理是实现水资源统一管理的必然要求，是加快水能资源开发，实现水能资源可持续利用的必然要求，是一项政府职能。为了尽快解决长期以来国家水能资源管理缺位的问题，会同人教司协助中编办开展全国水能资源管理情况调研，提供水能资源管理的大量论证材料和报告，促进水能资源管理职能的落实。

积极引导各地实施水能资源管理。在全行业开展水能资源管理理论和实践研究和讨论，在贵州、浙江、福建、江西、湖北、湖南等省开展试点。湖北省委书记中央政治局委员俞正声多次批示水利资源管理的重要性，明确批示省水行政部门各部门负责水能资源管理，亲自抓落实，湖北省人民政府出台了《湖北省人民政府水能资源管理办法》。贵州省在省长的直接指导下出台了《贵州省水电资源开发使用权出让管理办法》。湖南省人大常委会亲自主持组织水能资源管理办法的制定，出台了《湖南省水电资源开发使用权出让管理办法》。福建省委省政府主要领导同志高度重视、直接支持，出台了《福建省人民政府加强水能资源管理的通知》。浙江省出台了《浙江省水电资源开发使用权出让管理暂行办法》，江苏省开展了水能资源开发使用权转让拍卖试点。全国出现了水能资源管理的一片新气象，形势很好，我们一方面在全国各地积极推广这些省的经验，同时积极落实全国水能资源管理职能，推进全国水能资源管理工作。

组织全国清查“四无”水电站，规范水能资源管理。随着国民经济持续快速发展和市场经济体制改革的不断深入，水能开发建设出现了空前的规模和速度。由于水能资源管理缺位，一些地方农村水电行业管理职能削弱，水能资源无序开发现象十分突出，出现了一些“无立项审查、无设计、无验收、无管理”的“四无”水电站。针对水能资源无序开发情况组织全国开展“四无”水电站清查，查出了近3000座“四无”水电站，有的没有进行可行性研究和初步设计；有的侵占河道，挤占行洪道，威胁防洪安全；有的大坝结构设计存在严重安全隐患；有的不遵从流域规划，造成水能资源浪费和破坏；通过“四无”水电站的清查整改，规范了水能资源开发利用的管理，摸索出了水能资源管理的经验。在摸清情况的基础上，水利部又发文在全国开展整改消除“四无”水电站的通知，提出了整改的要求和措施，要求所有“四无”水电站都要明确整改责任人，在省报和水利报上定期公布各电站整改信息。

三、围绕服务“三农”宗旨，抓好重点工程建设

农村水电建设跨越式发展。2002年新增农村水电装机230多万千瓦，在建规模800多万千瓦，年发电量1100亿千瓦时，完成工业增加值500亿元。完成投资300多亿元，增加防洪库容40多亿立方米，解决600多万无电人口的用电问题，

增加了农民收入，加快了农民脱贫致富步伐，有力地促进了农村经济社会发展和生态环境保护。

水电农村电气化县建设健康发展。组织开展了水电农村电气化县建设中期检查。结合各地实际，开展分类指导。对一些省的电气化县建设进行了调整，共批复替补县 92 个，确保完成 400 个电气化县建设任务。做好《水电农村电气化标准》的报批和《水电农村电气化验收规程》的编制工作。举办《水电农村电气化标准》宣贯班，为 2004 年即将开始的水电农村电气化县的验收工作提供保障。全国“十五”水电农村电气化县建设累计完成投资 350 多亿元，累计新增装机 400 多万千瓦，累计解决 1500 万无电人口的用电问题。

水利系统一、二期农网改造全面完成，县城电网改造成功启动。水利系统一、二期农网改造累计完成投资 204.6 亿元，新建和改造 110 千伏变电站 82 座，容量 2157MVA，线路 1595 公里；35 千伏变电站 853 座，容量 3416MVA，线路 11947 公里；新建和改造 10 千伏线路 14.3 万公里，低压线路 43.6 万公里，改造配电台区 11.9 万个，新安装和更换高耗能变压器 11.1 万台，容量 5644MVA。农网改造使农村电网结构有了质的飞跃，低压线损由原来的 30%左右普遍降低到 12%以下，供电质量和供电可靠性明显提高，用电安全得到有效保证。

与农网改造相结合，水利系统农电体制改革顺利进行，累计完成 2439 个乡镇电管站的改革工作，新建 1819 个供电所，实现了县电力公司直管到户。农网改造和乡镇电管站改革完成的地方，都实现了“三公开、四到户、五统一”，大大提高了供电保证率，绝大部分地区实现了城乡生活用电同网同价，农民的到户电价大幅下降，每年可直接减轻农民负担 20 亿元，深受农民欢迎。国家发改委又下达了农村水电地区县城电网改造投资计划，总投资 60 亿元。县城电网改造开始启动。

边境无电乡村光明工程建设稳步进行。今年西藏建成了 6 座光明工程电站，装机 3115 千瓦，完成投资 25064 万元，解决了 2.38 万无电人口用电问题。西藏无电乡村光明工程累计建成电站 12 座，装机 7555 千瓦，完成投资 56006 万元，解决了 5.03 万无电农牧民的用电问题，对西藏边境地区经济发展和社会稳定发挥了重要的作用。除西藏外，对广西、云南等地的无电乡村情况进行了调查，提出了《广西、云南边境地区无电村光明工程项目建议书》，为加快边境无电农村光明工程建立创造条件。

四、以农村水电现代化建设为龙头，开创行业管理新局面

1. 大力推进农村水电现代化建设，提高农村水电现代化水平。

在广泛深入调查研究基础上，根据我国农村水电发展的历史和现状，提出了以现代化技术和现代管理为手段，以农村水电及配套电网自动化、信息化为重点，不断提高农村水电行业的技术水平及运行管理水平的指导思想，经广泛征求各有关方面意见，反复修改完善，水利部下发了《农村水电技术现代化指导意见》（简称《指导意见》），对农村水电发电、供电、调度、通信、计量等各个环节都提出具体的现代化要求，明确了今后相当长的时期内农村水电现代化发展方向、目标措施和途径。为贯彻落实《指导意见》，制定了全国农村水电现代化实施计划。组织编制了农村水电设计、建设、制造、安装、运行等环节的现代化技术标准，推广应用新技术，提高行业的装备水平和技术水平。组织有关高等院校，针对不同的读者群体，分别编写了《农村水电现代技术概论》、《农村水电现代技术》、《农村水电现代运行管理》等农村水电现代化教材。

建设农村水电现代化示范基地。以湖南郴州为全国农村水电现代化综合试点，统筹规划。组织有关高校和科研设计生产单位制定试点总体规划和实施方案，在发电、供电、用电管理的各个环节全面应用新设备、新材料、新工艺、新技术，应用现代控制技术，微机技术、信息技术和通信技术，全面提升农村水电的智能化和自动化水平，积累经验为全国农村水电现代化提供技术支撑。同时在各省市区，以各地为主，开展农村水电厂、变电所无人值班（少人职守）技术试点、调度自动化、配电自动化、远程抄表系统等试点；制定《农村水电岗位编制规程》新型高效水轮发电机组、节能变压器、无油化电气设备试点，取得了良好的试点效果，有力地推动了全国农村水电现代化工作的进程。

2. 开展政策研究，为农村水电发展创造良好政策环境。

针对农村水电6%增值税执行中存在的问题，联合财政部、税务总局的有关单位开展调查研究，向财政部和国家税务总局提出了对农村水电电力产品增值税超过6%的部分实行即征即退的政策建议，在未来增值税转型改革后，农村水电增值税上缴管理的办法也提出了政策建议。

组织各省结合本地农村水电发展的实际，积极开展政策研究，出台地方性政

策法规文件，促进了农村水电的持续、快速、健康发展。云南省出台了《云南省人民政府关于加快中小水电发展的决定》，湖南省出台了《关于加快发展农村水电意见的通知》，青海省出台了《关于加强全省小水电开发建设管理的意见》，广东省出台了《关于进一步扶持农村小水电发展的决议》，浙江省水利厅和发展计划委员会联合出台了《关于加强水电资源开发管理的若干规定》。

3. 规范农村水电市场，加强农村水电标准建设。

针对农村水电市场存在的问题，组织开展农村水电设计市场、建设市场和设备市场的调查研究。研究制定规范农村水电设计市场、建设市场、设备市场和管理的办法，与国家机械电子行业协会合作，加强农村水电设备市场管理。把农村水电标准建设作为规范农村水电建设管理的重要基础。制定了系列农村水电技术标准编制和修订计划，加强了在编标准管理。对在编标准及时进行跟踪，督促检查，及时解决了存在的问题；建立了水电技术标准审查专家库，选择行业内有影响的专业带头人、资深工程技术与管理专家组成水电标准审查组，提供评审、咨询服务，提高标准编制质量，目前在编标准 12 个。颁布了《水电农村电气化标准》，并及时举办了宣贯班。

4. 加强能力建设，加强农村水电行业管理职能。

针对 1998 年机构改革后，全国农村水电的管理机构多样，职能配置参差不齐的情况，开展对全国水利系统省、地、县级农村水电管理机构、职能、人员情况调查研究，对不同地区的机构能力建设进行分类指导，推广各地机构能力建设的政策和经验，促进各地重视和加强机构能力建设，完善职能，充实人员，提高水平，为加强农村水电行业管理提供组织保障。

五、积极推进改革和立法，保障农村水电健康快速发展

1. 推进农电体制改革。

广泛深入地宣传贯彻国务院关于电力体制改革方案的决定国发〔2003〕5 号文件精神。多次组织全国分管厅长、水电局处长会议认真学习，深入研讨文件，提高政策理论水平。学习 5 号文件，四川、广西、湖南、重庆、吉林、云南等省提出了电力体制改革工作的意见。各地提出了加快农村水电体制改革的建议，与当地政府和有关部门沟通和协调。

2. 认真做好《电力法》修改工作。

积极参加国家发改委组织的《电力法》修订工作。《电力法》修订工作对全国电力工业的发展，对水电和农村水电及电气化事业发展都有着十分重要的意义。多次全国组织水利系统《电力法》修订工作座谈会，统一思想认识，提出修改意见，形成了水利部对《电力法》的修改草案。努力使新的《电力法》成为真正代表国家利益，有效指导我国电力体制改革，促进全国电力工业快速、健康、稳定发展的一部好法律。

3. 推动《农村水电条例》进入国家主法律程序。

为使农村水电管理纳入法制化轨道，为给农村水电发展提供法律保障，经广泛调查研究，借鉴欧美发达国家有关农村电气化方面的法律，反复讨论形成了《农村水电条例》（初稿）。广泛征求意见，在修订的基础上努力争取进入国家立法程序。

4. 加快资产重组，做大做实省级公司。

指导各地进行资产战略性重组，做大做实做强省级农村水电企业，增强农村水电行业实力。今年安徽、河北经省政府批准组建了省级水电集团公司，负责经营管理本省及国家投资建设形成的农村水电国有资产。四川省政府授权省级水电公司经营 80 亿元的农村水电资产。广西省级水电公司与各市县水电公司建立资产纽带关系，已完成了 43 个县的水电及电网企业的股份制改造。湖南省按照省政府的指示，省级水电公司与市县水电公司建立了资产纽带关系。此外，吉林、山西、云南、重庆等省市的省级水电公司实力都得到了增强。目前全国已有 19 个省级水电公司。

5. 加快投资体制改革。

与国家政策银行开展行业贷款合作，开辟新的资金渠道。充分发挥水行政主管部门政府职能，多次与国家开发银行联系协商，积极开展农村水电行业贷款合作，加快农村水电发展。与国家开发银行评审二局签订了农村水电行业贷款合作会议纪要。按照先试点，后推广的精神，我局和国家开发银行评审二局先后到湖南、广西、贵州等地现场指导、督促，开展试点工作。广西水利厅已与国家开发银行签署了 80 亿元的贷款意向，贵州正在进行信誉评估。农村水电行业贷款的开展，开辟了农村水电新的融资渠道。随着社会主义市场经济体制的不断完善，原有的农村水电投资体制已不适应新形势的需要，许多地方加快改革投资体制，如湖南出台了加快发展农村水电的意见，鼓励个人、集体和各类经济主体、外商投资开发农村水电项目。农村水电又一次面临新的发展机遇。

关于小水电代燃料试点中的若干问题[①]

——在小水电代燃料项目验收规程宣贯会议上的总结讲话

（2005 年 1 月北京）

这个宣贯会议大家都很重视，结合各地试点实际，进行了认真的学习和讨论，还提出了一些问题，下面我谈几点具体意见。

2003 年底国家正式启动了小水电代燃料试点，经过 1 年多时间的建设和试点，初步实现了试点的目标，小水电代燃料的巨大效益已经开始显现出来。贵州普安、四川天全、山西陵川、云南腾冲、剑川等试点项目效果非常显著，老百姓发自内心地欢迎。试点的重点是项目区，农村水电站建设已经有几十年的历史，积累了丰富的经验，不是试点的重点内容。项目区的试点工作大家都注意抓了，对如何实现代燃料管理体制和运行机制、确保代燃料长期运行的法律保障、发动农民群众积极参与等方面都进行了有益的探索，取得很好的效果，得到了社会各界的一致认同，特别是得到了国家的认同，来之不易。下一阶段要全面推广已取得的经验，同时全面开展总结工作。

1. 加强领导。

从试点的经验来看，凡是项目搞得比较好的、进度快的，都得到当地党委、政府高度重视。普安、天全都是很好的典型，县（市）委书记亲自抓。当地党委、政府切实加强领导，创造性地工作，克服了重重困难，取得了对全国有指导意义的经验。小水电代燃料项目涉及很多社会问题，必须在当地党委、政府的统一领导下开展工作，从事这项工作的同志应积极主动地争取领导重视、支持。

① 《中国农村水电及电气化》2005 年 4/5 期合刊。

2. 明确任务和目标。

要充分理解小水电代燃料的任务和宗旨，小水电代燃料工程和常规小水电开发工程不同。常规小水电开发主要是获得经济效益，解决地方经济发展问题。小水电代燃料工程的主要任务，一是解决农民的烧柴和农村能源，长期有效保护退耕还林和森林植被，保护和改善生态；二是明显改善农民生活条件和农村基础设施，提高农民的生活质量；三是解放农村劳动力，增加农民收入。

在试点过程中，要紧紧围绕这些任务和目标，采取切实有效的措施和办法，明确有关各方的责任、权利和义务，确保小水电代燃料工程的成功实施，充分发挥小水电代燃料项目保护森林，改善农村生产生活条件，解放农村生产力，增加农民收入，解放妇女，消灭因燃烧引起的氟中毒、砷中毒等地方病，给农民带来利益，密切党群关系、干群关系，增强基层党组织凝聚力，巩固基层政权，加快农村精神文明建设，促进农村经济社会环境和谐发展等效果。考核试点成效也就是考核这些目标是否实现，搞得好的项目就是这些问题解决得比较好，农民真正得到了实惠。

3. 在体制、机制、管理上下功夫。

这次试点的重点和难点之一就是建立行之有效的管理体制和运行机制。水利部把小水电代燃料工程作为亮点工程，汪恕诚部长强调工程成败的关键是管理体制和运行机制问题。现在国家扶持，修好了电站，农民用上了便宜、清洁的代燃料电，解决了农民烧柴问题。如何保证长期坚持下去，不能几年后县里有困难，就把电站卖了或者是涨价。要解决好这个问题，必须从体制上来保证。试点中提出了三权分设的思路。所有权归国家，由省水利厅做出资人代表，但只有保值增值的责任，不能从中获取任何经济利益，因为国家投资已获得了生态效益和社会效益。使用权归代燃料农民，农民获得廉价的代燃料电量。经营权归经营者，代燃料生态电站的经营者通过社会招聘选择。用户协会实行监督，协会由当地政府、上级部门、代燃料用户等方方面面的代表组成，监督协调各方的权利和责任。通过三权分设的体制来保证小水电代燃料电站产权关系长期不变，代燃料电价不涨，出了问题能及时协调。对这种体制普遍反映较好，各地要进一步总结和完善这方面的做法和经验。

4. 调动农民改善自己生产生活设施的积极性。

今年中央 1 号文件指出，要鼓励农民投工投劳，改善自己的生产生活设施。

这一点普安的经验值得很好地总结。一方面国家扶持农民，另一面是发挥农民的积极性。县里统一规划，国家适当扶持，农民投工投劳，自己改自己的厨房、厕所，自己修自己的路，自己改善自己的生产生活条件。调动农民的积极性，自力更生，提高了国家投资的效果，取得了很好的效果。

5. 统筹协调，提高综合效益。

一些地方以建设文明小康村为目标，以小水电代燃料为龙头，协调交通、卫生、扶贫、农业、民委、金融等部门，统筹资源，集中力量，实实在在地为农民解决一些问题。代燃料投资较大，充分发挥其带动作用，适当整合用于农村交通、卫生、扶贫等方面的资金，最大限度地发挥国家投资的综合效益，把解决农村燃料问题与改厨、改厕、改厩、改水、改路结合起来，使农村的交通、卫生等生产生活设施都得到改善，为老百姓多做好事，让农民得到更多的利益和实惠。农民看到实实在在的实惠，对小水电代燃料表现出了很高的热情和积极性。

6. 引导劳动力转移，引导农民增收。

各地在引导从砍柴束缚下解放出来的劳动力创收方面的做法也各不相同，有的搞大棚养殖，有的组织外出打工，有的搞家庭旅游，有的从事家庭竹藤编织，有的种植当地土特产，有的就地组织参加建筑、运输和建材等行业务工，但都是根据当地实际情况，因地制宜地为农民开辟新的就业途径，取得了初步经验。要继续发扬创新精神，在引导农民增收方面创造更多更好的经验。

7. 处理好股份制建设中的问题。

中国幅员辽阔，各地的情况各不相同。项目投资构成不同，投资如何分配，资产如何占有，如何保证代燃料供电，代燃料外的余电如何组织，如何保证电站长期保值等，都应通过法律程序确定下来。这类问题是具体的、实际的，要认真探讨，把工作做细，通过试点拿出值得推广的经验。否则时间一长，代燃料农户的利益就难以得到法律保护，随意涨价或不保证代燃料户用电，都有可能发生。对原有电站进行扩机增容，用增加的装机和电量来代燃料，实际上也是一个投资构成问题，要弄清楚与原来机组的关系。各方面的利益都要通过法律程序将其确定下来。

个别与社会投资搞股份制建设的水电站中，私人那部分投资是要计收利润的，这就是前面谈到的要认真处理好两者关系，要有整套的办法，协调好各方权益，做到各方面都满意。

8. 代燃料电站不计提利润，但优先保证还本付息。

国家补助代燃料电站主要是获得两个效益，一个是改善生态保护环境，另一个是改善农民的生产生活条件，即国家投资获得生态效益和社会效益，不再计提利润，但要保本运行，即实现简单再生产。要维持简单再生产就得提折旧，从而保证电站到时更新有经费来源，达到长期运用的目的。特别要说清楚的是，国家投资部分不计提利润并不是说小水电代燃料电站不能产生利润，而是为了降低代燃料电价不再计提利润。要和银行说清楚，代燃料电站在确定电价时，除不计提利润外，还本付息和折旧都已足额计入成本，偿还银行的本息是确保的，不存在还不了贷款本息问题。这一点我们很多人自己没搞清楚，因此向银行也没说清楚，影响到银行承贷。一个小水电站项目，国家出资本金 30%～50%，还不能够还贷吗？何况小水电是国际公认的清洁可再生能源，具有成本低、效益好的特点，国际上大力支持，世行、亚行等国际金融机构都把小水电作为首选项目，中国的银行还不支持吗？要不就是不了解情况。

9. 确定代燃料电价要考虑两个承受能力。

在确定电价的时候应该考虑两个方面的承受能力，一是农民承受能力，一是国家承受能力，应该充分考虑国家和农民两个方面。从农民角度考虑，代燃料支出一般占家庭年收入 5%，或稍高一点，应该没太大问题。从国家角度考虑，如果代燃料电价定得太低，国家补助就要很大，国家也有承受能力问题，项目就难以推广。在农民可承受范围内尽可能发挥国家投资效益，使国家同样的投入能解决更多农户代燃料，使更多的农民受益。

10. 认真做好验收、总结和宣传工作。

《小水电代燃料项目验收规程》内容比较切合实际，包括代燃料项目的宗旨、目标及定量、定性的方方面面指标。要按照《小水电代燃料项目验收规程》要求，认真搞好验收工作。《小水电代燃料项目验收规程》对指导我们的试点也是很重要的，所以也要围绕验收的要求来开展试点工作。有些试点项目总结得很好，有些试点项目工作做了，但没有很好总结。我们要重视总结和宣传工作，在总结的基础上在当地、在全国进行宣传，扩大影响，让大家知道、了解小水电代燃料工程。各地制作的录像片还要继续完善。比如普安，素材很好，但如何发动农民群众自己办自己的事，讲得不够。新华社记者去普安、天全、腾冲采访小水电代燃料，报道得很深刻。要深刻认识代燃料的本质，只有抓到了本质问题，宣传才有力度，才有含金量。从根本意义上讲，电是最先进的生产力，电的发明带来了全球第二次工业革命，延伸了人类的体力。没有电的普及，就没有现代化。老百姓为什么那么欢迎小水电代燃料？说到底小水电代燃料代表的是先进的生产力，使农民从最原始的点火烧柴一步跨入现代文明。还应充分发挥小水电对解决贫困农民增收问题的作用。以建设小水电为载体，把国家给贫困农民的扶持和补助，量化为水电站的股权，农民以股权年复一年从发电中获取收益，形成农民增收的长效机制，促进区域、城乡和经济社会协调发展，促进社会主义和谐社会建设。

农村水电发展的新阶段[①]

——在中国水利水电板块论坛上的讲话

（2001年8月浙江杭州）

一、论坛的目的、宗旨

几年前水利部在水电改革和发展思路中提出要在中国证券市场上形成一个中国水利水电板块，树水利旗帜，展水利雄风。几年来，在水利部党组新时期治水思路的指引下，在全系统水利水电职工的共同努力下，水利系统水电集团从无到有，从小到大。目前，全国组建了11个省级水利水电产业集团，70多个跨县的地区级水利水电集团。有的省级水利水电集团被省政府授予国有水电资产出资人，有的已经成为省级大型企业，拥有几十亿资产。最近三四年时间有9个小水电公司上市，在中国证券市场上初步形成了一个中国水利水电板块。今天我们在这个板块的基础上开展这样一个论坛，就是要为预上市公司和大批水利水电企业进入资本市场服务，为上市公司交流资本运营的经验和技巧服务，成为他们之间的桥梁和纽带，更好地形成、发展和壮大这个板块。中国水利水电板块论坛的宗旨是：友谊和发展。加强水利水电企业之间的友谊和交流，取长补短，不断提高水平，推进发展，实现现代化。虽然我们有了这个板块，但在行业里占的规模比例还很小，同我们现有的资产规模相比还很小，我们进入资本市场才刚刚起步，我们的事业方兴未艾，大有作为。

---

① 《中国水利报》2001年8月。

二、中国小水电享誉国际

中国的小水电资源世界第一，中国的小水电发展世界第一。我国开发小水电建设有中国特色的农村电气化，消除贫困，保护环境，协调解决人口、资源、环境问题的经验，得到了国际社会的高度评价和广泛赞扬。中国的小水电规模这么大，在世界上有这么大的影响而且有很丰富的经验，应该在国际上发挥更大的作用，因此世界银行和一些世界能源组织提议组建一个国际小水电组织，秘书处设在中国。目前，参加国际小水电组织已经有 55 个国家和地区，146 个政府机构和国际组织已经成为成员。1999 年 2 月，朱镕基总理正式批准中国作为国际小水电组织的东道国。2000 年 5 月，中央编制委员会批准成立由水利部、外经贸部共管的中国国际小水电中心。2000 年 12 月，联合国工发组织正式决定在中国杭州设立联合国工发组织国际小水电中心，这是联合国在我国境内设立的第一个联合国法律框架下的组织。今年国际小水电组织二届三次会议在印度召开，很荣幸我和童建栋先生再次分别当选为这个组织的主席和总干事，这是国际上对中国小水电发展的一种充分肯定。格鲁吉亚总统谢瓦尔德纳泽当选为国际小水电组织名誉主席。中国小水电在国际上享有荣誉，国际小水电组织在国际上也形成了一个板块，正在发挥越来越大的影响，也有了一个论坛。

三、新时期小水电要肩负起新的历史使命

（一）小水电发展的三个阶段

小水电随着社会经济的发展而发展。小水电的发展可分为三个阶段。

第一个阶段主要是从解决中国广大农村无电问题开始的。从新中国成立到改革开放时期，这阶段小水电主要是解决农村的照明和少量加工业用电。新中国成立几十年来，小水电解决了占全国国土面积一大半地区的无电和照明问题，解决了 6 亿无电人口的用电问题。

第二阶段是解决贫困地区人民脱贫致富问题。在邓小平同志亲自倡导下，中央从 1983 年起连续三个五年计划部署发展小水电，以建设农村水电初级电气化县

为龙头，解决民族地区、革命老区、边远贫困地区人民的脱贫致富问题。15 年连续三批电气化县建设共建成 653 个初级电气化县，取得了很大成就，加快了这些地区农民脱贫致富和农村经济发展的步伐。这些农村水电初级电气化县的水电装机、用电量、当地财政收入和工业生产总值都基本上都实现了 5 年翻一番，10 年翻两番，经济发展速度明显高于全国平均水平。653 个农村水电初级电气化县小水电企业提供的税收，占这些县财政总收入的 10%。小水电改善了农村基础设施建设和经济结构。到 2000 年底，全国 1500 多个县建设了小水电，总装机 2485 万千瓦。占全国水电总装机的 32.4%，发电量 800 亿千瓦时，全国 1/2 的国土，1/3 的县和 1/4 的人口资源主要靠农村水电供电。农村水电产业不断发展壮大，总资产已达 1500 多亿元，年发供电收入 400 多亿元，利税 70 多亿元，近几年，对农村水电进行战略性重组，组建了 70 多个跨县地区性水电公司，11 个省组建了省级水电集团公司，9 家农村水电企业成功上市，在中国证券市场形成了业绩年度产品——农村水电板块。农村水电大大地改善了农村基础设施，以水发电，以电补水，农村水电已经成为山区水利的龙头。小水电库容 500 多亿立方米，在防洪、灌溉和供水等方面发挥了重要作用。

第三阶段是保护和改善生态环境，发展地区经济。进入 21 世纪，随着社会经济发展，人类进入更加关心环境、更加关心生态的社会。党的十五届五中全会《关于制定国民经济和社会发展第十个五年计划的建议》提出加强生态建设环境保护，有计划分步骤抓好退耕还林还草等生态建设工程，今年 4 月以来，朱镕基总理在湖南考察时强调特别指出，大力发展小水电，解决农村能源问题，这方面要给予扶持。在四川考察时再次强调指出，要采取多种形式处理好退耕农民的当前生计和长远致富问题，大力发展小水电、沼气等能源，解决农民的燃料和农村能源问题，将退耕还林同调整产业结构紧密结合。总之，要使中央关于退耕还林的政策真正落到实处，保证退得下、稳得住、能致富、不反弹。朱镕基总理考察湖南、四川的谈话，一是要解决退耕还林还草，就必须解决农民的燃料和农村能源问题，要从源头上解决这个问题，保护生态，改善环境，就要大力发展小水电；二是开发小水电要同农民的当前生计和长远致富结合起来；三是小水电开发要同当地经济发展结合起来，增加财政收入，从长考虑；四是小水电开发要同农网改造结合起来。总理的一系列重要指示，站在全局的高度提出了新时期小水电发展的方向、目标和任务，为小水电发展指明了新的发展空间和更加广阔的前景，小水电要肩负起新时期新的历史使命。

(二) 小水电能肩负起新的历史使命

一是小水电有充足的资源。装机 5 万千瓦以下的小水电可开发量有 1.28 亿千瓦，能解决退耕还林、天然林保护地区农民燃料和农村能源问题，做出重要贡献。

二是小水电的分布与我国的水土流失和植被破坏区在区位上有一致性，为小水电解决生态环境问题创造了条件。我国 67%的小水电资源分布在西部地区，生态环境破坏和水土流失最严重的地区主要在这些地区。

三是小水电规模适中，适合分散开发，就地开发，发供电成本低，适合于各种投资主体开发建设。

四是小水电作为清洁可再生能源，能实现人与自然的协调发展关系。

五是西部大开发为小水电发展提供了机遇。从小水电资源、特点和分布情况看，它完全可以承担起新时期新任务、新使命。江泽民总书记指出，要促进人和自然的协调与和谐，使人们在优美的生态环境中工作和生活。朱镕基总理反复强调退耕还林、还草和保护生态，改善环境，关键是要从源头解决农民的燃料问题。汪恕诚部长最近特别指出，要解决好人和自然的和谐共处问题。小水电既是扶贫开发工程又是生态工程，还是农村基础设施工程，在西部大开发中面临新的发展机遇。

小水电作为国际上完全肯定的绿色能源，在人类进入新千年的新的历史时期，在环境安全越来越被关注的今天，它面临着新的发展机遇，它有条件、有能力肩负起新的历史使命。希望我们的小水电上市公司、拟上市公司更好地发挥龙头作用，以更好的业绩，让更多的投资者来投资我们的小水电。同时也希望我们的小水电板块在股市上有良好的表现，效益不断提高，使投资者获得好的回报。

小水电代燃料试点的做法和经验[①]

——在全国小水电代燃料试点工程经验交流会上的讲话

（2005年3月四川成都）

2000年按照中央的3号文件的要求，在全国5个省26个县启动了小水电代燃料试点，取得了显著的成效，得到了农民的热烈欢迎，农民没有一个不说好的，探索了一条政府扶持、企业运作、农民参与、保护生态、改善生活的路子。

一、科学规划，严密论证，前期工作扎实

小水电代燃料工程建设是一项系统工程。全国26个省886个县开展规划工作。全国有近万名科技人员和水利干部职工参加了各地的小水电代燃料生态保护工程规划工作，深入各地开展调查研究，先后调查了2万多户农村居民，取得了大量第一手资料。全国规划编制组认真听取专家和地方政府的意见和建议，对代燃料户年用电量、代燃料电价、代燃料供电、代燃料户均装机、代燃料电力电量平衡等进行科学分析、科学计算、科学试验、严密论证，在省级规划的基础上，水利部组织编制了《全国小水电代燃料生态保护工程规划》（简称《规划》）。《规划》广泛听取了全国不同地方群众和专家的意见，广泛听取、农业、农村、林业、环境、经济、生态、电力、能源等方面有关院士专家的意见，听取国家发改委、财政部、中财办、中央政策研究室、国务院研究室、国务院发展研究中心等有关单位领导和专家的建议。国家发改委组织中咨公司对《全国小水电代燃料生态保

① 《水电及电气化信息》2005年第3期。

护工程规划》进行评估。经过评估委员会专家的充分研究、反复论证，一致认为规划主要技术经济指标测算资料翔实，依据充分，符合实际；规划范围合适，建设规模和布局合理；措施有力，方案可行，是多年来全国少见的一个好的工程规划。

按照规划要求，水利部组织各地开展小水电代燃料项目选点工作，编制小水电代燃料试点项目实施方案。对各地实施方案进行认真审核，严格筛选，编制了《全国小水电代燃料试点项目实施方案》。同时加大试点项目前期工作力度，严格按照国家基本建设程序，统筹安排认真做好各项前期工作。科学的规划，严密的论证，扎实的项目前期工作，是小水电代燃料试点项目按时保质保量完成试点任务的基础和前提。

二、精心设计，精心组织，服务到位

回良玉副总理十分重视小水电代燃料工程，提出“发展农村水电，实施小水电代燃料，是改善农民生活条件，推进农村小康建设的富民工程和德政之举，是巩固退耕还林成果、保护生态环境的重要举措”。水利部汪恕诚部长把小水电代燃料工程作为水利部“三个亮点”工程之一，指出“小水电代燃料工程对于巩固退耕还林成果，改善生态环境，加快山区开发，促进地方经济发展和农民脱贫致富具有重要意义。要做好试点工作，切实搞好示范区建设”。

2003 年 12 月，水利部在四川广安召开了小水电代燃料试点启动会议，汪恕诚部长做了书面讲话，敬正书副部长到会并做了“坚持科学发展观，扎实搞好小水电代燃料工程建设”的动员报告。2004 年 3 月，水利部及时在贵州召开了全国小水电代燃料试点工作会议，统一思想，明确目标，落实责任，部署了小水电代燃料试点建设的具体工作。为完善小水电代燃料建设、管理制度和办法，水利部下发了《关于加强小水电代燃料建设管理的通知》。为有针对性地指导全国小水电代燃料试点工作，规范全国小水电代燃料试点项目建设和管理，水利部下发了《小水电代燃料项目管理指南》，颁布了《小水电代燃料项目验收规程》。为及时跟踪了解进度，查找问题，提出解决办法，全面指导各地代燃料工作，水利部实行小水电代燃料进度半月报制度。在全面指导的基础上，水利部进行定期现场检查指导，先后组织了三批专家组，每批 4 个组分赴四川、贵州、山西、广西、云南试点项目进行检查指导，一个不漏地深入每个试点项目区，实地考察小水电代燃料项目的进展情况，就地研究存在的问题，提出解决办法，及时总结好的做法和经验，在全国试点项目推广，确保按时完成建设任务。

各试点省水利厅（局）和省发改委高度重视小水电代燃料试点建设，结合本省实际出台了一系列规章制度和管理办法，重点指导和督促代燃料试点工作。广西出台了《小水电代燃料建设项目管理办法》，四川出台了《小水电代燃料工程项目管理办法》，云南下发了《加强小水电代燃料农户安全用电管理的通知》和《关于签订小水电代燃料安民、护民协议的通知》，加强和规范了小水电代燃料建设管理，确保了代燃料试点顺利进行和效益的有效发挥。各试点省、地（州）政府、水行政主管部门、发展改革部门、财政部门的领导和专家经常深入项目区检查指导工作，促进试点项目的顺利进行。四川、贵州等省还召开了省小水电代燃料试点建设现场会，总结交流经验，推广典型经验，推进工程建设。

各试点县、乡（镇）、村层层签订责任书，落实目标任务。各试点县成立了小水电代燃料领导小组，积极出台有关地方政策、协调落实有关具体问题。领导小组下设办公室，具体负责代燃料工作。各试点县、乡（镇）、村都层层签订责任书，落实目标任务。试点县和项目法人、项目法人和所有代燃料户都签订了协议落实责任，保证了试点项目顺利完成，并取得明显效果。

三、探索了一套行之有效的管理体制和运行机制，保障了代燃料效益长期有效发挥

管理体制和运行机制是保证小水电代燃料工程长期发挥效益，持续稳定地为农民提供廉价电力，成为长期有效巩固退耕还林和天然林保护建设成果的关键。试点探索了一套行之有效的管理体制、运行机制。

1. 实行所有权、使用权、经营权三权分设，形成长效机制。

试点之前大家普遍担心小水电代燃料项目分散在广大边远山区，国家扶持建电站，农民低价用电，能不能持久？若干年后，地方政府发生经济困难，发不出工资时会不会给代燃料电价涨价？时间长了，地方政府会不会由于种种原因把电站卖掉？

为解决这些疑虑和问题，防止损害代燃料农户的利益，保证代燃料电站长期有效运行和生态效益、社会效益及农民利益的实现，各试点项目实行所有权、使用权、经营权三权分设的管理体制和相应的运行机制，以确保长期稳定发挥代燃料效益。国家补助建设不以盈利为目的的生态电站，电站的所有权属于国家。由省级水行政主管部门履行出资人职责，对代燃料生态电站中国有资产进行监管，行使国有资产保值增值的权利，但不从中获取任何利益。代燃料电站项目法人负责电站建设，进行市场化运营，公开招聘经营者，经营者负责电站的经营管理，依法行使经营权，但只获取劳务收入。使用权属于代燃料农户。项目区农户享有低价使用代燃料电量的权力，并且落实到具体的电量和电价上，又负有保护森林植被、不再砍伐森林的责任和义务，也落实到具体的保护面积和山林。试点表明，三权分设的管理体制，从根本上解决了前述的疑虑和问题，有力地制约了代燃料各方的短期行为，确保能为代燃料农民长期提供代燃料电力电量，长期保护森林植被。山西陵川试点项目由山西省水利厅作为国有资产出资人代表，履行该项目国有资产监督管理和保值运营的职责。省水利厅与县政府协商确定陵川县水电总公司为项目法人。项目法人根据市场化运行的要求选择电站经营者。经营者行使经营权。项目法人与供电企业、代燃料户签订供用电协议，明确责任和义务，保证项目区代燃料农户享受 0.2 元/千瓦时代燃料到户电价，每年可使用代燃料电量 1210 度。代燃料农户停止一切砍伐活动，实行封山育林和退耕还林，对于违反规定的，要严肃查处。

2. 低价供电，微利运行，调动农民和企业的积极性。

代燃料电站以较低的价格给电网提供一定数量的代燃料电量，电网收取一定的过网费后，低价卖给农民，丰水期剩余电量上网销售给其他用户，枯水期从电网回购部分电量保证代燃料用电。从全国试点情况看，小水电代燃料到户电价为 0.17～0.3 元/度，余电平均上网电价为 0.262 元。每度电还贷、折旧、运行成本、税金等 0.17 元左右。枯水期以 0.35 元左右的价格从电网回购一部分电低价卖给农民，收支相抵基本平衡。贵州普安试点项目代燃料电站年发电 1280 万千瓦时，代燃料用电量 407 万千瓦时，电价 0.19 元/千瓦时，收入 77 万元，余电上网销售收入 229 万元，枯水期回购电量（占代燃料电的 15%左右）支出 27 万元，再加上电站运行成本 262 万元，收支相抵，略有盈余，不仅农民高兴，代燃料电站也能正常提取折旧，正常纳税，按时还本付息，项目法人和经营者也有积极性。

3. 依法管理，民主管理，确保国家和农民利益不受侵害。

代燃料电站与供电企业都签订了并网、供电协议，明确代燃料电站的运行调度方式，上网电价和电量、供电方式，供代燃料户的电价、电量，枯季供电措施、多能互补措施等，保证了农民一日三餐的代燃料用电。实行代燃料用电“电量公开、电价公开、电费公开”和“抄表到户、安全到户、服务到户”的管理制度，让农民真正用上了廉价电、放心电。四川天全试点项目代燃料电站项目法人与县电力公司签订了并网协议，规定电站发电直接上网给电力公司，电力公司负责对代燃料项目区供电，承诺在枯水期代燃料电力电量不足时，电力公司采取合理调度、停用或调整部分高耗能用电的措施，优先满足代燃料用电，确保代燃料用电保证率为100%。电力公司与所有项目区农户签订了供用电协议，规定到户电价为0.2元/千瓦时，在安全用电的基础上保证电量充足，价格不变，由县物价局和行业主管部门进行监督和核价。代燃料电费实行一户一表按月收费制，实行“三公开”（电量公开、电价公开、电费公开）、“四到户”（安全到户、抄表到户、收费到户、服务到户）、“五统一”（统一电价、统一发票、统一抄表、统一核算、统一考核）的管理制度。这些做法真正杜绝了乱收费和增加农民负担的情况发生，确保农民用上电，用好电。

各试点项目都结合实际制定了科学合理的代燃料电量核定、电费计收管理办法，主要有两种方式。一种是核定基数计收。一户一表，实行“核定基数、定额限量、分类计费、按月结算”的计量收费办法。供电部门与农户签订供用电合同，核定人均月代燃料电量、代燃料到户电价和超量部分电价。这种办法既保证了农民用得起，又让农民用得省，较好地兼顾了农民和电站的利益。四川天全试点项目按2003年月平均用电量核定生活照明基数用电量，按0.43元/千瓦时计费，基数电量以上定额以内的用电量为代燃料电量，按小水电代燃料电价0.20元/千瓦时计费，一户一表，按月收费。一种是照明和代燃料电分别计收。贵州普安试点项目对一般用电和代燃料用电采取分线入户、分表计量、分类计费的方式，代燃料电价0.19元/千瓦时，照明电价0.45元/千瓦时。

各试点项目都建立了由当地农民代表、地方政府、水行政主管部门等组成的小水电代燃料用户协会。协会实行民主管理和民主监督，对电站建设和运行管理、电量电价、森林保护等进行协调和监督。用户协会既督促电站、电网足量低价供电，又督促农民及时缴纳电费，不再上山砍柴，管好自己的责任山林。云南腾冲县的用户协会既督促电站足量低价供电，又督促农民及时缴纳电费，不能再上山砍柴。广西江州区小水电代燃料用户协会强化民主管理，制定了乡规民约，成立基层服务站，提供培训农村电工、代燃料农户的电器维修等服务，落实项目区的服务体系建设。云南勐海县小水电代燃料用户协会直接与厂家联系，为农民提供质优价廉的电炊具，由厂家向农户提供免费保修三年等服务措施。山西陵川小水电代燃料用户协会还组织用电培训，提供电器购销、维修等多方面服务，增强了协会的凝聚力，农民、电站、电网各方责权明确，保障有力，落到实处。依法管理、民主管理相结合，使山林得到保护，农民用电得到保障，电费能及时回收，各方面都满意，使小水电代燃料的效益能长期有效发挥。

四、以小水电代燃料为龙头，统筹协调，整合资源，集中整治，扩大投资效益

试点县政府统筹协调各有关部门，以小水电代燃料为龙头，以项目区内自然村为单位，统一规划改厨、改厕、改圈、改水、改路，整合农村扶贫、卫生、交通、水利等有关资金，集中整治试点项目区农民厨房、厕所、牛栏、猪圈、饮水和乡村道路。贵州普安县委书记龚修明介绍说：对小水电代燃料工程，县委县政府一开始就进行了认真的研究，认为要把小水电代燃料作为改变农村面貌的切入点，整合资源，充分发挥各部门的作用，让小水电代燃料试点工作产生综合示范效应。普安以小水电代燃料为龙头，统筹协调，整合发改委、建设、交通、民政、卫生、农业、畜牧、水利等部门用于农村的资源和资金，集中力量，形成合力，实现 1 加 1 大于 2 的效果。建设部门负责对道路、厕所等进行科学规划，交通部门提供道路改造技术服务，民政部门解决项目区困难群众的危房搬迁和维修、协调成立代燃料用户协会，卫生部门负责卫生和厕所的规划与建设指导，畜牧部门负责改厩规划和建设指导，水利部门负责对供水、供电设施进行改造，集中整治厨房、厕所、牛栏、猪圈、水、电、路等农村生产生活设施，使项目区村容村貌焕然一新。普安试点项目实施小水电代燃料后，项目区所有农户都改建了厨房、厕所，解决了饮水问题，300 多农户改建了圈舍，达到了圈屋分离、圈厨分离、人畜分院，改变了山村脏、乱、差的旧面貌。村民们非常感激，逢人就高兴地说：“我们的生活环境变好了，我们的生活一步跨百年，都是托共产党的福。”四川珙

县县委、县政府整合资源，将小水电代燃料同美好新村、村通公路、集中供水建设有机结合，集中整治代燃料农户的厨、厕、水、路、园、圈、池，使“绿、美、亮、净”得到有效体现，代燃料户的居住条件和生存环境大为改观，农民欢天喜地，感激不尽。贵州省发改委的同志说，小水电代燃料试点工程在普安县取得了很好的效果，之所以受到广大群众热烈的拥护，是因为老百姓得到了真正的实惠。贵州黔西南州州委书记许正维说：“普安的小水电代燃料建设不仅有效巩固了退耕还林、天然林保护等生态建设成果，更重要的是积极探索、大胆实践，走出了一条农村小康社会建设的新路子，为黔西南州农村经济发展和农村小康社会建设树立了榜样，做出了突出贡献。”

五、充分利用农村闲散劳动力资源，发动农民积极投工投劳，直接改善自己生产生活条件

试点启动后，试点项目区所在县党委政府和试点项目区乡镇、村干部，深入一线，广泛宣传小水电代燃料，发动群众积极投入试点工作。通过宣传发动，农民群众深深体会到小水电代燃料是党和政府为改变农民落后的生产生活方式、改善生活环境而办的一件实实在在的好事，是一件利国利民的大好事。小水电代燃料建设由被动到主动，激发了农民的参与热情。农民群众无不积极支持、拥护和参与，自愿投工投劳，改善自己的生产生活条件。普安试点项目区户均补助建筑材料等折合 200 多元，农民组织起来自己动手改造厨房、厕所和乡村道路，积极性十分高涨。

在乡、村道路硬化改造中，男女老少齐上阵，白天顶着烈日，晚上披着星星，背石头、碎石头、铺路面，干得热火朝天。营山村 72 岁的张继全老人每天要背 60～70 背篓铺路石头。儿子怕老人累着，不让他干，他说：“国家给钱帮助我们，我能出点力心里高兴。我今年 72 岁了，在营山村干了 20 年的支书，农民对小水电代燃料的热情就像当年土改那样，太少见了。”据统计，项目区有 17000 农民劳动力直接参加了“五改、五通、五化”的劳动，投入工日达 163 万个。试点地区农民得到实惠，亲身感受到党和政府的温暖，以自己的实际行动感激国家的好政策。

六、政府积极引导从砍柴束缚中解放出来的农民，开辟就业门路，增加收入

农民不需要砍柴了，干什么？如何引导这些农民就业增收，成为当地党委政府急需考虑和解决的问题。各地党委政府因地制宜，积极为农民增收做好服务，引导从砍柴中解放出来的劳动力增加收入。他们通过为农民提供国家政策和致富信息，组织培训，寻找致富门路，帮助农民解决技术问题和资金问题，积极组织农民外出务工、鼓励发展特色农业，扶持发展畜牧业，引导农民搞农产品加工、特色旅游等，广辟就业门路，千方百计增加农民收入。山西陵川试点项目区实施小水电代燃料后，县政府积极鼓励农民外出务工，提供务工信息，开展务工技能培训，做好做大劳务输出，使打工经济成为强乡富农的新亮点。马圪当乡武家湾村外出打工人数由2003年的50人增至250余人。陵川项目区农民户均增收达400元。贵州普安县委、县政府立足本地优势，积极组织开展了各种农村实用技术培训，使村干部、党员掌握实用技术，给予农户技术指导。按照“优化农业结构、做特做优农业”的发展思路，积极引导农民大力发展烤烟等特色农业，形成了农村特色经济模式，为农民增收开拓了一条新渠道，使项目区农民人均年增收近150元。云南剑川试点项目区充分利用当地资源优势，采取信息服务、政府引导、提供技术服务、替农户投保承担风险等方式，积极鼓励支持农民利用代燃料后节省的劳动力和时间，推进农副产品加工、水产品养殖等，开辟致富就业门路，已经形成当地新的经济增长点，项目区农民户均增收200多元。贵州麻江县委、县政府把发展畜牧业作为引导农民增收的主渠道，积极筹措资金，补贴农户发展畜牧业，加大对农户科技培训力度，帮助农民解决技术和资金问题，使项目区农民户均增收近300元。四川天全县委、县政府积极申请无公害农畜产品生产基地认证，为农民牵线搭桥，引进龙头企业，为发展畜牧业提供技术支持和资金支持；还依托当地自然和人文资源优势，帮助紫石乡紫石关村农民建立起“生态民俗村”、“茶马古驿站”，推出了特色的农家旅游，吸引成都、重庆等地的游客观光，增加农民收入，推进小水电代燃料工程向纵深发展。各地政府因地制宜、创造性地为农民服务，开辟了各种各样有特色的就业增收门路和途径，受到农民的拥护和欢迎。

第九篇

大力推进水电行业现代化

20 世纪 70 年代中后期，作者作为主要研制者之一（完成系统总体和软件总体研究与设计）成功研制了中国电力系统的第一台微机监控系统，主要技术指标达到国际先进水平，填补了国内一项空白。当年神秘、昂贵的技术和设备，20 年后已成熟、可靠。微机控制、互联网通信技术的普遍应用，为水电行业的现代化创造了条件。

提出并大力推进应用微电脑和互联网技术，制定有关政策和规定，实施以无人值班为目标的水电行业自动化、智能化，有力推进了全国水力发电、配售和管理的现代化进程。

❖
2002年2月，全国水利系统水电现代化建设现场会在湖南郴州召开。图为大会主席台

❖
由华中科技大学资深院士牵头，全国有关著名高校、科研院所专家组成审查组，审定《全国水利行业现代化建设指导意见》，由国家水利部颁发，全国遵照实施。右三为“全国水利行业现代化建设指导意见”课题主持人游大海教授，左四为华中科技大学党委副书记刘献君

❖

1999年4月，访问加拿大自然资源部，签订有关技术合作协议

❖

为南水北调中线穿黄河方案，1994年考察当年世界上最先进的英吉利海峡英法海底隧道盾构技术

❖

考察现代化试点设备（2004年）

❖

现代化试点电站（2004年）

❖

多国专家考察中国无人值班水电站现代化技术（2004年）

加快步伐　全面推进农村水电现代化[①]

——在全国农村水电现代化试点建设现场会上的讲话

（2002年5月湖南郴州）

今天我就农村水电现代化的有关问题讲三点意见供大家参考。

一、关于农村水电及其现代化

农村水电这个名称，水利部门多年来一直在研究，各地有的称为地方电力，有的称为水利系统水电，有的称为中小水电，有的称为农村水电。农村水电包含发电及其配套供电网。按照我国中小水电资源分布情况、发展过程、所发挥的作用，应该说叫农村水电比较合理。我国中小水电资源分布在广大农村和边远贫困山区，长期以来也主要依靠农村，结合兴修水利开发和建设，并始终坚持为农村、农业、农民服务的方向，其建设主体和受益主体主要是农村，这个行业与农村有着密不可分的联系，因此称为农村水电最能反映其特点和作用，也具有鲜明和深刻的现实意见。

我国农村水电大致经历了三个发展阶段。第一阶段是新中国成立至改革开放前，这段时间以建设1万千瓦以下的小型和微型水电站为主，主要是为了解决广大农村无电的问题，解决照明问题；第二阶段是改革开放至2000年，以大力发展中小水电带动贫困山区、革命老区和民族地区的经济发展，促进农民脱贫致富。上世纪80年代初，小平同志等中央领导在四川视察，耀邦同志向小平同志报告，说地方同志讲，开发小水电只要中央给个政策，允许地方自建自管自用，那么地

① 《水电及电气化信息》2002年第5期。

方就可以自己解决自己的用电问题，还可以带动地方经济发展，小平同志听了以后说，中央给个政策，农民得利，国家不吃亏，这就叫搞活，这就叫解放思想。小平同志讲话以后，耀邦同志亲自部署“七五”期间在全国开展了100个农村水电初级电气化试点县的建设，“八五”、“九五”继续开展了第二批200个、第三批300个农村水电初级电气化县建设工作，近15年时间共建成653个农村水电初级电气化县；第三个阶段，进入21世纪，农村水电肩负了新的重担，随着以退耕还林为重点的大规模生态建设的开展，农民燃料和农村能源问题越来越突出，这就使农村水电发展迎来了新机遇。朱镕基总理多次讲话要求，要大力发展小水电，巩固退耕还林成果，做到退得下、稳得住、能致富，要解决农民的燃料和农村能源，解决农民当前生计和长远发展问题，促进地方经济发展。这一阶段，除了继续解决无电问题、脱贫致富问题和促进地方经济发展之外，生态建设成为农村水电发展的重要任务之一。

农村水电站的装机规模从新中国成立初期的几十、几百千瓦发展到现在的几万、十几万千瓦，今后还可能出现更大规模的农村水电站。这和美国的农村电气化合作社发展很类似。上世纪30年代，罗斯福实行新政。为了解决美国西部的用电问题，罗斯福政府给发电商提供优惠的贷款政策，因为西部地区经济落后，供电量小，负荷分散，成本高，发电商不愿意到西部去办电，后来罗斯福政府把优惠的贷款政策给当地居民，鼓励当地居民自己贷款办农村电气化合作社，很快解决了当地用电问题。罗斯福政府还专门成立了农村电气化银行，专司农村电气化贷款业务，中央政府设置有农村电气化局，局长由总统任命，国家制定了农村电气化法，行业成立了全国农村电气化协会，每年的全国农村电气化协会大会是全美规模最大的会议。直到现在，美国农村电气化合作社仍蓬勃发展，为农村服务的功能更加齐全，包括电话电信。因此随着供电区内经济和社会发展，其装机规模也越来越大，有的合作社拥有几个百万千瓦级的电厂和相应的电网，但还是叫农村电气化合作社，体制没有变。由于当年的供电区受到法律保护，我国农村水电同样除水电站以外，还包括历史形成的配套的农村水电网，形成自发自供自管的体制，全国1600多个县开发了农村水电，直到上世纪80年代，全国一半以上的县主要靠农村水电供电。目前，农村水电仍有800多个县以农村水电供电为主，覆盖全国1/2国土，1/3的县，1/4的人口。

什么是农村水电现代化呢？农村水电现代化就是用现代科学技术和现代管

理方式来建设农村水电、管理农村水电，实现农村水电的现代化。它包含两个方面内容，一是应用现代科学技术，提高农村水电站及配套电网的现代化科学技术水平，二是应用现代管理方式和现代化技术手段提高农村水电的现代化管理水平。

二、关于全面推进农村水电现代化

1. 农村水电进入一个新的发展时期。

水利部党组按照党中央、国务院要求，提出从传统水利向现代水利、可持续发展水利转变，以水资源的可持续利用支撑经济社会可持续发展的治水新思路。水利改革与发展进入了一个新的阶段。农村水电作为水利的一个重要组成部分，要按照部党组治水新思路的要求，加快从传统农村水电向现代农村水电的转变。

党中央、国务院历来十分重视农村水电工作，“七五”、“八五”、“九五”时期，国务院连续发出3个文件，部署全国三批农村水电初级电气化县建设。进入21世纪，农村水电又赋予了新的历史使命。去年，朱镕基总理在视察湖南、四川、贵州时，多次强调要大力发展农村小水电，巩固退耕还林成果，要解决农民燃料、当前生计和长远发展问题。温家宝副总理对农村水电的作用和地位也给予了充分肯定，指出开发农村水电、建设农村电气化是实现农业、农村现代化的重要条件，农村水电建设要坚持与经济发展、江河治理、生态建设、扶贫攻坚相结合，为国民经济和社会发展做出更大贡献。去年、今年中共中央两个1号文件都把农村水电列为农村基础设施要求放在更加重要的位置，重点支持。进入新世纪，国务院批准建设400个水电农村电气化县，启动小水电代替燃料工程。新世纪赋予农村水电新的历史使命，对农村水电现代化提出了新的要求。

2. 农村水电行业的现状需要我们加快农村水电现代化进程。

农村水电行业的现状，一是资源丰富，世界第一。可开发量有1.28亿千瓦，目前只开发了20%左右，开发程度很低。二是已形成很大规模。农村水电装机已有近3000万千瓦，年发电量900亿千瓦时，有近5000万KVA的输变设备，100多万公里的高压线路，资产规模达1500多亿元。农村水电在国民经济和社会发展，特别是西部贫困山区、民族地区、革命老区的经济发展起着不可替代的作用，在增加地方财政和农民收入、改善生态环境、丰富农民精神文明生活、带动农村经济结构调整、促进相关产业发展和结合江河治理、促进水利事业发展等方面都有着重要的作用。三是农村水电还存在许多问题。近几年，一些地方认真贯彻水利部水电改革发展思路，使得农村水电资产分散、企业规模小、管理粗放的问题有了很大改观。但农村水电绝大部分分布在贫困山区、民族地区和革命老区，各方面条件差，新技术、新产品、新工艺推广普及慢。普遍存在设备陈旧、老化失修的问题，农村水电设计市场、设备市场也亟待规范。农村水电行业与国家的要求，与形势的要求差距还很大。加快农村水电现代化建设，既是完成农村水电新的历史使命的客观要求，也是缩小农村水电行业差距的现实有效、切实可行的途径。

3. 科学技术发展日新月异，为加快农村水电现代化建设提供了条件。

科学技术的发展日新月异，今天我们看到的设备和技术，在过去都是不可想象的。上世纪 60 年代、70 年代国家集中全国科研设计制造方面的顶尖力量在当时的三峡试验坝陆水试验电站进行水电站全面应用现代化技术的科学试验，应用半导体技术全面取代有触点控制的传统技术。晶体管集中控制、晶体管继电保护、晶体管电液调速器、可控硅励磁等，第一阶段是上世纪 60 年代中期半导体分立元件阶段，在当时是尖端技术，试验项目包括上世纪 70 年代毛泽东主席批准兴建长江葛洲坝，电站装机 280 万千瓦，是当时世界上最大的水电站。当时水利电力部（水利部和电力部合在一起）专门发文集中全国顶尖力量攻关葛洲坝电厂控制技术，口号是要世界一流。试验也在陆水试验电厂做，这是在第二阶段，第一阶段我只接触了尾声，第二阶段我承担了重要任务，完成了中国电力系统第一套微电脑监控的系统总体设计和软件总体设计，那也是机遇。我毕业分配到贵州都匀，那是国家的电子工业大三线，当时国内没有微机，也没有计算机专业，当时我常常去书店，一次我惊奇地在书店里发现一套苏联的 M3 电子计算机书籍，如获至宝，如饥似渴地读起来。没有目的，全凭喜好，从 CPU 到存储器到 I/O 设备和 I/O 接口设备，学得津津有味。谁知道几年之后遇到了这个机会。这之外也得益于在陆水试验电厂多年的工作实践。这套系统成为我国水利系统和电力系统的第一套微机控制系统，主要技术指标达到世界先进水平，填补了国内一项空白，获得水利电力部重大科技成果奖。系统投入试运行后，在国内引起轰动，除了水利行业和电力行业外，其他行业的设计研究院和高校都纷纷来参观，还有的重点大学全体教学骨干分批专门前来听我的讲座、参观系统，大家看了设备，听了我的系统介绍讲解，都很感慨，同时明确了发展方向。因为那时候中国还没有微电脑，也没有计算机专业，人们还不知道计算机是什么样的东西，美国也只有 M6800、I8080。我说的这些都是 20 多年前的故事了。那时候搞现代化难度很大，首先是新技术很神秘，中国差距大，设备不可靠；其次是成本高、用不起；第三是难以掌握，现场运行人员掌握困难。随着计算机技术、通信技术和信息技术的发展，二十多年后，在中国这些问题都已解决。计算机技术、互联网通信技术、信息技术的应用已非常成熟，这次郴州试点的永兴县这样的县级电网也全面配置了调度自动化、变电站自动化、水电站自动化及管理信息（MIS）系统，三峡、葛洲坝、小浪底、万家寨这样的特大型水电站普遍成功应用这些技术；不仅科学，而且非常可靠，随着计算机、通信技术的扩大普及，各种自动化系统、管理信息系统的价位已经非常便宜，可以为广大企业所接受；年轻同志熟练操作计算机等设备已不成问题，我们担心的三个问题都已不成问题。因此，我们完全可以消除顾虑，解放思想，加快农村水电现代化建设。

随着我国加入 WTO，国际化竞争将更加激烈，竞争实力从根本上讲体现在科技水平上，谁在科技创新上占优势，谁就在竞争中占据主导地位。如果我们不紧跟时代潮流，不下大力气提高行业的现代化水平，我们就会落后，就会失去竞争能力。社会发展的大趋势警示我们，加快农村水电现代化建设是当前的一项紧迫工作。

4. 我国电力体制改革的深入，进一步增加了农村水电现代化建设的紧迫性。

国务院国发［2002］5 号文件制定了我国电力体制改革方案。方案明确，我国电力体制改革的总体目标是，打破垄断，引入竞争，提高效率，降低成本，健全电价机制，优化资源配置，促进电力发展，构建政府监管下的政企分开、公平竞争、开放有序、健康发展的电力市场体系。随着电力体制改革的深入和电力市场的健全，电力市场的竞争将日趋激烈。对农村水电的发展带来了新的挑战。农村水电作为清洁、可再生能源，如何面对激烈竞争的市场环境，从现在起做好准备，迎接电力工业竞争时代的到来，是我们需要认真思考的问题。加快农村水电现代化建设，采取现代技术和现代管理方式，充分发挥农村水电成本低的优势，提高农村水电的竞争能力，是农村水电在激烈的电力市场竞争中进一步发展的必由之路。

三、当前如何加快农村水电现代化建设步伐

解放思想，提高认识。实现现代化是农村水电发展的必然要求，对此一定要有充分和清醒的认识，要解放思想，肩负起农村水电现代化建设的重任和历史使命。在座各位对这项工作的重视程度，直接关系到农村水电现代化建设的进程，关系到我们行业今后的发展。各级领导、企业老总都要转变观念，把握时代的特征，把现代化建设作为农村水电发展的战略目标，依靠科技创新和管理创新，推动行业的发展。

我们要坚持以“科学技术是第一生产力”的思想为指导，以水能资源的可持续开发利用为目标，以现代管理和现代技术为手段，提高农村水电行业的综合竞争能力，为国民经济可持续发展服务。农村水电现代化建设是一项长期而艰巨的任务，对此大家要有充分的思想准备，不能简单地认为上几套自动化系统就是现代化，更不能停留在口号上而不去真抓实干。如何搞好农村水电现代化建设，需要我们大家在实践中不断摸索和探讨，但建设农村水电现代化这个方向是明确的。我们要跟踪国内现代化建设的经验，紧密结合农村水电行业的实际，走出有农村水电特色的现代化建设道路。

做好规划。农村水电现代化建设，总体目标是，到 2015 年基本实现农村水电现代化。为此，各地要结合本地实际情况，认真做好农村水电现代化建设规划工作，在开展试点、总结经验的基础上分步实施，逐步推广。规划中要坚持技术先进性，起点一定要高，避免出现边建设、边落后的局面，我们准备制定一个农村水电现代化的指导意见，以部发文下发，以指导和规范农村水电现代化工作。

抓好设计环节和设备制造环节的技术更新。先进的设计和先进的设备是农村水电现代化建设的基础。现在我们许多小型水电站，一开始设计的时候就没有考虑采用无人值班，还是采用传统的一套，一些设计单位对无人值班技术根本不了解，更谈不上在设计中采用了。今后各省水利主管部门要加强对设计工作的管理。现在甘肃对较大的水电站采用设计招标的方式，使真正有实力的设计单位进来，就是很好的尝试。要推广甘肃的经验，不断进行地区、省的统一设计招标，解决设计市场的混乱现象。这也是我们发挥行业管理职能、加强行业管理工作的重要内容。当前农村水电站、变电站的控制设备厂家众多，各搞一套，产品难以兼容，

水平高低不齐，要认真研究，采取适当方式，保证优质产品进入农村水电行业，既不要形成市场壁垒，又要解决低劣、落后产品进入农村水电行业，建立一个科学有序的竞争市场。大力推进新技术应用，从整体上提高农村水电设备的技术水平。农村水电现代化建设本身就是农村电气化建设工作的一个重要组成部分，农村水电现代化建设水平是新时期水电农村电气化县建设验收的标准之一。要安排足够的折旧和大修资金用于设备更新，提高现有电站电网的现代化水平。

做好人才培训。各地要有计划、有步骤地提高农村水电行业的整体技术水平，首先是决策层、管理层要学习、了解农村水电现代化的基本内容，要利用各项媒体技术，使大家能够生动、形象地了解现代化技术和管理知识。要做好不同层次的培训计划，高度重视培训工作。

抓好试点，树立典型。各地要选准、选好典型，开展试点工作。试点的工作，每个省都要搞，对于水电资源比较集中的地区，要重点抓好。

希望大家通过这次现场会，提高认识，统一思想，采取有力措施，加快农村水电现代化步伐。

抓住机遇　依靠科技　提升农村水电设备现代化水平①

——在中国电器工业协会水电设备行业市场经营研讨会上的讲话

（2003年10月）

今天能有机会参加这样一个盛会，跟水电制造行业的厂长、经理见面，非常高兴。感谢大家多年来为农村水电发展提供了大量的设备和产品，也感谢中国电器工业协会给我提供这样一个机会，向大家介绍我国农村水电的现状、发展趋势和下一步的工作。

一、农村水电建设取得巨大成就

过去，我们把单站装机 2.5 万千瓦以下的水电站称为小水电。20 世纪 90 年代，随着水电事业的不断发展，国家计委同意把装机 5 万千瓦及以下的水电站界定为小型水电站。由于小水电主要依靠农村、农民自己开发和建设，为农村、农业、农民服务，其建设主体和受益主体主要是农村，因此把它称为农村水电，这不仅能反映其内涵和特点，而且也具有鲜明和深刻的现实意义。

经过半个世纪的努力，农村水电形成了很大的规模，发挥了重要的作用。农村水电发展大体上经历了三个阶段。第一个阶段是新中国成立以后到 20 世纪 70 年代末。新中国成立时，全国农村都没有电，城市发电厂也微乎其微，中央实行两条腿走路的方针，广大山区农村依靠地方群众，结合大规模水利建设、江河治

① 《地方电力管理》2004 年第 2 期。

理，大力发展水电，来解决自己的照明和生活生产用电。当年毛泽东同志曾到浙江视察农村水电，指出搞水电大有前途。新中国成立以后很长一段时间，直到上世纪 80 年代末，全国还有一半以上的县主要是靠农村水电发电供电。这一阶段以建设 1 万千瓦以下的小型水电站为主。

第二个阶段是从改革开放以后到 20 世纪末。十一届三中全会以后，国家实行改革开放，中央非常关心农民脱贫致富和农村经济发展。小平同志到西南调查研究，耀邦同志向他报告，说有一个县委书记说，如果允许他们自己开发水电，自己建、自己管、自己用，他们就可以自己解决用电问题，还可以促进地方经济发展。小平同志听了以后说，中央给个政策，国家不吃亏，农民得利，这就是搞活，这就是解放思想。根据小平同志的指示精神，国务院在全国选择 100 个县开展农村水电初级电气化县建设试点，以小水电站及其电网建设为主体的农村水电建设蓬蓬勃勃地开展起来。"八五"、"九五"国务院继续部署开展了第二批 200 个、第三批 300 个农村水电初级电气化县建设工作，到上个世纪末，全国一共建成了 653 个农村水电初级电气化县，在国民经济和社会发展中发挥了非常重要的作用。这些县基本上都实现了国民生产总值、县财政收入、农民人均纯收入和用电量"5 年翻一番"、"10 年翻两番"，明显高于全国的发展速度。农村水电所创造的税收在 653 个农村水电初级电气化县的财政收入中平均占 13%，有的县甚至达到 50%、80%。这一时期，全国有 1500 个县（占全国 2/3 以上县）开发了农村水电，农村水电的装机和发电量都大约占全国水电的 35%。农村水电作为清洁可再生能源，对于改善我国能源结构也发挥了重要的作用。截止到 2000 年底，农村水电装机达到 2500 万千瓦，年发电量达到 850 亿千瓦时，资产达到 1500 亿元，年利税 50 亿元。农村水电成为地方财政收入的重要来源和脱贫致富的重要渠道，在农村经济、社会发展和区域经济协调发展中发挥了非常重要的作用，受到了党和国家的高度重视。

第三阶段，进入 21 世纪，国家实施以退耕还林为重点的大规模生态建设，农民燃料和农村能源问题越来越突出，解决农民燃料和农村能源成为党和国家领导人关心的重大问题。朱镕基总理多次讲话要求，大力发展小水电，解决农民燃料和农村能源问题，巩固退耕还林成果，真正做到退得下、稳得住、能致富，把发展水电与解决农民当前生计和长远致富问题结合起来，促进地方经济发展。小水电代燃料成为解决农民燃料和农村能源的重要途径。《中共中央、国务院关于做好农业和农村工作的意见》要求，启动小水电代燃料建设工程，巩固退耕还林成果。新时期，农村水电除了继续为山区农民增收致富，为地方经济发展服务之外，生态建设服务成为农村水电发展的重要任务之一。

二、农村水电发展面临大好机遇

最近一两年，小水电设备的需求量猛增，现在大小厂家都拿满了明年的订单，有的拿到了后年的订单，在各行各业大多是买方市场的时候，小水电设备出现卖方市场。面对突如其来的供不应求，制造企业很振奋，也很困惑，厂长经理们甚至不知道是机遇还是风险。这也说明这两年农村水电发展的外部环境、政策环境发生了重大转折，形势非常好。主要表现在以下几个方面。

第一，全球对生态环保问题的高度关注。不论是发达国家还是发展中国家都把生态问题作为制定政策方针的重要依据。《京都议定书》就是要控制全球二氧化碳的排放量。大量排放二氧化碳，使气温不断升高，威胁全球气候安全。我国是发展中国家，但二氧化碳的排放量仅次于美国，我国政府已核准了《京都议定书》。按照我国目前的经济发展速度，能源发展会更快，二氧化碳主要是由燃烧矿石发电产生的，如何调整能源结构，减少二氧化碳排放，是我国面临的巨大挑战。这个背景为农村水电提供了很好的发展机遇。国际上公认的清洁可再生能源包括太阳能、风能、小水电、地热能、潮汐能。在全球关注生态的今天，小水电由于没有大量水体的集中，没有大量的移民和大量水土的淹没，没有二氧化碳、二氧化硫等有毒有害气体的排放，而成为国际公认的清洁可再生能源。国际上调整能源结构，减少二氧化碳排放，鼓励发展清洁可再生能源的政策措施目前大体有两种，一种措施是实行发电排放环保补偿，即发电也要补偿治理其发电排放污染的成本。另一种措施是实行清洁可再生能源配额制和绿色能源证书制度，对清洁能源发放绿色证书，绿色证书可以进行交易。配额制要求在所使用的能源里面，清洁可再生能源要占有一定比例，达不到配额的地区就得到市场上买绿色证书，超额的可以到市场上去卖绿色证书。这实际上使清洁可再生电能电价包含两部分，一部分是常规价格，一部分是优质电能价格即绿色价格。欧盟国家已经开始落实减排目标，即到2012年全国 CO_2 排放量在1990年基础上降低5%～10%，已经有一些欧洲国家到我国来买小水电发电减排量。我国结合江河治理，兴修水利，发展农村水电，不但解决农村用电问题，促进消除贫困，而且保护了环境，改善了生态，这是国际上尤其是欧美发达国家特别推崇的一条经验。联合国工发组织在中国杭州设立了联合国国际小水电中心，这是迄今为止设在我国境内的联合国法律框架内的唯一机构。

第二，我国实施可持续发展战略，重视人与自然的和谐发展，实施以退耕还林为重点的大规模的生态建设和西部大开发战略。西部大开发的重点是基础设施和生态建设，这是农村水电发展的重要机遇。

第三，党和国家对农村水电的高度重视和支持。农村水电得到党和国家历届领导集体的关怀和支持。1960 年毛泽东同志视察浙江农村水电，指出搞水电大有前途。改革开放初期，小平同志关于允许地方自建、自管、自用发展小水电的讲话，实际上是全国发展农村水电的一次思想大解放。在小平同志的倡导下，全国以开展农村水电初级电气化县建设为龙头，农村水电蓬蓬勃勃地发展起来。进入新时期，我国开展以退耕还林为重点的大规模生态建设，农民的燃料问题成为党中央、国务院领导关心的大问题。朱镕基同志在 2001 年 4 月份、6 月份、8 月份、10 月份分别在湖南、四川、贵州、山西多次讲要大力发展小水电，解决农民燃料和农村能源问题，巩固退耕还林成果，解决农民当前生计和长远致富的问题，增加农民收入，促进地方经济发展。2001 年国务院决定建设 400 个水电农村电气化县。2002 年中共中央、国务院关于做好当前农村农业工作的文件（中发［2002］1 号），把农村水电列入覆盖千家万户，促进农民增收最有效的农村中小基础设施，要放在更加重要的位置，加大支持力度。2003 年中央 1 号文件进一步强调要扩大建设规模，充实建设内容，还确定“启动小水电代燃料试点，巩固退耕还林成果”。为什么农村水电发展这么快，这几年小水电设备的订单这么多，党中央、国务院高度重视农村水电是重要原因。

第四，我国市场经济体制不断完善，特别是垄断行业的改革不断地加快。去年国务院 5 号文件出台了电力体制改革方案。电力体制改革要打破两个垄断：一个是行业垄断，一个是区域垄断。建立适应社会主义市场经济体制的开放有序、公平竞争的电力市场体系。行业垄断和区域垄断，影响了社会投资电力建设的积极性，不利于电力事业的发展。电力体制改革的目标是实行厂网分开，竞价上网，输配分开，竞争供电，最终形成多个独立发电公司，多个独立输电公司，多个独立配电公司，多个供电公司或配售电公司，在市场上公平竞争。最近国务院办公厅又颁发了电价改革方案，明确了电价形成的新机制，电价改革的目标是将电价划分为发电电价、输电电价、配电电价和终端销售电价，发电电价由市场竞争形成，输电电价和配电电价由政府制定，销售电价与发电电价联动。这种电价机制的形成，必将有力地促进我国电力工业的发展，促进农村水电事业的发展。

三、当前存在的问题和风险

农村水电发展势头很好，但确实也存在一些问题。第一，开发不按流域综合利用规划和河流水能开发规划，不经水利部门许可，无序开发水电资源问题相当突出。一些地方甚至出现“跑马圈河”现象。一些按河域综合利用规划，有防洪、灌溉、供水、生态效益的水利水电工程，开发商单纯按发电工程来开发，有的还不留足生态用水；一些开发商不按河流水能开发规划的装机规模建设电站，而是依自己的财力，改变装机规模；一些开发商不按梯级规划，任意选点建设等，造成资源和财力的大量浪费，甚至危害防洪、灌溉、生产生活和生态用水安全。第二，一些工程不经过水利部门审查，工程结构存在严重事故隐患。无立项、无设计、无监理、无验收的“四无”水电站问题突出。“四无”水电站存在着严重的事故隐患，对国家和人民群众的生命财产安全构成严重威胁。水利部发布了一个关于在全国清理“四无”水电站的通知，对于“四无”水电站，不管出资人是谁，该拆除的要坚决拆除，该停止运行的要坚决停止运行，该整改的要坚决整改。第三，管理跟不上发展，主要表现在农村水电企业管理粗放。生产现场管理亟待加强。第四，一些老厂设备陈旧，急需更新，一些新厂新投入的设备技术含量也不高。第五，设计市场、建设市场、设备市场亟须规范。近两年，由于农村水电迅猛发展，一些地方行业管理缺位，一些不具备设计资质的单位参加农村水电工程设计；一些不具备生产能力或生产技术水平低下的工厂大量承揽设备制造任务；一些不具备施工资质的建设单位承建农村水电工程等，这些都造成工程安全、设备安全和生产安全隐患。第六，体制障碍。电力体制改革虽然在厂网分开上迈出了一步，但输配分开还没有启动，电网垄断还没有打破。有水发不了电，有电上不了网，上网没有效益的问题还在某些地方存在。第七，适应市场经济体制的价格机制没有形成，对清洁可再生能源的发展还没有立法支持和政策支持。

四、新时期 新任务

新时期，国家提出了全面建设小康社会的宏伟目标。全面建设小康社会的难点和关键在农村，特别是广大的西部农村，这些地方拥有丰富的农村水电资源。因此，我们的目标就是进一步发挥农村水电在促进农村经济社会发展和环境保护、生态建设中的作用，为农村全面建设小康社会提供有效支撑。

1. 通过发展农村水电，不断完善农村发电、供电的公共设施，为农村经济发展提供动力。改善农村生产生活条件的同时，通过建设农村水电，促进治理江河，提高河流兴利除害能力，同时满足生态用水，解决天然季节性河流枯水期断水脱流问题，增加防洪库容，增加灌溉和供水能力，改善农村生活生产条件。

2. 通过国家扶持、农民投资投劳入股，开发农村水电，直接增加农民收入。通过发展农村水电，带动农村产品加工，带动当地特色资源开发，带动建材、建筑、旅游、运输等行业的发展，为农民增加就业机会，转移农村剩余劳动力。

3. 通过开发农村水电，进一步把山区资源优势转变为经济优势，为地方创造GDP和财政收入，调整农村经济结构，促进经济结构的优化升级。

4. 充分发挥农村水电成本低的优势，进一步降低电价，解决农民燃料和农村能源问题，保护森林植被，巩固以退耕还林为重点的生态建设成果。

按照这些要求，水利行业正在组织实施水电农村电气化县建设，农村电网改造和县城电网改造，小水电代燃料生态保护工程建设，边境无电乡村光明工程建设，以农村水电现代化为龙头的行业管理和水能资源管理工作。预计近几年农村水电的年投资能力还会进一步提高，有可能超过500万千瓦，2020年以前，农村水电将保持每年新增300万千瓦以上的发展速度。

关于农村水电现代化建设我多讲几句。今年，水利部发布了《农村水电技术现代化指导意见》，对主机、辅机和控制设备的制造都有很明确的要求。该指导意见在充分研究讨论的基础上，请了全国水利行业、电力行业、机械制造行业在水电规划、设计、科研、教学、制造等方面的权威专家审查，最后请院士主持、国内著名专家审定，代表了国内的水平，有很强的指导意义，希望大家认真研究。按照指导意见要求，我们现有的3300万千瓦装机和未来新建的装机都要采取新技术，做到无人值班少人值守。这涉及水电站的所有主辅设备，涉及水电站的每个零部件。要做到无人值班，首先主机必须安全可靠，质量好，如果主机不安全可靠，怎么能做到无人值班呢？主机、辅机、控制设备都必须具备无人值班应有的质量，否则就做不到无人值班。按照这个文件的要求，新建电站都应按无人值班设计和建设，对过去的电站逐步进行更新改造，20 世纪 90 年代以前建设的水电站，要在 2010 年以前改造完，实现无人值班，20 世纪后 10 年和近几年建设的水电站要在 2015 年前完成改造，今后新建电站都要按无人值班的水平设计和建设。这样，所有老电站和新建电站全部在 2015 年都实现无人值班。这个目标，只要努力，完全可以达到。我们的特大型水电厂，像小浪底、万家寨、葛洲坝、三峡那么大的电厂都达到无人值班水平，我们的小水电更应该达到。过去认为控制设备不可靠、价格高、不容易掌握，现在这些问题都解决了，互联网通信技术、计算机技术、信息技术现在都是成熟技术，非常可靠，也非常便宜。无人值班即不需要运行值班人员，有少数技术人员掌握这方面的技术就行，而这方面的技术力量国内已不缺。还有什么问题没解决呢？按无人值班设计，不增加多少投资，效率提高了，现场文明了，没有跑冒滴漏了，没有脏乱差了，何乐而不为呢？电是现代文明的象征，我们搞电的行业没有任何理由不率先实现现代化。

我们抓了几个农村水电现代化的试点，有无人值班（少人职守）的水电站、变电站、调度自动化系统、管理信息系统，都达到预定的水平，互联网技术、计算机、信息技术应用得很不错。郴州地县电力公司调度管理利用现代化技术，在开经理办公会的时候，大屏幕上出来自动生成的各种实时曲线，很现代化，说明我们完全有这个条件。我们也正在编制一套适应无人值班技术的农村水电技术标准，包括规划、设计、建设、管理、发电、供电、用电等一系列标准。新电站必须实行新标准。为了推动农村水电现代化工作，我们组织高等学校编制了一套农村水电现代技术培训教材，一本针对经营管理干部，一本针对专业技术人员，一本针对安装和运行值班工人。我们希望通过针对性很强的专业培训，提高从业人员的素质，推进农村水电技术现代化。目前，在总结试点的基础上，各省正在制订农村水电技术现代化实施计划。

五、对水电设备制造的几点建议

我想给制造行业的同行提些参考建议，希望大家支持我们，把农村水电行业的现代化水平搞上去。农村水电规模这么大，在经济社会中占据相当的地位，得到党和国家的高度重视，但从我们的装备技术水平和管理水平看，确实不能说是很好。这几年也有搞得很好的，但很少。

第一个建议，大力推进技术进步，创新理念，创新技术，创新产品。比如，欧洲发达国家把小水电建成风景区，电站是密封的，无人值班的，上面专门搞个观景台，让游人参观，内部干干净净。我们水电站的厂房是几十年一贯制，清一色一个大长方体，窗户大门都敞着，进去到处是蜘蛛网。这种现状是各方面因素造成的，有设计的原因，有施工的原因，有运行管理的原因，也有设备方面的原因。我们水电站的厂房外部造型为什么不能设计得与自然环境和谐呢？水电厂的大门都是十来米高的铁门，关也关不严，窗户也敞着，房子里面除了蜘蛛，还有其他小动物。这种环境连安全生产都没有保证，怎么谈得上无人值班呢？大门完全可以做成轻型结构，机组安装完成后将大门用轻型材料封了，留个小门，你需要再进吊车那是多少年以后的事，到时轻型结构可以拆掉。窗户也应该密封起来，使现代技术设备有一个相适应的环境。要更新旧观念，创新理念，大量采用新技术、新工艺、新材料、新设计、新产品，改变农村水电装备落后、技术含量低的现状。当前形势很好，为我们推进技术进步、产品升级换代提供了机遇。这才是抓住机遇的正确选择，盲目扩大规模，可能有风险。

第二个建议是要特别重视标准化的问题。技术发展这么快，我们很多标准都已经落伍，要制定一些新标准。标准用得好可以促进行业的发展，用得不好就会束缚行业的发展，这也是生产力、生产关系的问题。农村水电行业要制定相应的设计标准、运行标准和安装标准，制造行业也要重视标准的制定和更新。技术在发展，行业在发展，要不断把成熟的技术、工艺通过标准固定下来。如果不及时更新标准，用户没有办法评判哪个产品是合格的、先进的，就无法推进技术发展，很陈旧的技术、很陈旧的标准照样用，技术就不可能进步。要及时更新标准，制造商朝新标准努力，设计单位、用户选择符合新标准的新产品，这样，供需双方才能共同推进技术进步。

第三个建议，全面加强质量管理。质量是一个企业的生命，在供不应求的时候，卖方市场的质量问题往往被忽视。相反，有远见的企业家会特别重视质量问题。长远形势这么好，我们制造行业是应该，从长计议搞一些精品，粗制滥造是没有生命力的，总有一天要被淘汰，这是普遍规律，也是竞争规律，优胜劣汰规律。我们国家的小水电设备不仅国内市场好，国外也很有市场，但一定要是精品，才能够打得出去，才能在国外市场站住脚。

第四个建议，规范市场，加强治理。加强市场规范问题非常重要，行业协会要从行业自律的角度，加大对产品的检查监督力度，规范市场秩序。水利部也在搞产品的认证认可工作，今年以节水灌溉产品认证为突破口，以后将逐步加大水利产品认证认可的力度。我们的农村水电电气化网站经常收到产品质量这方面的稿件，表扬的也有，少。为杜绝假冒伪劣产品进入农村水电市场，我们将加强这方面的舆论监督，并逐步建立农村水电设备事故登记备案制度和举报登记制度，定期公布事故情况和用户举报情况，让农村水电行业的广大用户了解产品质量状况，大家都来参与监督。我们还将通过网站，收集用户意见，开展评优活动，引导农村水电行业的用户选用技术先进、质量可靠、价格公正的产品，促进设备市场的规范化。

第五个建议，创新技术，创造精品。现在一些制造厂规模很小，很难搞出精品。要搞出精品，搞出代表我们国家先进技术水平的产品，需要调整结构，集中优势力量，搞战略重组。不能盲目扩大规模。希望一些面临转产的军工企业、老工业基地的企业选择转产农村水电设备，同时振兴自己。

第六个建议，加强售后服务。这是不可忽视的问题，用户选择产品，很看重厂家的售后服务，甚至成为最先考虑的条件。售后服务搞好了，用户没有后顾之忧，生产有保障，利益有保证，厂家也能赢得良好的信誉，赢得更大的市场。在目前供不应求的情况下，厂家决不能忽视服务质量，特别是售后服务。

中国电力系统第一个微机监控系统（葛洲坝样机）的研究和设计[①]

——在全国首届微电脑学术会议上的报告

（1982年5月福建福州）

1985年3月，苏联专家代表团考察中国电力系统首台微机监控系统（长江葛洲坝电厂样机）

提要：本文介绍20世纪70年代中后期国内首次进行的电厂事故显示记录系统及其应用微型计算机的研究和设计。针对课题的特点和难点，围绕提高实时性、可靠性、灵活性，分析归纳过程因素，权衡各项性能指标，阐述在系统设计、硬软件功能分配、软件结构、抗干扰等方面的设计思想和所采用的一些技术。

① 本文涉及的术语基于当时研究背景。

引言：随着国民经济的蓬勃发展，电厂和电力系统日趋复杂庞大，其安全监控问题越来越重要。

国内正在兴建的葛洲坝电厂是在万里长江上兴建的第一座巨型水电厂。它的兴建举世瞩目，同时首先提出了电厂事故顺序显示和记录的课题。

葛洲坝电厂由大江和二江两个水电厂组成。二江电厂安装17万千瓦机组2台，12.5万千瓦机组5台。大江电厂安装12.5万千瓦机组14台。二江电厂220 kV开关站有进线7回，出线8回，与大江500 kV联络自耦变的220 kV联络线2回。大江电厂500 kV开关站有进线4回，出线5回，自耦变联络线1回。电站总装机容量271.5万千瓦，年平均发电140亿度。葛洲坝电厂是目前国内兴建的最大的电厂，它将为华中电网，鄂、豫、湘、赣等省提供强大的电力，在国民经济建设中处于十分重要的地位。

这样电厂的一个大型事故将给电力系统造成严重威胁，以至造成灾难，给国民经济带来巨大损失。因此无论是事故过程有关信息的实时记录，或是故障的实时显示报警，如果可以采取有力的处理措施，将事故防患于未然，或缩小事故的范围，或防止事故重演，都有着重大的安全和经济意义。

电站的规模庞大，事故故障信号繁多，常规的信号系统不仅设计和布置困难，运行人员无法监视，而且无法提供事故分析的科学资料和数据。必须研制新型的事故显示记录系统，以满足国内陆续兴建的大型电厂和电力事业的需要。

一、课题要求及特点

（一）工程提出的要求

在彩色屏幕上用中文句子和不同颜色随机显示电厂各主设备、主要附属设备的事故、故障信息，包括时间、部位、性质和顺序。集中、直观、缩小监视面，使运行人员一目了然。信号复位自动修改画面相应部分的颜色，以提高监视效果。

必须集中监视的信号容量近800个。电厂实际运行中，这些信号的出现是随机组合的。要求对任意个事故信号发生的先后顺序的分辨力在5 ms以内。

具有追忆功能，自动或召唤显示。并以中文句子形式记录存档，其记录内容包括事故故障的时间、对象、性质。

除事故故障显示记录外，还对电厂主设备的操作，如开关投切、机组启停、运行方式转换等进行实时显示记录。

显示反映全厂主设备运行方式、运行状态的实时接线图。时钟、周波实时显示，包括事故发生瞬间的时钟、周波记忆显示；总体设计考虑与上位机通信，以便于今后功能的扩充；事故量在过程中的分布情况。

葛洲坝电厂控制设备采用分散就地布置方案。每台发变组需集中于中央控制室监视的信息量 64 个，200 kV 开关站需集中监视记录的信息量约 160 个，其他就是公用设备信号。这些过程信息分散集中于全厂各部位，到中央控制室距离最远的为 400 m。

（二）课题特点

电厂的事故是在瞬间爆发、扩展并完成的。往往运行人员尚未反应过来，全厂运行方式、运行参数都已面目全非，就已发生并完成一系列的事故。这样快速而复杂的大量信息的实时记录，由人直接完成或用常规手段都是无法实现的。

因为电厂运行中需要监控记录的信息量大，而且生产过程提供的信息仅是相应数量的开关电平，且其动作是随机的，其组合也是随机的。每次动作的只是其中的若干个，而在显示、记录终端要得到的则是相应的中文句子构成的彩色画面。这样的画面是非常多的。必须有自动编辑画面、自动修改画面颜色的功能。因此需要有相当的数据处理能力。

过程信息分布全厂，数据传输线要穿过大容量发电设备，高压大电流母线、电缆、开关等强电磁干扰设备，同时电厂生产过程的环境比较恶劣。而电力生产过程对自动设备连续不间断可靠运行有特殊的要求，从而使实时性和可靠性成为课题研究的一对突出的矛盾。

二、系统构成概述

如图 1 所示，该系统由微型计算机，12 台与过程联系的采集发送器，数字周波表，彩色屏幕显示器，针式静电中文印字机，人机联系的键盘及其相应的通道、接口、电源组成。并预留有模拟量通道接口和与上位机数据交换的接口。

微型计算机采用 MOTOROLA 公司的 M6800 系列芯片。包括 MPU、I/O、3KB RAM 和 12 KB EPROM 及时钟等。软件全部固化在 EPROM 中。

采集发送器完成过程信息的采集、处理、发送等功能。各发送器均用三条通道（中断请求通道、控制通道、数据通道）与过程接口联系。微型计算机通过一个 1∶12 接口与各发送器进行数据和信息交换。各数据通道串行传递的数据经该接口进行接收和串/并交换，接口确认以后，对主机产生数据接收请求，主机响应后读入数据。该接口中还设有发送器中断登记逻辑，1∶12 发送器、接收器，启动、接收逻辑，以及其他一些辅助逻辑。

发送器的启动和通道的开放由程序对接口写入相应的数据来控制。程序启动发送器有两种方式：一种是程序定时（2 s）依次启动 12 台采集发送器，对全部过程信息普遍进行一次扫查采集；另一种是过程提出中断请求，主机响应，进行局部扫查采集。

发送器与主机异步工作，数据传送速率为 1000 字/秒。

彩色屏幕显示器具有脱机、联机功能，与计算机联系有多种灵活的工作方式。微型计算机通过两个 PIA 接口与 CRT 构成程序通道，分别进行数据输出和输入。程序组织和编辑的画面用“计算机定时、紧急或按索取要求输出显示”的方式向 CRT 输出。程序固定向屏幕最后一行传送数据，画面逐行上升推移。

通过 CRT 的键盘进行人机联系。规定屏幕第 0 行作为键盘命令和时钟、周波显示专用。运行人员通过键盘在屏幕第 0 行脱机写好有关命令，然后按“执行”键，请求计算机接收。计算机读入命令内容经分析后执行。如命令计算机输出画面，读入屏幕内容或执行某一功能操作等。

对一些经常性的人机联系操作，采用定义专用功能键的办法实现。必要时敲一个专用键，计算机即可响应执行相应功能。

针式静电中文印字机具有字符汉字发生驱动电路和完整的时序控制逻辑，其字符汉字规格为 20×20 点阵。印字机通过一个 PIA 接口挂接到总线上，与主机异步工作。印字机的启动和打印的内容、格式等均由计算机程序控制。计算机与印字机联系采用与 CRT 通用的 8 位字符汉字码。

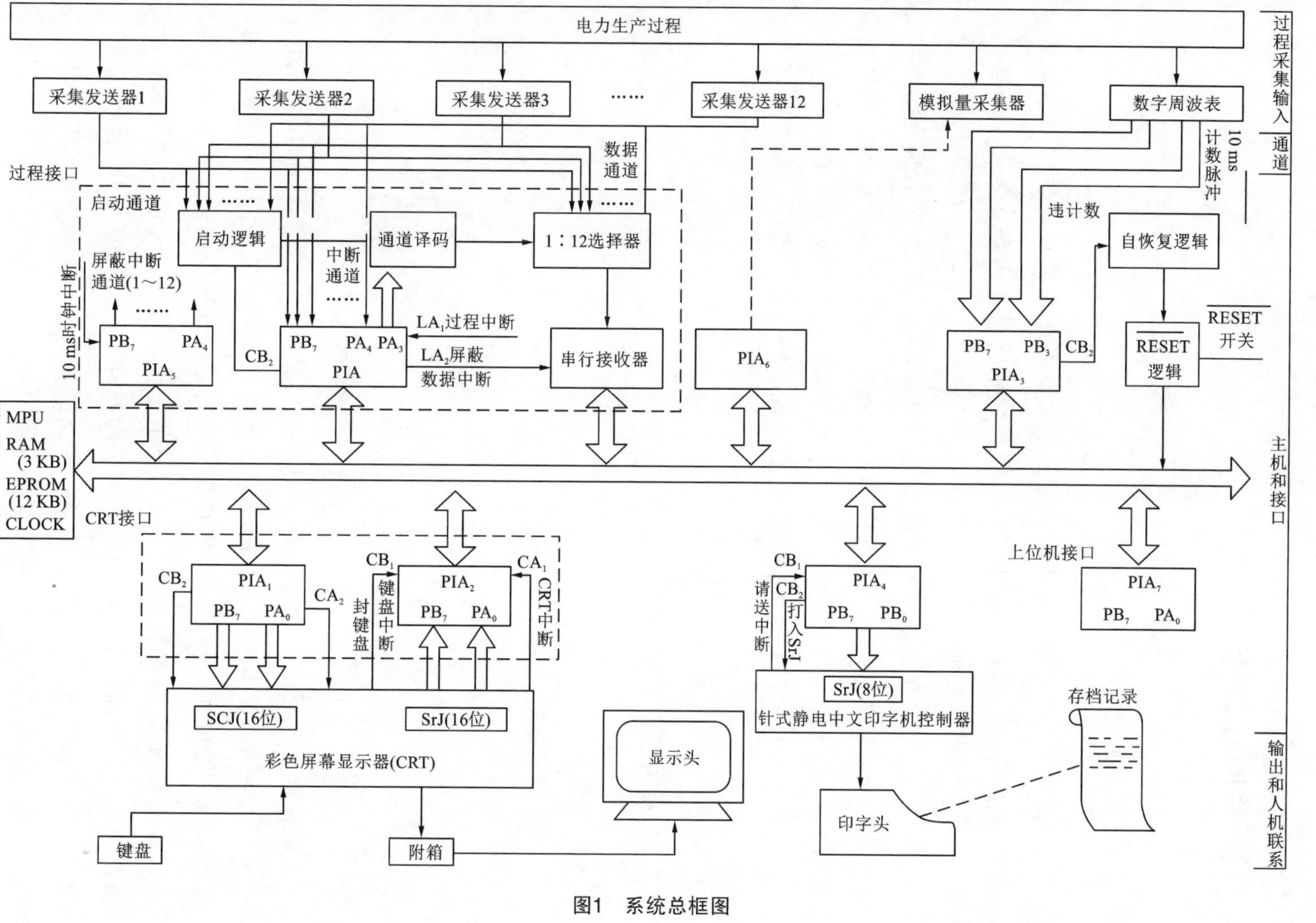
过程采集输入
通道
主机和接口
输出和人机联系
电力生产过程
数字周波表
10 ms
计数脉冲
自恢复逻辑
RESET逻辑
RESET开关
PIA₇ PB₇ PA₀
上位机接口
存档记录
模拟量采集器
PB₇ PB₃ PIA₃
CB₂
适计数
采集发送器12
PIA₆
PIA₄ PB₇ PB₀
CB₁
CB₂
打入SrJ
请送中断
SrJ(8位)
针式静电中文印字机控制器
印字头
显示头
......
数据通道
1∶12选择器
串行接收器
采集发送器3
通道译码
LA₁过程中断
LA₂屏蔽
数据中断
PA₄ PA₃
PIA
PB₇
中断通道
CB₂
采集发送器2
启动逻辑
PA₄ PIA₅ PB₇
屏蔽中断
通道(1~12)
启动通道
采集发送器1
过程接口
10 ms定时中断
MPU
RAM (3 KB)
EPROM (12 KB)
CLOCK
CRT接口
PIA₂ PB₇ PA₀
CA₁
CRT中断
CB₁
键盘中断
封键盘
SrJ(16位)
附箱
PIA₁ PB₇ PA₀
CA₂
CB₂
SCJ(16位)
彩色屏幕显示器(CRT)
键盘

图1　系统总框图

三、实时性设计

（一）实时性指标

描述系统技术水平的主要技术指标分辨力是系统研究设计过程中主要追求的指标。在系统的总体设计、工作方式选择、硬软件设计中，分辨力始终处于主导地位。

分辨力是系统对事故过程中所发生的各种事件的先后次序的辨别和真实记录的能力。任意个开关量按某一时间间隔先后动作，系统能正确分辨，那么这个时间间隔的最小极限称为系统的分辨力。分辨力描述了系统的实时性。

先后顺序分辨的正确性是非常重要的，错误的记录反而将事故的分析和处理引入歧途。

（二）提高实时性的主要矛盾

· 信息量大。

· 远程数据串行传输。

· 资源利用。

· 可靠性。

（三）主机访问方式

系统需要采集近 800 个开关量信息。它们分布于全厂，最远距离达 400 m，如果采用常规固线逻辑巡回访问的方式，采样速度将受到各方面因素的限制，尤其是抗扰性。要保证分辨力无疑是非常困难的。我曾研究过一个微程序控制器方案，该方案采用 12 点同步查询，64 步一循环的方式。研究设计结果表明，要提高分辨力，机器时间几乎全部用于查询访问，资源不能得到充分利用，扩充功能困难。一种理想的访问方式是：生产过程发生事故时，系统立即提出请求，主机响应优先访问；而正常工作，系统只进行定期访问。这种访问方式既可以满足分辨力的要求，又可以大量腾出机器时间，以充分利用机器资源。利用微型计算机的中断功能很容易使这种访问方式得以实现。微型计算机为系统方案的优化提供了有力的帮助。

（四）过程信息组合

对近800个过程信息量一律平等对待的方式，从需要和造价上都不是最佳的。因此有必要对分布全厂的这些信息量进行分析和归纳。这些信息量当中一类属于事故开关量，它们的动作描述电厂某一稳定运行方式瞬间已遭到破坏，并往往引起了一系列事件的发生和发展，导致多个事故开关量的动作，因此记录的实时性要求高。另一类为故障量，用于报警，它表明尚未形成破坏事实，因此其实时性要求低一些。这样，一个大型电厂属于第一类的开关量一般不超过800个，而且在这些事故量当中互相之间尚存在着一些内在联系，如主保护、后备保护、分闸等，它们之间有依从关系，在动作时间上有明显的较长时间间隔，一般在100 ms以上。基于这种分析，将这些事故量进行适当的组合，并根据它们在生产过程中实际分布的特点，将它们分成若干组，每组由8至24个事故开关量组成，对每组的事故开关量共设一个中断请求通道。其中任意一个事故开关量动作均可通过该通道随机向主机提出中断请求，主机响应后立即并仅对该组中的事故开关量进行采集。显然这样采集的范围会被缩小，从而使每次采集量大大减少，各组中断通道之间在中断请求优先权上是并列的，从而使全部事故开关量都具有随机请求权。实现了采集优选的设计思想，为分辨力的提高提供了可能性。兼顾故障量与事故开关量在生产过程中交叉分布的特点，将全部信息量分为若干站。每站8个数据字，每个数据字包括8个信息量。由一个采集发送器进行采集、处理、发送。其中前1至8字可根据需要被赋予中断请求权，而其余的信息字则只接受主机的定时访问。定时访问一是对故障信号进行两秒一次的查询，二是对复位的事故开关量进行实时记录。

上述组合的原则在于通过优选采集来解决信息量大与分辨力的矛盾。

（五）远程数据串行传输

近800个事故故障量信息避免用1∶1的方式直接引入，节省电缆，克服电缆布置的困难是课题研究的内容之一。根据上述信息组合原则，除每站设置一个中断请求通道外，每站设置一数据通道，该通道上数据串行传输，因此信息传输由原来的近 800 根电缆芯变为 12 对双绞屏蔽电缆芯，电缆量大幅度减少，但此时主机只能接受远程串行发送的数据，这对于分辨力是不利的。故本研究采用双绞屏蔽电缆，利用其抑制干扰的能力，来尽可能提高通道数据传输的速度，以此来弥补远程串行数据传输对实时性的影响。同时采用前述访问方式和信息组合原则，使每次采集的范围得到指定，减少了每次串行传输的数据，节省了时间，这些都有利于弱化串行数据传输对分辨力的不利影响。

（六）数据瓶子口

12 台发送器与主机接口有两种典型方案：一种是用 1∶1 的接口；另一种采用 1∶12 的接口。前者耗用器件较多。后者省器件，成本低。但出现如图 2 所示数据瓶子口，数据瓶子口可能造成分辨力的严重损失。

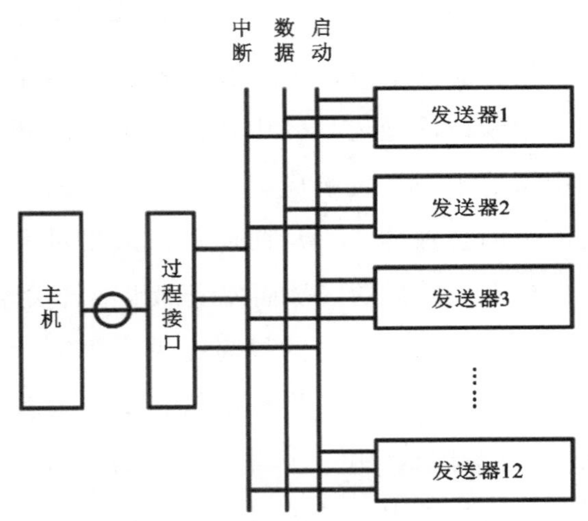

图 2　1∶12 接口

1∶1 的接口方式允许多发送器同时进行数据采集和传输，而通过各站接口解决各站数据的缓冲以及主机对不同发送器的数据识别。从而允许 12 台发送器并列运行，同时活动。即在中断访问方式时，极限情况下允许 12 台发送器同时被启动，同时进行发送。主机仅根据各接口请求接收数据的先后顺序，连续进行读取和记录。显然这样克服了各站数据依次串行传送对分辨力的影响。读数程序的运行时间是很容易被设计在几百个微秒之内的，故容易将机器的分辨力提高。

而1：12接口则存在着瓶子口中数据识别的问题。要解决这个问题，一种途径是任何瞬间只允许一台发送器启动、发送，接口轮流地被各发送器占用。由软件解决数据识别问题，显然这样要以降低分辨力为代价。

实际设计中采用多发送器交叉占用接口的方式来抑制数据瓶子口对实时性的影响。

（七）多发送器交叉享用接口

在接口中设计一个过程中断登记电路。对软件来说，它就是要读入中断申请字。系统设计时使主机对这个申请字十分敏感；能以较高的优先权进行读取。读取中断申请字时将同此刻的实时时钟一并存入在内存中专辟的一个栈区，等待依次查询。由于主机对中断申请字的响应比收信、处理等程序模块有更高的优先权，故当某站正在进行发送、收信、处理过程，新中断申请字的登记可以“窃取”或者透过数据发送、接收、处理过程中出现的一些时间间隙，获得优先登记，并将登记时间作为新申请站事故量动作的时间，从而使接口能被多个发送器交叉享用。使其中有的发送器在进行数据发送、接收，新提出申请的站又可从中获得实时信息，从而达到抑制数据瓶子口对分辨力影响的目的。把某路中断登记的时间作为该站某事故量动作的时间不仅可行，而且更接近实际情况。

（八）软件模块的功能划分和优先级

软件模块化设计已是被普遍采用的技术。它在程序易写、易调、易读、易改、易扩充等方面都表现了极大的优越性。同时，它在提高机器技术性能，如实时性、灵活性、可靠性等方面也是大有潜力可挖的。

为了抑制数据瓶子口对分辨力的影响，在硬件中设计了中断登记电路，软件模块的功能和优先级的确定必须形成一个合适的环境，以便提供多个发送器交叉享用接口的条件和可能。这实际上就是要使完成中断登记功能的程序块能尽快地争得运行权。同时也是将完成登记、启动、接收处理、输出等一系列功能的程序划分成不同模块，并分别赋予不同优先权的理由。

从中断登记到最终输出的完成，中间有多个功能环节。这些不同的环节对实时性有不同的要求，可赋予不同的优先权。同时，在功能划分时，优先级较高的程序应尽可能压缩功能，使它运行占用机器的时间最短，以便争取实时性的提高。

据上述思想，这部分程序划分为如下模块。

· 登记程序：登记申请字和实时时钟并存档备查。

· 启动程序：根据登记的申请字优先次序，顺序开放对应通道，发出对相应发送器的启动令。

· 收信程序：接收数据字并做必要的预处理，将中间数据置入内存的一个栈区。

· 数据处理：对预处理的数据进一步处理以备输出。

· 显示/打印输出：将处理结果分别送到 CRT 或 PRT 记录纸上。

这些模块的优先级如图 3 所示。

I 级（中断级）		T 级（任务级）		
1	2	1	2	3
登记	收信	启动	数据处理	显示打印

图 3　模块的优先级

图 3 中登记和收信程序由外部中断请求引起，启动程序由软件引起。三者均有屏蔽外部中断的能力。数据处理和输出都是程序引起的，属机器后台任务，不屏蔽外部设备中断，如图 4 所示。

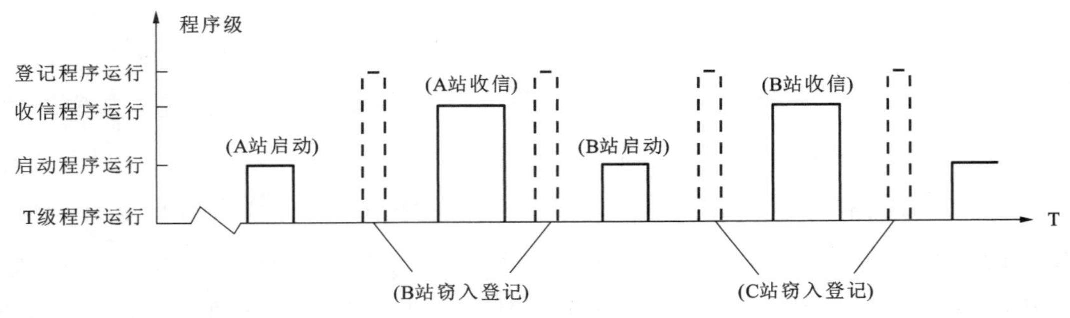

图 4　登记程序窃取运行示意图

从图 4 可以看出，当 A 站启动发送或主机进行该站收信、处理、输出的过程中，如果 B 站和 C 站先后发生中断请求，登记程序即可在图 4 中的空白部分取得运行权，获得 B 站和 C 站的实时登记，以此赢得实时性。

这一设计对下述情况效果是显著的，当B站的设备号大于C站的设备号时，如果不实行接口交叉使用，实时登记，只有待A站数据接收完以后，才能读入包含B、C站申请的申请字，然后顺序启动，这必然使先申请的B站晚于后申请的C站启动，因而出现顺序错误。

四、软件结构及设计

该系统在实时性方面有苛刻的要求，主要表现在分辨力指标上。然而如图1所示，系统配置除微型计算机外，尚配备有联机脱机功能很强的彩色屏幕显示器、针式静电中文印字机、人机联系键盘和与生产过程相连的12台发送器等这样一些设备。硬件资源比较丰富。

电厂出现事故故障的概率是很低的，因而机器经常处于一种“伺机以待”的动停状态。如前述电厂过程信息量一种是中断请求，主机响应查询、采集、处理；另一种是主机两秒钟定时查询、采集、处理。前者占用机器时间的比例近乎为0，而后者经计算也只占机器时间的5%左右，因而机器还有95%的时间资源可以被利用来完成其他功能。进一步充分利用系统资源，扩充功能是完全可能的。

8位微型计算机应用于实时监视和控制一般带有专用的特点，其本身以“无形的计算机”隐式应用于系统中。包括其软件一旦调试、试验正确以后，也都固化于ROM或EPROM中，不配备复杂的软件支持。

综上所述，结合微型计算机应用的特点，如何充分发挥系统资源，使系统灵活可扩展，同时确保事故显示记录功能的实时性是软件总体设计的基点。

（一）调度督理结构

基于上述情况，应用程序总体上分为前台任务和后台任务两部分。中断管理和任务管理分别实行调度管理，如图5所示。

所谓前台任务和后台任务，它们是以模块实时性要求的高低来划分的。目的是既要提高机器时间的利用率，又要做到灵活调度，并达到系统的高实时性，软件模块状态及活动如图6所示。

程序系统只有两个入口，系统上电或人工复位以后，机器硬件自动产生中断向量地址$FFFF、$FFFE。计算机装入向量地址中的内容，得到初始化程序。

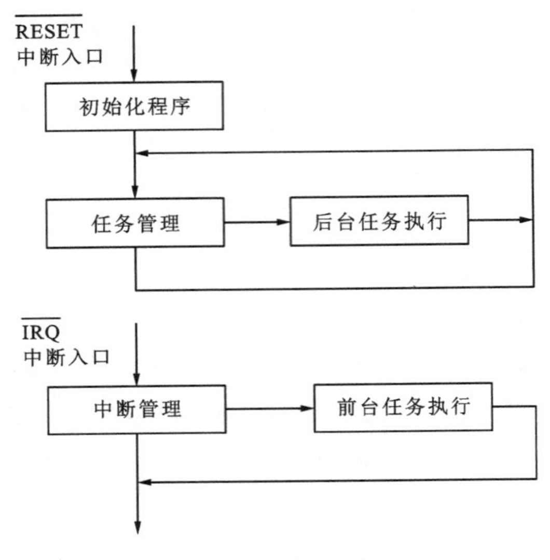

图 5　调度管理结构

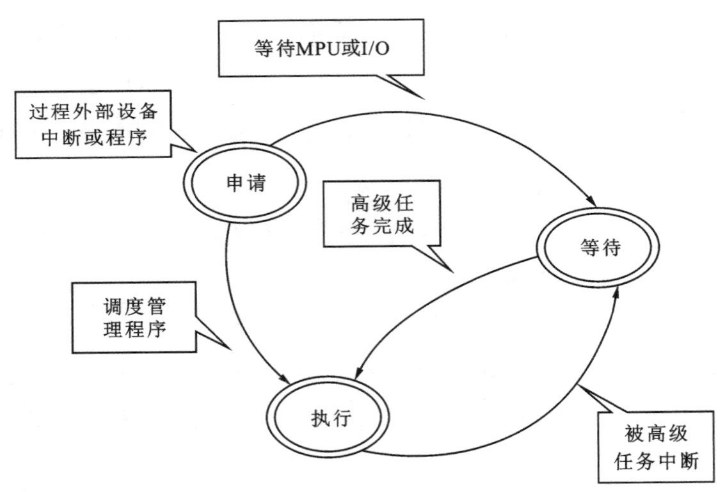

图 6　软件模块状态及活动

系统初始化工作完成以后，直接进入后台任务管理，使后台任务自动占有对机器的控制权。当有外部中断发生时，机器可立即予以响应，前台任务立即获得对系统的控制权，使实时性要求高的前台任务能优先执行。一旦前台任务完成，立即自动移交系统控制权给后台任务管理，继续完成那些实时性要求不高的任务。

采用这样的管理调度结构，简明清晰，既能满足系统实时性，又能满足系统资源可充分扩充利用两方面的要求，因此这种结构是灵活、合理的。

这种结构动态地管理调度机器资源，使处于前后台的软件模块交迭地活动。

设计时，合理选择搭配实时性要求不同的功能任务，可以使系统完成较多的功能。例如，目前系统已经具备的操作记录功能、电厂接线图显示功能、时钟周波显示功能等，在后台任务中都很容易得以实现，无须增加硬件。如果这套系统应用于中小电厂，它对全厂电量、非电量的检测、制表、分析监控是完全可以胜任的。因为它们的实时性要求不像事故分辨力那样高，后台有充裕的机器时间可利用，只需增加模拟量采集电路、相应接口及软件模块。这种软件结构可以适应微型计算机硬件模块结构，可方便地扩大或缩小系统规模。

前台任务和后台任务实际上是针对一些单一功能的程序模块来划分的，若干个不同的程序模块的运行组合（前台任务和后台任务），即完成一个宏观上的系统功能。软件的这种调度管理结构是基于微处理机中断自动退避和自动恢复的能力。但设计中必须周密分析、计算软件模块运行和外部设备运行在时间上的匹配，做到这一点，系统功能就不会发生错误。

中断管理和任务管理均采用链式结构，如图 7 和图 8 所示。前台、后台任务分别在相应链中排队。程序进入管理链以后，自高向低逐一查询，当查询到某任务已登记时，即根据任务表所指定的首地址进入该任务的执行程序。同时在管理链运行过程中自动形成任务表的地址。

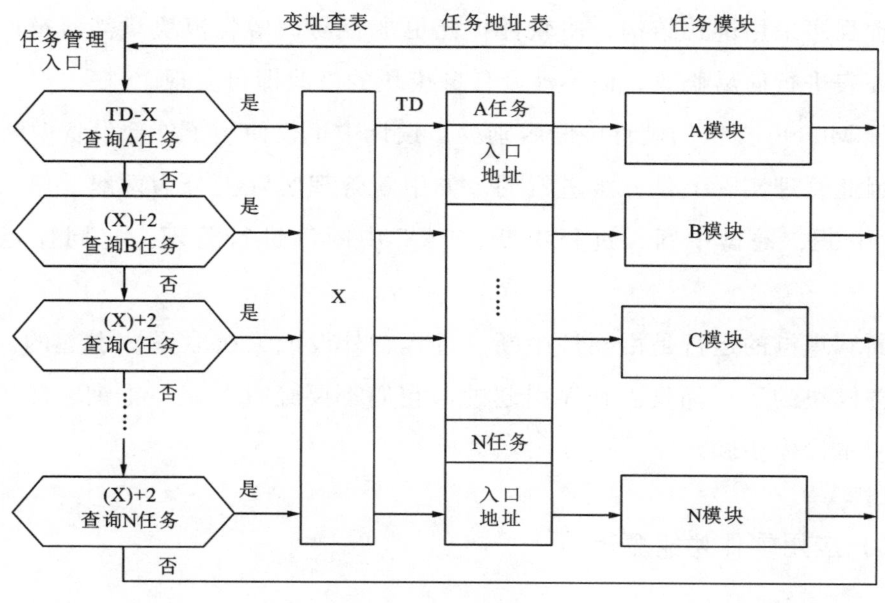

图 7　任务管理链

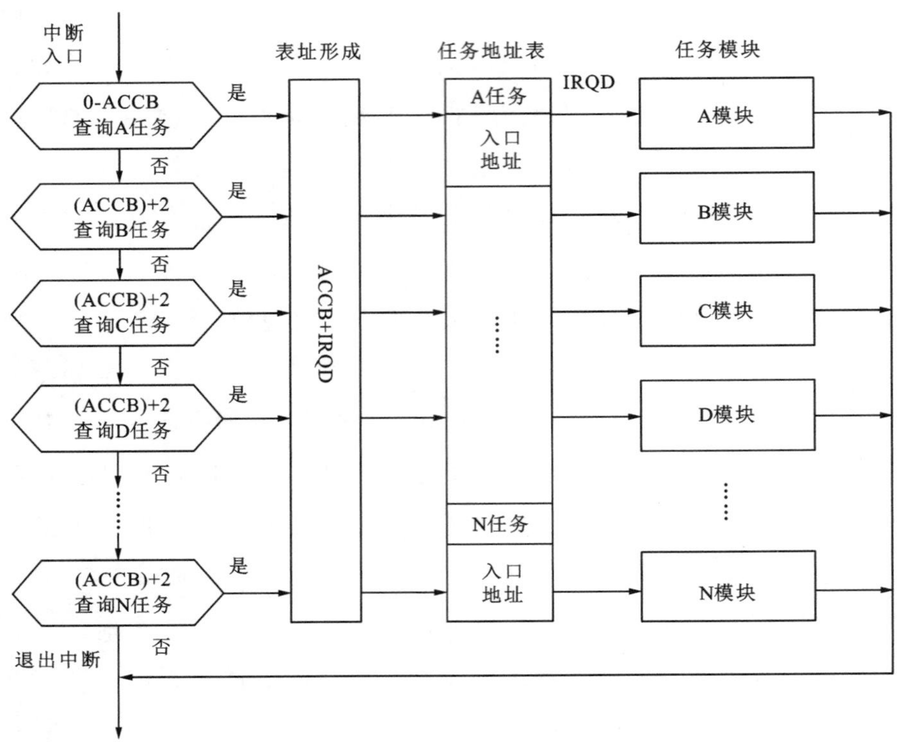

图 8　中断管理链

管理程序采用链式结构，使软件扩充更加容易，增删模块只需对链间链接地址和任务表进行简易修改，而不涉及任务模块的修改即可实现。

由于 M6800 提供的硬件中断级别少，设计中也仅使用了外部设备中断 IRQ 这一级。因此管理实际上是分级进行的。如中断管理实际上分为两级。第二级分别对 CRT 中断、键盘中断、过程中断、PRT 中断等进行管理。它同样也采用链式结构。

中断管理链的运行是由硬件中断（过程、外设或人机联系）引起的。而各种后台任务模块的运行都是由程序引起的，它们都要经过登记、查询、注销、执行等四个基本操作步骤。

(二) 应用软件功能概貌

本系统中的软件由两部分组成，一部分是管理程序，一部分是应用程序。应用程序实现系统的基本功能。

当过程事故发生，随机发出中断请求时，登记程序读入申请字，并连同实时时钟存入申请字缓冲区，此时（或定时查询访问）启动程序根据申请字缓冲区的内容查询申请源，启动对应发送器和通道。发送器采集、发送过程数据字。当接口接收完一个数据字并提出收数申请时，收信程序接收数据、判错。对正确数据字进行预处理，并将有用数据（含有变位或复位信息的数据）存入输入缓冲区，同时更新前状栈中对应的内容。数据处理程序完成输入缓冲区中有关数据的处理和加工，将事故、故障信息连同实时时钟一起装配存入事故栈，或者根据复位信息修改事故栈中对应数据的颜色位。然后显示程序即根据事故栈的数据，通过固存总索引表、地址表查询句库并配色组成显示器能识别的画存码，按格式逐一向显示器输出，使过程事故故障信号从屏幕的最后一行开始，逐行向上推移，按事故发生顺序显示彩色画面。或者根据事故栈的内容修改屏幕上有关部分的颜色，以提高监控效果。软件实时时钟定时地提出查询访问和打印等任务。电厂运行交接班时，自动启动打印程序，将本值事故栈中存放的事故故障信号连同事故发生的时间，以中文形式打印、记录、存档。

当需要追看本值曾发生过的事故故障时，运行人员可以用随机索取的方式召唤显示，将事故栈中存放的历史画面重现在彩色屏幕上。或者召唤打印，将事故栈中的内容打印出来供分析使用。还可以人工随机索取实时时钟和周波，实时时钟显示程序将它们用蓝色和青色在屏幕的第 0 行显示，每秒自动更新一次（包括月、日、时、分、秒、周波），几分钟之后自动隐退，再需要时可重新索取。在事故故障发生的时候，实时时钟显示程序自动地将事故发生瞬间的时钟和周波显示在屏幕的第 0 行，并用红色加闪的括号括起来，以表示此时显示的时钟、周波已不是实时时钟和实时周波了，而是事故发生瞬间的记录。

当需要综观全厂主系统运行方式和设备状态时，敲击专用键，一幅实时电厂接线图彩色画面即出现在屏幕上，运行人员一目了然。

电厂主设备的操作、运行方式切换等也同样可随机被显示在屏幕上，同时也可自动记录存档或随机召唤。

图 9 和图 10 为程序对 1∶12 接口进行数据采集时，登记模块、启动模块、收信模块交迭运行流程。

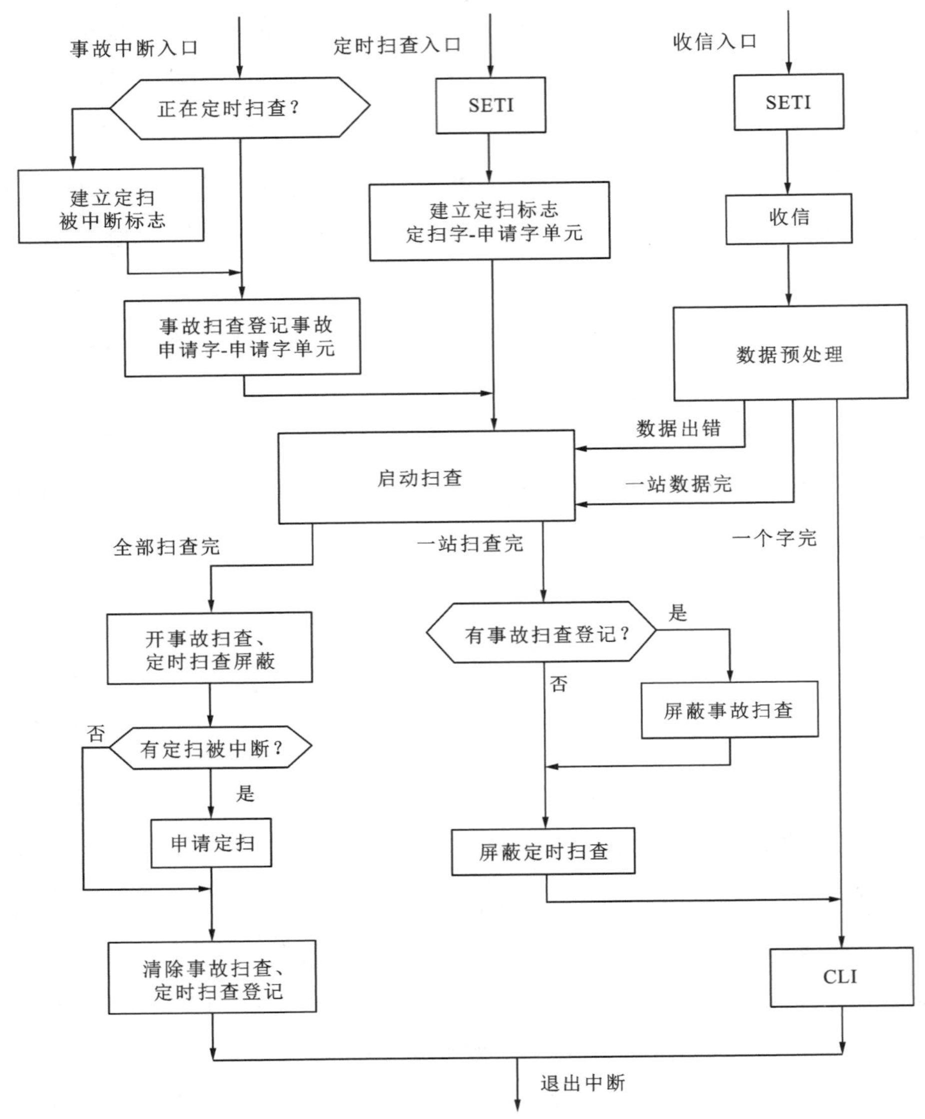

图 9　1∶12 数据采集流程

五、抗扰性设计

大型电厂、枢纽变电站中发电、变电、输电设备容量以 10 万千瓦计，电压数 10 万伏，电流数千安。同时这些设备的投切、倒闸频繁，因此电磁干扰问题是严重的。与生产过程相关的信号发送器布置于全厂各主要部位，数据传输通道与发、

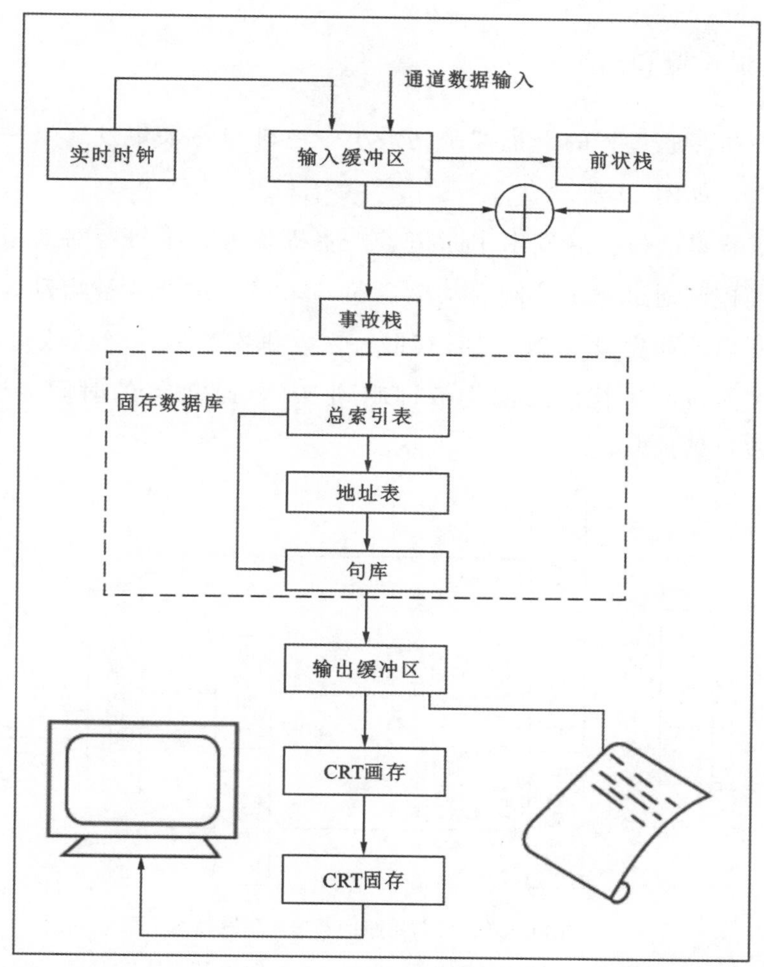

图 10　数据流

变、输电设备交错布置。特别地，本系统恰好在电厂发生事故，或者进行运行方式切换、倒闸操作的机电、电磁暂态过程中尤其要准确发挥作用，因而抗干扰能力的设计是系统研究过程中又一突出的问题。

（一）通道电缆选择

数据传输距离远，速度较高，而且放置在最严重的电磁干扰环境中，通道容易直接受到干扰。因此选用抗扰能力强的双绞屏蔽电缆，并且全部通道电缆在主机侧一端接地。同时盘内高速信息传输线都采用双绞线。

（二）通道设置和启闭

为了将主机接收过程的干扰抑制到最小，主机与各采集发送器采用三通道问答式工作方式，如图 11 所示。

只有当过程事故发生，发出中断请求，主机认可或主机定时对采集发送器进行查询，并经控制通道发出控制启动信息时，采集发送器才被启动，对应数据接收通道才被开启。如现设置 2 s 定时查询一次，每次数据传送接收过程仅 100 ms 左右，因此可能接收干扰的时间率被抑制到 5%，而 95%的时间通道是关闭的，此时的干扰被自然抑制。

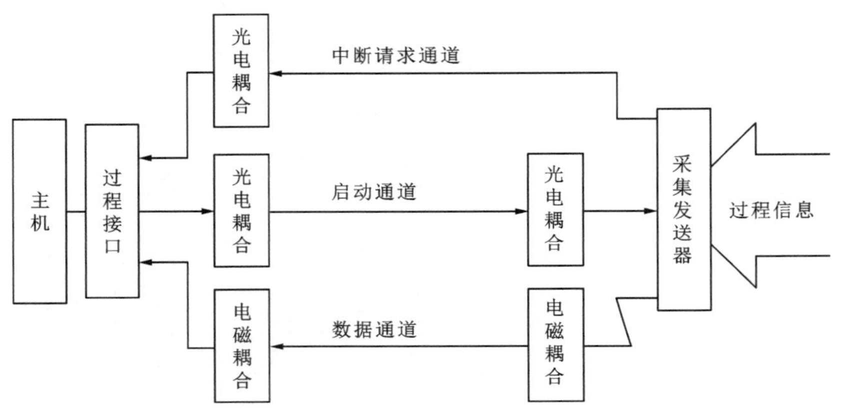

图 11　发送器与主机的通道和信息耦合

为进一步提高可靠性，控制通道传送的启动信息规定为特定码，采集发送器仅认可该码后才被启动。

（三）信息耦合

耦合问题包括生产过程提供的原始信息与外部设备之间的信息耦合，以及计算机与外部设备之间的信息耦合。因为系统设备布置分散，环境恶劣，不仅有电磁干扰问题，还有因绝缘下降强电对弱电设备的威胁问题。因此设计中完全采用非电气直接耦合方式，使设备之间在电气上是隔离的。根据实时性的不同要求，现系统实际上选用有干簧接点耦合、光电耦合、电磁耦合。耦合元件除相互之间要求 500 V 以上的电气绝缘外，其启动容量也做适当的考虑，以提高抑制干扰的能力。

（四）通道传输数据格式

除控制通道规定特定数据作为启动码外，通道传输数据采用如图 12 所示格式，设置起始位、终止位和奇偶校验位。

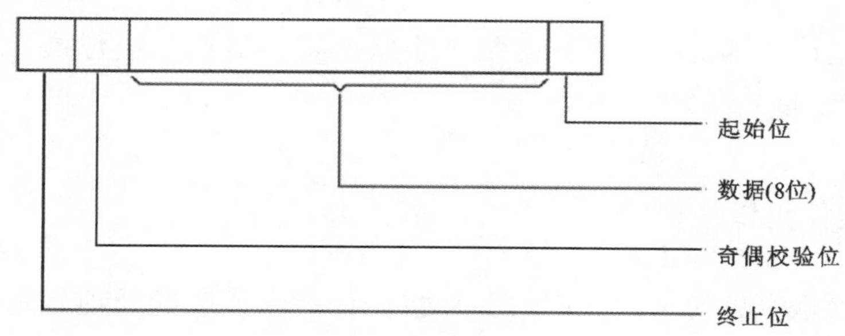

图 12　通道传输数据格式

（五）远程数据脉宽调制

电厂生产过程的干扰往往幅值很高，但波形却是杂乱无章的，生产过程中的电磁暂态过程的干扰尤其如此。根据这一分析，采用了脉宽调制；以脉冲的宽度来作为数据“1”和“0”的判据，这对于提高抗干扰能力是有利的。经过试验，信号宽度调制采用了如表 1 所示规定。

表 1　信号宽度调制

信号	发送（单位：μs）	接收（单位：μs）
“1”信号	$T=110$	$80\leqslant T\leqslant 140$
“2”信号	$T=50$	$10\leqslant T\leqslant 70$
无信号	—	$T<10$
错误信号	—	$70<T<80$ $T>140$
字间间隔	$T=310$	—
帧结束	—	$T=400$

（六）接口检错

增加不多的硬件进行数据检测有利于提高实时性。在过程接口中设有相应逻辑，对接收的数据进行同步、奇偶校验和格式错、超越错、越时错检查。其中格式错主要对每位信息码的脉宽进行检查。当脉宽 $T>140\ \mu s$ 或 $70\ \mu s<T<80\ \mu s$ 时，即被认为数据格式有错。当上一个数据字未被接口取走，而下一个数据又被接口接收时，就认为超越错。在接口发出启动命令后，超出规定的时间还未接到帧信号，即被认为越时错。当接口检查到上述任何一种错误，立即向计算机发出中断请求，提请计算机处理。同时接口中状态寄存器的相应位被置位，以便计算机查询错误类型。

（七）软件纠错处理

对于接口检查出的过程数据的各种错误，程序一般的处理是重新启动相应的采集发送器，重复一次发送和接收操作。如果对同一通道连续 4 次启动均不成功，即连续 4 次接收均有错误，则程序自动使相应通道及发送器退役，并显示“××KR 故障”字样，以提醒维护人员处理。而对于偶然性错误，程序只进行错误性质和设备号的登记，以便维护人员参考。

（八）数字滤波

采用 3∶2 有效（三次取值中，有两次一样，即为有效）对某些数据进行滤波。为了将数字滤波对实时性的影响限制到最小，当获得有效数据时，以第一次接收数据的时钟作为过程信号动作时间的记录。

（九）自恢复

任何实时监控系统都是与生产过程密切相关的。而生产过程的偶然因素往往是非常复杂的。该系统在近两年的现场试验和运行中归纳起来有两个难以对付的问题。其一是程序失控，其二是程序死锁。它们的共同表现是系统不能完成所设计的宏观上的功能，或者部分功能出错，但往往重新启动以后又能正常工作。

所谓程序失控就是主机脱离了程序设计的轨道。产生的原因多是由于对生产过程的异常情况难以预计，瞬间的硬软件时间配合越限，或者逻辑上不能适应这种异常情况，结果导致一个程序模块的运行破坏了其他模块的数据区或工作单元等，而出现程序失控。电源的瞬间扰动也可能导致内存出错，或者使程序计数器在瞬间获得一个意外的内容、一个错误地址，使程序失控。键盘操作错误同样会引起程序失控现象。

程序死锁多由于异常情况或者硬件故障而引起。使某个已占用某些资源的程序模块等待另一模块的资源，而另一模块却又在等待前者所占用的资源。程序死锁在某一程序中循环。

如前所述，由于这些异常情况和环境的复杂及难预料性，从程序设计上完全解决是困难的。而生产过程则严格要求实时系统连续工作，不允许丢失历史数据。为了解决这一问题，增加了系统自恢复功能。采用原理是：将一个时间值（整定值）作为确定系统是否脱离程序设计轨道或死锁的判据。实际上就是根据系统的软件结构和机器时间资源对各模块活动的分配情况，分析判定系统工况，决定是否进行自恢复。本系统采用一个硬件定时器，用 10 ms 时钟脉冲对其计数。而每当程序进入任务管理一次就产生一个定时器的清除脉冲，如果系统工况正常，则定时器始终达不到整定值。否则，定时器连续计时，一旦达到整定值，则产生一个自恢复中断，迫使系统进入自恢复程序。自恢复与初始化的唯一不同仅是它保留必要的历史数据。

自恢复功能对保证系统的连续运行效果是显著的。生产过程或电源引起的偶然的瞬间干扰所造成的破坏性故障，往往完全被淹没，系统在宏观功能上未留下任何痕迹，只是留下自恢复次数的记录，给用户参考。

自恢复判据的正确选择是非常重要的。它应能全面准确地反映系统失控死锁的特征，否则将不能获得最佳效果。对于永久性故障自恢复可能是无效的，但永久性故障诊断和克服不像偶然的瞬间故障那样在捕捉上无从着手。

（十）电源

实时系统的可靠性在很大程度上取决于电源连续、稳定、可靠、噪声小。为了将电源的影响限制到最小，主机和各外部设备的电源采用分散设置，并将电源纹波严格控制在 50 mV 以下。

事故显示记录系统在电厂事故故障的情况下，尤其需要准确可靠工作。特别是在电厂发生重大事故以致电厂用交流电源受到冲击或消失时，正是该系统发挥关键作用的时刻。基于这一点，系统交流供电使用厂用蓄电池经正弦波逆变作为主供电源，厂用交流电作为备用电源。当出现逆变故障时，自动切换。从而保证电厂发生重大事故时系统仍能正常工作。

六、系统工况运行概况

该系统于1980年投入中间试验和工况运行。两年来，经历了各种恶劣运行环境和生产过程的各种异常情况的考验，成功地记录过多次重要事故故障，为电厂运行人员正确分析、及时处理事故提供了科学依据，取得了避免事故或减少事故损失的重要经验，大大地提高了电厂安全经济运行的水平。

描述系统技术水平的主要指标分辨力达到了国际水平，如表2所示。

表2　分辨力

类别 / 分辨力 / 动作总事故量	不同站各一事故量	同站多事故量
2	0.5 ms	1.7 ms
4	3.2 ms	3.5 ms
9	4 ms	4.3 ms

系统长期连续运行，性能稳定，工作可靠。其记录正确率达99.93%，其中0.07%为偶然重记录，没有误记录，现已采取措施克服偶然重记录问题。系统不间断连续运行于生产过程中，在用率达99.99%。

七、结语

微型计算机价格低廉，元件大规模集成化，可靠性高。以它为基础构成实时系统，结构灵活可靠，便于方案优化。同时可大大缩短成果研制周期。其模块化和总线结构易于应用在不同领域，从而构成各种不同功能的系统。又能方便地改变系统规模，容易用软件来提高系统的可容性。无论在实时性、灵活性、可靠性、经济性等方面都是固线逻辑所无可比拟的。它成功地解决了计算机在技术上的复杂性和广大控制对象的简单性的矛盾，高度微型化，适合于构成分散分级的实时监控系统。其隐式使用的特点简化了维护、操作，从而使它的应用真正获得了生命力。

在国内原有空白的基础上研制微型计算机事故显示记录系统的成功实践，展示了微型计算机微系统在电力工业中广泛应用的光明前景，微型计算机为我国电力系统自动化开辟了一条新道路。它的广泛应用必将大大加快我国电力系统自动化、智能化的进程。

中国电力系统第一个微机监控系统（葛洲坝样机）的软件研制[①②]

（1985年1月）

作者在从事长江葛洲坝电厂微机监控系统总体研究和设计工作期间的照片

引言：20世纪70年代中后期，中国电力系统第一个微机监控系统（葛洲坝事故显示记录系统样机）已在陆水试验电站试验运行三年多，它是国内电力系统首次自行研制的微电自动化系统。其主要技术指标达到了国外同类产品的水平。它的研制成功标志着我国电力系统自动化技术迈入了一个新阶段。

① 《人民长江》1985年第1期。

② 本文涉及的术语基于当时研究背景。

一、软件工作环境

实际系统由一台微型计算机、12 台生产过程信息采集发送器（KR）、一台彩色屏幕显示器（CRT）、一台静电中文印字机（PRT）和一台人机联系的键盘，以及相应的接口（PIA）、通道和电源组成，系统硬件构成框图如图 1 所示。

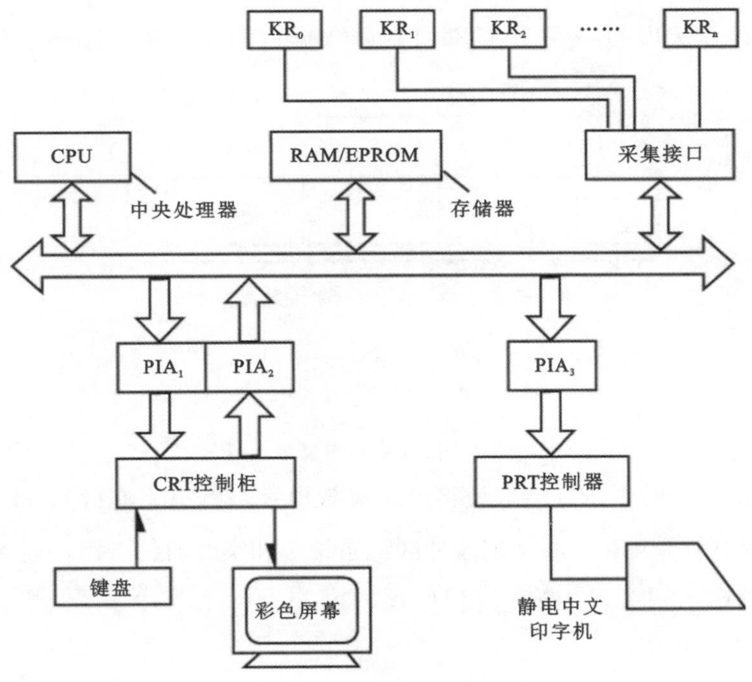

图 1　系统硬件构成框图

（一）数据输入

微型计算机设计的过程接口与 12 台发送器采用 1∶12 的工作方式，各发送器与接口通过三对双绞屏蔽电缆芯构成三通道，与主机实行问答式异步工作。

根据生产过程事故信息的实时性要求不同，每站 8 个数据字中的前两个数据字的信息可赋予中断请求权，它们通过公用的中断通道实时申请主机查询。对其余字的信息则只接受主机的定期询问。因此启动通道的开放有两种情况：一种是主机响应外部中断请求后，仅开放对应通道；另一种是软件定时逐一开放全部启动通道。与之对应的数据通道分别进行 2 个字或 8 个字的传输，后者每次 12 个数据通道依次开放传送现场数据。

（二）过程信息字

软件所看到的过程输入设备是下述一系列信息字。

1. 中断申请字 IRB。

如图 2 所示，它对应于 12 台发送器的中断请求通道。接口中设有一个登记电路，它是由过程接口的 A 侧数据口和 B 侧数据口的高 4 位一起构成的。

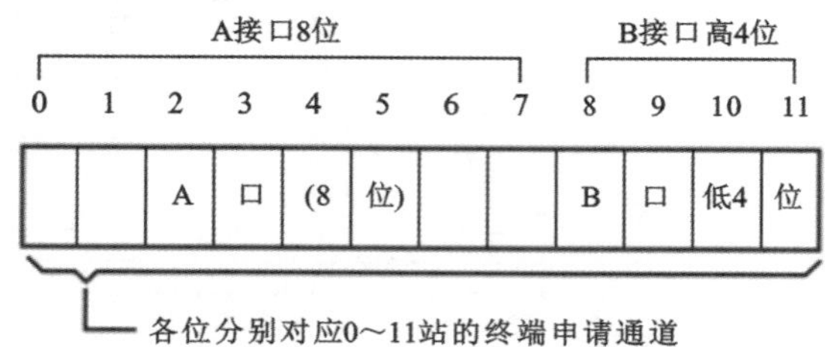

图 2　中断申请字

当（IRB）≠0 时，IRQ 请求线将处于有效电平（低电平有效），中断登记程序读入 IRB，判断中断源并在中断登记缓冲区记录站号和实时时钟，以备启动程序查用。

当（IRB）＝0 时，中断登记程序运行。

2. 运行字 RUN。

如图 3 所示，它是一个程序工作单元。它用来实现软件投入或退出发送器的启动通道，它描述了 12 台发送器的状态（运行或退役）。

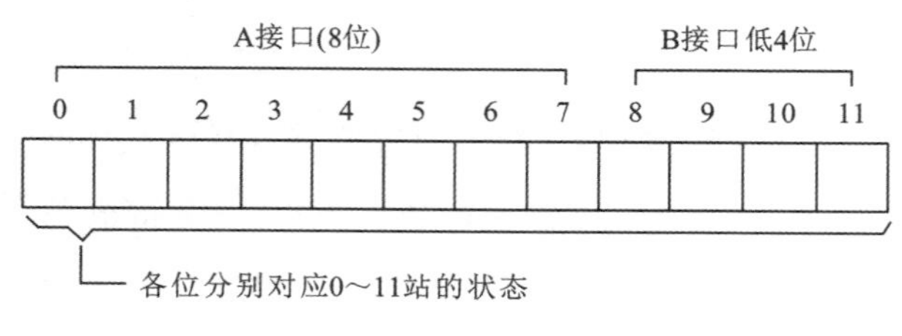

图 3　运行字

当（RUN）＝＄FFF0 时，表示 12 台发送器都在运行状态。运行字 RUN 的修改是由程序完成的。一种是收信程序发现某发送器有连续数据错时，自动修改运行字，使该发送器退役，并在屏幕上提示检修处理。另一种是使用键盘命令进行写操作，实现人工投入或切除任意发送器。

3. 中断屏蔽字 IRM。

IRM 配合 RUN 来完成发送器的投入或切除。RUN 只是投入或退出发送器的启动通道，中断通道的退出和投入由修改 IRM 来实现。当（IRM）＝$FFF0 时，12 个中断通道全部开放。

4. 启动字。

如图 4 所示，启动字由启动程序对中断登记缓冲区中的数据进行逻辑运算而求得申请的发送器设备号，然后向过程接口 B 侧写入相应数据，从而开放相应通道，启动相应发送器。

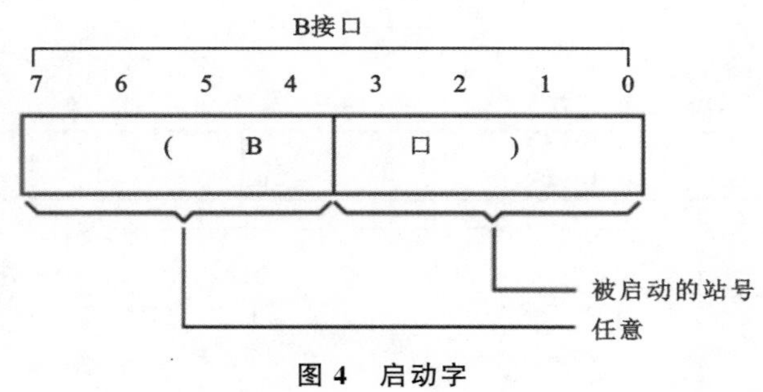

图 4　启动字

5. 状态字。

如图 5 所示，状态字由接口硬件对接收的数据进行检测判断，然后填写状态寄存器的相应位而形成，它描述被接收数据的真伪状态，由软件读取和利用。

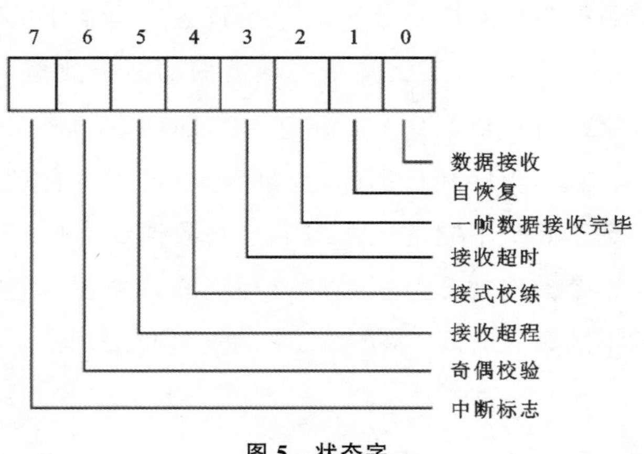

图 5　状态字

6. 控制字。

如图 6 所示，控制字由程序在初始化时写入，从而定义过程接口的工作方式。

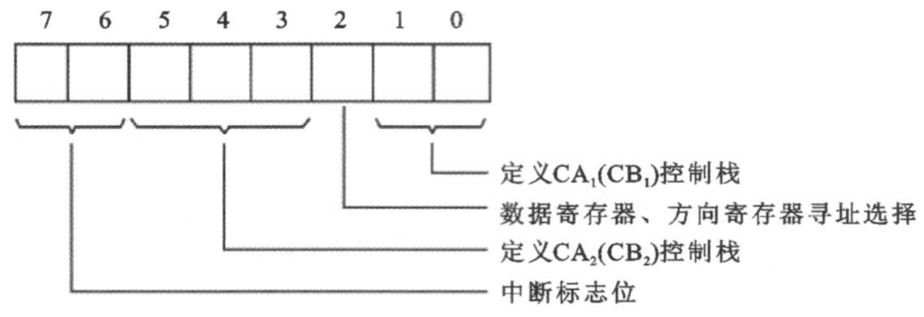

图 6　控制字

7. 数据字。

如图 7 所示，数据字是由发送器经数据通道向主机串行发送的数据。它插述生产过程各种事故故障量的状态，是计算机处理的原始数据，由收信程序读入。

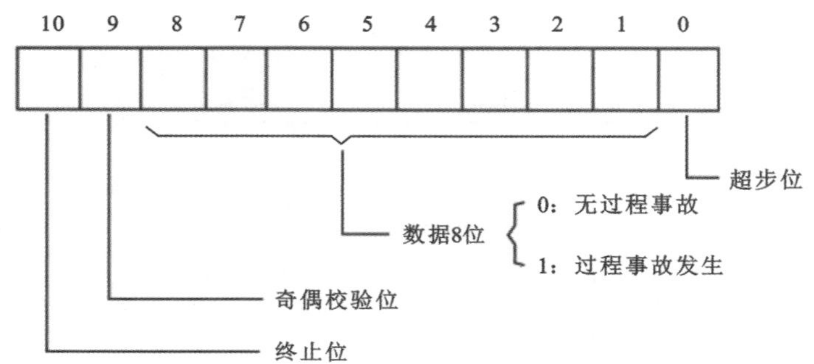

图 7　数据字

数据字的 8 位数据每位对应一个事故量的输入，当某事故量启动时，相对应的数据位置为 1，否则置为 0。那么某站一帧数据的 8 个数据字对应着 64 个过程事故量，因为数据字没有提供站序号、字序号，因此它们连同位序号一起，都是由软件在启动程序、收信程序和数据处理程序运行过程中自动形成的，它们的逻辑组合最终即可得到 768 个不同的数据组。这些数据组对应过程输入的 768 个不同的中文句子。而整个数据处理过程是形成相应的各种各样的数据映像，最终得到字符汉字组成的描述事故时间、部位、性质的句子的过程。

（三）数据输出

最终数据一是由屏幕显示器送到彩色屏幕上的；二是由静电中文印字机打印存档记录的。

计算机与显示器联系的数据格式如图 8 至图 10 所示。

0～7 位统称为字符、图形码。

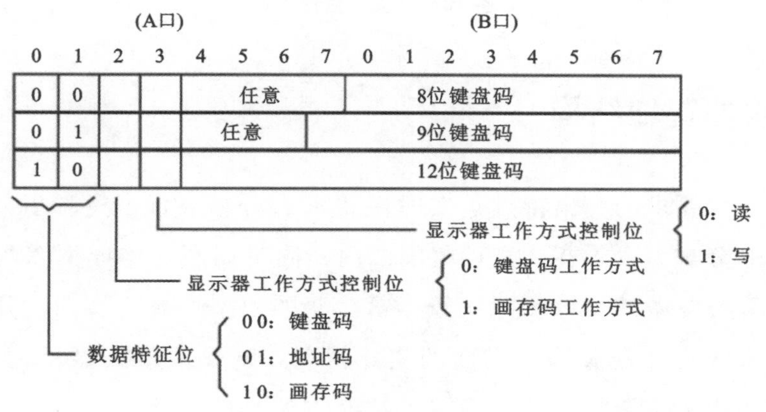

图 8　计算机输出到显示器 PIA_1

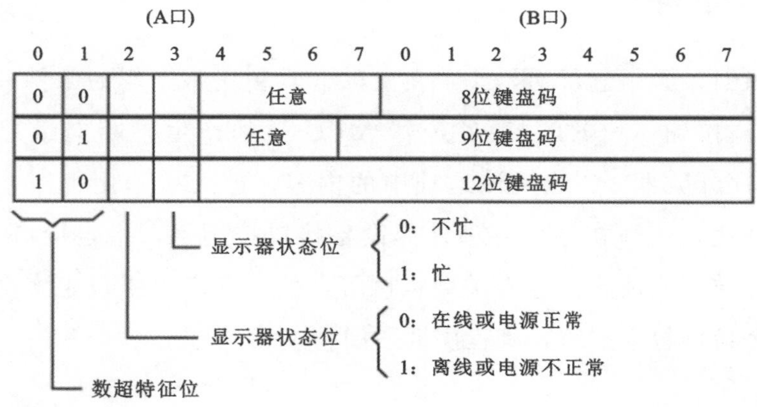

图 9　显示器输入到计算机 PIA_2

另一输出设备是静电中文印字机，使用 PIA_3 与计算机接口相连，与主机异步工作。印字机的启动、打印的内容和格式等均由程序控制。它们之间联系的数据同显示器的 8 位字符、图形码。

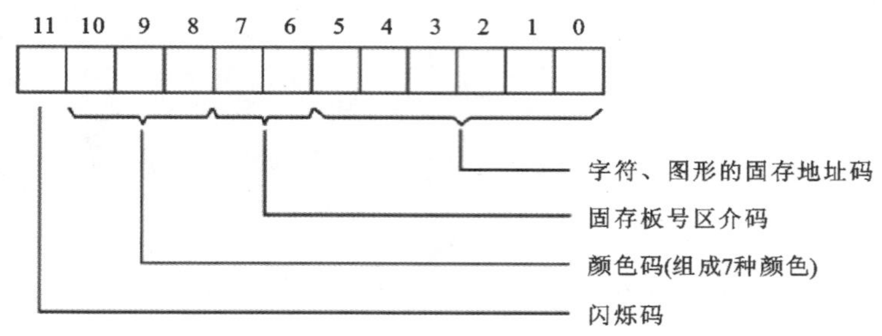

图 10 画存码数据格式

二、软件管理结构

本系统技术要求的突出特点是实时性要求高，对数百个过程事故量随机启动的顺序记录的分辨力要求在几毫秒范围以内。同时如硬件构成框图（见图 1），因功能需要，系统配备的硬件资源比较丰富。兼顾微型计算机实时应用的特点以及生产过程、系统硬件资源配备方面的实际情况，既保证事故显示记录的实时性，又保证充分利用系统资源，结构简单、扩充方便是软件构思的基本出发点，软件系统由管理程序和实时应用程序两部分组成。

（一）系统初始化

系统投入时，必须进行初始化，使硬软件具备正常工作的条件和环境。上电或人工按复位按钮 RESET，微处理器 MPU 自动产生中断向量地址 $ FFFF、$ FFFE，程序计数器 PC 装入该地址中的内容，进入初始化程序，填写中断矢量，建立堆栈底，填写初始化各种外部设备接口控制字，指定接口的工作方式，定义内存工作单元或清除内存有关数据区等，然后请求人工设定实时时钟，时钟一经设定，系统即投入运行，其程序框图如图 11 所示。

（二）记度结构

在调度管理上，实时应用软件被分成前台任务和后台任务两部分，目的是既要提高系统的实时性，又保证系统资源能得到充分发挥。前台任务和后台任务分别由中断管理和任务管理来调度，如图 12 和图 13 所示。

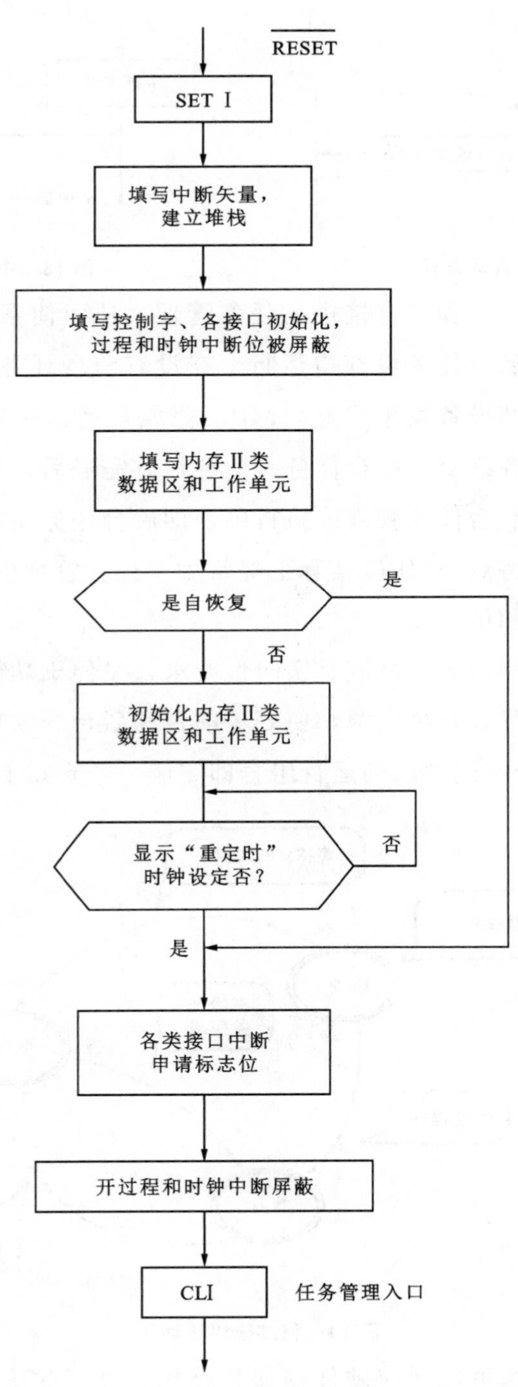
RESET
SET I
填写中断矢量，
建立堆栈
填写控制字、各接口初始化，
过程和时钟中断位被屏蔽
填写内存II类
数据区和工作单元
是自恢复
是
否
初始化内存II类
数据区和工作单元
显示“重定时”
时钟设定否？
否
是
各类接口中断
申请标志位
开过程和时钟中断屏蔽
CLI
任务管理入口

图 11　初始化程序框图

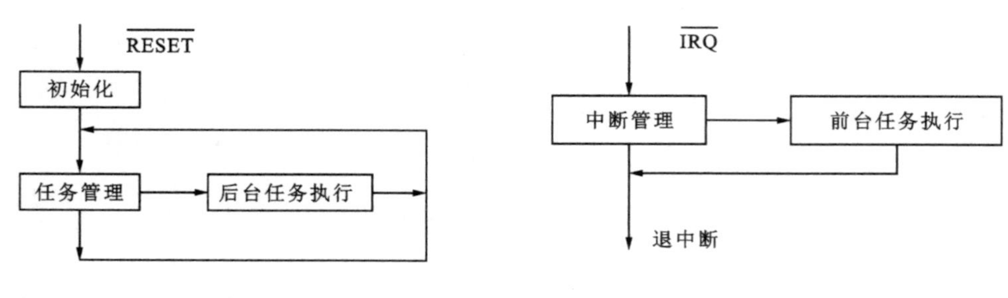

图 12　任务管理方式　　　　图 13　中断管理方式

系统初始化完成后，程序直接进入任务管理，从而使系统的运行控制权自动被后台任务所占有，后台任务可获得运行，在没有前台任务请求时，后台任务始终占有系统。一旦外部设备发生中断，MPU 完成自动退避后立即进入中断管理，系统控制权由后台任务移交给前台任务。前台任务完成后，MPU 完成原退避现场的恢复，又自动回到后台任务管理或执行中，即后台任务又收回系统控制权。

根据生产过程的特点，MPU 实际上经常处于任务管理中动停，等待过程外部设备随机事件的发生和请求。

这种调度结构简明清晰，既满足实时性要求，又便于功能扩充和资源利用。

调度程序动态地管理系统资源，使处于前台和后台的软件模块交迭地活动着，如图 14 所示。若干个不同模块的运行组合即完成一个宏观上的系统功能。

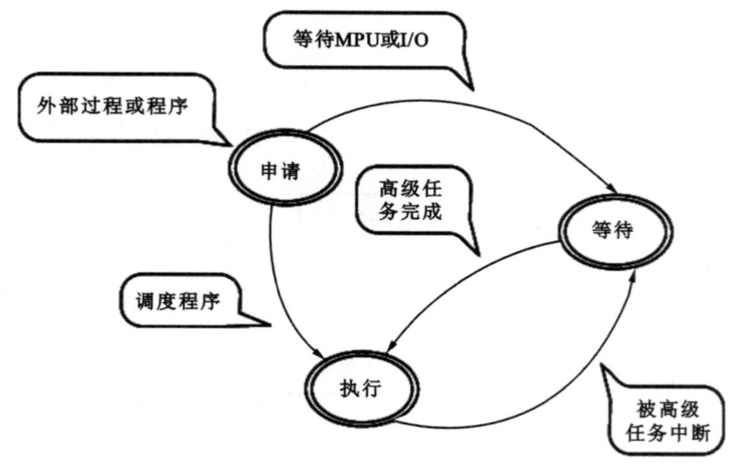

图 14　程序模块活动图

这种调度管理结构可以适应硬件模块化结构，便于扩大和缩小系统规模，以及扩充系统功能。在实时系统中，各种功能的实时性要求往往不同，合理选择搭配不同实时性功能的任务，可以使机器的资源得以充分发挥，机器时间得到充分利用，如图 15 所示。本系统中的电厂主接线图，电厂主设备操作记录、时钟、周波显示等就是在不增加任何硬件的情况下，用软件在后台任务中实现的，如果增加模拟量采集装置，同样可在后台任务中完成电量或非电量的数据处理、制表输出、运行参数趋势分析、报警提示等功能。

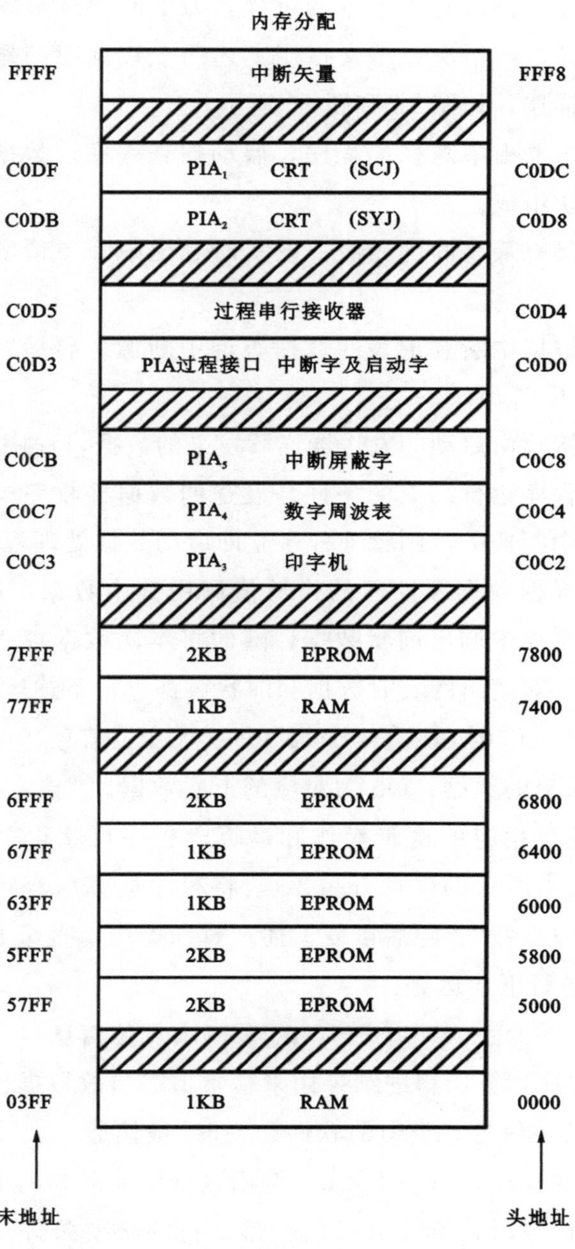

图 15　内存分配

三、实时数据库的建立和运行

系统全部实时功能的实现实际上是程序建立实时数据库，运行实时数据库，最终检索固存数据库来输出有关数据的过程。为了便于从整体上有效地了解系统实时软件的设计及其运行情况，本文拟用上述两个数据库的概念，并以其建立和运行原理图来进行描述，如图 16 和图 22 所示。

实时应用程序主要由中断登记程序，启动扫查程序，数据处理程序，输出显示、打印程序等模块组成。

中断登记程序具有最高的优先级，以实时登记中断申请源及实时时钟，即填写中断登记表。

启动扫查程序根据中断登记表的数据查询中断源，启动对应的申请站。同时也确定了站号，如图 16 所示。

收信程序实时接收由启动的发送器连续发来的数据，程序运行后形成图 16 中所示的字号。收信程序运行结束的条件是发送的数据接收完毕并且中断源已全部查询完。如果没有中断任务，则管理程序立即启动数据处理程序。

数据处理程序根据数据缓冲区的指针值调用其中数据，同时依调出的站号、字号，先从前状数据栈中调出前状数据，随即将本次数据填入前状数据栈，实现前状数据栈的刷新，对调出的实时数据和前状数据进行下述运算：

$$f_1 = (NS \oplus OS) \Lambda OS \text{（求变位信息）}$$

式中，NS 为本次采集的数据；OS 为对应的上次数据。

若 $f_1 \neq 0$，则进行相应的逻辑操作和运算，程序可获得一个字位号。与此同时，程序接通图 16 中所示的软件开关 K_1，将程序运算所获得的有用数据经指定的途径写入“事故数据栈”。随后重复上述运算和操作，直至 $f_1 = 0$。

当 $f_2 = 0$ 时，进行下述运算：

$$f_2 = (NS \oplus OS) \Lambda NS \text{（求复位信息）}$$

若 $f_2 \neq 0$，则程序运算所得的结果用来检索追踪事故数据栈中已存入的有关数据，并经 K_2 修改其色信息，类似的软件开关 K_2 被接通。

重复上述运算和操作，直至 $f_2 = 0$。调用数据缓冲区中的下一个数据，在全部处理完数据缓冲区内容后，事故数据栈获得运行的必要条件。程序调用事故栈数据并运行固存数据库，可在彩色屏幕和静电记录纸上获得预期的结果。

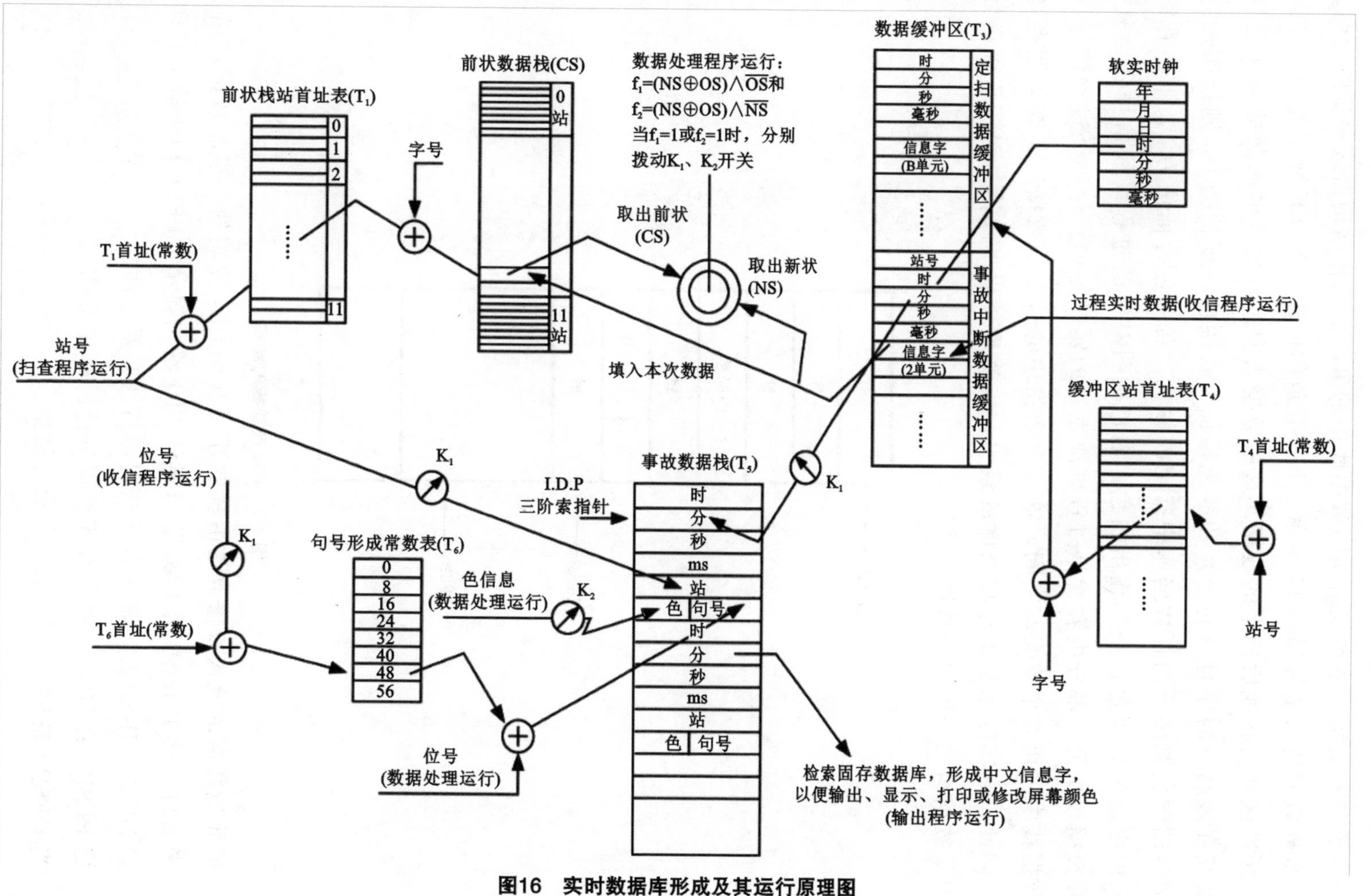

图16　实时数据库形成及其运行原理图

为了节省篇幅，下面仅对实时数据库中的事故数据栈结构做进一步的说明。

事故数据栈的结构如图 17 所示，其中存放的内容一部分是数据处理程序运行输入缓冲区和前状栈后产生的数据。这些数据指明过程发生的事故故障所在的站号及其在该站中的序号（句号）和颜色特征。若颜色特征位为 0，则指明最终输出信号的颜色取决于固存数据库中指定的颜色。若颜色特征位为 1，则不管固存数据库中是什么颜色，一律输出白色。白色指明对应的过程事故信号已经复位。事故数据栈中另一部分内容就是过程事故发生的实时时钟。每一个过程信号在事故数据栈中占用 6 个单元的空间，这 6 个数据中的后 2 个数据用于查询固存数据库，因此，它实际上是固存数据库的索引，也就是过程事故信号对应于固存数据库中某数据组的一组地址数据。

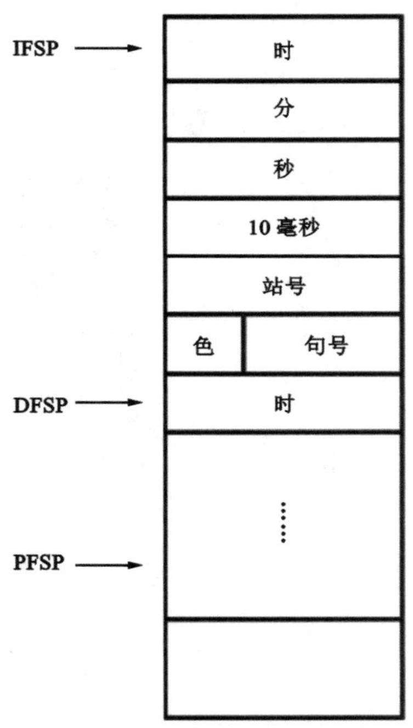

图 17　事故数据栈的结构

事故栈数据的流入或修改是由软件开关 K_1 和 K_2 控制的。事故数据栈由三个指针来运行。其中 IFSP 用于输入，DFSP 用于输出显示，PFSP 用于输出打印。

当 DFSP<IFSP 时，显示程序获得运行的必要条件。

当 PFSP<IFSP 时，打印程序获得运行的必要条件。

当 DFSP = IFSP 时，显示程序运行结束。

当 PFSP = IFSP 时，打印程序运行结束。

在定时打印完成后，本值数据已进行存档记录。因此程序随之完成 IFSP、DFSP、PFSP 回归事故数据栈顶的操作，此时事故数据栈被清洗，准备装入新数据。

实时数据库是实时程序模块运行的一个特定空间。中断登记、启动扫查和收信等程序模块的运行还受到硬件环境的制约，因此相应的程序模块是交迭运行的，程序流程框图如图 18 所示。

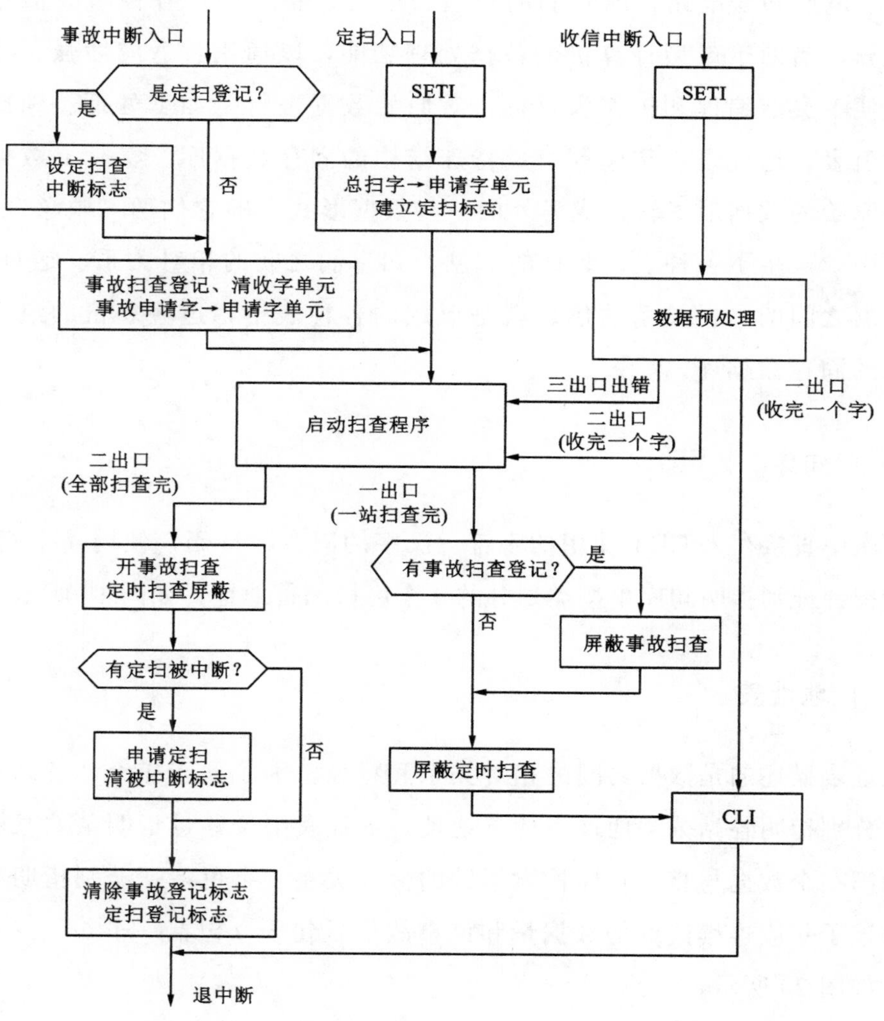

图 18　过程事故中断扫查，定时、扫查、收信三模块交迭运行流程

四、固存数据库的结构及其检索

从原理上说，实时数据经处理后最终得到的是固存数据库中对应于过程信息的某句子的地址或相关的一组数据，它运行和驱动固存数据库，输出给 CRT，则可在屏幕上得到带不同颜色的事故故障信号的中文句子。输出给印字机则得到存档的记录资料。

对于电厂和变电站，随它们的规模、单元设备不同，各种事故信息句子有很大差异，借助于微型计算机的数据处理功能，以通用、适应性强、减少内存开销、便于灵活编程和扩充为目标，对原始数据进行了加工处理。构造了一个由总索引表、地址表、句库等组成特殊结构的固存数据库。实际上数据加工处理是将原始的数据形式转换成另外的一些数据形式，即它们的“映象”。而在转换过程中，产生了各种表征数据的信息，如它们之间的相对关系、绝对关系等。描述数据之间的内在关系的信息就是形成的各种表格，这些表格的组合便是本文所指的固存数据库。

（一）句库

句库中直接存入 CRT 使用的字符、汉字的固存地址码，使用 4 个指针检索。这 4 个指针分别指明句库中按类划分的 4 个区域的首地址，如图 19 所示。

（二）地址表

地址表描述的是数据之间的相对关系和特征。为了便于扩充，各站使用一个指针，分别指明各站分类地址表的首地址。地址表中位移量指明某站某子句在句库中的第一个数据与相应句库检索指针的位移关系。字色特征分别指明程序在句库中对该子句应连续读取的数据量和该事故信号句子（包括一子句、二子句）的颜色，如图 20 所示。

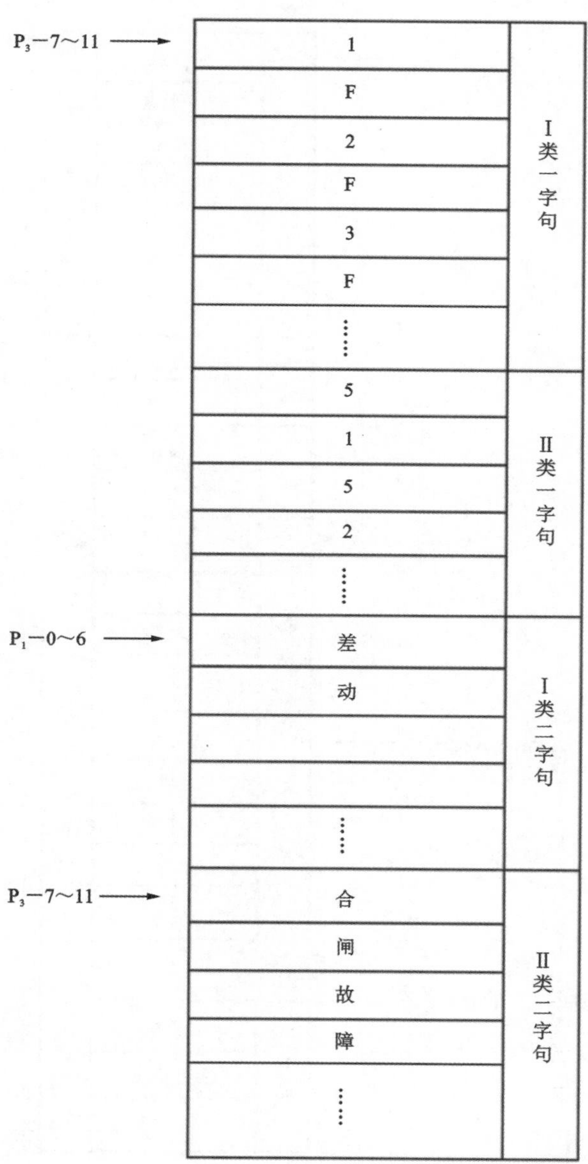

图 19　句库结构

(三) 总索引表

总索引表描述数据之间的绝对关系，其内容是句库各区域的首地址和地址表中各站相应区域的首地址。如各站一子句句库首址、二子句句库首址、二子句地址表首址等，如图 21 所示。

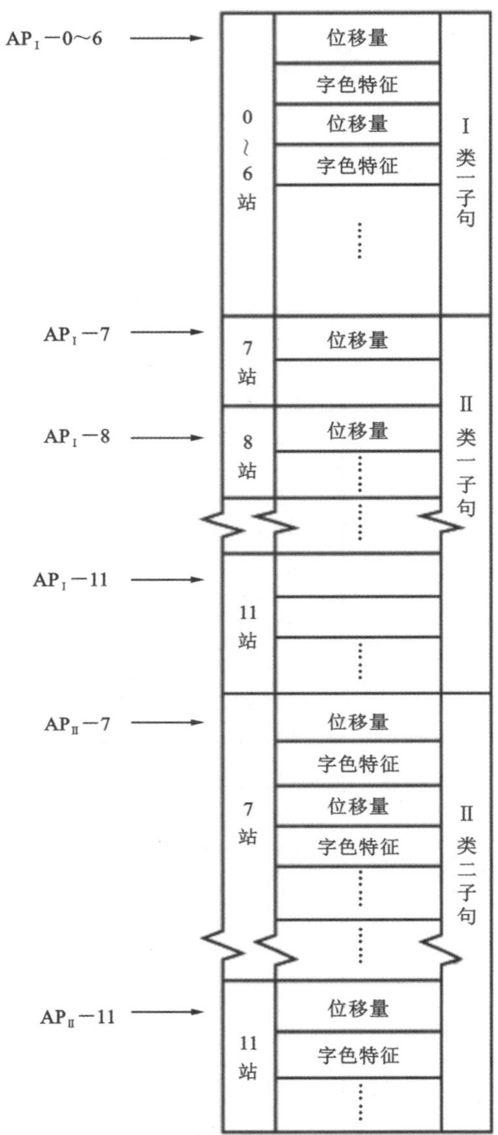

图 20　地址表结构

程序运行检索固存数据库的原理图如图 22 所示。

这样对原始数据进行加工并采用上述固存数据库结构以后，共开销内存仅 2.5 KB，比 1∶1 句库节省内存开销三分之二。尤其，其突出优点是适应性，通用性强、扩充灵活，对不同电厂、变电站、句库、地址表、总索引表的结构和相应的运行驱动程序都无须作任何变动，只要在固存数据库中填写不同的数据就行了。

站号
$P_{Ⅰ}$—0～6
$P_{Ⅱ}$—0～6
$AP_{Ⅰ}$—0～6
$AP_{Ⅱ}$—0～6
站号
$P_{Ⅰ}$—7
$P_{Ⅱ}$—7
$AP_{Ⅰ}$—7
$AP_{Ⅱ}$—7
站号
……

图 21　总索引表结构

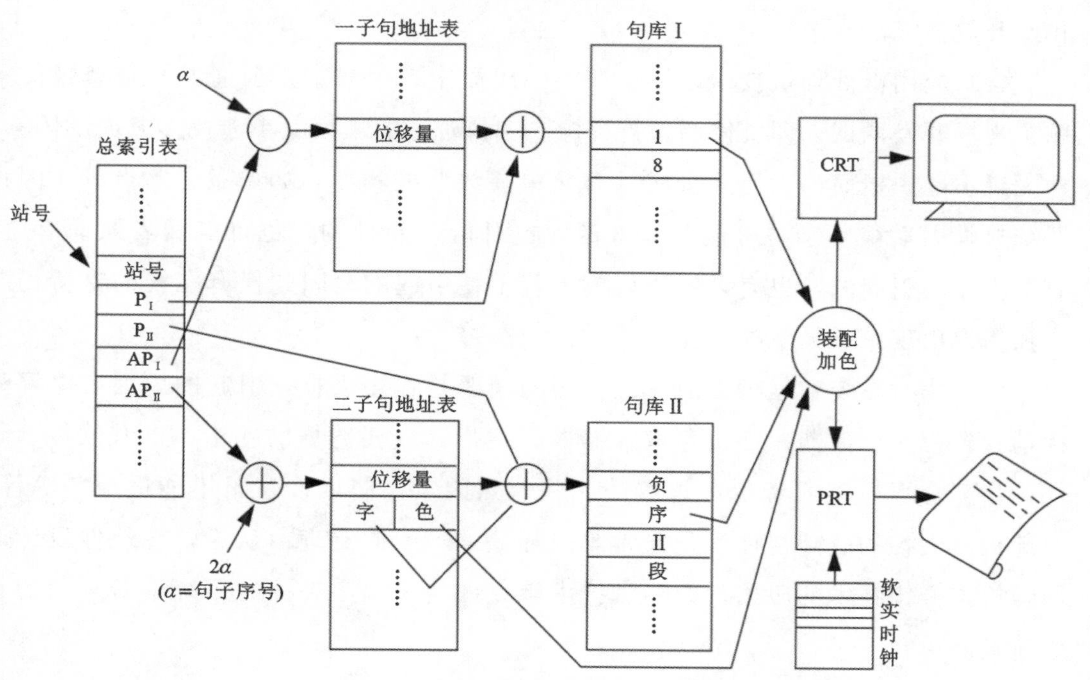

图 22　固存数据库构造及检索原理图

五、实践与体会

（1）微型计算机实时系统设计的特点之一是硬件和软件设计不能截然分开。软件工程师必须对计算机硬件有足够的知识，同时对控制对象和生产过程的各种因素要相当熟悉。

（2）应该高度重视局部功能系统在整体系统中的地位。所说的整体系统是指对一个工厂或更大范围的生产过程的全面实时监控系统。认真研究总体及局部与总体的关系，对局部功能系统的硬件、软件构成及配置的技术合理性是非常重要的。

（3）硬件系统的配置和系统工作方式的选择合理，直接关系到实时软件设计的繁简和先进性。在微处理机部件日益便宜的情况下，即使在局部功能系统中，不仅用微处理机构成系统控制，而且用微处理机构成其中的功能装置，取代布线逻辑设计，这对硬件、软件设计来说都是一条捷径，在缩短研制周期、保证技术合理性及可靠性方面都明显地具有优越性。

（4）一个局部功能系统或装置的生命力怎样，往往取决于它的标准化、系列化及开放性能的水平。

（5）应用微处理机技术以后，在实际应用中一个非常重要而又易被忽视的问题是现场开发调试，即维修的支持资源。支持资源的规模大小涉及多方面的因素，这无疑不能一概而论，但至少应具有简单在线监控程序，如单条、断点等。因为系统故障因素很复杂，可能是软件的，也可能是硬件的，也可能两者兼而有之。有器件原因引起的，也有设计错误或工艺不良引起的，因此仅有在线的支持仍然会让用户出现束手无策的情况。

（6）实时系统在运行中最使人头痛的问题是程序失控，引起的原因有电源的扰动导致程序计数器、随机存取存储器、栈指针或栈数据的差错，也有软件、硬件设计配合不严密或者生产过程的一些偶然因素，使设计逻辑不能适应，等等。引起程序失控的故障往往又是非常难以捕获的，因此有理由认为，在软件设计上增强检错排错技术的应用，如陷阱技术等或许是使程序失控的系统重新复活的有效途径。

（7）本系统最重要的要求之一是实时性指标分辨力，软件设计充分考虑了这一点，但这还是有限的，因为要达到更高的指标，硬件方面必须参与把关。

《水机磨蚀研究与实践 50 年》序

（2005 年 4 月）

水力机械（水轮机、水泵）的泥沙磨损是我国水利水电建设中的一个突出问题。从 20 世纪 50 年代提出泥沙对水力机械的危害，至今已有 50 年历史。人们对磨损有一个认识和学习的过程。20 世纪 50 至 60 年代，由于国内水电站数量比较少，装机容量也小，有磨损的机组不多。因此，认识也比较肤浅。真正对泥沙磨损有具体而深刻的认识，还是近 20 年的事。这是由于有严重泥沙磨损的水电站，如三门峡、青铜峡、天桥、渔子溪、南桠河等大多数是在 20 世纪 70 年代中期以后陆续发电的。一些有水库的水电站，运行初期泥沙少，运行一段时间后，水库逐渐淤满或泥沙推移到坝前时磨损才明显起来，如刘家峡、龚嘴等水库。大量泥沙磨损水电站的出现，使我们对我国水轮机泥沙磨损危害的普遍性与严重性有了较深刻的体会。不仅像黄河中下游年平均含沙量达 20 kg/m^3 以上的多泥沙河流的电站水轮机会发生严重的磨损，年平均含沙量在 1 kg/m^3 左右的河流，水轮机也同样会发生磨损，例如像礼河、渔子溪那样的高水头电站，年平均含沙量仅 0.1～0.2 kg/m^3，也造成了水轮机过流部件的严重破坏，更不要说像新疆喀什、西大桥、红山嘴等有大量推移质泥沙的水电站了。

为了较全面地反映我国 50 年来在水力机械磨蚀试验研究方面所取得成果，总结含沙水流中水力机械设计、制造、运行和检修防护诸方面的经验，全国水机磨蚀试验研究中心编撰了《水机磨蚀研究与实践 50 年》一书，供从事水利水电事业的同行和有关领导，以及大中专学校有关专业的师生参阅。

本书包括三大部分：论文全文，共 81 篇；论文摘要，共 215 篇；论文目录，共 869 条。其中 63 篇论文选自 1983—2003 年内部出版的《水机磨蚀》，另 18 篇为2003年后的新作。全书约100万字，有近80个单位的200余位作者写作，体现了面广、量大、年代长的特点。内容包括我国河流泥沙概况、小水电发展、水电设备制造等综合性论文；我国水轮机泥沙磨损研究的历史回顾、水轮机水泵磨蚀破坏与技术改造等综述性论文；磨蚀规律与机理、试验研究装置与方法、金属和非金属材料与防护，以及其他防护措施，如水工枢纽布置、排沙设施、运行方式、流道设计、结构改进等。

一些地区的部分水电站和抽水泵站，已经取得了减缓磨蚀破坏的某些成果和经验，可供借鉴。但综观全局，我国含沙水流中水力机械磨蚀问题还很严重，尚未取得突破性进展。由于磨蚀破坏机理十分复杂，对磨蚀破坏现象存在不同观点和看法是很正常的。影响磨蚀破坏的因素很多，如泥沙含量、粒径、形状、水流速度、水头（扬程）、材质、加工精度、运行水平、检修质量等，是一项多学科的系统工程，因而单一的措施很难从根本上得到解决。必须从水工建筑物的布置和水力机械的水力设计参数、结构、材料、工艺、运行、检修及防护等诸多方面，并结合电站和泵站的实际进行研究、通盘考虑，联合科研、设计、制造、运行、检修、教学等多方面专业人员共同攻关，采取综合措施，加以治理。

目前我国正在实施退耕还林、退牧还草大规模生态建设、三江源自然保护区建设和小水电代燃料生态保护建设等具有深远意义的环保工程，可以预计，在下一个50年，中西部地区青山绿水的目标终将实现。到那时，多泥沙河流将变成清水河流，加上水利水电科技水平的提高和水机磨蚀研究工作者的努力，我国水轮机、水泵磨蚀问题一定能得到彻底解决。

为了活跃学术民主、尊重作者，书中包括不同观点的文章（文摘），一些常用的术语也未做统一规定。对于学术性文章，读者引用时，需要分析比较作者的观点，以解决生产中实际问题为准绳。对于不同条件的水电站或泵站，应做具体研究分析。

由于编者水平所限，加上时间仓促，论文新作征集也不够广泛，检索的各类杂志也不全，因此，论文摘要及论文目录索引也不可能全面，敬请谅解，恳盼指正。

第十篇
组织创建联合国国际小水电中心和示范基地

组织创建联合国工发组织国际小水电中心，该组织是联合国在中国的第一个法律框架内的机构。

组织创建联合国国际小水电郴州示范基地和张掖示范基地，在国内外产生广泛影响。2005 年两基地主任同时获全国劳动模范和五一劳动奖章。

1998 年，经中央批准在杭州西湖核心景区划拨土地 1.5 公顷，兴建国际小水电组织总部大楼，2000 年总部大楼落成。

联合国国际小水电中心和示范基地，频繁而有效的国际交流活动，鲜活可复制的发展经验，闪耀着中国中小水电的璀璨辉煌，得到国际组织和国际社会的高度评价与赞誉。

❖

2000年5月，在维也纳和联合国工发组织签订设立联合国国际小水电中心的有关协议文书

❖

在印度科瓦兰召开的国际小水电组织协调委员会会议部分代表合影（2001年）

❖

2004年12月，在杭州召开的国际小水电协调委员会会议部分委员合影。前排左一为国际小水电组织总干事童建栋，第二排左一为国际小水电中心副主任曾月华，第二排右一为国际小水电中心副主任赵永利（国家外经贸部）

❖

2002年，就中国杭州国际小水电中心依法成立和机构编制、规格的确定，特邀请并陪同中央编制办公室一行到四川、重庆、湖南、浙江等地开展调查研究。左四为中编办时任司长李渊和，右二为中编办时任处长武建华，左一为国家水利部人事司时任处长侯京民

❖
座落在杭州西湖核心景区的国际小水电组织总部大楼于2000年落成

❖
1999年，联合国国际小水电郴州基地建设协议签字仪式

2001年，郴州基地大楼成为湖南省郴州市标志性建筑物，是继杭州国际小水电中心之后，在中国南方的又一国际小水电之家

有黑河水电显著标志的张掖基地大楼是甘肃省张掖市标志性建筑物，是继杭州国际小水电中心之后在中国北方的又一国际小水电之家（2002年）

❖

2004年4月，国际南南合作今日水电论坛郴州基地会场主席台。前排左一为湖南省人大常务副主任庞道沐，前排右一为湖南省副省长许云昭

❖

水电论坛郴州基地会场一角（2004年）

❖

2004年，国际小水电组织成立十周年庆祝大会在杭州召开

❖

2004年，外国专家茶话招待会

❖
国际小水电组织成立十周年庆祝大会代表合影一角。前排是外经贸部程飞老部长、浙江省叶荣宝副省长。第二排左一、左二为重庆市和湖南省厅长刘代荣和成子久。第三排左一为湖南水电处长龚艮安

❖
2004年，国际小水电组织成立十周年庆祝大会部分代表合影

奋进的十年[①]

——在国际小水电组织成立十周年庆祝大会上的致辞

（2004年12月浙江杭州）

尊敬的各位领导，各位来宾，女士们、先生们：

今天是国际小水电组织成立十周年的日子，请允许我代表国际小水电组织协调委员会，向为国际小水电组织的建立和发展给予大力支持和热情呵护的联合国有关机构、有关国家政府和国际组织及所有关心支持这个组织的朋友们表示崇高的敬意和衷心的感谢！向为国际小水电组织建立和发展做出辛勤努力和贡献的成员单位和全体会员朋友们致以节日的祝贺！

十年前，由联合国有关组织和中国水利部、商务部共同倡议，各成员组织之间多边协商，成立了国际小水电组织。其总部设在中国杭州，成为将总部设在中国的第一家也是唯一一家国际组织。这十年是国际能源领域发生深刻变化的十年，人类的发展尤其工业化过程大量使用化石能源，排放大量温室气体，导致地球气候变化，影响人类的生存安全。《京都议定书》要求减少二氧化碳排放，减少化石能源使用，促进清洁能源和可再生能源使用，实现能源的可持续利用，可持续发展已经成为各国经济社会发展的共同的首要问题。世界范围内放松电力管制的市场化趋势，越来越明显，厂网分开、竞价上网、分散分布式供电等新事物、新模式不断出现，根据联合国的资料还有20多亿人没有用上电，针对这些全球性事务，国际小水电组织积极参与并发挥了重要而有价值的影响和作用。这十年也是国际小水电组织奋斗的十年，发展壮大的十年。

① 《水电及电气化信息》2004年第12期。

一、奋力进取，茁壮成长

国际小水电组织成立时，可谓白手起家，首先面临着组织法律地位的确定，基本的工作条件和自身能力建设及国际化等急迫的问题。

1. 法律地位的确定。

为了解决法律地位问题，先后研究过多种方案，做过多次努力。中国外交部会同外经贸部、水利部向中国国务院提出申请，中华人民共和国作为国际小水电组织东道国的报告，经中国几位副总理审签同意。1999年2月14日，中国政府总理朱镕基批准中华人民共和国作为国际小水电组织东道国。至此，国际小水电中心的法律地位得以确定。

2. 创建联合国工发组织国际小水电中心。

为了适应国际小水电事业的发展，需要得到国际社会更加广泛的支持，需要成立一个联合国法律框架下的国际小水电机构。经过协调委员会的多次讨论与联合国工发组织的多次协调，2000年5月在奥地利联合国工发组织总部，我代表国际小水电组织，与联合国工发组织负责人签署了建立联合国工发组织国际小水电中心的协议文件。经联合国工发组织第19次理事会讨论通过，正式批准成立联合国工发组织国际小水电中心，之后于2000年12月正式挂牌成立。

3. 成立中国水利部、外经贸部国际小水电中心。

为了更好地支持国际小水电事业的发展，我们多次协调邀请中国中央机构编制办开展调查研究，2003年3月中国中央机构编制办批准成立中国水利部、外经贸部国际小水电中心，同时明确其为正局级事业单位。

4. 创建郴州联合国小水电示范基地。

1999年，我们在中国湖南郴州创建了全球第一个联合国小水电示范基地，这个基地以郴州市电力公司为依托。现在该公司经营一个覆盖郴州11个县市，以中小水电自发自供为主的独立配电网，有较大的规模和实力。创办示范基地的宗旨一是探索和创新国际小水电发展的经验，为加强国际小水电的发展提供一个交流平台；二是为提高国际小水电组织自身发展能力创造条件，实际上经过几年的努力，郴州示范基地出色完成了中国农村水电现代化试点和示范任务，运用微电脑和互联网等现代技术为核心的新技术、新设备，成功建成了无人值守的水电站和无人值守的变电站、现代电力调度系统和售电系统，实现了水文自动测报、工程监控信息和水利工程监控信息化，为中国全面推进水电现代化提供了成功的经验和指导意见。同时成功进行了电力市场化改革和现代企业制度的改革，培育自发自供的独立电力竞争主体，与大电网互相连接，进行电力电量交易。在示范基地的带动下，郴电国际已经上市进入资本市场，郴州示范基地大厦是郴州一座地标性的现代建筑，它具备召开国际会议的硬件和软件条件。几年来，很多成员单位都参加了在郴州基地举办的各种活动，亲身体验了示范基地活动的盛况和基地的强大生命力。那里已经成为继杭州国际小水电总部的又一个国际小水电之家。

5. 创建张掖国际小水电示范基地。

在郴州小水电示范基地创建之初，中国大西北张掖的一个示范基地悄悄萌芽。张掖条件很艰苦，到处是荒漠，但那里有能人，在那里创造了奇迹。现任张掖示范基地的主任朱兴杰先生当年在郴州基地签约会议期间找到我，希望我同意在张掖建设一个小水电示范基地，还拿来纸笔墨，要我写“黑河水电”几个字，当时我深为他的勇气和精神感动，但当时他都不知道在张掖示范什么，我建议他再考虑考虑。那时他的黑河水电公司还只是一个县属的小公司，只有 1 万千瓦的装机。基地建立几年后，黑河水电乘着国际小水电示范基地的神舟扶摇直上，当时已经拥有 20 万千瓦装机，即将投产还有 10 万余千瓦，一跃成为张掖市市属龙头老大，正县级国有企业。张掖示范基地大厦同样成为张掖地标式的现代建筑。当年，我建议张掖考虑一下清洁发展机制这个题目，在清洁发展示范方面开展试点，如今他们已成为中国在国际碳汇市场上成功签约、成功交易的第一家（中国国内还没有减排碳汇交易市场）。第一年就实现减排碳汇收益 2000 多万元，不仅成为本行业的成功示范，而且开创了中国清洁发展机制的先河，在中国 CDM 清洁发展史上留下重重一笔。现在到那里考察取经的国内外朋友络绎不绝，那里已经成为又一个国际小水电之家。浙江金华电机制造厂也即将成为示范基地，未来一定有更多的示范基地诞生。

国际小水电组织法律地位的确定，创建联合国工发组织国际小水电中心，成立中国水利部、外经贸部国际小水电中心，理顺了法律关系，提高了组织的国际地位，扩大了组织的全球影响力。建设小水电示范基地是一个大创举，它给国际小水电提供合作交流的良好平台，同时它给国际小水电组织增添了自我发展能力和国际影响力。上述工作的完成为国际小水电组织的未来发展奠定了坚实基础。

6. 总部大楼的兴建。

国际小水电组织成立伊始，就得到中国政府高度重视，自 1997 年开始筹划选点申请，得到浙江省人民政府的大力支持。经国务院批准，在风景如画的杭州西湖景区无偿划拨土地 1.5 公顷，用于新建国际小水电组织的总部大楼，从 1998 年开始，中国水利部陆续拨工程建设款 360 万美元，联合国出资 36 万美元，中国外经贸部提供经费 38 万美元，其他一些成员单位还以实物形式捐赠 36 万美元。经过国际小水电总部员工的艰苦努力，2000 年一座 4700 平方米高雅别致的国际小水电总部大楼在美丽的西子湖畔拔地而起。从此，那里中外宾客政要络绎不绝，高雅别致的办公环境为国际小水电组织及其事业的发展创造了优越的硬件条件。

二、艰苦奋斗，开拓前进

今天，国际小水电组织成员已从十年前的 23 家发展成 330 家，遍布全球五大洲 70 多个国家和地区，在亚洲、非洲建立了两个分中心。十年来国际小水电组织在不断加强自身能力建设的同时，积极推进国际小水电的合作与交流，开展了大量富有成效的工作。

一是开拓国际合作渠道，争取国际援助，推进国际合作。2000 年以来先后与联合国基金会、工发组织、开发计划署、科教文组织、南南合作局、亚太经社会、国际能源总署、七国集团能源环保组织、亚洲开发银行、欧洲可再生能源协会及 77 国集团、非洲统一联盟的有关部门开展了合作，还与多个成员单位所在国政府的有关部门建立了联系。引进了多个多边合作项目资金。与联合国工发组织合作，完成了坦桑尼亚、莫桑比克、尼日利亚、马里、加纳、乌干达、朝鲜、印度、斯里兰卡等国家的小水电站建设示范推广项目。与 77 国集团合作先后完成了三期在发展中国家的小水电推广项目。与联合国开发计划署合作完成了南太平洋地区的小水电开发示范项目。与联合国基金会合作完成了有关技术转让项目。与国际能源总署合作完成了全球小水电数据库和最优水电工程实例编制等。

二是发挥国际小水电中心优势，广泛开展国际技术咨询和培训。按照有关国家要求，在非洲的埃及、埃塞俄比亚、津巴布韦、加纳尼日利亚、乌干达、坦桑尼亚、肯尼亚、莫桑比克、苏丹、马里、纳米比亚、马达加斯加、喀麦隆、阿尔及利亚；在亚洲的印度、尼泊尔、越南、孟加拉、印度尼西亚、伊朗、阿富汗、菲律宾、朝鲜、斯里兰卡、蒙古；在南美洲的巴西、委内瑞拉、厄瓜多尔；在大洋洲的巴布亚、新几内亚等众多国家开展小水电规划编制咨询，电站建设培训，推广中国小水电建设和发展经验等。在乌干达、坦桑尼亚边远无电地区分别建设小水电供电示范社区，提供规划编制、电站设计、运行技术咨询和培训，历时三年多完成。在莫桑比克无电地区建设小水电农产品加工示范项目，开展技术咨询和培训。应津巴布韦能源部长邀请完成津巴布韦全国小水电站发展规划等六项技术咨询培训工作。与津巴布韦和尼日利亚能源部合作，分别组建东部非洲和西部非洲两个分中心，分别挂靠在这两个国家的能源部，为相关国家制定小水电发展规划、发展战略、技术培训提供咨询服务。津巴布韦能源部部长还亲自兼任分中心主席，实施 77 国集团“非洲撒哈拉以南国家小水电推广项目”，为非洲南部国家开展小水电咨询。应印度中央政府小工业部部长邀请对印度发展小水电，促进乡镇企业发展开展考察和咨询，将中国小水电设备引进印度市场，在印度喀拉拉邦兴建 4 座总装机 126 兆瓦的示范水电站。近五年，除了组织中国专家对多个国家的小水电站选址设计和运行管理提供广泛的技术咨询外，还大力组织各种形式的培训活动。例如，国际小水电中心与联合国工发组织合作在印度组织亚非小水电培训班，与尼日利亚能源委员会合作，组织小水电决策者培训班，组织该国政府部门和流域机构的官员参加培训。与欧洲可再生能源协会合作，在杭州举办清洁能源发展机制培训班。五年来，国际小水电中心与非洲、亚洲、南美洲多个国家有关政府部门合作举办了小水电培训班。国际小水电组织成员也纷纷在本国组织小水电培训，据不完全统计，每年有近 1000 人参加培训。在印度尼西亚举办的一个小水电培训班，150 名学员中有 28 名市长、县长。

三是组织和举办大型国际会议，为水电等清洁能源发展创造良好的社会和法律环境。与有关国际组织联合组织和举办多个主题为南南合作和清洁能源方面的大型国际会议。这些会议都以国际小水电组织总部为依托，在中国杭州召开，会议吸引了许多国际组织的要员和许多国家政府部门的部长、司长与会，作专题演讲。这些会议促进了国际交流和合作，扩大了国际小水电组织的影响，产生了很好的效果，得到与会各方面的高度评价和赞扬。2002 年、2003 年在杭州由国际小水电中心与联合国开发计划署联合召开的南南合作头脑风暴会议、南南合作枢纽伙伴会议，联合国总部的一些要员，联大南南合作委员会主席、联合国工发组织、科教文组织的高级官员 UNDP 驻华总代表、一些国家政府部门的有关负责人、多个国家的驻华大使，以及亚洲银行的相关高层领导都参加了会议，会议开得活跃而富有成效。2001 年和 2004 年与联合国工发组织联合召开了第一届和第二届发展中国家小水电合作会议，其中第二届会议在浙江杭州和湖南郴州分段召开，中国水利部、商务部、浙江省和湖南省省委政府高度重视，有 30 多个国家的代表参加了会议，其中有多位政府部长和司局长，会议规模很大，规格也很高。会议还安排代表们考察了国际小水电组织的总部和湖南郴州示范基地，代表们普遍反映，会议内容丰富，特别是总部的建设和发展，示范基地的试验和示范成果鼓舞人心，振奋精神。

三、中国小水电事业空前发展

十年来，全球小水电得到空前发展，在亚洲、非洲和拉美国家，小水电成为政府解决贫困地区用电的首要选择。中国 2004 年新投产装机突破 350 万千瓦，未来将建成一批装机 30 万千瓦以上的大型小水电基地，装机 100 万千瓦的特大型小水电基地，装机 10 万千瓦以上的小水电大县和装机 400 万千瓦以上的小水电强省。目前，中国小水电装机已达到 3500 万千瓦，未来 15 年计划新建小水电装机 5500 万千瓦。

中国政府连续 25 年开展水电农村电气化县建设，全国 1500 多个县开发了小水电，有 800 个县主要靠小水电供电，小水电为中国农村乃至全国社会经济的发展做出了不可替代的贡献。进入 21 世纪，中国政府启动了小水电代燃料生态工程，开辟了小水电发展的新领域。小水电肩负起解决农民燃料和农村能源，保护生态环境的新的历史使命。规划在 25 个省近 1000 个县中实施小水电代燃料工程，投资 1270 亿元，最终解决 1.04 亿农村居民的生活燃料，保护森林 34 亿亩，每年减少二氧化碳排放 2 亿吨，把目前全国木柴砍伐量降低 67%。

国际小水电组织和国际小水电中心的成长壮大，是全球国际小水电组织成员共同努力的结果，是国际小水电中心历届中外员工满怀理想、勤奋工作、艰苦创业的结果。中国政府和联合国工发组织、欧盟、成员国政府和国际组织的支持，为国际小水电组织奠定了发展和壮大的基础。在此我代表国际小水电组织向中国政府和联合国工发组织，以及所有为之做出努力和贡献的国家、组织和志士仁人，致以崇高的敬意和衷心的感谢！

展望未来，小水电必将在全球消除贫困中，在改善能源结构、保障全球气候安全中，在解决全球 20 亿无电人口用电中，做出自己更大的贡献。我们的国际小水电组织必将迎来新的辉煌篇章！

谢谢大家！

国际小水电组织成立十周年宣言[①]

（2004 年 12 月浙江杭州）

在国际小水电组织成立十周年之际，我们来自发达国家、发展中国家和国际组织的代表，代表全球 70 余个国家的 330 多家组织，对国际小水电组织在过去十年里为推动小水电在全球范围内的发展所做的贡献表示高度赞赏，并确认需要继续采取措施发展小水电支持世界范围内的可持续发展。

2000 年联合国千年发展目标、2002 年约翰内斯堡世界可持续发展大会提出的行动纲领，以及 2004 年波恩可再生能源大会提出可再生能源对减少贫困的重要性。小水电发展加强了国际社会对此的认知。与会者还一致认为小水电在解决性别不平等、能源发展不平衡问题上有特殊作用。

1. 会议号召国际小水电组织的各国成员及全球小水电工作者们应继续大力发展小水电，发展以小水电为动力的农村经济，这对消除贫困、保护环境、促进广大发展中国家的发展是极为重要的。

2. 在有小水电资源的地方，应该优先依靠小水电解决农村用电。各国政府应将小水电开发作为政府在农村的一项基本职责，为小水电发展创造更加有利的条件，全力促进其发展。

3. 积极支持现有电网覆盖区内的小水电建设，这对减少二氧化碳排放、促进分散电源的开发和实现电力工业的可持续发展具有十分重大的意义。

4. 尽快在全球范围内建立“小水电绿色能源证书”制度，该证书在由国际小水电组织对有关水电项目进行审查后颁发，以保证政府部门在对小水电项目进行

① 该宣言在第八次国际小水电协委会全体会议上通过。本文为国际小水电组织协调委员会在该组织成立十周年时发布的宣言。

“CDM”资质审查时的公正性和有效性。

5. 会议高度评价中国以小水电为基础实现农村电气化的经验。中国的经验为广大发展中国家解决农村用电、加速农村社会经济的发展提供了一条现实的途径。会议高度评价中国正在实施的“小水电代燃料”项目，发展小水电解决农民燃料，保护森林植被，改善生态环境，开辟了小水电发展的新领域新使命。会议还肯定了中国建设各具特色的小水电示范基地的做法和经验，同时，希望中国政府每年安排一定的资金用于对外培训，以便使中国小水电的技术和经验为成员组织内的其他国家所分享。

6. 会议高度评价广大成员组织在促进各国小水电方面所做的努力，这种努力对社会的可持续发展是必不可少的。应继续促进国际小水电组织内发展中国家、发达国家和国际组织之间的三方合作，积极争取国际社会在技术、资金等方面的援助，同时，应继续发扬自力更生的精神，坚持依靠自己的努力，大力发展小水电。

7. 会议高度评价国际小水电中心过去十年在促进国际三方合作、加速全球小水电开发方面所做的工作，高度评价东道国政府和联合国工发组织为国际小水电中心的建设和发展所做的努力。会议呼吁国际社会和中国政府继续加强国际小水电中心的能力建设，投入必要的资金，建设好全球小水电之家。

会议号召国际小水电组织的成员、广大小水电建设者、小水电设备制造厂、金融和投资公司、有关信息、科研、教育单位、环境保护和社会发展工作者及政府有关部门行动起来，制定切实可行的计划、措施、政策和必要的资金安排，使国际小水电的发展再上一个新台阶。

在国际小水电组织蒙特利尔会议上的致辞

（1999 年 4 月加拿大蒙特利尔）

我们这次会议在水电资源丰富的加拿大魁北克省召开，首先请允许我对前来参加国际小水电组织协调委员会年会的各位委员和来宾表示热烈的欢迎。当地政府和魁北克水电公司对这次会议非常重视，魁北克水电公司为会议做了大量细致的准备工作，魁北克省的省长出席今天的会议并将做会议致辞。在此，我代表协调委员会对他们致以诚挚的谢意。

过去的一年里，在协调委员会的指导下，在联合国有关机构及广大成员单位的大力支持下，国际小水电组织做了大量的工作，特别是促进国际小水电的交流和合作，探讨国际小水电组织自身生存和发展方面做了积极的努力。这次会议我们将认真总结，同时研究明年的工作。

我首先报告大家的是，在中国政府的大力支持下，在国际小水电组织各成员国的共同努力下，国际小水电组织的总部大楼已在中国美丽的西子湖畔开工建设了。上有天堂下有苏杭，杭州西子湖美如仙境，经浙江省人民政府报请中央政府批准，在西子湖核心景区划拨土地 1.5 公顷，兴建国际小水电组织总部大楼。中国水利部正积极筹措大楼的建设资金，1997 年以来，经过周密运筹和艰苦努力，终于实现了兴建国际小水电总部大楼的愿望，并于去年初已经隆重开工，这是一件永远值得纪念的事件。

中国开发水电有悠久的历史，取得了巨大的成就，也积累了丰富的经验。中国小水电资源十分丰富，广泛分布在全国 1500 多个山区县。在中国政府的关心和支持下，小水电事业得到了蓬勃的发展，现已具有很大规模。全国 1/2 的地域、1/4 的人口主要靠小水电供电。

中国山区农村通过开发丰富的小水电资源，带动其他资源的开发，促进乡镇企业的发展，改善农业、水利、交通、通信等基础设施，带动农村市场，促进文化科技和社会发展。同时小水电开发与河流治理相结合，抑制水土流失，保护生态和环境。小水电已成为中国山区财政收入的重要来源，经济发展的重要支柱，脱贫致富的重要途径。

中国政府通过帮助贫困山区农村开发当地丰富的小水电资源促进经济发展的经验越来越受到国际社会的关注。中国愿意通过各种方式开展国际合作，促进这些国家小水电的开发和利用。也欢迎加拿大和其他各国企业家与中国合作，进一步加快小水电事业的发展。国际小水电组织必将在国际小水电方面的交流与合作起到非常重要的作用。

今天我们聚集在这里，审议国际小水电组织过去一年的工作，讨论今后的发展。提请这次会议重点讨论和研究的问题，一是关于成立联合国国际小水电中心，加快小水电国际化。二是选择在一些国家建设国际小水电示范基地，以示范基地为依托，推进国际小水电的交流和合作。三是加强非洲国家小水电的培训和咨询。希望各位委员充分发表意见。也欢迎大家提出其他议题予以讨论。相信在各位的支持下，将本次会议开成一个富有成效的会议，对国际小水电组织今后的工作起到积极的指导作用，使我们的组织能更好地迎接挑战，更好地发展，不断探索出一套符合实际情况的工作思路，更好地为各国小水电发展和世界人民服务。

谢谢大家！

在国际小水电组织维也纳会议上的致辞

（2000年5月奥地利维也纳）

各位委员和代表不远万里，从五大洲汇集到美丽的维也纳参加国际小水电组织年度会议，热烈欢迎大家！这次会议在联合国工发组织总部召开，会议的东道主联合国工发组织为我们提供了很好的会议场所，我代表国际小水电组织协调委员会对联合国工发组织致以诚挚的谢意。

去年我们在加拿大蒙特利尔开了一次很成功的会议，会议形成了《蒙特利尔宣言》。按照那次会议的精神，在过去的一年里，国际小水电组织及其秘书处做了卓有成效的工作。

首先，与联合国工发组织多次探讨成立联合国工发组织国际小水电中心机构的可行性。今年三月，联合国工发组织提出了“杭州国际小水电中心建立与运行初期的试点活动”的项目文件，四月初，我专程到杭州与童建栋主任进行了认真的研究，确定成立联合国工发组织的国际小水电中心的有关工作。这次会议后，我将代表国际小水电组织与联合国工发组织签订一份历史性文件，成立联合国工发组织国际小水电中心。

其次，去年国际小水电组织发展了14个国际成员单位，成员所在国和地区已达到了62个。国际小水电组织总部在世界各地招聘了一批国际职员，进一步按国际机构的模式开展工作。国际小水电组织在确立自身法律地位和国际化及探索自我生存发展等方面取得了可喜的成绩。

建立国际小水电示范基地工作已成功起步。蒙特利尔会议以后，当时郴州市水电及其电网正面临大电网扩大垄断的严重危机。在此关键时刻，湖南省政府庞道沐省长、王孝忠厅长等都到了郴州，我向他们介绍了蒙特利尔会议的精神，同时提议在郴州建设联合国国际小水电示范基地，庞道沐省长当时喜出望外，指示随行的省政府秘书长报告省委省政府主要领导同志，同时表示这是湖南的一件大事，指示在座的省、市同志，要集中力量把握机遇，把这件事办好。提议立即成立基地建设领导小组，成立郴州市电力公司为依托的强有力的办事机构。郴州基地的建设紧锣密鼓地开展起来。

加快了非洲的培训和咨询工作，已对近 20 个非洲国家开展了小水电培训和工程技术咨询，并在有关国家开展了建立国际小水电中心非洲分中心的考察选点工作。

目前全世界的小水电装机已超过了 5000 万千瓦，如果按满足人均最低水平装机 100 瓦计算，则小水电相当于向农村 5 亿人口供电，约占全球总人口的 1/12。小水电在解决农村供电，促进农村经济社会化发展和环境保护，提高当地人们物资和精神文明等方面发挥了十分重要的作用，同时提供了众多的经济技术合作机会，也促进了发展中国家、发达国家和国际组织的经济技术合作。

在中国政府的关心和支持下，近年来中国的小水电事业得到了蓬勃的发展，1999 年全国投产小水电 234 万千瓦。目前，中国小水电装机已达 3000 万千瓦，年发电量 1000 亿千瓦时，在建规模 1500 万千瓦时。中国有近 3 亿人口主要靠小水电供电，全国通过开发小水电建设农村初级电气化，到今年底将建成 600 多个初级电气化县。现在中国政府决定实施西部大开发战略，西部地区小水电具有很大的资源优势。中国计划在 2001—2005 年期间再建成 400 个水电电气化县，在 21 世纪前十年再开发投产小水电 3000 万千瓦。中国发展小水电方兴未艾、大有作为。

去年，全球小水电发展取得了很好的成绩，我们的组织也取得了很大的进步。我们这次会议将在总结的基础上对今后一个时期的工作进行研究和安排，童建栋总干事将提出明年的工作计划。请各位委员和代表认真审议会议文件，充分发表意见，把会议开得生动活泼，富有成效。

伟大创举

——在联合国国际小水电郴州示范基地协议签字仪式上的讲话

（2001 年 3 月湖南郴州）

各位女士、各位先生、各位来宾：

今天我们高兴地聚集在一起，隆重举行联合国国际小水电郴州示范基地协议签字仪式，同时举行基地大楼奠基仪式。郴州示范基地是国际小水电事业的一件大事，我怀着十分激动的心情，对郴州示范基地的建立致以衷心的祝贺！对参加这次活动的各国来宾以及全体与会者表示热烈的欢迎和衷心的感谢！

国际小水电组织是由中国水利部、外经贸部、联合国开发计划署、联合国工发组织等 20 多家机构和组织发起成立的，总部设在中国杭州。它是第一个也是唯一一个把总部设在中国的国际组织，到目前为止，国际小水电组织在五大洲 62 个国家和地区有 122 家成员单位。

经与联合国有关机构多次协商，去年我代表联合国小水电组织在维也纳与联合国工业发展组织签订了一份历史性文件，成立联合国工业发展组织国际小水电中心。这个中心是联合国法律框架内的组织，是国际小水电发展史上一个具有深远意义的事件。

在加拿大蒙特利尔召开的国际小水电组织协调委员会年会上，为了充分发挥国际小水电组织的国际功能，我提议在一些具备条件的国家建立国际小水电示范基地，以此为依托，促进国际小水电的合作与交流，这一提议得到会议的一致赞同。会议形成了《蒙特利尔宣言》。2000 年在郴州水电正面临大电网扩大垄断，上划代管的严重危急时刻，湖南省人民政府庞道沐省长、王孝忠厅长都到了郴州现场，我们也应邀到郴州调研。我向他们介绍了蒙特利尔会议有关情况，同时提议在郴州建设国际上第一个联合国国际小水电示范基地的想法，庞道沐省长喜出望外，当机立断，立即指示秘书长报告湖南省委主要领导，同时明确指示，要抓住难得的机遇，作为一件大事立即行动抓紧抓好。在郴州建设全球第一个联合国小水电示范基地，得到湖南省委省政府的大力支持，同时上划代管的危机也平息了。在各方面的共同努力下，很快制定了基地建设方案，组建了基地领导小组。这项工作也得到中国水利部、外经贸部及联合国工发组织的充分肯定和大力支持。今天我们在这里举行隆重的签字仪式，同时举行基地大楼奠基典礼，标志着郴州基地建设进入全面实施的新阶段。

建设这样一个基地的宗旨在于为世界各国小水电发展探索一些成功的经验，更好地促进各国小水电建设。基地的主要任务：一是通过建设示范基地，为发展中国家开发小水电提供示范，为加强发展中国家小水电培训和交流提供一个平台，以促进发展中国家，尤其是比较贫困国家的小水电发展，加快解决无电人口用电问题。二是结合中国小水电发展实际，在示范基地开展小水电现代化试点示范，总结示范经验，推进中国小水电现代化进程，力争花几年时间，全国小水电基本实现无人值班少人值守。三是探索电力市场化改革，开展独立配（售）电公司和现代企业制度试点，建立小水电持续快速健康发展的体制和机制。四是通过国际示范基地建设促进郴州对外开放，把基地办成郴州对外开放的窗口，通过走出去引进来加快促进郴州走向世界，促进郴州经济社会发展。

郴州示范基地是全球小水电第一个示范基地，是全球小水电事业的一大创举！郴州示范基地肩负着光荣而艰巨的任务，五大洲六十多个国家的100多个成员单位的同行们，期待着基地的成功。同时基地也将是郴州市、湖南省乃至全国对外开放的一个窗口，郴州基地任重而道远。希望郴州基地不负重托，不辱使命，在联合国有关机构，在中国水利部、外经贸部，在湖南省和郴州市的大力支持下，在国际小水电组织成员单位和中国小水电同行们的精心呵护下，艰苦奋斗，茁壮成长，为国际小水电事业的发展，为中国小水电事业的发展，为解决全球无电人口用电问题做出应有的贡献。

总结经验　明确目标　大步前进

——在国际小水电组织科瓦兰会议上的致辞

（2001 年 6 月印度科瓦兰）

各位委员、各位代表，女士们、先生们：

上午好！

各位委员和代表怀着满腔热情，从全球四面八方来印度克雷拉邦参加国际小水电组织年会和交流活动。向你们致以热烈的欢迎和崇高的敬意！这次会议在印度召开，印度总统和总理分别发来贺电，对会议的召开表示高度重视和热烈祝贺。印度非常规能源部对这次会议的召开给予热情的支持，在此我代表国际小水电组织，对印度总统和总理对会议的关心和支持表示衷心的感谢！同时对印度非常规能源部及承办这次会议的喀拉拉邦政府能源中心为会议所做的努力表示衷心的感谢！

几年来，国际能源领域发生了深刻的变化。限制温室气体排放的《京都议定书》要求工业国家逐年减少 CO_2 排放量；世界范围内电力市场正在放松管制，分散发电、分布式供电、厂网分开，竞价上网备受关注；促进清洁能源、可再生能源发展并保证能源的可持续利用，成为各国经济与社会发展的至关重要的命题。针对这些全球性的问题，国际小水电组织积极参与并发挥了重要的有价值的影响。

过去的三年，在协调委员会的指导下，在各成员单位的共同努力下，国际小水电组织的工作取得了显著的成绩。主要表现在以下几个方面：一是建立了联合国国际水电中心，确立了国际小水电组织的法律地位，理顺了关系；二是能力建设取得重要进展；三是建立了第一个国际小水电示范基地；四是开创了新的工作局面；五是国际化进程稳步推进。

首先，建立了联合国国际小水电中心，确立了国际小水电组织的法律地位。经与联合国工发组织多次协商，2000 年 5 月，在奥地利维也纳联合国工发组织总部，我代表国际小水电组织与联合国工发组织负责人签署了建立联合国工发组织国际小水电中心的协议文件。经联合国工发组织理事会正式批准，成立联合国国际小水电中心。联合国工发组织国际小水电中心于 2000 年 12 月在中国杭州正式挂牌成立。

几年来就国际小水电组织的法律地位问题开展了多种方案的研究和论证，多次向中国政府有关部门和联合国工发组织协商和申报。同年中国外交部会同外经贸部、水利部等部委向中国国务院提出了批准中华人民共和国作为国际小水电组织东道国的申请报告。经中国政府几位副总理审签同意，1999 年 2 月 14 日中国政府总理朱镕基正式批准中国作为国际小水电组织的东道国。

为了更好地支持国际小水电事业的发展，我们多次协调中国中央机构编制办等有关单位开展调查研究、2000 年 3 月中国中央机构编制办批准，成立中国水利部、外经贸部国际小水电中心，明确该中心为正局级事业单位。

国际小水电组织的秘书处与联合国工发组织国际小水电中心和中国水利部、外经贸部国际小水电中心合署办公。法律关系得以理顺。机构法律地位得以确立，提高了国际小水电组织在国际社会中的地位，扩大了国际小水电组织在全世界的影响，对国际小水电组织的壮大和发展及其在国际合作交流中作用的发挥，都具有重大而深远的意义。

第二，不断加强自身能力建设。中国政府对国际小水电组织高度重视，为在杭州西湖核心景区修建国际小水电总部大楼，经浙江省人民政府专题报请中国国务院批准，在风景秀美的西湖核心区无偿划拨土地 1.5 公顷，建设国际小水电总部大楼。中国水利部从 1998 年开始陆续拨款 360 多万美元，中国外经贸部提供经费 38 万美元及长期低息援外工程贷款 425 万美元，联合国出资 37.2 万美元，其他成员单位以实物形式捐赠共约 36 万美元，提供价值 450 万美元的合作项目。一座 4700 平方米高雅别致的国际小水电总部大楼于 2000 年全面竣工，矗立在风景秀丽的西子湖畔。高雅优美的办公环境为国际小水电事业的发展创造了良好的“硬件”环境。从此那里中外宾客政要往来不绝。

第三，创建了全球第一个联合国国际小水电示范基地。1999 年蒙特利尔年会以后，正值湖南郴州电网面临扩大垄断的严重危机和关键时刻，湖南省庞道沐省长、水利厅王孝忠厅长赶到现场，我们也应邀到了郴州。大家一起开会讨论研究时，我提出在郴州建设联合国国际小水电示范基地的设想，得到与会人员的一拍即合的响应，尤其是庞道沐省长喜出望外，立即指示省政府秘书长报告省委、省政府主要领导。扩大电力垄断的风波就此平息了。2000 年 4 月在中国郴州创建了第一个联合国国际小水电示范基地，其宗旨一是为加强国际小水电交流合作的经验提供一个平台，二是为小水电组织的自身发展创造条件，它将成为继杭州总部的又一个国际小水电之家，可以开展多种试点工作，包括新技术应用、管理体制创新及高层次的培训咨询等。示范基地以郴州市电力公司为依托，该公司经营一个覆盖郴州 11 个县市，以小水电的自发自供为主的独立电网，有较大的规模和实力。建设国际小水电示范基地作为一大创举，取得了非常好的效果。很多成员单位的代表都参加了在郴州基地大厦举办的各种活动，亲身体验了示范基地活动的盛况及其强大的生命力。目前中国张掖基地也正在紧锣密鼓的建设中。我们还将在全球各地创造条件建立更多的示范基地，以促进国际小水电的交流和合作，促进小水电的发展和改革，推动当地经济和社会的发展。在建设郴州示范基地的同时还要创造条件为国际小水电总部开辟较为稳定的收入来源，促进国际小水电组织自身能力建设。随着国际小水电组织法律地位的确立和自身能力的不断加强，自 1999 年开始，国际小水电组织充分利用 77 国集团的 PGTF 信托基金等，完成了大量的培训、咨询和设计任务，先后培训了 30 多个国家的 150 多名工程师，在 10 多个国家开展了项目咨询，承担了印度等国家小水电站的勘察和设计，并为许多成员国家提供了项目规划等设计研究服务。

第四，开创了崭新的工作局面，国际小水电组织各地区中心、国家中心都开展了各种有声有色的活动。欧洲小水电中心在欧盟制定欧洲清洁可再生能源配额制和绿色能源证书及其碳汇市场交易政策中，做了卓有成效的工作，发挥了重要的作用。还有加拿大、印度及南美洲、非洲等有关国家的小水电组织的工作也很出色。国际小水电组织在非洲、拉丁美洲和东南亚国家的技术咨询培训工作已经开展起来，会上大家可以充分交流。

国际小水电组织发挥会员制的优势，积极促进各国发展小水电的经验、技术和信息交流。出版了《中小水电及其设备》季刊，建立了世界小水电数据库，出版了《中国的小水电》等英文著作，还发行了英文月刊及中文半月刊等杂志。国际小水电组织的信息网站也正在建设中。

第五，国际化进程稳步推进。到 2000 年 12 月止，国际小水电组织共有 60 多个国家和地区的 122 个成员单位，有 8 个地区中心，23 个国家中心。为适应国际小水电组织代表不同国家和地区的特点，国际小水电组织一直通过各种国际渠道国际籍专家，现在共有国际籍员工 12 人，中国员工 18 人。为了更好地开展工作，国际小水电组织加强了与工发组织的协调和任务共享，通过各种刊物和信息服务，促进成员间的合作交流。国际化的不断推进进一步提高了国际小水电组织的国际知名度，也为国际小水电中心带来了新的合作机遇。

存在的不足是，由于缺乏有经验的国际员工，特别是具有丰富经验的国际金融专家，影响了国际融资的进展，制约了国际小水电开展一些更有影响力的活动。

今后一段时间的工作提出以下意见，供大家讨论参考。第一，继续加强示范基地的工作，不断总结、不断创新，除了郴州、张掖等示范基地外，要选择一些有条件的地方推广经验，创建新的示范基地，不断提高国际小水电组织自身实力，实现收益来源的稳定增长。第二，非政府间国际组织一个关键的问题是实现收入来源的稳定增长，有效地提高国际筹资能力，这应该作为未来加快能力建设的重点之一，争取有新的突破。第三，推广世界各国发展小水电及其他可再生能源的先进做法和政策。促进各国在小水电等再生能源发展的政策创新，当前特别要推广欧洲小水电中心的经验，推进能源配额制，绿色能源证书和碳汇市场交易等经验。这是解决温室气体排放的一项新事物，对发展小水电及其他可再生能源保护环境、改善生态、保护全球气候安全，实现可持续发展有重大意义。第四，大力推进国际小水电的合作与交流，更好地为消除贫困服务。对上面的建议，希望在座诸位畅所欲言，充分讨论，提出积极意见与建议，共同努力把国际小水电工作推上一个新的台阶。

各位委员、各位代表，这次会议还有一个非常重要的任务，进行换届选举，协调委员会换届选举关系到国际小水电组织的持续发展和兴衰，希望各位委员根据本组织的章程，认真行使权利，选举最合适的人选，选出更具活力的新一届协调委员会班子。

祝会议圆满成功！谢谢大家！

在联合国国际小水电郴州基地大厦落成庆典上的讲话[①]

（2003年6月湖南郴州）

各位女士、各位先生、各位领导、各位来宾：

今天我们怀着十分高兴的心情来到美丽而充满活力的郴州，参加联合国工发组织国际小水电郴州示范基地大厦落成庆典。首先我对基地大厦的落成表示热烈的祝贺，对湖南省人民政府、郴州市人民政府的大力支持致以崇高的敬意对郴州基地的同行们和大厦的建设者们卓有成效的工作表示衷心的感谢！

1999年我在蒙特利尔年会上提出建设联合国国际小水电示范基地的设想和建议，2000年与庞道沐省长商定在湖南郴州建设全球第一个国际小水电示范基地，2001年正式签订基地建设协议并举行了郴州基地大厦奠基仪式。三年来，我曾多次来到郴州，郴州基地建设者克服困难，用自己的辛勤汗水使蓝图变成了现实，今天在中国大地上崛起了一座高耸入云的地标式建筑——郴州国际小水电大厦。三年多来，我亲眼目睹了郴州的小水电事业在省、市两级政府的正确领导下和其他各职能部门及社会各界人士大力关心支持下日新月异的深刻变化，可以说郴州的小水电事业是一年一变，三年大变。借此机会我要衷心感谢湖南省委、省政府和郴州市委、市政府对发展小水电事业的高度重视和正确领导，向所有关心支持农村水电事业发展的各级领导和同志们致以崇高的敬意，向长期以来战斗在小水电第一线的同志们表示衷心的感谢！

郴州基地自2000年建立以来，通过卓有成效的工作，现已在全国小水电行业具有了广泛的影响和良好的声誉，也成功地走出了国门，走向了世界，取得了很好的示范成果。

---

① 《水电及电气化信息》2003年第6期。

一是坚持了电力市场化改革的正确方向。顶住了上划、代管独立配电公司的自上而下扩大垄断的逆风，坚持了郴州电力公司独立配电公司的市场主体地位。

目前作为示范依托的郴州电力公司拥有几十万装机，和十多个县级自发自供的农村水电电网。郴州电力公司的电网与国家电网实行物理连接，即从生产力层面，两个电网通过电网设备连接实现相互电力电量交换。从生产关系层面，两个电网的资产分属两个电网公司，这两个电网公司都是市场上的独立法人，都是市场上独立平等的竞争主体。它们之间的电力电量交换，是两个市场独立法人企业之间的买卖交易关系。这就是电力市场化的改革方向。电力市场化改革是通过厂网分开、输配分开，最终全国形成多个独立发电公司、多个独立输电公司、多个独立配电公司或售电公司。但是一段时间一些人以发电、供电、用电同时完成，电不能储存为由，反对发电厂与电网分开，输电网与配电网分开。混淆生产力与生产关系的概念。把电力资产在生产关系上分开成不同的独立法人，与电力设备的物理连接这个生产力问题混淆起来。坚持全国发电输电配电都只能有一个独立法人，全国发电输电配电一个公司。这样的结果，必然打击市场上的投资者投资电力的积极性。垄断公司可以一家独大，但就全国而言，建设电站要投入，建设电网要投入，全国到处都缺电，到处需要投入，全国只有一个电力公司，一个电力投资者，必然因长期投资短缺，而出现全国性严重缺电。工厂只能开三停四，全国到处电力危机，一家垄断了全国电力，社会上其他的资金、资源都不能通过市场配置到电厂和电网建设，全国电力建设必然严重滞后，造成严重制约全国经济社会发展的后果。因此，郴州基地坚持独立配电公司的改革示范经验是非常宝贵的。记得 1999 年我到郴州调研时，当时郴州电网面临上划、代管的严重危机，甚至已成定局难以抗拒了。正是国际示范基地的设想和提议，上下一拍即合，示范基地应运而生，茁壮成长。郴州电力公司充分发挥地方的资源优势，加大投入，快速发展。就全国来说，增加一个电力投资者，建设资金就多了一个来源。如果全国都实现电力市场化，全国有多个独立发电公司投资电厂建设，有多个独立电网公司投资电网建设，哪里有需求就有资金投到哪里去，市场那只看不见的手在配置资源，全国多方面资金随时投资到电厂电网的建设中去，满足国民经济和社会发展日益增长的电力需求，从根本上解决全国缺电的局面。

二是农村水电现代化试点已取得丰硕成果。我国中小水电站有 4 万多座，3000 多万千瓦，在国民经济和社会发展中发挥了非常重要的作用，得到党和国家的高度重视。但农村水电在管理水平和科技水平两方面与现代化差距很大。在提高农村水电管理水平方面，1997年以来贯彻水电改革发展思路，重点解决农村水电规模小，资产分散，管理粗放，效益没有充分发挥问题，已经有了很大进展。已经有了很多先进典型和经验，四川、重庆、广西、湖南、浙江、吉林、云南、安徽、新疆、山西等省区都组建了省级水电公司。全国还在一些水电资源丰富的地区组建了40多个跨县的地区级水电公司，这些公司有的有10几个县级区域性自发自供电网，有的装机超过50万千瓦，有较大的规模和实力。特别是近几年已经有三峡水利、岷江水电、闽东水电、钱江水利、汇通水利、乐山电力、安徽水电、文山电力、西昌电力等一批地区级水电企业上市，形成了股票市场上稳健的水利水电板块。这些水电企业大力推进现代企业制度建设和资产优化重组，取得了长足的进步。但是由于种种原因，农村水电企业普遍存在技术落后，设备陈旧等问题。针对这些问题，全面应用新技术、新设备、新工艺推进农村水电现代化的任务迫在眉睫。农村水电技术现代化，包括水情自动测报、防洪调度、水库优化调度、发电供电过程、工程安全监测分析及企业管理，全面应用以微型计算机技术等现代信息技术为代表的新技术、新设备、新材料、新工艺，从根本上改变目前农村水电技术落后、设备陈旧、效率低和安全水平低的问题。力争通过五年或更长一点的时间，全国基本实现以无人值班少人值守为标志的农村水电现代化。任务繁重而艰巨，这项任务的试点示范工作，首先落到了郴州示范基地，以国家大学和科研单位为技术依托，郴州示范基地已经开展了水情测报、发电厂、变电所、电力调度所、远程售电及电力企业管理全过程现代化系统的研制和应用，几年来已经取得了初步成果。在此基础上我们组织全国有关重点高校、研究设计单位的专家、院士编制了中国农村水电技术现代化指导意见，编制了农村水电技术现代化设计大纲和设计范本，在全国开展农村水电现代化规划编制工作，一些省区还开展了试点，农村水电现代化工作在全国逐渐开展起来。郴州示范基地发挥了很好的示范作用。

三是郴州电力正在按照现代企业制度要求进行资产优化重组，郴电国际正在积极争取上市。几年来，联合国郴州国际小水电示范基地取得了丰硕的试点和示范成果为国内外小水电的发展提供了有益的经验，引起了国际国内的关注和重视产生了很好的影响。实践证明，建立郴州基地的决策是正确的，郴州示范基地的建设是成功的，我感到由衷的高兴。我也高兴地告诉大家，郴州基地大厦落成以后，将有很多全球性小水电合作与交流的会议、全国性的小水电会议和活动都将在这里举行，一些重要科技产品的工业试验和系统示范任务也将继续落脚到郴州。这里还将承担起国际援助工程的建设和咨询培训任务，郴州基地大楼的落成标志着郴州基地的发展上了一个新的平台，也意味着开始了一个新的发展阶段。这些活动的开展将进一步促进郴州走向全国，走向全世界。

《中共中央、国务院关于做好农业和农村工作的意见》（中发［2003］3 号）要求今年“启动小水电代燃料试点，巩固退耕还林成果。小水电代燃料生态保护工程是一项巨大而复杂的系统工程，它涉及全国 26 个省（市、自治区），郴州将承担起全国性的试点任务，希望不负重托，认真负责、精益求精地做好项目试点的各项工作。大胆探索一些重点、难点和关键问题，及时总结经验，给党中央、国务院一份满意的答卷，为全国小水电代燃料生态保护工程建设的全面展开，促进退耕还林，改善生态、保护环境做出贡献。希望郴州基地再接再厉，积极开展小水电的国际交流与合作，加快基地的国际化，真正成为一个国际示范基地，真正成为郴州对外开放的窗口，真正成为湖南乃至全国对外开放的窗口，为国内国际小水电事业的发展，为地方经济社会的发展做出更大的贡献。

谢谢大家！

加强合作与交流　促进全球小水电发展

——在第二届联合国工发组织/国际小水电组织南南合作会议上的讲话

（2004 年 4 月）

尊敬的各位来宾，女士们、先生们：

上午好，我非常荣幸地代表国际小水电组织协调委员会，向与会的各位代表、各位来宾表示热烈的欢迎。今天会议是联合国工发组织与国际小水电组织联合举办的第二届国际小水电南南合作会议，来自 30 多个国家和多个国际组织的 200 多位代表出席这次会议，其中有多位来自不同国家政府部门的部长和司长，以及国际组织的有关负责人，他们的光临必将使这次会议更具活力、更有成效。我们这次会议先后在浙江杭州和湖南郴州市召开，中国水利部、商务部、浙江省、湖南省对这次会议非常重视，时任浙江省省委书记还到会看望外国专家。这次会议前半段时间在国际小水电组织总部所在地杭州市的西子宾馆召开，会议有大会报告和多个专题交流讨论，会议期间大家还将参观访问坐落在人间天堂西子湖畔的全球小水电之家——国际小水电组织总部。会议后半段在湖南郴州国际小水电大厦召开，那里是联合国工发组织国际小水电郴州示范基地的总部大楼，它是新兴工业城市郴州的地标性现代建筑，内设同声翻译的国际会议中心和培训中心，有接待国内外宾客的五星级饭店，那里又是一个全球小水电之家。一些代表还要求安排到张掖示范基地考察访问，这次时间来不及了，那是一个神奇的地方，那里有能人有智慧，创造了奇迹，在郴州基地创建不久，在中国大西北的张掖悄悄地萌芽，在郴州基地签约仪式的当天晚上，当时还只有一万千瓦装机的县属电力公司黑河水电的总经理朱兴杰先生带来宣纸和笔墨到我住的地方，要我给他题“黑河水电”几个字，希望我同意在甘肃张掖以黑河水电为依托，建立中国第二个小水电示范基地。那里条件非常艰苦，到处是荒漠，示范什么呢？我对朱先生的精神和勇气很感动，但一时我们也说不出那里示范什么，最后我告诉他示范基地一定要有明确具体的目标和内容，能出推进小水电发展的有价值的经验，决不能搞花架子，请他回去后考虑一下这个问题，我也会认真考虑。我在水利部规划计划司工作期间，曾去过张掖，对那里有所了解，结合当时国际上正在兴起清洁发展机制的热潮，我建议他在清洁发展机制方面试一试。那时候清洁发展机制（CDM）在全国还鲜为人知，几年后的今天，张掖示范基地成为中国电力行业在国际碳排放市场成功签约和交易的第一家，第一年就获得碳汇收益2000多万元，这可是一项无本额外纯收入。这不仅开创了本行业的先例，而且开创了中国CDM的先例。几年来，黑河水电不负众望，驾驭着国际示范基地这座“神舟”创造奇迹，今天已经拥有装机20多万千瓦，正在建设一座10万千瓦的地下水电站，黑河水电已成为张掖市最具实力的国有企业。张掖示范基地的大楼同样成为张掖市的地标式建筑，楼顶上旋转的“黑河水电”几个字五光十色、耸入云天，继续创造着新的奇迹。

下面我给大家介绍一些情况。

一、国际小水电合作与发展

在中国政府、联合国有关机构、国际小水电组织成员单位的共同努力下，国际小水电发展取得重要进步。

1. 国际小水电发展加快。近五年中国小水电以每年投产300万千瓦的速度迅速发展。印度近4年装机容量由50万千瓦增加到200万千瓦。全球小水电在建规模达2500万千瓦。

2. 推进全球清洁发展机制改革。英国小水电中心等一些发达国家的小水电组织积极推行清洁发展机制和能源配额制，实行小水电绿色证书制度和市场交易。

3. 开辟小水电发展的新领域。中国政府启动了“小水电代燃料生态保护工程”。规划到2020年，通过发展小水电解决中国1.04亿农村人口的燃料，总投资1000多亿元，把当前全国农民烧柴降低64%，保护森林面积3.4亿亩。

4. 进行了建设国际小水电示范基地的成功实践。在中国湖南郴州、甘肃张掖等地建立国际小水电示范基地，以之为窗口探索小水电开发、管理和产品制造等方面国际合作的新路子，探索新形势下发展小水电为经济社会服务的新思路、新目标、新任务。

5. 国际小水电设备贸易和项目合作广泛开展。随着国际小水电发展加快，国际小水电贸易合作加强。国际小水电中心与印度喀拉拉邦合作开发 18 座梯级小水电站，到 2003 年底已有 4 座电站竣工。目前，正在与印度进行潮汐电站合作，与阿根廷进行水电站建设和改造等合作。

6. 国际小水电培训和技术咨询活跃。国际小水电组织在全世界 5 大洲 60 多个国家有 122 家成员单位，每年有近千人参加小水电培训。中国、法国、厄瓜多尔、古巴、阿尔及利亚、尼日利亚、坦桑尼亚、埃塞俄比亚、印度、印度尼西亚和牙买加等国家都举办了小水电培训研讨班。在印度尼西亚举办的一个培训班，150 多名学员中有 28 名市县长。国际小水电中心向印度、埃及、巴西、伊朗等 30 多个国家提供了技术咨询。

二、中国小水电空前发展

中国小水电资源十分丰富，资源分布广泛，全国 30 多个省（区、市）的 1600 多个县（市）都有农村水电资源，主要集中在西部、中部和沿海地区，西部地区、贫困山区、革命老区、少数民族地区占 70%以上。

（一）中国小水电发展取得巨大成就

1949 年，新中国成立时，中国农村都没有电。中国政府实行两条腿走路的方针，在农村主要靠结合江河治理，开发水电，解决照明和生活生产用电问题。直到 20 世纪 80 年代，全国一半以上的农村主要靠中小水电供电。目前仍有 800 多个县主要靠中小水电供电。通过开发农村水电，累计解决了 3 亿多无电人口的用电问题。

中国有 1500 多个县开发了农村水电，共建成水电站 4.8 万座。2003 年全国新增农村中小水电装机 270 万千瓦，全国农村中小水电总装机达到 3120 万千瓦，年发电量 1100 亿千瓦时，均占全国水电总装机和年发电量的 40%。2003 年中国农村水电实现增加值482亿元，税收42亿元。

20世纪80年代开始，中国国务院部署开展三批水电农村初级电气化县建设，目前建成了653个水电农村初级电气化县。水电农村初级电气化县建设有力拉动了经济社会发展。这些县都实现了国内生产总值、财政收入、农民人均收入、人均用电量“5年翻一番”、“10年翻两番”，经济结构显著改善，发展速度明显高于全国平均水平。

农村中小水电已经成为中国广大农村重要的基础设施和公共设施，成为中西部地区税收的重要支柱，经济发展的重要产业，农民增收的重要途径，在中国经济社会发展中发挥着重要的作用。

（二）中国农村水电发展的主要经验

1. 按照中国国情办事。中国政府实行两条腿走路的方针，在很长一段时间内，农村用电主要由地方结合江河治理，开发农村水电来解决。符合中国国情，调动了中央和地方两个积极性。

2. 按照客观规律办事。将农村中小水电开发与江河治理、水利建设紧密结合，在中国的广大山区，农村中小水电是山区水利的龙头。充分发挥水资源的综合效益，既取得了发电效益，又获得了防洪、灌溉、供水等综合效益，实现了水资源的综合利用和可持续利用。

3. 坚持为农业、农村、农民服务的宗旨。发展农村水电，解决农村经济社会发展用电，又形成强大的农村社会生产力，直接为农业增产，农民增收，农村发展服务。

4. 坚持与消除贫困紧密结合。在广大西部地区，老少边穷地区，实施水电农村电气化战略，将资源优势转化为经济优势，促进农村消除贫困，实现经济效益和社会效益双赢。

5. 坚持建一座水电站，健康一条河流，美化一片国土，造福一方百姓的方针，建设社会和谐、环境友好水电。近些年来，将河流健康作为水电开发的重要内容，实现在保护基础上开发，在开发中保护，强调确保河流生态用水，要通过水电开发解决大量天然季节性河流枯水期断流脱水的问题。

6. 坚持与保护生态紧密结合。在退耕还林等重点生态建设地区，实施小水电代燃料生态工程战略。解决农民燃料和农村能源问题，巩固以退耕还林为重点的大规模生态建设的成果，实现经济效益、社会效益与生态效益共赢。

7. 国家政策和投资支持。中国政府先后制定了“自建、自管、自用”、“农村水电要有自己供电区”、“以电养电，滚动发展”、实行6%增值税等政策。政府对农村水电发展在资金上给予扶持和引导。

(三) 新时期中国中小水电面临新机遇

1. 中国政府坚持树立和落实以人为本科学发展观，统筹城乡发展、统筹区域发展、统筹经济社会发展、统筹人与自然和谐发展、统筹国内发展和对外开放，推进改革和发展。

2. 农业、农村、农民问题成为中国各项工作的重中之重。农村水电成为解决农民当前生计和长远致富、发展农村经济的有效途径。

3. 中共中央和中国国务院高度重视农村水电。在中央2003年2号文件中把农村水电列为覆盖千家万户，促进农民增收最有效的农村中小型公共设施和基础设施，要求增加投资规模，充实建设内容，扩大建设范围。

4. 中国电力体制改革不断深入。中国国务院出台了电力体制改革方案，要求打破行业垄断和区域垄断，建立适应社会主义市场经济体制的开放有序、公平竞争的电力市场体系。中国国务院颁布了电价改革方案，明确了电价形成的新机制。

5. 中国重视人与自然和谐，重视生态建设和环境保护。中国开展以天然林保护和退耕还林为重点的大规模生态建设。中央部署启动“小水电代燃料生态保护工程”，巩固生态建设成果。

(四) 中国新时期中小水电发展战略

按照以人为本科学发展观的要求，增加农民收入、改善农村基础设施，促进农村经济社会发展。坚持建设和谐友好水电理念，贯彻在保护基础上开发、在开发中保护的方针，保护和改善河流健康生态、保护环境，新时期中国农村中小水电实施新的发展战略。

1. 发展农村水电，加强农村公共设施建设。

发展农村水电，改善和加强农村公共设施和基础设施建设，改善农村生产生活条件，为增加农民收入和长远致富拓展新空间，为农村全面建设小康社会提供支撑。到2020年建成300个装机10万千瓦以上的小水电大县，100个装机30万千瓦以上的大型小水电基地，40个装机100万千瓦以上的特大型小水电基地，10个装机500万千瓦以上的小水电强省。

2. 坚持建设和谐友好水电。

坚持建一座水电站，健康一条河流，美化一片国土，造福一方百姓的方针。把改善河流健康生态作为重要目标，确定和落实河流生态用水，根本解决大量天然季节性河流枯水期断流脱水问题。

3. 发展中小水电，建设水电农村电气化。

发展农村水电，不断满足农村经济和社会发展的用电需求，五年一个台阶，连续建设，不断提高农村电气化水平，促进农村经济社会持续健康快速发展。

4. 发展农村水电，实施小水电代燃料生态保护工程。

通过大力发展小水电，规划到2020年解决1.04亿农村居民的生活燃料，每年减少砍柴1.49亿立方米，每年减少CO_2排放4100万吨，获得生态效益360亿元。改善农村生产生活条件，解放被砍柴束缚的农村生产力，增加农民收入。

5. 加快农村水电供电区电网建设与改造。

以降低成本和电价，减轻农民负担为宗旨，按国家统一部署，全面改造农村水电电网结构，改善农村电网设施，进一步完善农电管理体制。目前农村水电电网低压线损由原来的30％左右普遍降到12％以下，供电质量和供电可靠性明显提高，电价普遍降低50％。在此基础上进一步降低成本，降低电价。

6. 实施农村水电扶贫解困工程。

中国贫困人口主要分布在边远山区、民族地区和革命老区，这些地区大多农村水电资源十分丰富。发挥农村水电增加农民收入的优势，帮助贫困人口利用当地丰富的农村水电资源增加收入，脱贫致富。

7. 实施无电人口光明工程。

继续在有水无电的边境地区、边远民族地区和贫困山区开发小水电，解决无电人口的用电问题。2002年西藏启动了无电人口光明工程，当年建成水电站12座，解决了5万多无电农牧民的用电问题。

8. 实施农村水电现代化工程。

在农村中小水电站和电网中，对发电、供电过程和经营管理全面采用现代技术，实现无人值班（少人值守），达到现代化水平。中国水利部提出了《农村水电技术现代化指导意见》，在湖南郴州等地建立了农村水电现代化示范基地。各地一批无人值班少人值守的电站电网陆续实现，带动全国农村水电技术水平和管理水平的提高。

三、加强国际合作与交流

保护环境，改善生态，实现人与自然和谐，越来越引起全球的普遍关注和重视。小水电作为清洁可再生能源，将不仅是发达国家的首选资源，也将是发展中国家首选资源。发达国家在开发利用小水电等清洁可再生能源方面有完善的法律支撑和政策扶持，发展中国家有着丰富的待开发资源和设备制造能力。加强合作与交流，取长补短，必将有力地促进全球小水电事业的发展。

1. 加强小水电立法和政策的交流。一些国家，尤其是发达国家在小水电、农村电气化、清洁可再生能源立法和政策扶持方面有着成功的经验，如美国的农村电气化法、欧盟的清洁发展机制都已经有了实践经验，加强这方面的交流，有利于促进各成员国结合自己的国情，加强小水电立法和政策支持。

2. 加强发展中国家合作。一些发展中国家有丰富的待开发小水电资源，一些国家有发展小水电、消除贫困、保护生态的经验，一些国家有较强的设计能力和设备制造能力，应本着“平等互利，形式多样，注重实效，共同发展”的原则加强南南合作。

3. 加强国际小水电组织与各成员之间的信息联系，推进国际小水电组织国际化进程。要发挥国际小水电组织桥梁纽带作用，通过技术、设备、人员、资金等多种形式，支持发展中国家小水电项目开发。

4. 总结推广国际小水电示范基地经验，进一步充实示范内容，扩大示范范围，提高示范水平。近期在中国湖北、四川等地及其他成员国择点建设各具特色的小水电示范区，以加快国际小水电的合作与交流。

5. 促进国际小水电设备贸易。随着各国市场的进一步开放，贸易更加自由化，要进一步利用国际小水电中心的优势，推进小水电技术进步，在中国无锡建立国际设备市场，扩大各成员国之间的小水电设备贸易。

6. 打造小水电国际设备品牌。全球小水电设备制造企业不少，仅中国就超过

100家。要以科技为先导，实施精品战略，选择重点骨干企业开发名牌产品，培育精品，在国际上树立技术先进、质量优良、服务周到的良好形象和信誉，打造小水电国际品牌。

7. 加强国际小水电技术交流和培训。加快小水电发展，关键在人才。全球小水电发展已经有很大规模，从小水电规划建设、运营管理到设备制造都有了系统的技术标准和规范，有先进的技术支持和比较完整的管理体系，仅中国就有小水电技术经济管理人才30多万人。有一大批从著名高校毕业，为农村中小事业奋斗了一辈子的老专家、大专家，因此，要大力加强国际小水电技术交流和培训，使先进技术和管理经验为广大发展中国家共享，提高国际小水电技术和管理的整体水平，促进共同发展。

中国政府一向重视并积极参与旨在促进国家间的双边及多边合作。中国在小水电项目合作、技术咨询、人员培训、信息交流等方面为国际社会做了许多有益的工作。今后中国将一如既往地继续对国际小水电组织促进全球小水电发展的努力给予支持，共同促进全球小水电的发展。

各位来宾、各位朋友，国际小水电组织的宗旨在于通过发展中国家、发达国家和国际组织间的三方面合作，促进全球小水电开发，为广大农村提供清洁、廉价和足量能源，增加农村就业机会，增加农民收入，消除贫困，改善生态环境，促进经济社会发展。我相信，在各成员国的团结协作、共同努力奋斗下，这一宗旨一定能够实现。

在国际小水电组织/国际能源署首届“今日水电论坛”上的欢迎辞[①]

（2005年6月浙江杭州）

各位来宾，女士们、先生们：

在美丽的人间天堂杭州，我们迎来了参加国际小水电组织/国际能源署“今日水电论坛”的各位贵宾，首先，我代表国际小水电组织向出席会议的中外来宾致以热烈的欢迎和诚挚的问候。

“今日水电论坛”将就水电发展面临的机遇与挑战、水电开发如何适应日益严格的环保要求、新技术新材料在水电开发中的应用、各国在水电开发方面的成功经验等方面的内容进行广泛的交流和讨论，寻求全球水电共同发展、共同进步的有效途径，推动全球经济社会的发展。相信在与会代表们的共同努力下，会议一定能取得丰硕成果。

2004年，中国小水电实现了新的飞跃。当年投产装机达到450万千瓦，是2003年投产装机的近2倍，相当于三峡电厂6台70万千瓦特大型机组投产。当年中国中小水电在建规模2000万千瓦，相当于上世纪80年代后期全国电力在建规模，当年投资规模是上世纪80年代初全国电力年投资的3倍。

最近中国出台了《可再生能源法》，制定了旨在促进包括水能在内的可再生能源发展的系列制度，为加快中国可再生能源的发展和水能资源开发利用提供了法律保障和支持。

各位来宾，各位朋友，国际小水电组织的宗旨在于通过发展中国家、发达国

① 《水电及电气化信息》2005年第6期。

家和国际组织间的三方合作，促进全球小水电开发。我相信，这次论坛必将有力促进全球中小水电事业发展，中小水电在解决全球20亿无电人口的用电问题，消除贫困，改善能源结构，保障全球气候安全、能源安全中，在促进全球经济社会可持续发展中必将做出更大的贡献。

预祝论坛取得圆满成功！谢谢！

给第二届国际小水电组织/国际能源署“今日水电论坛”的致电[①]

（2006年8月）

第二届“今日水电论坛”组委会：

国际小水电组织/国际能源署第二届“今日水电论坛”大会今天在美丽的西子湖畔胜利举行，我谨代表国际小水电组织向各位与会的中外来宾表示热烈的欢迎！

各国在开发利用水电，提供清洁能源，促进经济和社会发展都积累了丰富的经验。我相信在今后几天的论坛交流中各国同行们一定能有所收获。论坛必将促进全球水电行业的健康发展。

中国政府非常重视小水电的发展，连续25年开展农村水电电气化建设，小水电为中国农村乃至全国社会经济的发展做出了不可替代的贡献。近5年，累计完成投资1500亿元，新增装机1600万千瓦，“十五”农村水电新增装机比“九五”翻了一番，取得了令人瞩目的成绩。

进入新世纪以来，中国政府启动了小水电代燃料生态工程，开辟了小水电发展的新领域。小水电肩负起解决农民燃料、保护生态环境的新的历史使命。

去年召开的首届“今日水电论坛”在国际水电事业发展中起到了很好的作用，提高了发展水电改善能源结构，保护地球气候安全的认识。提高了全球发展小水电消除贫困，解决无电人口用电问题的认识。这次论坛除了国际小水电组织和国际能源署外，还有联合国工业发展组织、挪威国际水电中心、加拿大矿能中心和中国国际经济技术交流中心等多家单位参加，共同发起组织。这充分说明世界各

① 《水电及电气化信息》2006年第8期。

国对开发水电，增加可再生能源供应，改善各国能源结构，保护人类生存的地球的高度关注和重视。相信这次论坛将会给全球水电事业的发展带来更多的智慧和经验，更好地为全球水电发展解惑释疑，促进全球水电事业健康发展。

祝论坛圆满成功，代表们在中国杭州生活愉快!

附录A　幸福是奋斗出来的[①]

——陆管局走向市场的一段历程

文/彭翰鼎　图/张远，姚忠辉

编者按　一名党员是一面旗帜，一个支部是一个堡垒。为庆祝中国共产党建党100周年，长江委直属机关党委主办，长江委宣传出版中心承办，组织开展“学党史，知委情，明初心”征文活动。日前，“长江之鉴”微信公众号特邀彭翰鼎同志回顾陆管局改革之初的历程，与读者一起感受，在治江事业发展过程中，水利人留下的足迹。

陆水枢纽主坝

① 本文是长江委直属机关党委在学习党史活动的征文，发表于“长江之鉴”微信公众号。

新时代是奋斗者的时代，改革开放是奋斗者的舞台。

中国共产党的百年历史就是一部为人民利益的不懈奋斗史。小平同志说："世界上的事情都是干出来的，不干，半点马克思主义也没有"；习近平总书记告诫全党："幸福都是奋斗出来的""社会主义是干出来的"。

上世纪八十年代中后期，面临指令性计划任务即将终结，队伍无米下锅的窘境，时任陆管局局长、党委书记程回洲为首的局领导班子不等不靠，带领全局干部职工顺应改革大潮，自力更生，走出了一条向市场要效益，在竞争中求生存、谋发展的奋斗之路，在市场竞争中创出了一片新的天地，体现了中国共产党为人民的利益不懈奋斗的精神。

01

上世纪八十年代中后期，国家经济体制改革的重点逐步由农村转向城市。为激发社会活力，经济体制由单一的计划经济逐步向有计划的商品经济过渡，建立社会主义市场经济的改革取向日渐明确。对水利工程管理和施工单位来说，一切由国家包下来，依靠指令性计划任务生存的局面逐步成为历史。

当时国家经济体制改革尚未涉及诸如怎样保持国有资产特别是国有重要基础设施实现良性循环等深层次问题，尽管有上级水利部门的大力支持，但解决水利枢纽良性运行机制的条件和时机尚不具备，这就带来一个矛盾，公益性水利事业单位要良性运行，资产保值增值，经济来源在哪里？当时的陆管局就直接面临这一考验。

陆管局的前称是"长办施工试验总队"（简称"长办施总"），为承担在陆水工程进行的"预制安装混凝土筑坝试验"任务于 1958 年 10 月成立，负责陆水枢纽工程的施工试验任务。工程建设期间的经费来源主要靠国家下达的施工项目。二十世纪六十年代初国家经济困难时期，工程停工缓建，靠精简队伍，变卖废旧设备器材，开矿山，办农场，才使基本队伍勉强维持了下来。

上世纪七十年代初，陆水枢纽基本建成，大部分施工力量转战葛洲坝，留下部分队伍除继续完成枢纽工程的尾工外，负责枢纽的运行管理，改称陆管局。陆管局的经济来源除了有限的发电收入外，主要靠枢纽工程的尾工及防洪加固工程维持。而陆水枢纽是一个负有水利水电科学试验特殊使命的公益性任务为主的大型综合利用水利枢纽，但体现其经济效益的仅是一座装机 3. 52 万千瓦的水电站发电收入，远不能满足维持简单再生产的资金需求。枢纽的防洪加固工程基本完工后，经济来源不足的矛盾就进一步显现了出来。

程回洲（左二）向时任水利部总工程师何璟（右二）介绍情况

1985 年 11 月 27 日至 30 日，时任长江委副主任文伏波率计划、财务等部门一行五人调研组到陆水工地，就枢纽防洪加固工程即将全面竣工，陆管局将面临一半以上职工无事可干，经济无来源的问题，进行调查研究。调研组与局领导班子及部分干部工人进行座谈、讨论，形成了《关于陆管局业务工作方向座谈会纪要》。

1986 年 1 月 6 日，长江委党组以长党（1985）字第 002 号文件明确："陆管局实行事业单位企业化管理，独立核算，自负盈亏，进一步创造条件，逐步过渡为企业单位"。"陆管局当前业务工作的方向应当是，认真搞好枢纽工程管理，积极承担事业任务，在确保工作安全，充分发挥工程效益的前提下，合理利用水土资源积极开展综合经营，如机电修造，菊园苗圃，库汉养鱼及水电旅游事业等充分利用人力技术和设备优势，筹建土木建筑公司承包国内外工程"。

为了促进陆管局向完全企业化管理单位过渡，长江委党组下放了相应的权利，扩大了陆管局有关人、财、物的主要管理职权。应当说这是在当时国家改革开放的大环境下，长办党组审时度势，未雨绸缪，对陆管局未来的发展方向做出的正确决策。

程回洲主持召开干部职工大会

1986年10月，长江委党组任命程回洲同志为陆管局局长、党委书记。作为陆管局新的当家人，程回洲面临两种选择：一是维持现状，指望国家，躺在事业单位牌子上，等、靠、要；二是顺应国家经济体制改革大潮，不等不靠，带领全局干部职工走自力更生、艰苦奋斗之路，向市场要效益，自谋生存发展。

时势造英雄。大学毕业后不久就在陆水长期从事技术和基层管理工作的程回洲对国家经济体制改革的方向和目标看得很清楚。他在局领导班子和各种干部及职工会议上反复强调，改革开放就是要通过发展市场经济，激发全社会的智慧和创造力，解放和发展生产力，提高全社会的劳动生产率，最终实现社会主义现代化，国家强盛，民族兴旺，人民富裕。作为国家的一个单位、一级组织，不管什么性质，都要为社会创造价值，为国家作贡献，为实现共同的理想和目标奋斗。事业单位就是要干事，企业就是要图发展，社会主义不是养懒汉，大锅饭搞不成现代化，如果一心指望躺在国家身上吃闲饭，这个单位还有什么存在的必要？改革是一场革命，任何单位和个人都不可能置身其外，只能勇敢地投身其中，早改革早主动，早行动早受益。

在程回洲的带领下，走改革之路，靠自己的奋斗，向市场要效益的发展理念逐渐为陆管局干部职工理解并接受，按照长江委党组的要求，在水利系统率先迈出了由计划向市场，由事业向企业化管理改革探索的坚实步伐。

水轮吊装现场，右三为程回洲同志在检修现场

02

从计划到市场，从一切服从并完成指令性任务到自己找活干，这是一个重大的转折。由于长期习惯于计划体制下运行，人们的思想观念还受到严重束缚，经营思想、组织管理、产业结构、资产结构都与市场经济不相适应，面对市场经济的汪洋大海显得束手无策，难以起步，必然伴随着一场全面、深刻的改革。

改革是生产关系的调整，根本目的在于适应并促进生产力的发展。在程回洲带领下，局领导班子经过冷静地分析思考，遵照中央关于经济体制改革的精神，结合陆管局的实际，逐渐明确了改革发展思路、目标和步骤。归纳起来就是：通过调整重组优化生产力要素组合，形成能参与市场竞争的拳头产品产业；通过实行内部经济责任制，建立适应市场、充满活力、高效运转的企业运行机制；以人为本，搭建公平竞争的平台，不拘一格选拔优秀干部，充分激发蕴藏在职工队伍中的积极性和创造性；提高职工收入，改善生活环境和工作条件。

明确了改革思路和目标，陆管局义无反顾地走上了改革之路，有序推出了一系列改革措施。

理顺职能，精简机构。将局机关承担后勤服务职能的部门全部划出来，实行独立核算，大批人员充实到生产经营第一线，大量减少了非生产性开支，既强化了机关管理职能，又提高了工作效率。从机关充实到基层的同志，绝大多数成为生产经营管理、思想政治工作的骨干，为推动全局的改革发展起到重要作用。

挖掘内部潜力，调整产业结构，组建具有市场竞争力的经营队伍。人、财、物等生产要素经过分解重新组合，潜力和优势得到充分释放，全局除担负枢纽运行管理任务的水力发电厂和水库管理单位外，先后调整组建了供电、设备制造、土建施工、机电安装、建筑勘察设计等队伍，实行企业化运营，参与市场竞争，形成核心竞争力。

全面推行内部承包经营责任制，分灶吃饭。对面向市场的生产经营单位实行包死基数，确保上缴，超收分成，歉收自补；对发电和工程管理单位实行定员定编，目标管理，费用包干，超收分成；对后勤服务单位实行目标考核，费用挂钩，增收节支分成。年终分别按合同兑现。多种形式的承包经营管理责任制，承包经营责任制增加了压力，也激发了动力和活力，促进了生产经营迅速发展。

引入竞争机制，选聘优秀干部。制定实行竞争承包层层聘任的三条原则：确定经过努力才能达到的合理承包基数或效益指标；承包经营者责权利统一；公开竞争，公平竞争。在竞争基础上严格组织考察程序，既听其言更察其性，坚持德才兼备标准，保证选拔干部质量。竞争机制有效调动了干部职工的积极性。从事产品制造的自动化设备厂职工自发酝酿厂里的改革方案，盛平章成为全局第一个"吃螃蟹"的人，通过公开竞争，担任承包经营二级单位的主要负责人，通过大力拓展市场，开发新产品，实施内部改革，该厂当年就以产值增长50%的成绩由亏损单位跨入了盈利单位的行列。

坚持党的领导，用中央精神统一思想，凝聚人心，保证改革有效推进。坚持实事求是，一切从实际出发，准确把握改革的正确方向和单位实际，制定切实有效的改革措施和办法；坚决贯彻改革开放大政方针，排除各种障碍或干扰，坚定不移走深化改革促发展之路不动摇；坚决维护以小平同志为核心的党中央权威，与党中央保持高度一致，最大限度地凝聚全局干部职工干事创业的意志和力量，心往一处想、劲往一处使；坚决贯彻党的组织路线，切实加强干部队伍建设，为深化改革提供坚强组织保证；坚持不懈地两手抓，加强宣传和思想政治工作，把建设"四有"职工队伍作为重要任务和硬指标，融入经济承包或经营目标责任制。加强党的基层组织建设，根据改革和生产经营发展的实际，及时建立和健全党的基层组织支部，使党组织的政治核心作用和监督保证作用，落实到改革与发展各个环节。

把不可能变为可能，来自程回洲改革时坚持为职工群众谋利益的宗旨。用现在的话说，就是一切规则、政策的出发点和落脚点，都要坚持以人民为中心，通过改革加快发展，更好地满足人民群众对美好生活的向往，使他们有更多的获得感。坚持公开、公平、公正原则。凡涉及职工切身利益的事宜都充分考虑各个层面、各个群体的利益。那时住房还没有实行货币化改革，住房作为职工福利分配，对每个人无疑都有所期待，分房方案稍有不慎，就可能引发不满，影响队伍稳定。在制订分配方案时，综合职务、职称、工龄、立功受奖、住房历史等多种因素，尽可能公平公正，照顾到各方面利益，将方案交给职工代表大会广泛听取意见，充分酝酿，反复修改，尽可能最大限度照顾到大多数人的利益。制订奖金分配方案时，既效率优先，鼓励先进，又兼顾公平，有效调动了全局干部职工积极性。

改革激发了活力，奋斗结出了硕果。经过调整、重组，陆管局内部潜力和优势得到全面发挥，迅速形成一业为主、多种经营、全面发展的局面，生产力在市场竞争中得到充分解放，“等米下锅”的困难局面很快扭转，经济效益连续几年大幅度提高，成功实现了由“要皇粮”到市场要效益的转折，为以后的发展奠定了坚实的基础。

发供电效益大幅度提高。从机关分离出来的供电管理职能独立成立供用电处，通过更新改造，完善直供电网，向管理要效益，线损降低至行业先进水平。扩大并稳定直供区，依据国家政策，争取合理调整上网和直供电价，供电收入迅速大幅度提高。

改革起步之初，自主创收基本为零，1989 年起，市场收益就开始超过电力生产产值，成为全局又一大经济支柱。重新组建的土建施工、机电安装和勘察设计队伍克服设备老旧、资金短缺的困难，充分发挥自身积累了几十年的技术和经验优势，成功拿下了一个个啃骨头的工程项目，赢得良好的市场信誉。1988 年，湖南装机 5 万千瓦的遥田水电站机电安装工程，由陆管局承包，年底完工。后因土建原因，延误到 6 月才提供机电安装条件。甲方指挥长却不容置疑地要求，12 月 31 日，必须完工，请安装单位认真考虑是否有把握完成这一目标。甲方这种轻慢的态度，刺激到了陆管局的每一位同志，他们怀着打争气仗的决心，背水一战，最终在 12 月 30 日——提前 1 天实现了发电目标，以不可辩驳的实力赢得了信誉！

一个只能承担设备小修和零星配件加工的小修配厂，逐渐发展成为自动化设备厂，通过技术开发，产品不断更新升级，成为国内励磁装置行业的领先企业。

职工收入和福利大幅度提高和改善，一栋栋在当时尚不多见的小高楼拔地而起，经过几轮调整，绝大部分职工的住房条件都不同程度地得到了改善；经过大力整治，工地脏乱差的现象根本改观，办公条件和环境面貌焕然一新；一些多年遗留下来的老大难问题得到解决。经过与地方政府协商，一批老职工家属的农村户口转为城市商品粮户口，解除了他们的后顾之忧；通过创办待业青年为主的劳务公司，有效缓解了职工子女就业压力。

程回洲（右一）陪同长江委专家考察陆水枢纽工程

培养锻炼出一支人数众多、结构优良的干部队伍。调整结构、承包经营，竞争上岗、优化组合等一系列改革措施，不拘一格选人用人机制极大激发了蕴藏在职工队伍中的潜能，给各年龄段、各层级干部都提供了施展才华、干事创业的舞台，大量懂经营、善管理、勇担当、德才兼备的干部走上生产经营一线和各个重要岗位。一批经验丰富、一心为公的老同志挑起了重担。长期从事施工调度的何云飞和长期从事供电技术管理的王元肖分别担任了建筑安装公司和机电安装公司经理，带领队伍在生产经营一线拼搏；尊重知识、尊重人才蔚然成风，陈秋楚、程佑民等一批老知识分子得到重用，分别走上了各级重要经营管理岗位；打破干部工人身份界限，一批优秀工人被提拔起来，成为相应岗位负责人；以吃苦耐劳著称、人称“张铁人”的张业岚，成为施工一线项目经理，电工出身的周兴桥、李国强，分别成为供电处和以解决待业子女就业为目的的汇达公司负责人；张宣、戴海荣等一批朝气蓬勃的年轻干部脱颖而出，在各个重要岗位挑起了重担，在市场风浪中经受锻炼和考验，增长才干，为陆管局可持续发展积蓄了后劲，这些当时的年轻干部后来都分别走上了陆管局的各级重要领导岗位。

03

陆管局走向市场的改革起步较早，当时被称为长江委“敢于第一个吃螃蟹的单位”。改革是一个利益调整的过程，由计划到市场，由铁饭碗到自谋生存，由平均主义大锅饭到公平竞争，既有观念的冲突，也有实际的得失，既有内部职工的不解和不满，也有来自外部的指责和压力，全局职工都经历了一次深刻的思想观念变革。

面对纷繁复杂局面，以程回洲为首的局领导班子始终保持清醒头脑，准确把握正确的改革方向和目标，排除各种干扰，坚定有序地推动改革不断深化。在这个过程中，陆管局注重精神引领的作用，大力弘扬艰苦奋斗的光荣传统，培育优秀企业文化。领头人程回洲更是身体力行，亲自提出并大力创导了“团结、求实、开拓、奉献”的企业精神，以正确的舆论导向，引导并凝聚全局职工，为深化改革创造良好的环境氛围，提供思想保障，使生产力中最重要、最活跃的因素——人的作用得到充分发挥。

实践是最好的老师。改革、创业、奋斗带来了经济状况的根本好转，更促进了人们思想观念的转变，为文化事业的发展提供了沃土。那段时间陆管局的文化事业蓬勃发展，繁花似锦，取得了累累硕果，不仅极大地丰富了人们的精神文化生活，更发挥了强大的凝聚力，全局上下形成心往一处想，劲往一处使，昂扬向上，争作贡献的氛围。

在行业内外具有广泛影响力的“长江之春”艺术节就在那一时期发端于陆水。1989 年的第一届、1992 年的第二届艺术节都全程在陆水举办，这期间正是陆管局走向市场的改革如火如荼进行时，表明了长江委党组对陆管局的改革坚定支持的鲜明态度，潘天达、季昌化、张修真等委领导，张浙、丁福五、孙昌、梁华栋等老领导，委机关及委属单位负责人都齐聚陆水，给予了陆管局干部职工极大鼓舞，有力推动了陆管局改革的进一步深化。

首届艺术节正值 1989 年春夏之交的政治风波时期，作为党委书记的程回洲旗帜鲜明、掷地有声地在局内各种会议上强调，在中国没有任何一个政党能够

在陆水举办的“长江之春”艺术节

时任长江委领导观看“长江之春”艺术节

取代中国共产党，没有任何一条道路能够取代社会主义道路，对全局干部职工做出严格纪律要求：在关系党和国家安危的大是大非面前，一定要保持清醒的头脑，坚定信念，一切听从党中央号令，抵制自由化思潮，不信谣，不传谣，坚守岗位。

艺术节高扬歌颂中国共产党，歌颂祖国，歌颂社会主义的时代最强音，季昌化副主任在艺术节舞台指挥全场高唱《没有共产党就没有新中国》，极大鼓舞和振奋了陆管局乃至全江职工的爱党爱国热情，为在政治风波时期保持队伍稳定发挥了重要作用。

改革实践点燃了全局干部职工的创业热情，“团结、求实、开拓、奉献”的企业精神成为全局职工的一种自觉行动和价值取向，这种精神伴随着他们走过了一段又一段艰难困苦的岁月。

丰富多彩的文体活动蔚然成风。每逢重大纪念日和政治活动，都有丰富多彩的系列活动，普通职工成为舞台和运动场的主角，这些活动展示职工精神风貌、融汇情感，潜移默化地传递着正能量，促进了职工大家庭的和谐稳定。

一批文学艺术人才脱颖而出。改革发展的实践为文学艺术提供了现实而生动的创作源泉，催生了一个众星璀璨的创作群体，享誉水利系统，被水利文协负责同志誉为“陆水文化现象”，李鸿、刘智安、王兴华、陈勇全、杨西良等既是生产经营骨干，又是优秀的业余文学作者，活跃在水利文坛，都分别取得了丰硕的文学创作成果，李鸿的作品还入围鲁迅文学奖。

长江委宣传文化部门在陆管局改革发展走向市场的关键时期给予了陆管局旗帜鲜明的大力支持，人民长江报数位记者到陆管局采访，连续进行了正面报道，还以特刊、专版、专栏的形式全面重点宣传。长江委李进创作了一首反映陆水人艰苦奋斗精神的歌《在陆水河上》，唱出了陆水人的心声，迅速引起了陆水人的情感共鸣，成为陆水人耳熟能详人人会唱的自己的歌。人民长江报记者陈星，在陆水枢纽开工 40 周年之际，采写了一部长篇报告文学《风雨路程》，翔实记录了三峡试验坝——陆水枢纽 40 年建设、科研、管理、改革的历程及几代陆水人艰苦奋斗的轨迹，字里行间饱含了作者浓浓的陆水情结。

改革为精神文化事业的发展提供了沃土，促进了企业文化的发展，为陆管局创造了丰厚的无形资产。文化事业的繁荣又增强了职工队伍的凝聚力，为改革发展提供了强大的精神动力。这一时期，陆管局的经济效益大幅度提高的同时，文化事业的发展轰轰烈烈，空前繁荣，生动印证了物质文明和精神文明互为条件，相互促进的发展规律，两手都要抓，两手都要硬的改革发展方略的正确性。

附录B　心意自得的书家[①]

文/金若木

程回洲先生是我国著名的能源专家，他搞了一辈子水力发电等能源工作。退休之后不久，他又拾起了搁置了几十年的儿时爱好，在书法上扬帆再起航。程回洲先生至今还记得，他第一天上学"发红模"，老师说他的字写得像灯笼一样，他回家问父亲是什么意思，父亲没有回答，只是拿来笔墨，一边扶着他的小手教他写字，一边和蔼地说："写字先要把架子搭好。"从此，程回洲先生的书法就开始出名了，从小学、中学一直到大学，都是首屈一指。参加工作以后，不同的领域，不同的岗位，不同的时期，不同的任务，他都以工作为重，集中精力，书法只能搁置让路了。即便如此，几十年来，在他工作过的单位，以及他后来负责管理的全国的行业内，他的书法都是有名的，但他一般不动笔为人写字，特殊情况下，也只是偶尔应某个单位的要求写个单位名称，或写几个字的感想。然而，有意思的是，他的字曾经为贫困地区发展发挥过大作用，据说他写的"黑河水电"曾经真的感动了亚洲银行的负责人，为当地发展水电优惠贷款几千万美金。

看他的工作简历，会让你惊叹，惊叹之后更加敬佩。他光环很多，曾是中国国家能源领导小组专家组成员；国际小水电组织协调委员会主席；享受国务院政府特殊津贴的教授级高级工程师，博士生导师等。就这些荣誉已让他享受不尽，然而，他却在退休之后，又进入了与能源毫不沾边的书法艺术领域，而且，一发不可收，像火一样燃烧着激情。去年出版了他的两本个人书法集，又即将出版《程回洲草书大字帖》一书，这样高产高质量的书法家不多。

① 本文发表于"水利作家"微信公众号。

他是一个得道之人。孔子曾说过，善于游泳的人，很快就能学会驾船，这是他们习以成性，适应于水而处于自然。程先生就是这样一位人，他把一贯敬业、严谨、包容、放达、乐观的工作作风和思维习惯，自然和谐地融进了书法艺术之中。自然科学和社会科学，工科和艺术，虽跨度很大，但都是不二法门。程先生总是在不同时期、不同变化、不同环境和领域为自己设立了合乎规律的人生目标，并有意识地自觉向着实现这个目标而努力，从而在不同领域不同岗位都能取得骄人的成绩和建树。他善于取人之长补己之短，他深知书法奥妙无穷、博大精深，必须有敬畏之心、恭敬之心，方能为之。他最新创作的草书作品，相比以前作品变化较大。首先是存意性，有的字用淡墨，有的字用浓墨，有时浓淡墨同出一个字中，虽然这样书写的线条不容易显力和雄强，但有助于表现淡远之意味或意境。如“积力之所举”一篇作品中的“之”“则”笔意轻松自然，流畅快活，把握住了用线条烘托意境的效果，让人富有想象，耐人琢磨。

其次就是聚形性。主要是墨在锋中有不同的存在状态，书写无论运笔速度快慢，或是否需要笔锋在笔画中反复运行，笔画中墨的层次都具有明显的立体感。有收有放，但收不死板，放不散形，不失墨法。有的线条留得恰到好处，为情感所驱使，在聚形的同时有的字线条适当延伸，更加率真和富有神采，如“不患穷而患不均”的作品中的“不患”二字，加重了笔墨，上下左右呼应，形不散，气不散，魂不散，沉稳的结尾让整个作品更加有浑厚气象，形成了特有的势。通篇意境幽深，字字珠玑，深厚润和，颇具神韵，笔简情厚，形神兼备。

欣赏草书作品，不能一个字一个字地去审视，必须看其笔墨关系，看下一个字的顺延关系，是否合乎形势逻辑，有的笔画、字旁关系，乍看也许是多余的、不必要的，但都构成了审美的存在规律。如“为天地立心”的“天”字，就在大小线条形象和下一个字的互有关系上有一个自然的过渡。最后，就是写实性。程先生的书法线条，大都墨迹饱满，涩笔较少，呈现出朴茂、苍茫、稳重的线条特征，如“礼之用，和为贵”的“礼”“和”墨象都非常明显，体现了作品内容的含意。他的作品笔墨凝重，厚朴洒脱，章法规整，植根传统而出新意趣。

程先生虽然从小就热爱书法，但进入社会参加工作以后，没有大块时间去往深处钻研，到了退休之后才开始他真正的书法生涯，试想如果没有过去的底子何来现在的成果呢？书法界有一句话，叫作会写字的写人，不会写字的写字。程先生用他的笔墨诠释他的人生、他的文化信念，他在退休以后又很快找到自己的位置和方向，从而获得了更大的精神自由和身心快乐。期望程先生有更多更好的作品问世！

2019 年 6 月 6 日